《快学快用》光盘使用说明

　　将光盘印有文字的一面朝上放入光驱中，稍后光盘会自动运行。如果没有自动运行，可以打开"我的电脑"窗口，在光驱所在盘符上单击鼠标右键，选择"打开"或"自动播放"命令来运行光盘。

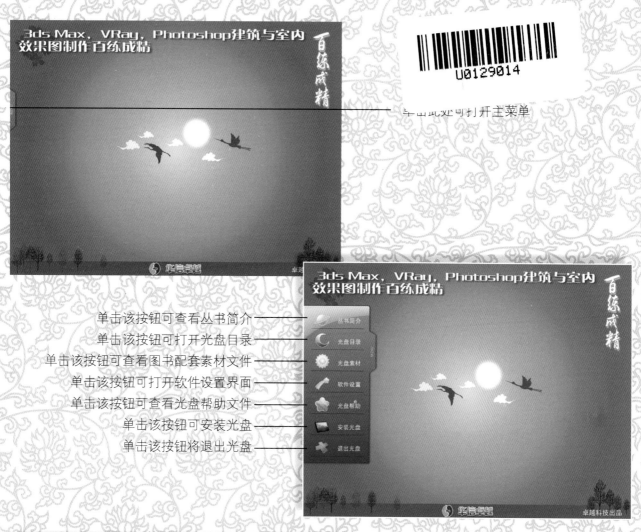

单击此处可打开主菜单

单击该按钮可查看丛书简介
单击该按钮可打开光盘目录
单击该按钮可查看图书配套素材文件
单击该按钮可打开软件设置界面
单击该按钮可查看光盘帮助文件
单击该按钮可安装光盘
单击该按钮将退出光盘

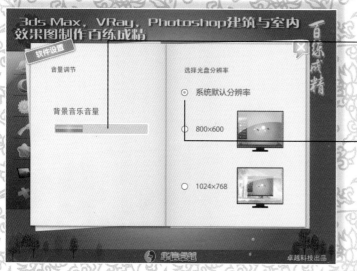

在此可设置光盘演示时的背景音乐音量

在此可设置光盘演示界面的分辨率

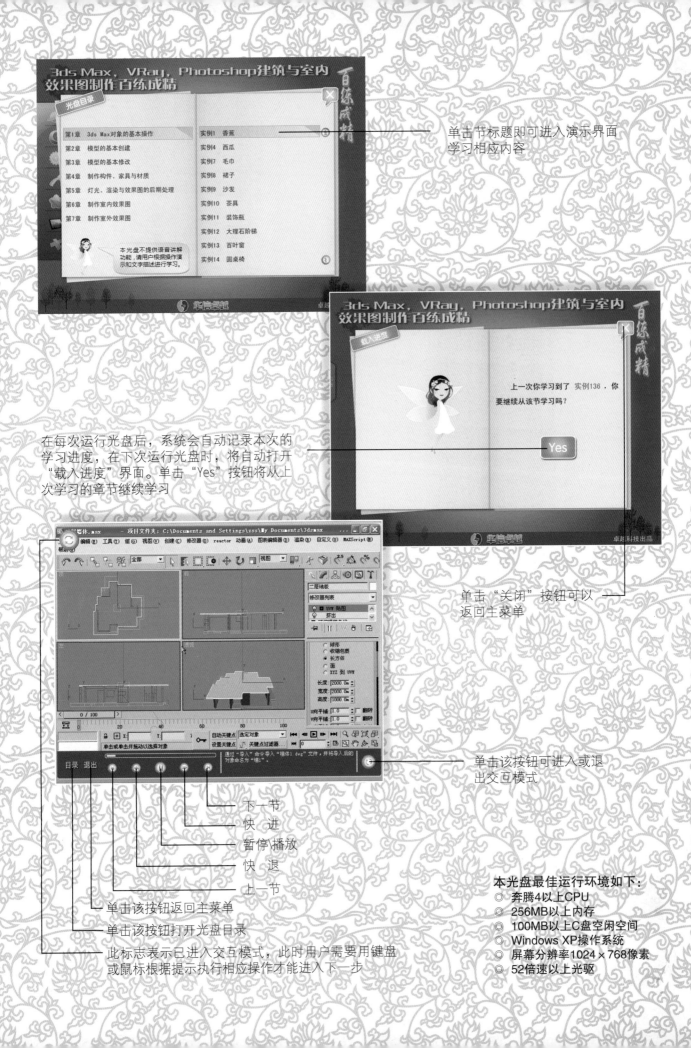

单击节标题即可进入演示界面
学习相应内容

在每次运行光盘后，系统会自动记录本次的
学习进度，在下次运行光盘时，将自动打开
"载入进度"界面。单击"Yes"按钮将从上
次学习的章节继续学习

单击"关闭"按钮可以
返回主菜单

单击该按钮可进入或退
出交互模式

下一节
快　进
暂停\播放
快　退
上一节

单击该按钮返回主菜单

单击该按钮打开光盘目录

此标志表示已进入交互模式，此时用户需要用键盘
或鼠标根据提示执行相应操作才能进入下一步

本光盘最佳运行环境如下：
◎ 奔腾4以上CPU
◎ 256MB以上内存
◎ 100MB以上C盘空闲空间
◎ Windows XP操作系统
◎ 屏幕分辨率1024×768像素
◎ 52倍速以上光驱

Photoshop CS3
特效处理

百练成精

卓越科技　编著

电子工业出版社
Publishing House of Electronics Industry
北京·BEIJING

内 容 简 介

本书通过实例的方式讲解了 Photoshop CS3 在特效处理方面的应用，让初学者由入门上升到提高，让已有部分基础的读者对 Photoshop 有更全面的认识，并能掌握常用特效的制作方法。本书主要内容包括对 Photoshop 特效工具、Photoshop 特效命令和 Photoshop 控制面板的使用的介绍，并讲解了纹理特效、文字特效、人物修饰处理和图像处理，以及图像质感、图像合成、创意广告和动画特效制作等知识。

本书内容新颖、版式美观、步骤详细，全书共 236 个实例，按知识点的应用和难易程度安排，从易到难，从入门到提高，循序渐进地向读者展示了各种特效实例的制作全过程。在讲解时每个实例先提出重点难点、制作思路，并在重点实例的最后安排"知识延伸"、"注意提示"和"举一反三"等栏目让读者更全面和深入地掌握所学知识。

本书定位于 Photoshop 图像特效处理初、中级用户，也可作为从事平面设计、广告制作等图像设计相关工作的读者和 Photoshop 爱好者使用。

图书在版编目（CIP）数据

Photoshop CS3 特效处理百练成精 / 卓越科技编著.—北京：电子工业出版社，2009.3
（快学快用）

ISBN 978-7-121-07773-9

Ⅰ.P… Ⅱ.卓… Ⅲ.图形软件，Photoshop CS3 Ⅳ.TP391.41

中国版本图书馆 CIP 数据核字（2008）第 177888 号

责任编辑：于　兰

印　　刷：北京智力达印刷有限公司
装　　订：北京中新伟业印刷有限公司
出版发行：电子工业出版社
　　　　　北京市海淀区万寿路 173 信箱　　邮编：100036
开　　本：880×1230　　1/16　　印张：28　　字数：896 千字　　彩插：1
印　　次：2009 年 3 月第 1 次印刷
定　　价：59.00 元（含 DVD 光盘一张）

凡所购买电子工业出版社图书有缺损问题，请向购买书店调换。若书店售缺，请与本社发行部联系，联系及邮购电话：（010）88254888。

质量投诉请发邮件至 zlts@phei.com.cn，盗版侵权举报请发邮件至 dbqq@phei.com.cn。

服务热线：（010）88258888。

学习电脑真的有捷径吗？

　　　　　——当然有，多学多练。

要制作出满意的作品就必须先模仿别人的作品多练习吗？

　　　　　——对。但还要多总结、多思考，再试着举一反三。

快速提高软件应用技能有什么诀窍吗？

　　　　　——百练成精！

　　如今，电脑的应用已经渗入到社会的方方面面，融入到了各行各业中。因此，许多人都迫切希望能够掌握最流行、最实用的电脑操作技能，以达到通过掌握一两门实用软件来辅助自己的工作或谋求一个适合自己的职位的目的。

　　据调查，很多读者面临着一些几乎相同的问题：

✱　　会用软件，但不能结合实际工作进行应用。

✱　　能参照书本讲解做出精美的效果，但不能独立进行设计、制作。

✱　　缺少相关设计和工作经验，作品缺乏创意。

　　这是因为大部分读者的学习思路是：

　　　　看到一个效果→我也要做→学习→死记硬背→看到类似效果→不知所措……

　　而正确的学习思路是：

　　　　看到一个效果→学习→理解延伸→能做出更好的效果吗？→还有其他方法实现吗？→看到类似效果→能够理解其中的奥妙……

　　可见，多练、多学、多总结、多思考，再试着做到举一反三，这样学习见效才快。

　　综上所述，我们推出了《快学快用·百练成精》系列图书，该系列图书集软件知识与应用技能为一体，使读者既可系统掌握软件的主要知识点，又能掌握实际应用中一些常用实例的制作，通过反复练习和总结大幅度提高软件应用能力，达到既"授之以鱼"又"授之以渔"的目的。

❧ 丛书主要内容

　　本丛书涉及电脑基础与入门、**Office** 办公、平面设计、动画制作和机械设计等众多领域，主要包括以下图书：

✱　　电脑新手入门操作百练成精

✱　　Excel 2007 表格应用百练成精

✱　　Word 2007 文档处理百练成精

✱　　PowerPoint 2007 演示文稿设计百练成精

✱　　Office 2007 办公应用百练成精

✱　　Photoshop CS3 平面设计百练成精

✱　　Photoshop CS3 图像处理百练成精

✱　　Photoshop CS3 美工广告设计百练成精

✱　　Photoshop CS3 特效处理百练成精

✱　　Dreamweaver CS3 网页制作百练成精

✱　　Dreamweaver，Flash，Fireworks 网页设计百练成精（CS3 版）

❊ Flash CS3 动画设计百练成精
❊ AutoCAD 机械设计百练成精
❊ AutoCAD 建筑设计百练成精
❊ AutoCAD 辅助绘图百练成精
❊ 3ds Max，VRay，Photoshop 建筑与室内效果图制作百练成精
......

本书主要特点

❊ **既学知识，又练技术**：本书总结了应用软件最常用的知识点，将这些知识点一一体现到实用的实例中，并在目录中体现出各实例的重要知识点。学完本书后，可以在巩固应用软件大部分知识点的同时掌握最实用的应用技能，提高软件的应用水平。

❊ **任务驱动，简单易学**：书中每个实例都列出涉及的知识点、重点、难点以及制作思路，做到让读者心中有数，从而有目的地进行学习。

❊ **实例精美，实用性强**：本书选用的实例精美实用，有些实例侧重于应用软件的某方面功能，有些实例用于提高读者的综合应用技能，有些实例则帮助读者掌握某类具体任务的完成要点。每个实例都提供相关素材与完整的最终效果文件，便于读者直接用于相关应用。

❊ **知识延伸，举一反三**：部分实例对知识点的应用进行了适当的总结与延伸，有些实例还通过出题的方式让读者举一反三，达到学以致用的目的。

❊ **版式美观，步骤详细**：本书采用双栏图解方式排版，图文对应，每步操作下面再细分步骤进行讲解，便于读者跟随书中的讲解学习具体操作方法。

❊ **配套多媒体自学光盘**：本书配有一张生动精彩的多媒体自学光盘，其中包含书中一些重点实例的教学演示视频，并收录了所有实例的素材和效果文件。跟随多媒体光盘中的教学演示进行学习，再结合图书中的相关内容，可大大提高学习效率。

本书读者对象

本书定位于有一定 Photoshop 基础、希望快速提高图像特效制作水平的读者群体，兼顾需要通过实例快速学习 Photoshop 软件应用的初学者，适用于 Photoshop 图像特效处理初、中级用户，可作为从事平面设计、广告制作等图像设计相关工作的读者和 Photoshop 爱好者使用。

本书作者及联系方式

本书由卓越科技组织编写，参与本书编写的主要人员有刘亚利等。由于作者水平有限，书中疏漏和不足之处在所难免，恳请广大读者及专家不吝赐教。

如果您在阅读本书的过程中有什么问题或建议，请通过以下方式与我们联系。

❊ 网站：faq.hxex.cn
❊ 电子邮件：faq@phei.com.cn
❊ 电话：010-88253801-168（服务时间：工作日 9:00~11:30，13:00~17:00）

第1章 Photoshop 特效工具

002 实例 1 梦幻意境
打开命令、保存命令

003 实例 2 梅花底纹
椭圆选框工具、移动工具

004 实例 3 圆角按钮
矩形选框工具、图层样式

005 实例 4 抽线效果
单行选框工具、图层混合模式

006 实例 5 家居换色
多边形套索工具、羽化命令

007 实例 6 撕纸效果
套索工具、自由变换

008 实例 7 套索艺术
磁性套索工具、描边命令

009 实例 8 数码换装
快速选择工具、色相/饱和度命令

010 实例 9 更换背景
魔棒工具、曲线命令

011 实例 10 个性签名
裁剪命令、添加杂色命令

012 实例 11 异形相框效果
快速蒙版模式编辑

013 实例 12 污渍修复
污点修复画笔工具

014 实例 13 满天繁星
画笔工具、复制图层

015 实例 14 艺术画报
颜色替换工具、铅笔工具

016 实例 15 复制浮云
仿制图章工具、图层混合模式

017 实例 16 油画效果
历史记录艺术画笔工具、复制图层

018 实例 17 绚烂天空效果
魔术橡皮擦工具、亮度/对比度命令

实例 1

实例 4

实例 5

我會在最初的地方 等你回來。 实例 10

实例 15

019 实例 18　圆柱效果一
渐变工具、椭圆选框工具

020 实例 19　圆柱效果二
橡皮擦工具、创建图层命令

021 实例 20　放射促销文字
文字变形工具、渐变工具

022 实例 21　证件照片
油漆桶工具、裁剪工具、快速选择工具

023 实例 22　贵宾卡
圆角矩形工具、收缩命令

024 实例 23　模糊照片变清晰
锐化工具、锐化模式

025 实例 24　对比鲜明的照片
加深工具、图层混合模式

026 实例 25　改善曝光不足
减淡工具、图层混合模式

027 实例 26　卡通表情一
钢笔工具、椭圆工具

028 实例 27　卡通表情二
画笔工具、椭圆工具、图层样式

029 实例 28　卡通表情三
钢笔工具、高斯模糊命令

030 实例 29　名片设计
矩形选框工具、渐变工具

031 实例 30　水晶直排字
横排文字蒙版工具、投影命令

032 实例 31　浮雕五角星
多边形工具、光照效果命令

033 实例 32　互动网页一
切片工具、储存为 Web 命令

034 实例 33　互动网页二
切片工具、储存命令

第 **2** 章　Photoshop 特效命令

036 实例 34　调整局部偏色
通道混合器命令、色阶命令、锐化命令

037 实例 35　信签设计
旋转画布命令、半调图案命令、平滑命令

实例 22

实例 24

实例 29

实例 30

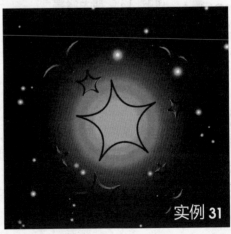

实例 31

038 实例 36　景深效果
羽化命令、高斯模糊命令

039 实例 37　沙滩图案
扩展命令、高斯模糊命令

040 实例 38　金币效果
收缩命令、添加杂色命令、光照效果命令

041 实例 39　立体拼贴效果
旋转命令、矩形选框工具

042 实例 40　报纸图片效果
颗粒命令、去色命令

043 实例 41　木纹相框效果
矩形选框工具、图层样式命令

044 实例 42　编织效果
新建填充图层、图案命令、图层混合模式

045 实例 43　邮票效果
填充命令、橡皮擦工具、横排文字工具

046 实例 44　水晶中的图案
快速选择工具、应用图像命令

047 实例 45　网状球体
填充命令、球面化命令、光照效果命令

048 实例 46　雕刻效果
去色命令、浮雕效果命令

049 实例 47　改善逆光不足
阴影/高光命令、色阶命令

050 实例 48　个性色彩效果
色彩平衡命令、曲线命令

051 实例 49　单色照片效果
黑白命令、色彩平衡命令

052 实例 50　时尚桌面一
描边命令、复制图层

053 实例 51　时尚桌面二
描边命令、复制图层、渐变工具

054 实例 52　花卉明信片
色调均化命令、描边命令

055 实例 53　首饰店宣传单
通道混合器命令、颜色填充命令

056 实例 54　怀旧照片效果
去色命令、颗粒命令

057 实例 55　去除折痕效果
曲线命令、图层蒙版、仿制图章工具

实例 37

实例 38

实例 45

实例 49

实例 51
SHISHANGBIZHI

058 实例 56 蜡笔画效果
粗糙蜡笔命令、彩色铅笔命令、调色刀命令

059 实例 57 书签效果
纹理化命令、平滑命令、矩形选框工具

060 实例 58 柔化效果
高斯模糊命令、图层混合模式

061 实例 59 透明气泡效果
极坐标命令、镜头光晕命令

062 实例 60 扭曲图像效果
旋转扭曲命令、径向模糊命令

063 实例 61 插画效果一
快速选择工具、色调分离命令

064 实例 62 插画效果二
中间值命令、阈值命令

065 实例 63 冰凉冷饮
抽出命令、自由变换、橡皮擦工具

066 实例 64 风吹文字
风命令、旋转画布命令、文字工具

067 实例 65 数码坐标
波浪命令、极坐标命令、旋转扭曲命令

068 实例 66 花灯效果
镜头光晕命令、图层混合模式

069 实例 67 旋转的文字圈
极坐标命令、文字变形

070 实例 68 浮雕字装饰
最大值命令、最小值命令

071 实例 69 模糊边缘变清晰
高反差保留命令、色阶命令、图层蒙版

072 实例 70 科技风格纹理
渐变工具、自定形状工具、半调图案命令

073 实例 71 胶卷特效
画布大小命令、圆角矩形工具、反相命令

074 实例 72 服饰宣传单一
存储选区命令、载入选区命令、快速选择工具

075 实例 73 服饰宣传单二
自由变换命令、文字工具、图层样式命令

076 实例 74 旧书信效果一
喷溅命令、云彩命令

077 实例 75 旧书信效果二
色相/饱和度命令、描边命令

实例 58

实例 59

实例 60

实例 63

实例 64

078　实例 76　人物抠图一
色阶命令、反相命令、复制图层

079　实例 77　人物抠图二
钢笔工具、色阶命令

080　实例 78　水晕特效
云彩命令、铬黄命令、水波命令

081　实例 79　气球效果一
内发光命令、椭圆选框工具

082　实例 80　气球效果二
变换命令、画笔工具

083　实例 81　粗布特效
纹理化命令、USM 锐化命令

084　实例 82　彩色铅笔效果一
阴影线命令、成角的线条命令

085　实例 83　彩色铅笔效果二
彩色铅笔命令、曲线命令

086　实例 84　蓝天白云效果一
分层云彩命令、凸出命令

087　实例 85　蓝天白云效果二
高斯模糊命令、亮度/对比度命令

088　实例 86　拼贴风景
拼贴命令、魔棒工具、图层混合模式

089　实例 87　玻璃特效
玻璃命令、图层样式

090　实例 88　珍珠效果一
添加杂色命令、塑料包装命令

091　实例 89　珍珠效果二
图层样式命令、色彩平衡命令

092　实例 90　凸出特效
染色玻璃命令、凸出命令、锐化命令

第 **3** 章　Photoshop 控制面板

094　实例 91　彩虹效果
载入固定通道选区、渐变工具

095　实例 92　晶莹的水珠
投影命令、椭圆选框工具、椭圆工具

096　实例 93　剪影效果一
外发光命令、色彩范围命令

097　实例 94　剪影效果二
渐变叠加命令、动感模糊命令

实例 78

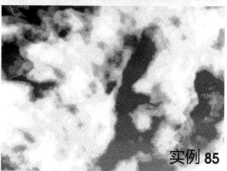

实例 85

实例 86

实例 89

实例 91

098 实例 95　透明婚纱换背景一
转换为智能对象命令、高斯模糊命令

099 实例 96　透明婚纱换背景二
去色命令、图层蒙版

100 实例 97　处理偏色照片
色阶命令、应用图像命令

101 实例 98　打孔效果一
栅格化文字、彩色半调命令

102 实例 99　打孔效果二
创建剪贴蒙版命令、云彩命令

103 实例 100　草地效果
画笔工具、画笔面板、移动工具

104 实例 101　回形针效果一
用画笔描边路径、图层样式

105 实例 102　回形针效果二
将路径作为选区载入、钢笔工具

106 实例 103　回形针效果三
投影命令、自由变换、橡皮擦工具

107 实例 104　可爱大头贴
图层蒙版、用前景色填充路径

108 实例 105　印章效果一
将选区转换为路径、自定形状工具、

109 实例 106　印章效果二
色阶命令、色彩范围命令

110 实例 107　水中倒影效果
添加图层蒙版、水波命令、加深工具

第 4 章　纹理特效制作

112 实例 108　奇幻纹理特效
渐变工具、波浪命令

114 实例 109　铁锈纹理效果
分层云彩命令、绘画涂抹命令

116 实例 110　龟裂纹理特效
晶格化命令、查找边缘命令

118 实例 111　岩石纹理特效
云彩命令、分层云彩命令、光照效果

120 实例 112　方块纹理效果
凸出命令、查找边缘命令、图层混合模式

实例 96

实例 100

实例 108

实例 108

122 实例 113　牛仔布纹理
纹理化命令、USM 锐化命令

124 实例 114　金属网状纹理
定义图案命令、油漆桶工具

126 实例 115　细胞纹理特效
添加杂色命令、中间值命令

128 实例 116　豹皮纹理特效
纤维命令、变换命令、风滤镜

130 实例 117　褶皱纹理
分层云彩命令、浮雕效果命令

132 实例 118　玻璃晶格纹理
染色玻璃命令、重复上一次滤镜操作

134 实例 119　水迹纹理
镜头光晕命令、基底凸现命令

136 实例 120　海洋波纹效果
塑料包装命令、反相命令

138 实例 121　百叶窗玻璃纹理
画笔面板、霓虹灯光命令、波纹命令

140 实例 122　皮革纹理效果
塑料包装命令、色阶命令

141 实例 123　迷彩纹理效果
填充前景色、海绵命令

142 实例 124　木质纹理效果
云彩命令、纤维命令、旋转扭曲

144 实例 125　浮雕花纹理特效
自定形状工具、收缩选区命令

146 实例 126　土墙纹理特效
局部选区命令、添加杂色命令

第 5 章　文字特效制作

150 实例 127　水滴文字
新建样式命令、晶格化命令

152 实例 128　盘旋文字
极坐标命令、风命令、栅格化文字命令

153 实例 129　冰蓝文字
图层样式命令、塑料包装命令

154 实例 130　饼干文字
拼贴命令、扩展命令

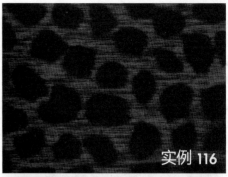
实例 116

实例 119

实例 124

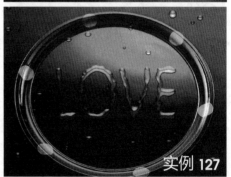
实例 127

实例 129

156 实例 131　玻璃文字
载入图层选区、收缩命令

158 实例 132　草莓文字
定义图案命令、图层样式

160 实例 133　钻石文字
玻璃命令、创建剪贴蒙版命令

162 实例 134　火焰文字
涂抹工具、液化命令

165 实例 135　冰冻文字
Alpha 通道、晶格化命令、碎片命令

168 实例 136　奶酪文字
椭圆选框工具、图层样式、定义图案命令

171 实例 137　粉红长毛文字
画笔工具、隐藏图层、文字工具

172 实例 138　铁锈文字
添加杂色命令、海洋波纹命令

175 实例 139　糖果文字
位移命令、浮雕效果

178 实例 140　黄金文字
高斯模糊命令、色相/饱和度命令

181 实例 141　碎片文字
晶格化命令、查找边缘命令

183 实例 142　错觉立体文字
渐变工具、扭曲命令、复制命令

184 实例 143　玉石文字
云彩命令、杂色命令

186 实例 144　树根文字
涂抹工具、画笔工具、图层样式

187 实例 145　拼贴立体文字
拼贴命令、旋转画布命令、魔棒工具

190 实例 146　水晶文字
描边命令、收缩命令、高斯模糊命令

192 实例 147　迷彩特效文字
中间值命令、晶格化命令

194 实例 148　波谱文字
光照效果命令、玻璃命令、曲线命令

195 实例 149　积雪文字
塑料效果命令、填充命令

197 实例 150　霓虹灯文字
扩展命令、曲线命令

实例 134

实例 135

实例 137

实例 143

实例 147

199 实例 151　透明胶体文字
填充命令、塑料效果命令、液化命令

第 6 章　人物修饰处理制作

202 实例 152　背部纹身效果
渐变工具、置换命令

204 实例 153　五彩的染发效果
钢笔工具、羽化命令、画笔工具

206 实例 154　皮肤磨皮去皱纹
修补工具、仿制图章工具、色阶命令

208 实例 155　改变人物脸形
液化命令、向前变形工具、膨胀工具

210 实例 156　艺术淡妆效果
羽化命令、减少杂色命令

212 实例 157　黑白照片上色
快速选择工具、图层混合模式

214 实例 158　直发变烫发效果
液化命令、扭曲工具、高反差保留命令

216 实例 159　去除脸上青春痘
阈值命令、色阶命令、曲线命令

218 实例 160　黑美女皮肤美白
减淡工具、图层混合模式

220 实例 161　眼睛换色
图层混合模式、复制命令

221 实例 162　去除黑大的眼袋
仿制图章工具、涂抹工具

223 实例 163　艺术美甲效果
羽化命令、染色玻璃命令

225 实例 164　柳叶眉毛效果
自由变换命令、高反差保留命令

227 实例 165　亮丽嘴唇效果
羽化命令、图层混合模式、钢笔工具

第 7 章　图像处理制作

230 实例 166　卷页效果
添加锚点工具、加深工具、减淡工具

232 实例 167　色块画效果
照片滤镜命令、色相/饱和度命令

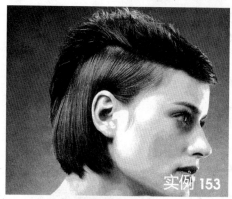

实例 153

实例 156

实例 157

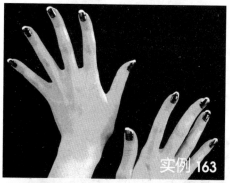

实例 163

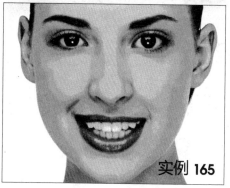

实例 165

233 实例 168 相片划痕效果
去色命令、变化命令

235 实例 169 脸部裂痕效果
浮雕效果命令、去色命令

237 实例 170 神秘古堡效果
变换图像、加深工具、曲线命令

239 实例 171 春天变秋天效果
粗糙蜡笔命令、色彩平衡命令

240 实例 172 地球效果
分层云彩命令、色相/饱和度命令

242 实例 173 月球效果
USM 锐化命令、渐变工具

244 实例 174 金属图腾效果
基底凸现、光照效果命令

245 实例 175 鸡蛋上的眼睛
色阶命令、渐变工具

247 实例 176 奔驰的汽车
自由变换命令、径向模糊命令

249 实例 177 创意瓶子效果
径向渐变、自定形状工具

251 实例 178 池塘下雨效果
点状化命令、阈值命令、反相命令

253 实例 179 闪电艺术效果
色阶命令、分层云彩命令

254 实例 180 云雾效果
色彩平衡命令、云彩命令

256 实例 181 绚丽爆炸效果
钢笔工具、渐变映射命令

258 实例 182 燃烧效果
抽出命令、色相/饱和度命令

260 实例 183 摩天轮夜景
图层混合模式、钢笔工具

262 实例 184 男变女效果
曲线命令、液化命令

265 实例 185 摊开的书
矩形选框工具、文字工具

267 实例 186 爆炸效果
填充命令、球面化命令、极坐标命令

实例 171

实例 175

实例 176

实例 177

实例 179

第 8 章　图像质感制作

270　实例 187　画中人走出效果
羽化命令、图层样式、纹理效果

272　实例 188　橘皮效果
球面化命令、设置不透明度

274　实例 189　水晶苹果效果
变形命令、水波命令、钢笔工具

276　实例 190　金属球体效果
变形命令、椭圆选框工具

278　实例 191　滴溅水墨效果
贴入命令、画笔工具、文字工具

280　实例 192　水底海星
玻璃命令、曲线命令

282　实例 193　金属按钮
羽化命令、画笔工具

284　实例 194　生锈的水壶
加深工具、光照效果、橡皮擦工具

286　实例 195　金属戒指效果
高斯模糊命令、渐变工具

288　实例 196　戒指上的宝石
魔棒工具、色彩平衡命令

290　实例 197　金属面具效果
铬黄命令、橡皮擦工具

292　实例 198　燃烧的香烟
图层混合模式、最小化命令

295　实例 199　香烟烟雾效果
涂抹工具、自由变换命令

296　实例 200　斑驳的人脸
移动工具、图层混合模式

298　实例 201　狼皮质感
加深工具、涂抹工具

300　实例 202　玉石质感
径向模糊命令、添加杂色命令

302　实例 203　钻石特效质感
钢笔工具、填充命令

304　实例 204　干裂土地质感
点状化效果、染色玻璃命令

实例 190

实例 193

实例 194

实例 197

实例 203

306 实例 205 　美丽的霞光
矩形选框工具、高斯模糊命令

308 实例 206 　折扇效果
钢笔工具、图层混合模式

310 实例 207 　背景特效
颗粒命令、点状化命令、中间值命令

312 实例 208 　闪电质感球
图层样式、渐变工具

314 实例 209 　彩色球体
镜头光晕命令、铬黄命令

316 实例 210 　飞速火星
描边命令、海洋波纹命令、液化命令

318 实例 211 　光芒四射
盖印图层、径向模糊命令

实例 205

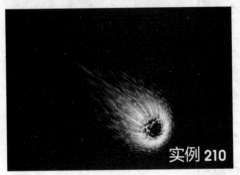

实例 210

第 9 章　图像合成制作

320 实例 212 　冷色月夜
云彩命令、色彩平衡命令

322 实例 213 　淋浴夜色
基底凸现命令、图层混合模式

324 实例 214 　梦幻写真
曲线命令、色阶命令

329 实例 215 　旧时光明信片
杂色命令、色相/饱和度命令

334 实例 216 　中国古典婚纱
纹理化命令、图层样式

339 实例 217 　欧洲古典婚纱
高斯模糊命令、图层蒙版

344 实例 218 　夕阳幻影
魔棒工具、色相/饱和度命令

346 实例 219 　海景豚影
镜头光晕命令、液化命令

实例 215

实例 219

第 10 章　创意广告制作

352 实例 220 　酒类广告
渐变工具、添加杂色命令

357 实例 221 　手机广告
色阶命令、直线工具

实例 220

361 实例 222　电脑壁纸
径向模糊命令、图层蒙版

367 实例 223　房地产广告
减少杂色命令、色彩平衡命令

371 实例 224　化妆品广告
修补工具、干画笔命令、色阶命令

377 实例 225　旅游广告宣传单
渐变工具、画笔工具、图层蒙版

383 实例 226　商场促销广告
半调图案命令、图层混合模式、画笔工具

389 实例 227　蓝色加勒比地产
纹理化命令、渐变工具、动感模糊命令

393 实例 228　油漆横幅广告
加深工具、描边处理、钢笔工具

398 实例 229　网络广告
渐变工具、半调图案命令、图层样式

403 实例 230　种子公司广告
渐变工具、横排文字工具

408 实例 231　品牌服装广告
钢笔工具、曲线命令、色相/饱和度命令

411 实例 232　数码相机广告
钢笔工具、盖印图层、橡皮擦工具

416 实例 233　时尚杂志广告
画笔工具、图层混合模式、色相/饱和度命令

第 11 章　动画特效制作

420 实例 234　旋转动画
矩形选框工具、径向模糊命令、动画面板

424 实例 235　飘动的背景
液化命令、曲线命令、色彩平衡命令

427 实例 236　翻页效果
自由变换、画笔工具、色相/饱和度命令

实例 224

实例 225

实例 226

实例 234

第 1 章

Photoshop 特效工具

实例 1　梦幻意境

实例 2　梅花底纹

实例 11　异形相框效果

实例 13　满天繁星

实例 14　艺术画报

实例 16　油画效果

实例 22　贵宾卡

实例 25　改善曝光不足

实例 29　名片设计

实例 31　浮雕五角星

01

　　在 Photoshop CS3 中，每一个特效工具都可以单独制作出神奇的特效画面，配合使用其他工具则可以创造出更多更强的特殊效果。本章将通过 33 个实例的制作，详细讲解各特效工具的使用方法，希望读者通过本章的学习能了解各工具的功能，制作出绚丽多彩的特效画面。

实例1 梦幻意境

素材:\实例1\树林.tif

源文件:\实例1\梦幻意境.psd

包含知识
- 模糊工具
- 打开命令
- 保存命令
- 复制图层

重点难点
- 模糊工具
- 复制图层

制作思路

打开命令　　　　打开文件　　　　模糊工具　　　　最终效果

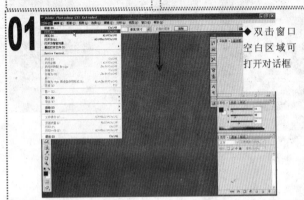

◆双击窗口空白区域可打开对话框

1 选择"文件-打开"命令,打开"打开"对话框。此时被选择的命令呈蓝色显示。

◆双击素材文件可直接打开

1 选择要打开图片文件的保存位置,这里选择光盘中"素材"文件夹下的"实例1"文件夹。
2 选择"树林.tif"文件,该文件图标呈蓝色显示。
3 单击"打开"按钮打开素材文件。

1 素材图片出现在文件窗口中。
2 拖动"背景"图层到"图层"面板下方的"创建新图层"按钮 上,复制生成"背景副本"图层。

1 在工具箱中选择模糊工具 ,在其选项栏中设置画笔为300像素柔角,模式为正常,强度为100%。拖动鼠标在图像上涂抹。

1 选择"图像-调整-色彩平衡"命令,打开"色彩平衡"对话框。
2 设置参数为30,20,-65,单击"确定"按钮。

1 选择"文件-存储为"命令,打开"存储为"对话框,选择要保存的路径,输入文件名,选择需要的格式,这里选择软件默认的 PSD 文件格式。
2 单击"保存"按钮,完成本例制作。

实例2　梅花底纹

素材:\无
源文件:\实例 2\梅花底纹.psd

包含知识
- 椭圆选框工具
- 移动工具
- 魔棒工具
- 自由变换

重点难点
- 拖动复制图形

制作思路

绘制并填充选区　　移动图形　　删除图层　　最终效果

01

◆ 文件大小为 600 像素×600 像素,分辨率为 200 像素/英寸

1. 选择"文件-新建"命令或按 Ctrl+N 组合键,打开"新建"对话框,设置名称为"梅花底纹",颜色模式为 RGB,背景内容为白色,单击"确定"按钮。
2. 设置前景色为浅黄色（R:253,G:227,B:175）,按 Alt+Delete 组合键将"背景"图层填充为前景色。
3. 按 Ctrl+J 组合键复制"背景"图层为"图层 1"。

02

1. 单击"图层"面板下方的"创建新图层"按钮,新建"图层 2"。
2. 在工具箱中选择椭圆选框工具,按住 Shift 键不放,在窗口中拖动绘制正圆选区。
3. 设置前景色为红色（R:217,G:35,B:35）。
4. 按 Alt+Delete 组合键将选区填充为前景色,按 Ctrl+D 组合键取消选区。

03

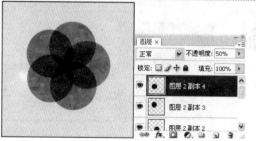

1. 设置"图层 2"的图层总体不透明度为 50%。
2. 按 Ctrl+J 组合键 4 次,复制生成 4 个副本图层。
3. 在工具箱中选择移动工具,分别选择各个图层,移动红色圆形到合适的位置。

04

1. 按住 Shift 键不放,单击图层,同时选择 6 个图层,按 Ctrl+E 组合键合并图层为"图层 2 副本 4"。
2. 在工具箱中选择魔棒工具,在其选项栏中单击"添加到选区"按钮,设置容差为 20。
3. 在窗口中的红色图形内单击鼠标,载入选区。

05

1. 按 Ctrl+J 组合键复制选区内图形生成"图层 1"。拖动"图层 2 副本 4"到"图层"面板下方的"删除图层"按钮上,删除该图层。
2. 选择"图层 1",按 Ctrl+T 组合键打开自由变换调节框,按住 Shift 键不放向内拖动调节框上的角点,等比例缩小图形。按 Enter 键确认变换。
3. 选择移动工具,按住 Ctrl+Alt 组合键不放拖动图形,以复制生成另一个花朵图形,自动生成"图层 1 副本"。

06

1. 按照同样的方法等比例变换图形,并拖动到合适的位置。
2. 继续拖动复制出多个花朵图形,变换大小并移动到合适位置。同时选择除"背景"图层外的所有图层,按 Ctrl+E 组合键合并图层,更改图层名称为"梅花"。

实例3　圆角按钮

素材:\无
源文件:\实例 3\圆角按钮.psd

包含知识
- 矩形选框工具
- 图层样式
- 复制图层
- 缩放效果命令
- 收缩选区命令

重点难点
- 缩放效果命令
- 收缩选区命令

制作思路

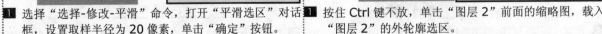

绘制选区　　　制作圆角矩形　　　制作圆角按钮　　　最终效果

◆文件大小为 600 像素×600 像素，分辨率为 200 像素/英寸

1 新建"圆角按钮.psd"文件。
2 设置前景色为灰色（R:192, G:192, B:192），按 Alt +Delete 组合键将"背景"图层填充为前景色。
3 单击"图层"面板下方的"创建新图层"按钮，新建"图层 1"。在工具箱中选择矩形选框工具，在窗口中绘制矩形选区。
4 按 D 键复位前景色和背景色，按 Alt+Delete 组合键填充前景色，按 Ctrl+D 组合键取消选区。

1 单击"样式"面板右上方的按钮，在弹出的菜单中，分别选择"Web 样式"和"按钮"命令，在打开的对话框中单击"追加"按钮。选择"样式"面板中新载入的"铆钉"样式，为"图层 1"添加该样式效果。
2 在"图层"面板的"效果"栏处单击鼠标右键，在弹出的快捷菜单中选择"缩放效果"命令，打开对话框，设置缩放为 40%，单击"确定"按钮。
3 选择矩形选框工具，在窗口中绘制矩形选区。

03

1 选择"选择-修改-平滑"命令，打开"平滑选区"对话框，设置取样半径为 20 像素，单击"确定"按钮。
2 新建"图层 2"。按 Alt+Delete 组合键将选区填充为前景色。按 Ctrl+D 组合键取消选区。
3 选择"样式"面板中的"圆凹槽"样式，为"图层 4"添加该样式。在"效果"栏处单击鼠标右键，在弹出的快捷菜单中选择"缩放效果"命令，在打开的对话框中设置缩放为 25%，单击"确定"按钮。

04

1 按住 Ctrl 键不放，单击"图层 2"前面的缩略图，载入"图层 2"的外轮廓选区。
2 选择"选择-修改-收缩"命令，在打开的对话框中设置收缩量为 5 像素，单击"确定"按钮。
3 新建"图层 3"，按 Alt+Delete 组合键将选区填充为前景色，按 Ctrl+D 组合键取消选区。

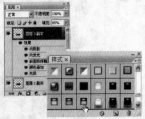

1 选择"样式"面板中的"蓝色胶体"样式，为"图层 3"添加该样式效果。
2 同时选择"图层 2"和"图层 3"，拖动这两个图层到"图层"面板下方的"创建新图层"按钮上，复制生成"图层 2 副本"和"图层 3 副本"。

1 在工具箱中选择移动工具，将复制生成的新图形垂直移动到窗口下方。
2 双击"图层 3 副本"下效果栏中的"颜色叠加"效果，打开"图层样式"对话框，设置叠加颜色为红色（R:255,G:0,B:0），单击"确定"按钮。

实例4　抽线效果

素材:\实例 4\茉莉花.tif
源文件:\实例 4\抽线效果.psd

包含知识
- 单行选框工具
- 图层混合模式
- 曲线命令
- 自由变换

重点难点
- 曲线命令
- 自由变换

制作思路

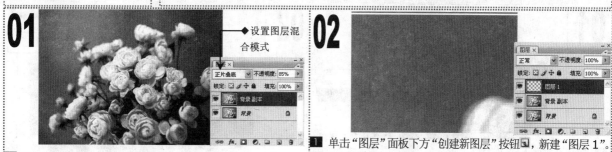

打开素材文件　　　复制单行选区　　　调整不透明度　　　最终效果

01

◆设置图层混合模式

1. 打开"茉莉花.tif"素材文件。
2. 拖动"背景"图层到"图层"面板下方的"创建新图层"按钮 ▣上,复制生成"背景副本"图层。
3. 设置"背景副本"图层的图层混合模式为"正片叠底",不透明度为 85%。

02

1. 单击"图层"面板下方"创建新图层"按钮 ▣,新建"图层 1"。
2. 在工具箱中选择单行选框工具 ▭,在窗口最上方单击鼠标绘制单行选区。
3. 设置前景色为白色（R:255,G:255,B:255）。
4. 按 Alt+Delete 组合键将选区填充为前景色,按 Ctrl+D 组合键取消选区。

03

1. 按 Ctrl+J 组合键复制"图层 1"为"图层 1 副本"。
2. 按住 Ctrl 键的同时单击"图层 1 副本"的缩略图,载入单行选区,按 Ctrl+T 组合键打开自由变换调节框,按↓方向键水平向下移动 4 像素。

04

1. 按 Enter 键确认变换。连续按 Ctrl+Alt+Shift+T 组合键多次,复制单行图形直到文件窗口的最下端。
2. 按 Ctrl+D 组合键取消选区。

05

1. 按 Ctrl+E 组合键向下合并图层,生成新的"图层 1"。
2. 设置"图层 1"的总体不透明度为 30%。

06

1. 按 Ctrl+Alt+Shift+E 组合键盖印可见图层,生成"图层 2"。
2. 选择"图像-调整-曲线"命令,在打开的"曲线"对话框中调整曲线至如图所示,单击"确定"按钮。本例制作完成。

实例5　家居换色

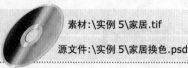

素材:\实例 5\家居.tif

源文件:\实例 5\家居换色.psd

包含知识

- 多边形套索工具
- 羽化命令
- 色相/饱和度命令

重点难点

- 多边形套索工具

制作思路

打开素材　　　多边形套索绘制选区　　　色相/饱和度命令　　　最终效果

01

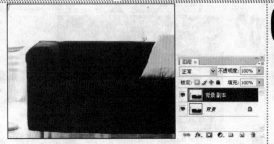

1 打开"家居.tif"素材文件。

2 拖动"背景"图层到"图层"面板下方的"创建新图层"按钮 上,复制生成"背景 副本"图层。

3 在工具箱中选择多边形套索工具 ,在窗口中沿红色沙发的边缘绘制选区。

02

1 绘制闭合的选区后。按 Ctrl+Alt+D 组合键,打开"羽化选区"对话框。

2 设置羽化半径为 2 像素,单击"确定"按钮。

03

1 按 Ctrl+J 组合键复制选区内容到"图层 1"。

2 选择"图像-调整-色相/饱和度"命令,打开"色相/饱和度"对话框。

3 设置参数为-145,-30,0,单击"确定"按钮。

04

1 在工具箱中选择多边形套索工具 ,在窗口中沿着黄色沙发靠垫的边缘绘制选区。

05

1 绘制闭合的选区后。按 Ctrl+Alt+D 组合键,打开"羽化选区"对话框。

2 设置羽化半径为 2 像素,单击"确定"按钮。

06

1 按 Ctrl+J 组合键复制选区内容到"图层 1"。

2 选择"图像-调整-色相/饱和度"命令,在打开的对话框中设置参数为-90,-20,0,单击"确定"按钮。

实例6 撕纸效果

素材:\实例 6\可爱玩具.tif
源文件:\实例 6\撕纸效果.psd

包含知识
- 套索工具
- 自由变换
- 图层样式命令

重点难点
- 套索工具的运用

制作思路

变换图像　　　套索工具绘制选区　　　变换图像　　　最终效果

01

◆ 文件大小为 800 像素 ×600 像素,分辨率为 200 像素/英寸

1 新建"撕纸效果.psd"文件。
2 设置前景色为浅粉色(R:254,G:242,B:216)。
3 按 Alt+Delete 组合键填充前景色。

02

1 打开"可爱玩具.tif"素材文件。
2 在工具箱中选择移动工具 ，将素材图片拖入"撕纸效果"文件窗口中,自动生成"图层 1"。
3 按 Ctrl+T 组合键打开自由变换调节框,调整"图层 1"的大小、角度和位置,按 Enter 键确认变换。

03

1 在工具箱中选择套索工具 ，在窗口中随意拖绘出选区范围。

04

1 选择"图层-新建-通过剪切的图层"命令,自动生成"图层 2"。
2 按 Ctrl+T 组合键打开自由变换调节框,调整"图层 2"的角度和位置,按 Enter 键确认变换。

05

1 在"图层"面板中双击"图层 2"后面的空白处,打开"图层样式"对话框,单击"投影"复选框后面的名称。
2 设置不透明度为 60%,距离为 5 像素,大小为 10 像素,其他参数保持不变,单击"确定"按钮。

06

1 双击"图层 1"后面的空白处,打开"图层样式"对话框,单击"投影"复选框后面的名称。
2 设置距离为 5 像素,大小为 10 像素,其他参数保持不变,单击"确定"按钮。

实例7　套索艺术

素材:\实例 7\红色小花.tif

源文件:\实例 7\套索艺术.psd

包含知识
- 磁性套索工具
- 套索工具
- 描边命令
- 马赛克命令

重点难点
- 磁性套索工具
- 套索工具

制作思路

磁性套索工具　　　　自由变换　　　　套索工具绘制选区后填充　　　　最终效果

01

1　打开"红色小花.tif"素材文件。
2　拖动"背景"图层到"图层"面板下方的"创建新图层"按钮　上,复制生成"背景副本"图层。
3　在工具箱中选择磁性套索工具　,在窗口中红色花朵的边缘处单击,沿边缘移动鼠标绘制花朵的外轮廓选区。

02

1　按 Ctrl+J 组合键复制选区内容为"图层 1"。
2　按 Ctrl+T 组合键打开自由变换调节框,调整图像的大小,旋转角度并移动到窗口的左侧,按 Enter 键确认变换。

03

1　选择"图层-图层样式-投影"命令,打开"图层样式"对话框。
2　设置角度为 130 度,不透明度为 40%,距离为 15 像素,大小为 15 像素,单击"确定"按钮。

04

1　在工具箱中选择套索工具　,沿两个花朵的边缘拖动绘制稍大的选区。
2　单击"图层"面板下方的"创建新图层"按钮　,新建"图层 2"。设置前景色为红色(R:202,G:4,B:29)。
3　按 Ctrl+Shift+I 组合键反向选取选区。按 Alt+Delete 组合键将选区填充为前景色。

05

1　选择"编辑-描边"命令,打开"描边"对话框。设置宽度为 20px,颜色为白色,位置为居外,单击"确定"按钮。
2　按 Ctrl+D 组合键取消选区。

06

1　选择"滤镜-像素化-马赛克"命令,打开"马赛克"对话框。
2　设置单元格大小为 95 方形,单击"确定"按钮。

实例8　数码换装

素材:\实例 8\古装美女.tif

源文件:\实例 8\数码换装.psd

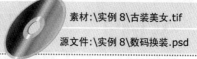

包含知识

- 快速选择工具
- 选区的加减
- 羽化命令
- 色相/饱和度命令
- 图层混合模式

重点难点

- 快速选择工具
- 选区的加减

制作思路

绘制选区　　　　自由变换　　　　填充颜色　　　　最终效果

01

1　打开"古装美女.tif"素材文件。
2　拖动"背景"图层到"图层"面板下方的"创建新图层"
按钮 上,复制生成"背景副本"图层。

02

1　选择快速选择工具 ,在选项栏中单击"添加到选区"
按钮 ,设置的画笔大小为 40 像素。
2　在文件窗口中的人物衣服处移动,将其载入选区。

03

1　单击选项栏中的"从选区减去"按钮 ,选择衣服上除
蓝色之外的选区,此时被载入选区的浅色衣服被减选掉。
2　选择"选择-羽化"命令,在打开的对话框中设置羽化半
径为 5 像素,单击"确定"按钮。

04

1　按 Ctrl+J 组合键复制选区内容到"图层 1"。
2　选择"图像-调整-色相/饱和度"命令,打开 "色相/饱
和度"对话框,设置参数为-175,25,-10,单击"确
定"按钮。

05

1　在工具箱中选择橡皮擦工具 ,在选项栏中设置画笔为
15 像素尖角,不透明度为 100%。
2　仔细擦除人物皮肤边缘的蓝色像素。

06

1　按 Ctrl+Alt+Shift+E 组合键盖印可见图层,自动生成
"图层 2"。
2　设置"图层 2"的图层混合模式为叠加,不透明度为 50%。

实例9   更换背景

素材:\实例 9\更换背景\
源文件:\实例 9\更换背景.psd

包含知识
- 魔棒工具
- 自由变换
- 曲线命令
- 图层混合模式

重点难点
- 魔棒工具
- 曲线命令

制作思路

打开素材文件   使用魔棒工具   变换图像   最终效果

01

1 打开"好朋友.tif"素材文件。
2 拖动"背景"图层到"图层"面板下方的"创建新图层"按钮 上,复制生成"背景副本"图层。

02

1 在工具箱中选择魔棒工具 ,在其选项栏中选择"添加到选区"按钮 ,设置容差为 20。
2 在文件窗口的浅灰色背景处单击,将其载入选区。

03

1 按 Delete 键删除选区内容,按 Ctrl+D 组合键取消选区。
2 打开"城市风景.tif"素材文件。选择移动工具 ,将素材图片拖入更换的背景文件窗口中,生成"图层 1"。
3 按 Ctrl+T 组合键打开自由变换调节框,按住 Shift 键不放,等比例调整图像的大小和位置,按 Enter 键确认变换。

04

1 选择"背景副本"图层,将其拖动到"图层 1"之上。
2 按 Ctrl+T 组合键打开自由变换调节框,按住 Shift 键不放,等比例调整图像的大小和位置,按 Enter 键确认变换。

05

1 选择"图像-调整-曲线"命令,打开"曲线"对话框。
2 调整曲线至如图所示,单击"确定"按钮。

06

1 按 Ctrl+Alt+Shift+E 组合键盖印可见图层,自动生成"图层 2"。
2 设置"图层 2"的图层混合模式为柔光,不透明度为 80%。

实例10　个性签名

素材:\实例 10\签名\
源文件:\实例 10\个性签名.psd

包含知识
- 裁剪命令
- 矩形选框工具
- 添加杂色命令
- 图层混合模式

重点难点
- 裁剪命令

制作思路

绘制选区　　　　裁剪保留的局部　　　　正片叠底效果　　　　最终效果

01

1　打开"害羞女孩.tif"素材文件，拖动"背景"图层到"图层"面板下方的"创建新图层"按钮 🔲 上，复制生成"背景副本"图层。
2　选择矩形选框工具 🔲 ，在文件窗口下方绘制矩形选区。

02

1　选择"图像-裁剪"命令，此时选区部分的图像将被保留，其余部分被删除。
2　按 Ctrl+D 组合键取消选区。

03

1　选择"图像-调整-色相/饱和度"命令，打开"色相/饱和度"对话框，选中"着色"复选框，设置参数为 55，40，-10，单击"确定"按钮。
2　选择"图像-调整-亮度/对比度"命令，在打开的对话框中设置参数为-40，80，单击"确定"按钮。

04

1　按 Ctrl+J 组合键复制"背景副本"图层生成"背景副本 2"。
2　选择"滤镜-杂色-添加杂色"命令，打开其对话框。设置数量为 6%，分布为平均分布，单击"确定"按钮。
3　设置"背景副本 2"图层的混合模式为"正片叠底"。

05

1　单击"图层"面板下方的"创建新图层"按钮 🔲 ，新建"图层 1"。设置前景色为黑色（R:0,G:0,B:0）。
2　按 Alt+Delete 组合键填充前景色到图层中。设置"图层 1"的不透明度为 80%。
3　选择橡皮擦工具 ✐ ，在其选项栏中设置大号柔角画笔，不透明度为 70%，在窗口的中间位置进行局部擦除。

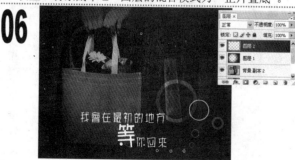

06

1　打开"个性字体.tif"素材文件。
2　选择移动工具 ➤ ，拖动文字图层内容到目标文件窗口中，自动生成"图层 2"。
3　按 Ctrl+T 组合键打开自由变换调节框，调整图像的大小、位置和角度，按 Enter 键确认变换。

实例11　异形相框效果

素材:\实例11\小哥俩.tif

源文件:\实例11\异形相框效果.psd

包含知识
- 快速蒙版模式编辑
- 马赛克命令
- 锐化命令
- 矩形选框工具

重点难点
- 快速蒙版模式编辑

制作思路

绘制矩形选框　　　添加蒙版模式　　　使用锐化命令　　　最终效果

01

1 打开"小哥俩.tif"素材文件。
2 拖动"背景"图层到"图层"面板下方的"创建新图层"按钮 上，复制生成"背景副本"图层。
3 选择矩形选框工具 ，在窗口中绘制矩形选区。

02

1 选择"选择-修改-平滑"命令，打开"平滑选区"对话框，设置取样半径为 25 像素，单击"确定"按钮。
2 单击工具箱下方的"以快速蒙版模式编辑"按钮 ，对选区内容进行蒙版编辑。

03

1 选择"滤镜-像素化-马赛克"命令，打开"马赛克"对话框。
2 设置单元格大小为 6 方形，单击"确定"按钮。

04

1 选择"滤镜-锐化-锐化"命令，按 Ctrl+F 组合键 8 次重复操作上一次执行的锐化滤镜。
2 按 Q 键退出快速蒙版模式，按 Ctrl+Shift+I 组合键反向选取选区。

05

1 单击"图层"面板下方的"创建新图层"按钮 ，新建"图层 1"。
2 设置前景色为红色（R:26,G:51,B:134）。按 Alt+Delete 组合键将选区填充为前景色。

06

1 单击"图层"面板下方的"创建新图层"按钮 ，新建"图层 2"。
2 选择"编辑-描边"命令，打开"描边"对话框。设置宽度为 1px，颜色为浅蓝色（R:97,G:206,B:182），位置为居外，单击"确定"按钮。
3 按 Ctrl+D 组合键取消选区。

实例12　污渍修复

素材:\实例 12\城市一角.tif
源文件:\实例 12\污渍修复.psd

包含知识
- 污点修复画笔工具
- 修复画笔工具
- 仿制图章工具
- 减淡工具

重点难点
- 污点修复画笔工具

制作思路

复制图层　　　　修复污点　　　　进一步修复污点　　　　最终效果

01

1 打开"城市一角.tif"素材文件。

2 拖动"背景"图层到"图层"面板下方的"创建新图层"按钮 上,复制生成"背景副本"图层。

02

1 选择污点修复画笔工具 ,在其选项栏中设置画笔为 15 像素,模式为正常。

2 拖动鼠标在黑色污点位置涂抹,释放鼠标后,黑色污点大部分被修复。

03

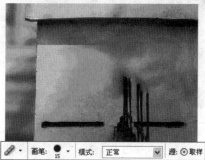

1 选择修复画笔工具 ,在其选项栏中设置画笔为 15 像素,模式为正常。

2 按住 Alt 键不放,在邻近相似区域处单击取样,松开 Alt 键单击需要修复的部分,再次对其进行修复。

04

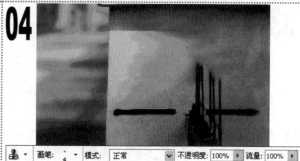

1 选择仿制图章工具 ,在其选项栏中设置画笔为柔角 4 像素,不透明度为 100%。

2 按住 Alt 键的同时在铁栏杆下方邻近的相似区域单击取样,松开 Alt 键,涂抹需要修补的铁栏杆。

05

1 选择减淡工具 ,在其选项栏中设置画笔为 50 像素柔角,范围为中间调,曝光度为 15%。

2 拖动鼠标,进行局部减淡处理,此时污点基本消失。

06

1 选择锐化工具 ,在其选项栏中设置画笔大小为 10 像素,强度为 30%。

2 拖动鼠标,对铁栏杆边缘进行局部锐化处理,完成本例的制作。

素材:\实例 13\夜空.tif

源文件:\实例 13\满天繁星.psd

实例13　满天繁星

包含知识
- 画笔工具
- 图层样式
- 复制图层
- 图层混合模式

重点难点
- 设置画笔

制作思路

复制图层　　　使用柔角画笔工具　　　交叉排线画笔　　　最终效果

01

1 打开"夜空.tif"素材文件。
2 拖动"背景"图层到"图层"面板下方的"创建新图层"按钮 上,复制生成"背景副本"图层。

02

1 单击"图层"面板下方的"创建新图层"按钮 ,新建"图层 1"。
2 选择画笔工具 ,在其选项栏中设置 20 像素柔角画笔,不透明度为 100%。
3 在窗口中随意单击绘制大小不一的大星星效果。

03

1 新建"图层 2"。打开"画笔"面板,单击"画笔笔尖形状"名称,设置直径为 7px,间距为 400%。
2 单击"形状动态"复选框后面的名称,设置大小抖动为 100%,其他参数保持不变。
3 单击"散布"复选框后面的名称,设置散布为 1000%。在窗口中随意拖动鼠标,绘制出满天繁星的效果。

04

1 新建"图层 3"。在选项栏中单击"画笔"名称旁边的 按钮,打开"画笔"拾色器,单击右侧的 按钮,在弹出的快捷菜单中选择"混合画笔"命令,单击对话框中的"追加"按钮,将其载入。在更新后的画笔列表框中选择"交叉排线 4"画笔。
2 在窗口中大星星的中心发光圆点位置绘制光芒效果。

05

1 双击"图层 3",打开"图层样式"对话框,单击"外发光"复选框后面的名称。
2 设置发光颜色为红色(R:255,G:11,B:0),不透明度为 100%,其他参数保持不变,单击"确定"按钮。

06

1 在"图层"面板中单击"背景副本"图层,设置"背景副本"图层的混合模式为"正片叠底"。

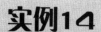实例14　艺术画报

素材:\实例 14\忧郁美女.tif
源文件:\实例 14\艺术画报.psd

包含知识
- 颜色替换工具
- 铅笔工具
- 高斯模糊命令
- 图层混合模式

重点难点
- 颜色替换工具

制作思路

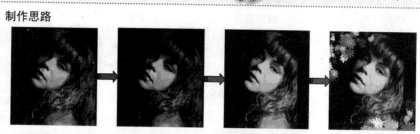

复制图层　　　　使用颜色替换工具　　　使用铅笔工具　　　　最终效果

01

[1] 打开"忧郁美女.tif"素材文件。
[2] 拖动"背景"图层到"图层"面板下方的"创建新图层"按钮 上，复制生成"背景副本"图层。

02

[1] 选择颜色替换工具 ，在其选项栏中设置画笔的硬度为 50%，模式为颜色，单击"取样连续"按钮 ，限制为连续，容差为 40%。
[2] 设置前景色为红色（R:248,G:106,B:136），拖动鼠标在人物头发部位涂抹，将其颜色替换。

03

[1] 在其选项栏中设置画笔大小为 35 像素，模式为颜色，单击"取样一次"按钮 ，限制为不连续，容差为 20%。
[2] 连续单击人物嘴唇部位，将其唇色替换。

04

[1] 按 Ctrl+J 组合键复制"背景副本"内容到"背景副本副本"图层中。选择"滤镜-模糊-高斯模糊"命令，打开"高斯模糊"对话框。设置半径为 3 像素，单击"确定"按钮。
[2] 设置图层混合模式为滤色，不透明度为 50%。

05

[1] 选择铅笔工具 ，设置选项栏中画笔的大小为 200 像素，模式为正常，不透明度为 100%。
[2] 单击"图层"面板下方的"创建新图层"按钮 ，新建"图层 1"。设置前景色为暗红色（R:86,G:15,B:42）。
[3] 在窗口两侧绘制对称边框。

06

[1] 在铅笔工具选项栏中设置画笔为"杜鹃花串"，大小为 200 像素，模式为正常，不透明度为 100%。
[2] 单击"图层"面板下方的"创建新图层"按钮 ，新建"图层 2"，分别在窗口左上角和右下角绘制图案。

素材:\实例 15\浮云\
源文件:\实例 15\鱼形浮云.psd

实例15 复制浮云

包含知识
- 仿制图章工具
- 图层混合模式
- 复制图层

重点难点
- 仿制图章工具
- 仿制云朵整体协调性

制作思路

复制图层　　　　使用仿制图章工具　　　仿制大云朵　　　　最终效果

1 打开"鱼形浮云.tif"素材文件。
2 拖动"背景"图层到"图层"面板下方的"创建新图层"按钮 上,复制生成"背景副本"图层。

1 选择仿制图章工具 ,在其选项栏中设置画笔为柔角 35 像素,不透明度为 100%。
2 按住 Alt 键的同时在窗口右下角的小云朵区域单击鼠标,松开 Alt 键,涂抹需要添加云朵的左下角区域。

1 在仿制图章工具选项栏中设置画笔为柔角,大小为 80 像素,不透明度为 70%。
2 按住 Alt 键的同时单击鼠标,吸取窗口中大云朵区域的图像,然后松开 Alt 键,涂抹需要添加云朵的左方区域。

1 打开"云朵.tif"素材文件。
2 此时两张素材图片在窗口中同时处于打开状态,选择仿制图章工具 ,在其选项栏中设置画笔为柔角,大小为 90 像素,不透明度为 100%。
3 按住 Alt 键的同时单击鼠标,吸取"云朵"文件窗口中的云朵,松开 Alt 键,在"鱼形浮云"文件窗口中需要添加云朵的区域涂抹。

1 按 Ctrl+J 组合键复制"背景副本"图层生成"背景副本 2"。
2 设置"背景副本 2"图层的图层混合模式为柔光,完成本例的制作。

注意提示

　　仿制图章工具 的使用特点是将图像的一部分绘制到同一图像的另一部分或具有相同颜色模式(如同是 RGB 模式)的打开文档中。当然,如果针对同一个文件,也可以将一个图层的一部分图像绘制到另一个图层中。

　　可以对仿制图章工具 使用任意的画笔笔尖,这样能够准确控制仿制区域的大小。通过设置不同的不透明度和流量参数,还可以控制对仿制区域应用绘制的效果,如完全覆盖或半透明覆盖等。

　　因此,仿制图章工具 对于复制对象或清除图像中的缺陷非常有用。

实例16　油画效果

素材:\实例 16\油画\

源文件:\实例 16\油画效果.psd

包含知识
- 历史记录艺术画笔工具
- 复制图层
- 图层混合模式

重点难点
- 历史记录艺术画笔的设置

制作思路

复制图层　　　　使用历史记录艺术画笔　　设置图层混合模式　　　最终效果

01

1 打开"欧洲风情.tif"素材文件。
2 按 Ctrl+J 组合键,复制"背景"图层内容到"图层 1"。

02

◆单击该小方框,显示"设置历史记录画笔的源"图标

1 选择历史记录艺术画笔工具,在其选项栏中设置不透明度为 15%,区域为 10px。
2 打开"历史记录"面板,单击显示"设置历史记录画笔的源"图标,拖动鼠标在文件窗口中慢慢涂抹。

03

1 拖动"背景"图层到"图层"面板下方的"创建新图层"按钮上,复制生成"背景副本"图层,将"背景副本"图层放置于"图层 1"上方。
2 设置"背景副本"的图层混合模式为叠加,图层的总体不透明度为 30%。

04

1 打开"油画纹理.tif"素材文件。
2 选择移动工具,将素材图片拖动到"欧洲风情"文件窗口中,自动生成"图层 2"。
3 设置"图层 2"的图层混合模式为柔光。

05

1 拖动"图层 2"到"图层"面板下方的"创建新图层"按钮上,复制生成"图层 2 副本"。

06

1 按 Ctrl+Alt+Shift+E 组合键盖印可见图层,自动生成"图层 3"。
2 选择"图像-调整-色彩平衡"命令,打开"色彩平衡"对话框,设置参数为-50,40,45,单击"确定"按钮。

实例17　绚烂天空效果

素材:\实例17\天空\
源文件:\实例17\绚烂天空效果.psd

包含知识
- 魔术橡皮擦工具
- 复制图层
- 亮度/对比度命令
- 自由变换

重点难点
- 魔术橡皮擦工具

制作思路

复制图层　　　使用魔术橡皮擦工具　　　擦除图像　　　最终效果

01

1. 打开"古遗址.tif"素材文件。
2. 拖动"背景"图层到"图层"面板下方的"创建新图层"按钮 上，复制生成"背景副本"图层。

02

1. 单击"背景"图层前面的"指示图层可视性"图标 ，将"背景"图层隐藏。
2. 选择魔术橡皮擦工具 ，在其选项栏中设置容差为32，在窗口上方的蓝色天空处单击，将图像擦除。

03

1. 在选项栏中设置容差为50，连续单击需要擦除的天空部位，将图像擦除。

04

1. 打开"绚烂天空.tif"素材文件。
2. 选择移动工具 ，拖动图像内容到"古遗址"文件窗口中，自动生成"图层1"，并将其放置于"背景"图层之上。

05

1. 按 Ctrl+T 组合键打开自由变换调节框，调整图像的大小和位置到如图所示，按 Enter 键确认变换。
2. 选择"图像-调整-亮度/对比度"命令，打开"亮度/对比度"对话框，设置参数为 20，50，单击"确定"按钮。

注意提示

用魔术橡皮擦工具 在图层中单击时，该工具会将所有相似的像素更改为透明。如果在已锁定透明像素的图层中工作，这些像素将更改为背景色。如果在"背景"图层中单击，则将"背景"图层转换为"图层 0"并将所有相似的像素更改为透明。

魔术橡皮擦工具 最具特色的功能是，在当前图层上可以决定是只抹除图像邻近的像素，还是抹除所有相似的像素，以便更准确地达到最完美的擦除效果。该工具适合用于整幅画面色彩对比鲜明，颜色单纯的图片，如本案例中的天地颜色分界明确的画面就很适合使用该工具。直接擦除大面积相似的颜色像素，可快速达到抽出图像的目的。

实例18　圆柱效果一

素材：\实例18\地板.tif
源文件：\实例18\圆柱效果一.psd

包含知识
- 矩形选框工具
- 渐变工具
- 椭圆选框工具

重点难点
- 设置渐变

制作思路

绘制选区　　　　渐变填充　　　　渐变填充　　　　删除多余部分

01

1 打开"地板.tif"素材文件。
2 单击"图层"面板下方的"创建新图层"按钮，新建"图层1"。
3 选择矩形选框工具，在窗口中绘制矩形选区。

02

◆ 当"预设"栏中没有适合的渐变图案时，双击下方的色标，在打开的对话框中可设置色标颜色，然后设置新的渐变图案

1 选择渐变工具，在其选项栏中单击渐变色选择框，打开"渐变编辑器"对话框。设置渐变图案为"浅灰色-白色-黑色-深灰色"，单击"确定"按钮。
2 新建"图层2"。在选区内由左至右水平拖动填充渐变色。
3 按 Ctrl+D 组合键取消选区。

03

1 选择椭圆选框工具，在窗口上方绘制一个椭圆选区。
2 拖动选区到矩形内并使其两侧与矩形的两边相切。

04

1 选择渐变工具，在其选项栏中单击渐变色选择框，打开"渐变编辑器"对话框。设置渐变图案为"浅灰色-深灰色"，单击"确定"按钮。
2 在选区内由左下至右上斜线拖动，填充渐变色。

05

1 选择椭圆选框工具，垂直移动未取消的椭圆选区到矩形的下方。
2 选择矩形选框工具，在其选项栏中单击"添加到选区"按钮，在窗口中绘制选区，并保证椭圆上方的部分全部处于矩形选区的内部。

06

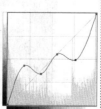

1 按 Ctrl+Shift+I 组合键反向选取选区。按 Delete 键删除选区内容，并按 Ctrl+D 组合键取消选区。
2 选择"图层1"，选择"图像-调整-曲线"命令，在打开的对话框中调整曲线至如图所示，单击"确定"按钮。
3 选择"图层2"，按 Ctrl+E 组合键向下合并图层为"图层1"。

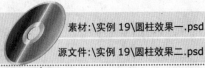

素材:\实例19\圆柱效果一.psd
源文件:\实例19\圆柱效果二.psd

实例19 圆柱效果二

包含知识
- 橡皮擦工具
- 自由变换
- 创建图层命令
- 高斯模糊命令

重点难点
- 圆柱及投影的制作

制作思路

打开素材文件　　　自由变换　　　高斯模糊　　　最终效果

01

1 打开"圆柱效果一.tif"素材文件。
2 选择"图层-图层样式-投影"命令,在打开的"图层样式"对话框中设置距离为 5 像素,大小为 5 像素,单击"确定"按钮。

02

1 选择"图层-图层样式-创建图层"命令,单击对话框中的"确定"按钮,在"图层"面板中自动在"图层 1"下方生成"'图层 1'的投影副本"图层。
2 拖动"'图层 1'的投影副本"图层到"创建新图层"按钮上,复制生成它的副本图层。
3 按 Ctrl+T 组合键打开自由变换调节框,在窗口内单击鼠标右键,在弹出的快捷菜单中选择"扭曲"命令。拖动调节框的各个角点,变换投影形状。

03

1 按 Enter 键确认变换。设置"'图层 1'的投影副本"图层的填充为 45%。

04

半径(R): 5　像素

1 选择"滤镜-模糊-高斯模糊"命令,打开"高斯模糊"对话框。
2 设置半径为 5 像素,单击"确定"按钮。

05

画笔: 200　模式: 画笔　不透明度: 100%　流量: 10%

1 选择橡皮擦工具 ,在其选项栏中设置画笔为 200 像素柔角,不透明度为 100%,流量为 10%。
2 在投影的上方位置进行局部擦除。

06

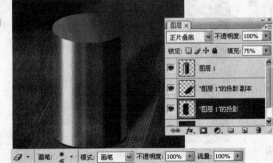

画笔: 45　模式: 画笔　不透明度: 100%　流量: 100%

1 选择"'图层 1'的投影"图层,在其选项栏中设置画笔为 45 像素柔角,不透明度为 100%,流量为 100%。
2 在圆柱体的右侧投影位置进行擦除。

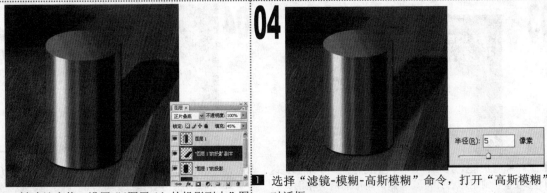

实例20　放射促销文字

素材:\无

源文件:\实例 20\放射促销文字.psd

包含知识
- 变形文字
- 渐变工具
- 设置图层样式
- 变换图像

重点难点
- 变形文字
- 变换图像

制作思路

填充渐变　　　变形文字　　　极坐标命令　　　最终效果

01

◆ 文件大小为 600 像素×600 像素,分辨率为 200 像素/英寸

1. 新建"放射促销文字.psd"文件。
2. 选择渐变工具 ,在其选项栏中单击渐变色选择框 ,打开"渐变编辑器"对话框,设置渐变图案为"黄色-红色"。
3. 单击选项栏中的"径向渐变"按钮 ,在选区内由中心向斜角方向拖动鼠标填充渐变色。

02

1. 选择横排文字工具 ,在其选项栏中设置文本颜色为白色(R:255,G:255,B:255),输入文字"劲价风暴"。
2. 在其选项栏中设置字体为方正综艺繁体,字号为 38 点,单击"创建文字变形"按钮 ,打开"变形文字"对话框,设置样式为凸起,其他参数保持不变,单击"确定"按钮。

03

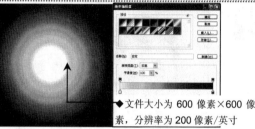

1. 选择文字图层,按 Ctrl+J 组合键复制文字图层的内容到文字副本图层。单击文字副本图层前面的"指示图层可视性"图标 ,将文字副本图层隐藏。按 Ctrl+Alt+Shift+E 组合键盖印可见图层,自动生成"图层 1"。
2. 选择"滤镜-扭曲-极坐标"命令,打开 "极坐标"对话框,选中"极坐标到平面坐标"单选项,单击"确定"按钮。

04

1. 选择"编辑-变换-旋转 90 度(顺时针)"命令,变换图像。
2. 选择"滤镜-风格化-风"命令,打开"风"对话框,设置方法为风,方向为从左,单击"确定"按钮。
3. 按 Ctrl+F 组合键多次,重复上一次执行的风滤镜操作。

05

1. 选择"编辑-变换-旋转 90 度(逆时针)"命令。
2. 选择"滤镜-扭曲-极坐标"命令,打开 "极坐标"对话框,选中"平面坐标到极坐标"单选项,单击"确定"按钮。
3. 单击文字副本图层前面的小方框,显示文字副本图层。

06

1. 选择文字副本图层,选择"图层-图层样式-描边"命令,打开"图层样式"对话框。设置大小为 1 像素,颜色为"黑色"。
2. 单击"渐变叠加"复选框后面的名称,单击渐变色选择框 ,打开"渐变编辑器"对话框,设置渐变图案为"橙色-黄红-橙色",单击"确定"按钮。
3. 打开"促销文字素材.tif"素材文件。选择移动工具 ,拖动图像内容到"放射促销文字.psd"文件窗口中。

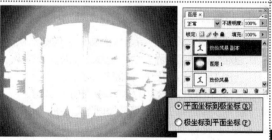

实例21 证件照片

素材:\实例 21\瑜珈美女.tif

源文件:\实例 21\证件照片.psd

包含知识
- 油漆桶工具
- 裁剪工具
- 快速选择工具
- 色彩平衡命令

重点难点
- 油漆桶工具

制作思路

   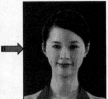

裁剪图像　　　　选择选区　　　　油漆桶工具　　　　最终效果

01

1 打开"瑜珈美女.tif"素材文件。
2 选择裁剪工具，在素材图片中拖绘出一个范围，双击鼠标确定该图片范围，被黑色覆盖的图像部分被裁剪掉。

02

1 选择快速选择工具，在窗口中单击白色的背景部分，将其载入选区。
2 按 Ctrl+Alt+D 组合键，打开"羽化选区"对话框，设置羽化半径为 1 像素，单击"确定"按钮。

03

1 设置前景色为红色（R:205,G:2,B:12）。单击"图层"面板下方的"创建新图层"按钮，新建"图层 1"。
2 选择油漆桶工具，在选区内单击，将选区填充为红色。按 Ctrl+ D 组合键取消选区。

04

1 拖动"背景"图层到"图层"面板下方的"创建新图层"按钮上，复制生成"背景副本"图层。
2 选择快速选择工具，在窗口中单击人物衣服部分，将其载入选区。按 Ctrl+Alt+D 组合键打开"羽化选区"对话框，设置参数为 1 像素，单击"确定"按钮。
3 设置前景色为暗绿色（R:137,G:71,B:229）。选择油漆桶工具，在选区内单击，将其填充为前景色。按 Ctrl+D 组合键取消选区。

05

1 选择"图像-调整-色彩平衡"命令，打开"色彩平衡"对话框。
2 设置参数为 40，-40，-45，单击"确定"按钮。

注意提示

快速选择工具的特点是为具有不规则形状的对象建立快速准确的选区，而无须手动跟踪该对象的边缘。要使用快速选择工具获得更加准确的选区，需要使用该工具绘制选区并单击选项栏中的 调整边缘... 按钮改进即可。

使用快速选择工具时可调整画笔笔尖的大小，从而快速创建选区。拖动鼠标时，选区会向外扩展并自动查找和跟随图像中定义的边缘。在建立选区时，按键盘上的右方括号键（] ）可增大快速选择工具画笔笔尖的大小；按左方括号键（ [）可减小快速选择工具画笔笔尖的大小。

实例22　贵宾卡

素材:\实例 22\卡片\
源文件:\实例 22\贵宾卡.psd

包含知识
- 圆角矩形工具
- 渐变工具
- 收缩命令

重点难点
- 圆角矩形工具
- 渐变工具

制作思路

绘制选区路径　　　删除选区内容　　　添加素材　　　最终效果

01

◆ 文件大小为 800 像素×600 像素，分辨率为 200 像素/英寸

1 新建"贵宾卡.psd"文件。
2 按 D 键复位前景色和背景色。按 Alt+Delete 组合键将 "背景"图层填充为前景色。
3 选择圆角矩形工具▢，单击其选项栏中的"路径"按钮 ▨，设置半径为 40px，在窗口中绘制圆角矩形路径。

02

1 按 Ctrl+Enter 组合键将路径转化为选区。单击"图层" 面板下方的"创建新图层"按钮▫，新建"图层 1"。
2 选择渐变工具▢，在其选项栏中单击渐变色选择框 ▭，打开"渐变编辑器"对话框，设置渐变图案 为"暗黄-黄-暗黄"。
3 单击渐变工具选项栏中的"线性渐变"按钮▢，在选区 中平行拖动鼠标填充渐变色。

03

1 选择"选择-变换选区"命令，打开选区变换调节框。按 住 Shift 键不放调整选区的大小和位置，按 Enter 键确 认变换。
2 按 Ctrl+J 组合键复制选区内容到"图层 2"。

04

1 按住 Ctrl 键不放单击"图层 1"的缩略图，载入外轮廓 选区。
2 选择"选择-修改-收缩"命令，打开"收缩选区"对话 框，设置收缩量为 10 像素，单击"确定"按钮。
3 按 Delete 键删除选区内容，按 Ctrl+D 组合键取消选区。

05

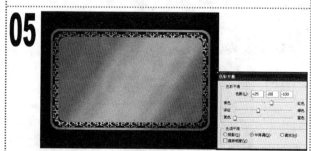

1 打开"花边.tif"素材文件。选择移动工具▶，拖动图像 内容到"贵宾卡"文件窗口中，自动生成"图层 3"。
2 按 Ctrl+T 组合键打开自由变换调节框，调整图像的大小 和位置，按 Enter 键确认变换。
3 选择"图像-调整-色彩平衡"命令，在打开的对话框中 设置参数为 25，-20，-100，单击"确定"按钮。

06

1 打开"贵宾卡素材.tif"素材文件。选择移动工具▶，拖 动图像内容到"贵宾卡"文件窗口中，自动生成"图层 4"。
2 按 Ctrl+T 组合键打开自由变换调节框，调整图像的大小 和位置到如图所示，按 Enter 键确认变换。

实例23　模糊照片变清晰

包含知识
- 锐化工具
- 复制图层
- 锐化模式

重点难点
- 锐化工具
- 锐化模式的选择

制作思路

复制图层　　　　使用锐化工具　　　添加不同的锐化模式　　　最终效果

01

1 打开"模糊照片.tif"素材文件。
2 拖动"背景"图层到"图层"面板下方的"创建新图层"
　按钮 上,复制生成"背景副本"图层。

02

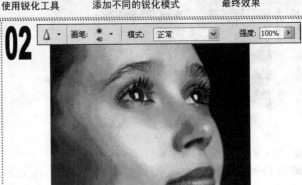

1 选择锐化工具 ,在其选项栏中设置画笔为柔角 40 像
　素,模式为正常,强度为 100%。
2 拖动鼠标在人物眉毛和眼睛位置涂抹进行锐化处理。

03

1 在其选项栏中设置画笔为柔角 30 像素,模式为变亮,
　强度为 70%。
2 拖动鼠标在人物项链处涂抹进行锐化处理。

04

1 在其选项栏中设置画笔为柔角 60 像素,模式为明度,
　强度为 80%。
2 拖动鼠标在人物嘴唇和头发处涂抹进行锐化处理。

05

1 在其选项栏中设置画笔为柔角 125 像素,模式为正常,
　强度为 100%。
2 拖动鼠标在人物皮肤处涂抹进行锐化处理。

06

1 按 Ctrl+J 组合键,复制"背景副本"图层内容到"背景
　副本 2"图层。
2 设置"背景副本 2"图层的图层混合模式为叠加,总体
　不透明度为 50%。

实例24　对比鲜明的照片

素材:\实例 24\高中生.tif
源文件:\实例 24\对比鲜明的照片.psd

包含知识
■ 加深工具
■ 图层混合模式
重点难点
■ 加深工具范围的选择
■ 加深工具曝光度的把握

制作思路

复制图层　　　　使用加深工具　　　添加不同的加深模式　　　最终效果

1 打开"高中生.tif"素材文件。
2 拖动"背景"图层到"图层"面板下方的"创建新图层"按钮 上,复制生成"背景副本"图层。

1 选择加深工具 ,在其选项栏中设置画笔为柔角 250 像素,范围为阴影,曝光度为 50%。
2 拖动鼠标在背景和人物头发处涂抹进行加深处理。

1 在其选项栏中设置画笔为柔角 150 像素,曝光度为 30%。
2 拖动鼠标在人物身体部位涂抹进行加深处理。

1 在其选项栏中设置画笔为柔角175像素,范围为中间调,曝光度为 60%。
2 拖动鼠标在文件窗口中的背景位置涂抹进行加深处理。

1 在其选项栏中设置画笔为柔角 90 像素,曝光度为 35%。
2 拖动鼠标在人物身体部位涂抹进行加深处理。此时图像的色彩发生一定的改变。

1 按 Ctrl+J 组合键,复制"背景副本"图层内容到"背景副本 2"图层。
2 设置"背景副本 2"图层的混合模式为颜色加深,总体不透明度为 40%。

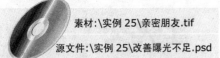

素材:\实例 25\亲密朋友.tif

源文件:\实例 25\改善曝光不足.psd

实例25　改善曝光不足

包含知识
- 减淡工具
- 图层混合模式

重点难点
- 减淡工具范围的选择
- 减淡工具曝光度的把握

制作思路

复制图层　　　　使用减淡工具　　　添加不同的减淡模式　　　最终效果

01

1 打开"亲密朋友.tif"素材文件。

2 拖动"背景"图层到"图层"面板下方的"创建新图层"按钮 ▣上,复制生成"背景副本"图层。

02

1 选择减淡工具 ◉,在选项栏中设置画笔大小为柔角 90 像素,范围为高光,曝光度为 15%。

2 拖动鼠标在文件窗口中的高光处涂抹进行减淡处理。

03

1 在其选项栏中设置画笔为柔角 175 像素,范围为中间调,曝光度为 30%。

2 拖动鼠标在图像背景处涂抹进行减淡处理。

04

1 在其选项栏中设置画笔为柔角 125 像素,曝光度为 50%。

2 拖动鼠标在文件窗口中的人物图像处涂抹进行减淡处理。

05

1 按 Ctrl+J 组合键,复制"背景副本"图层内容到"背景副本 2"图层。

2 设置"背景副本 2"图层的混合模式为叠加,总体不透明度为 75%,完成本例的制作。

▌知识延伸

减淡工具 ◉和加深工具 ◉是基于调节照片特定区域的曝光度的传统摄影技术,可用于使图像区域变亮或变暗。犹如摄影师可遮挡光线以使照片中的某个区域变暗(加深),或增加曝光度以使照片中的某些区域变亮(减淡)。用减淡或加深工具在某个区域上方绘制的次数越多,该区域就会变得越亮或越暗。

减淡工具 ◉还常用于人物皮肤的美白处理,只需注意调整选项栏中曝光度的参数即可得到很自然的美白效果。例如,人物皮肤高光处应该设置曝光度高些且涂抹次数多些,而面部侧面阴影部分则需要设置曝光度低些且涂抹次数少一些。

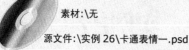

实例26　卡通表情一

素材:\无

源文件:\实例 26\卡通表情一.psd

包含知识

- 钢笔工具
- 椭圆工具
- 椭圆选框工具
- 图层样式
- 渐变工具

重点难点

- 卡通眼睛路径的绘制

制作思路

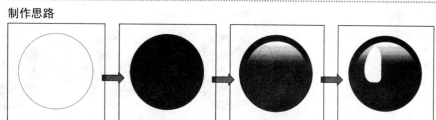

添加描边效果　　　　渐变叠加　　　　绘制路径　　　　填充颜色

01

◆ 文件大小为 600 像素 ×600 像素,分辨率为 200 像素/英寸

1 新建"卡通表情一"文件。

2 设置前景色为白色(R:255,G:255,B:255)。单击"图层"面板下方"创建新图层"按钮■,新建"图层 1"。隐藏"背景"图层。

3 选择椭圆工具◎,在其选项栏中单击"填充像素"按钮■,按住 Shift 键不放在窗口中绘制正圆图案。

02

1 选择"图层-图层样式-描边"命令,打开"图层样式"对话框。

2 设置大小为 2 像素,颜色为暗紫色(R:103,G:8,B:89)。

03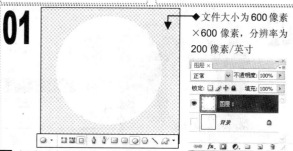

1 单击"渐变叠加"复选框后面的名称,单击渐变色选择框■■■,打开"渐变编辑器"对话框,设置渐变图案为"暗红色-紫红-深紫色",单击"确定"按钮。

04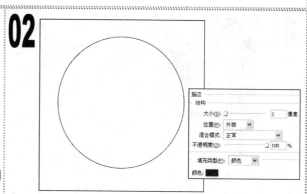

1 单击"图层"面板下方的"创建新图层"按钮■,新建"图层 2"。选择椭圆选框工具○,按住 Shift 键不放在窗口中绘制稍小的正圆选区。

2 选择渐变工具■,在其选项栏中单击渐变色选择框■■■■,打开"渐变编辑器"对话框,设置渐变图案为"前景到透明",单击"确定"按钮。

3 在选区内垂直拖动鼠标填充渐变色,按 Ctrl+D 组合键取消选区。

05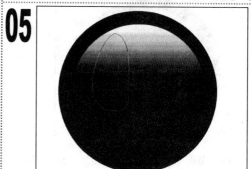

1 选择钢笔工具◊,在窗口中如图所示的位置绘制眼睛的闭合路径。

06

1 新建"图层 3"。按 Ctrl+Enter 组合键转换路径为选区。

2 按 Alt+Delete 组合键将选区填充为前景色。按 Ctrl+D 组合键取消选区。

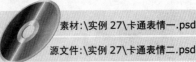

素材:\实例27\卡通表情一.psd

源文件:\实例27\卡通表情二.psd

实例27　卡通表情二

包含知识
- 画笔工具
- 椭圆工具
- 图层样式

重点难点
- 椭圆工具

制作思路

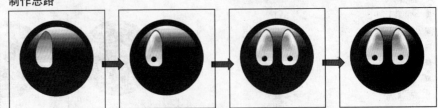

打开素材文件　　绘制眼睛　　复制图层　　绘制嘴巴

01

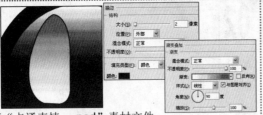

1 打开"卡通表情一.psd"素材文件。

2 双击"图层 3"后面的空白处,打开"图层样式"对话框,单击"描边"复选框后面的名称。设置大小为 2 像素,颜色为暗紫色(R:103,G:8,B:89)。

3 单击"渐变叠加"复选框后面的名称,单击渐变色选择框,打开"渐变编辑器"对话框,设置渐变图案为"白色-灰色",单击"确定"按钮。

02

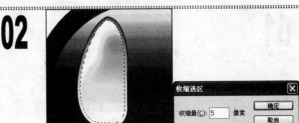

1 按住 Ctrl 键不放单击"图层 3"的缩略图,载入眼睛外轮廓选区。选"选择-修改-收缩"命令,在打开的对话框中设置收缩量为 5 像素,单击"确定"按钮。

2 新建"图层 4"。选择画笔工具,在其选项栏中选择柔角 50 像素画笔,设置不透明度为 70%,在选区上方绘制眼睛的高光。

03

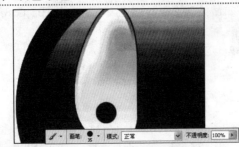

1 按 Ctrl+D 组合键取消选区。单击"图层"面板下方的"创建新图层"按钮,新建"图层 5"。

2 设置前景色为黑色(R:0,G:0,B:0)。选择画笔工具,在其选项栏中选择尖角 35 像素画笔,设置不透明度和流量为 100%,在眼睛下方位置绘制黑色眼珠。

04

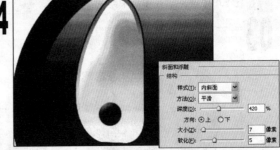

1 选择"图层-图层样式-斜面和浮雕"命令,打开"图层样式"对话框。

2 设置深度为 420%,大小为 7 像素,软化为 5 像素,其他参数保持不变,单击"确定"按钮。

05

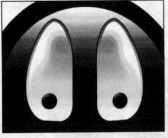

1 在"图层"面板中同时选择"图层 3"、"图层 4"和"图层 5"。拖动选择的图层到"图层"面板下方的"创建新图层"按钮上,复制生成 3 个图层的副本图层。

2 选择"编辑-变换-水平翻转"命令,按 Ctrl+T 组合键打开自由变换调节框,调整图像的位置,按 Enter 键确认变换。

06

1 单击"图层"面板下方的"创建新图层"按钮,新建"图层 6"。

2 选择椭圆工具,在其选项栏中单击"填充像素"按钮,在窗口下方绘制卡通嘴巴图案。

实例28　卡通表情三

素材:\实例 28\卡通表情二.psd

源文件:\实例 28\卡通表情三.psd

包含知识
- 钢笔工具
- 高斯模糊命令
- 图层样式

重点难点
- 绘制卡通眉毛的形状

制作思路

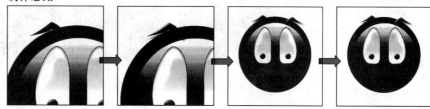

填充颜色　　　添加图层样式　　　翻转图像　　　最终效果

01

1️⃣ 打开"卡通表情二.psd"素材文件。选择钢笔工具 ✎，在窗口中如图所示的位置绘制眉毛的闭合路径。

2️⃣ 单击"图层"面板下方"创建新图层"按钮 ◻，新建"图层 7"。

3️⃣ 按 Ctrl+Enter 组合键转换路径为选区。按 Alt+Delete 组合键将选区填充为黑色。按 Ctrl+D 组合键取消选区。

02

1️⃣ 选择"图层-图层样式-投影"命令，打开"图层样式"对话框。取消选中"使用全局光"复选框，设置角度为 130 度，距离为 10 像素，扩展为 15%，大小为 4 像素。

2️⃣ 单击"斜面和浮雕"复选框后面的名称，设置深度为 200%，大小为 7 像素，软化为 2 像素，其他参数保持不变，单击"确定"按钮。

03

1️⃣ 拖动"图层 7"到"图层"面板下方的"创建新图层"按钮 ◻ 上，复制生成"图层 7 副本"图层。

2️⃣ 选择"编辑-变换-水平翻转"命令，按 Ctrl+T 组合键打开自由变换调节框，调整图像到如图所示的位置后，按 Enter 键确认变换。

04

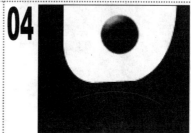 

1️⃣ 新建"图层 8"。选择钢笔工具 ✎，在窗口中眼睛下方绘制卡通脸蛋的路径。

2️⃣ 选择画笔工具 ✎，在其选项栏中选择尖角 5 像素画笔。单击"路径"面板下方的"用画笔描边路径"按钮 ○，单击"路径"面板空白处取消选择。

05

半径(R): 2.6　像素

1️⃣ 选择"滤镜-模糊-高斯模糊"命令，打开"高斯模糊"对话框。

2️⃣ 设置半径为 2.6 像素，单击"确定"按钮。

06

1️⃣ 拖动"图层 8"到"图层"面板下方的"创建新图层"按钮 ◻ 上，复制生成"图层 8 副本"图层。

2️⃣ 选择"编辑-变换-水平翻转"命令，并按 Ctrl+T 组合键打开自由变换调节框，调整图像的位置，按 Enter 键确认变换。

实例29 名片设计

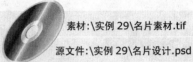

素材:\实例 29\名片素材.tif
源文件:\实例 29\名片设计.psd

包含知识
- 矩形选框工具
- 渐变工具
- 椭圆选框工具

重点难点
- 渐变的设置

制作思路

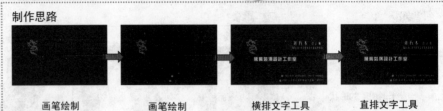

画笔绘制   画笔绘制   横排文字工具   直排文字工具

01

1 打开"名片素材.tif"素材文件。单击"图层"面板下方的"创建新图层"按钮，新建"图层 1"。

2 选择画笔工具，在其选项栏中选择尖角 1 像素画笔。设置前景色为粉红色（R:251,G:100,B:223）。

3 按住 Shift 键的同时在窗口中绘制平行和垂直直线。

02

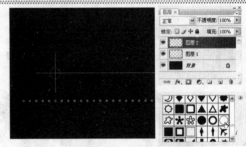

1 新建"图层 2"。选择自定形状工具，在其选项栏中打开"自定形状"拾色器，选择"窄边圆框"形状，然后单击选项栏中的"填充像素"按钮。

2 按住 Shift 键不放，在窗口中拖动鼠标绘制正圆图案，并将其放置于平行和垂直直线的中心处。

03

1 新建"图层 3"。选择画笔工具，在其选项栏中设置尖角 15 像素画笔，在窗口下方绘制圆点图案。

2 新建"图层 4"。选择画笔工具，在其选项栏中设置尖角 1 像素画笔，按住 Shift 键不放在窗口左下角绘制垂直直线。

04

1 设置前景色为粉色（R:250,G:197,B:240）。选择横排文字工具，在其选项栏中设置文字的字体为方正姚体，字号为 24 点，在窗口中输入文字。

05

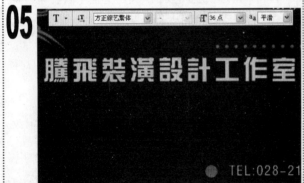

1 在其选项栏中设置文字的字体为方正综艺繁体，字号为 36 点，在窗口中输入文字。

06

1 选择直排文字工具，在其选项栏中设置文字的字体为黑体，字号为 18 点，在左下角位置分别输入文字，完成本例的制作。

素材:\无

源文件:\实例 30\水晶直排字.psd

实例30　水晶直排字

包含知识
- 横排文字蒙版工具
- 投影命令
- 拷贝图层样式

重点难点
- 横排文字蒙版工具

制作思路

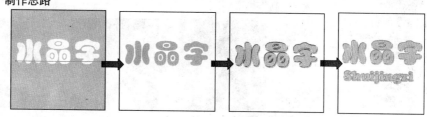

输入文字　　　　颜色替换工具　　　　铅笔工具　　　　最终效果

01

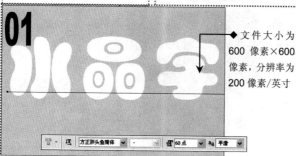

◆ 文件大小为 600 像素×600 像素,分辨率为 200 像素/英寸

1 新建"水晶直排字.psd"文件。

2 选择横排文字蒙版工具 🗚,在其选项栏中设置字体为方正胖头鱼简体,字号为 60 点。

3 在窗口中输入文字"水晶字"。

02

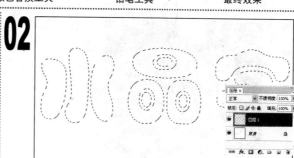

1 单击"图层"面板下方的"创建新图层"按钮 🖃,新建"图层 1"。

03

水晶字

1 设置前景色为蓝色(R:100,G:221,B:251)。

2 按 Alt+Delete 组合键将选区填充为前景色。按 Ctrl+D 组合键取消选区。

04

1 单击"图层"面板下方的"添加图层样式"按钮 𝑓𝑥.,在弹出的菜单中选择"投影"命令,在打开的对话框中设置阴影颜色为蓝色(R:6,G:141,B:175),等高线为"起伏斜面-下降",其他参数保持不变。

2 单击"斜面和浮雕"复选框后面的名称,设置样式为枕状浮雕,光泽等高线为"环形",阴影颜色为蓝色(R:60,G:175,B:203),其他参数保持不变,单击"确定"按钮。

05

1 选择横排文字蒙版工具 🗚,在其选项栏中设置字体为 Cooper Std,字号为 40 点。

2 在窗口中输入文字"Shuijingzi"。

3 新建"图层 2"。采用相同的方法填充颜色后,按 Ctrl+D 组合键取消选区。

06

1 在"图层 1"上单击鼠标右键,在弹出的快捷菜单中选择"拷贝图层样式"命令。在"图层 2"上单击鼠标右键,在弹出的快捷菜单中选择"粘贴图层样式"命令。

实例31　浮雕五角星

素材:\无

源文件:\实例 31\浮雕五角星.psd

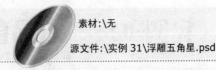

包含知识
- 多边形工具
- 光照效果命令
- 画笔工具

重点难点
- 多边形工具

制作思路

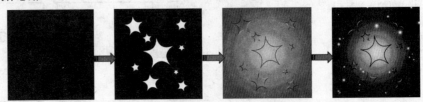

填充颜色　　　　绘制星星　　　　添加光照　　　　最终效果

01

◆ 文件大小为 600 像素×600 像素，分辨率为 200 像素/英寸

1. 新建"浮雕五角星.psd"文件。
2. 设置前景色为紫色（R:90,G:23,B:109）。按 Alt+Delete 组合键将"背景"图层填充为前景色。

02

1. 单击"图层"面板下方的"创建新图层"按钮 ，新建"图层 1"。按 Ctrl+Delete 组合键将"图层 1"填充为背景色。
2. 单击"通道"面板下方的"创建新通道"按钮 ，新建"Alpha1"通道。

03

多边形选项

半径：

平滑拐角

☑ 星形

缩进边依据：85%

☑ 平滑缩进

边 5

1. 选择多边形工具 ，单击其选项栏中的"填充像素"按钮 ，设置边为 5。
2. 单击"几何选项"按钮 ，在"多边形选项"栏中选中"星形"和"平滑缩进"复选框，设置缩进边依据为 85%。
3. 在窗口中拖动鼠标绘制多个星星图案。

04

1. 选择"RGB"通道，选择"图层 1"。选择"滤镜-渲染-光照效果"命令，在打开的对话框中设置光照类型为全光源，强度为 42，光照颜色为暗紫色（R:98,G:73,B:120），纹理通道为 Alpha1，高度为 30。在左侧预览框中调整光照范围，单击"确定"按钮。
2. 设置"图层 1"的图层混合模式为强光。按 Ctrl+J 组合键复制"图层 1"内容到"图层 1 副本"图层。

05

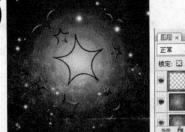

1. 单击"创建新图层"按钮 ，新建"图层 2"。设置前景色为白色（R:255,G:255,B:255）。
2. 选择画笔工具 ，在其选项栏中选择柔角 30 像素画笔，在窗口中单击鼠标绘制白色的圆点光芒。绘制过程中可按[键或]键调节画笔的主直径大小。

知识延伸

通过"光照效果"对话框中的"纹理通道"下拉列表框可制作出质感很强烈的浮雕效果，这与通道中的黑白分布有很大关系。因为该滤镜会使通道中白色的部分完全凸出，黑色的部分完全凹进，灰色的部分根据其色彩深浅决定凹凸的程度，但介于黑白通道的凹凸高度之间。

Alpha 通道也可以添加到图像中的灰度图像中，以便制作出需要的光照效果。例如，新建一个 Alpha 通道并为其随意添加一些黑白图案，对边缘进行一定的柔化处理后，在使用光照效果的过程中，在"纹理通道"下拉列表框中选择 Alpha 通道，可获得满意的浮雕效果。

利用光照效果制作浮雕只是其中一项功能，其他的功能，如多色灯光照等将在后面的实例中介绍。

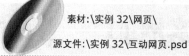

实例32　互动网页一

素材:\实例 32\网页\
源文件:\实例 32\互动网页.psd

包含知识
- 切片工具
- 储存为 Web 命令
- 储存命令

重点难点
- 切片工具的运用
- 储存为 Web 命令的掌握

制作思路

复制图层　　　　切片工具　　　　设置参数　　　　储存为 Web 命令

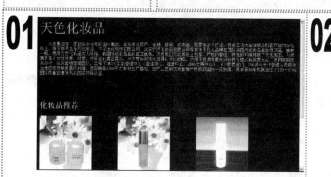

1 打开"网页页面.tif"素材文件。

2 拖动"背景"图层到"图层"面板下方的"创建新图层"按钮 上,复制生成"背景副本"图层。

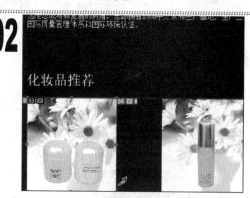

1 选择切片工具 ,在窗口中上方的粉饼位置拖绘出一个范围,该部分为选中部分。

1 在选中部分内单击鼠标右键,在弹出的快捷菜单中选择"编辑切片选项"命令,打开"切片选项"对话框。

2 在"URL"文本框中输入"护肤品.html",并分别在"目标"、"信息文本"和"Alt 标记"文本框中输入"1"、"2"、"3",其他设置保持不变,单击"确定"按钮。

1 选择"文件-存储为"命令,打开"存储为"对话框,指定保存的路径后,选择软件默认的 PSD 文件格式,输入文件名"互动网页",单击"保存"按钮。

2 选择"文件-存储为 Web 和设备所用格式"命令,打开"存储为 Web 和设备所用格式"对话框,保持参数不变。

1 单击"确定"按钮后,打开"将优化结果储存为"对话框,选择之前保存的相同路径,设置保存类型为"HTML和图像",其他设置保持不变,单击"确定"按钮。

2 在随后打开的"存储为 Web 和设备所用格式"对话框中,单击"确定"按钮。

1 打开"护肤品.tif"素材文件。

2 拖动"背景"图层到"图层"面板下方的"创建新图层"按钮 上,复制生成"背景副本"图层。

素材:\实例 33\网页\

源文件:\实例 33\互动网页.psd

实例33　互动网页二

包含知识
- 切片工具
- 储存为 Web 命令
- 储存命令

重点难点
- 切片工具的运用
- 储存为 Web 命令的掌握

制作思路

使用切片工具　　储存为 Web 命令　　网页相互转换　　最终效果

01

1 选择切片工具 ，在窗口中的图像位置拖绘出一个范围，该部分为选中部分。

02

1 在选中部分内单击鼠标右键，在弹出的快捷菜单中选择"编辑切片选项"命令，打开"切片选项"对话框。
2 在"URL"文本框中输入"互动网页.html"，分别在"目标"、"信息文本"和"Alt 标记"文本框中输入"1"、"2"、"3"，其他设置保持不变，单击"确定"按钮。

03

1 选择"文件-存储为"命令，打开"存储为"对话框，指定保存的路径后，选择软件默认的 PSD 文件格式，输入文件名"护肤品"，单击"保存"按钮。
2 选择"文件-存储为 Web 和设备所用格式"命令，打开"存储为 Web 和设备所用格式"对话框，保持参数不变。

04

1 单击"确定"按钮后，打开"将优化结果储存为"对话框，选择之前保存的相同路径，设置保存类型为"HTML 和图像"，其他设置保持不变，单击"确定"按钮。
2 在随后弹出的"存储为 Web 和设备所用格式"对话框中，单击"确定"按钮。

05

天色化妆品

化妆品推荐

◆单击此处

1 选择保存的工作路径，打开保存文件的文件夹，双击打开"互动网页"文件，单击"护肤品"处。

06

1 此时打开"护肤品"图像窗口，再单击"护肤品"图像窗口，又切换回"互动网页"图像窗口。至此，本例制作完成。

第 2 章

Photoshop 特效命令

实例 34　调整局部偏色

实例 35　信签设计

实例 43　邮票效果

实例 46　雕刻效果

实例 52　花卉明信片

实例 59　透明气泡效果

实例 67　旋转的文字圈

实例 70　科技风格纹理

实例 81　粗布特效

实例 86　拼贴风景

02

在 Photoshop CS3 中，每一个特效命令都可以配合工具制作出丰富多彩的图像效果。当然进行单独处理也能获得很好的特效画面。本章提供了几十个实例，分别讲解了常用命令的使用技巧，同时也展示了命令在特效制作中的举足轻重的作用。

素材:\实例 34\职业女性.tif

源文件:\实例 34\调整局部偏色.psd

实例34 调整局部偏色

包含知识
- 通道混合器命令
- 色阶命令
- 亮度/对比度命令
- 锐化命令

重点难点
- 通道混合器命令的运用

制作思路

 →  →

复制图层　　使用通道混合器命令　　使用色阶命令　　最终效果

01

1 打开"职业女性.tif"素材文件。

2 拖动"背景"图层到"图层"面板下方的"创建新图层"按钮 上，复制生成"背景副本"图层。

02

1 单击"图层"面板下方的"创建新的填充或调整图层"按钮 ，在弹出的下拉菜单中选择"通道混合器"命令，打开对话框。

2 设置输出通道为红，红色为90%，常数为-10%，单击"确定"按钮。

03

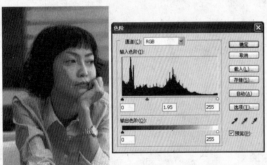

1 单击"创建新的填充或调整图层"按钮 ，在弹出的下拉菜单中选择"色阶"命令，打开对话框。

2 设置参数为 0，1.95，255，单击"确定"按钮。

04

1 单击"创建新的填充或调整图层"按钮 ，在弹出的下拉菜单中选择"亮度/对比度"命令，打开对话框。

2 设置亮度为 30，对比度为 20，单击"确定"按钮。

05

1 按 Ctrl+Alt+Shift+E 组合键盖印可见图层，生成"图层 1"。

2 选择"滤镜-锐化-USM 锐化"命令，在打开的对话框中设置参数为 50，8，6，单击"确定"按钮。

注意提示

本实例使用了 3 个命令调节颜色，其中"通道混合器"命令用于修改颜色通道并进行使用其他颜色调整工具不易实现的色彩调整。"色阶"命令的特点是通过为单个颜色通道设置像素分布来调整色彩平衡。使用"亮度/对比度"命令，可以对图像的色调范围进行简单的调整。将亮度滑块向右拖动会增加色调值并扩展图像高光，将亮度滑块向左拖动会减少色调值并扩展阴影，对比度滑块可扩展或收缩图像中色调值的总体范围。

在正常模式中，"亮度/对比度"命令会按比例（非线性）调整图像像素。若选中"使用旧版"复选框，该命令在调整亮度时只是简单地增大或减小所有像素值，这样会导致丢失高光或阴影区域中的图像细节。

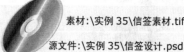

实例35　信签设计

素材:\实例 35\信签素材.tif
源文件:\实例 35\信签设计.psd

包含知识
- 旋转画布命令
- 半调图案命令
- 矩形选框工具
- 平滑命令

重点难点
- 旋转画布命令
- 平滑命令

制作思路

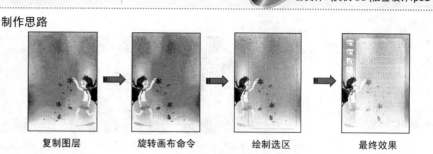

复制图层　　旋转画布命令　　绘制选区　　最终效果

01

1 打开"信签素材.tif"素材文件。
2 拖动"背景"图层到"图层"面板下方的"创建新图层"按钮□上，复制生成"背景副本"图层。
3 选择"图像-旋转画布-水平翻转画布"命令。

02

1 设置前景色为黄色（R:255,G:212,B:0），背景色为灰色（R:142,G:142,B:142）。
2 单击"图层"面板下方的"创建新图层"按钮□，新建"图层 1"。
3 按 Alt+Delete 组合键将"图层 1"填充为前景色。选择"滤镜-素描-半调图案"命令，在打开的对话框中设置参数为 3，50，图案类型为直线，单击"确定"按钮。

03

1 按 Ctrl+T 组合键打开自由变换调节框，旋转图像的角度、大小和位置后，按 Enter 键确认变换。
2 设置"图层 1"的图层混合模式为叠加，不透明度为 60%。

04

1 选择矩形选框工具□，在窗口中拖动绘制矩形选区。
2 选择"选择-修改-平滑"命令，打开"平滑选区"对话框。设置取样半径为 50 像素，单击"确定"按钮。

05
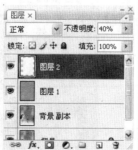

1 单击"图层"面板下方"创建新图层"按钮□，新建"图层 2"。
2 设置前景色为白色（R:255,G:255,B:255）。按 Alt+Delete 组合键将选区填充为前景色。按 Ctrl+D 组合键取消选区。
3 设置"图层 2"的不透明度为 40%。

06
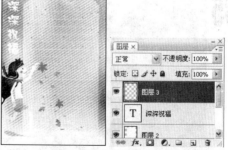

1 选择直排文字工具T，在其选项栏中设置文字的字体为文鼎中特广告体，字号为 102 点，在窗口左侧输入文字。
2 新建"图层 3"。选择画笔工具，在其选项栏中设置画笔为尖角 1 像素，按住 Shift 键不放在信签上绘制平行线条。

实例36　景深效果

素材:\实例 36\牵牛花.tif

源文件:\实例 36\景深效果.psd

包含知识
- 羽化命令
- 高斯模糊命令
- 矩形选框工具
- 图层混合模式

重点难点
- 羽化命令

制作思路

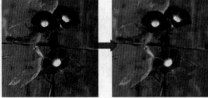 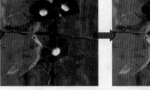  

复制图层　　　　　羽化命令　　　　　高斯模糊命令　　　　最终效果

01

1　打开"牵牛花.tif"素材文件。

2　拖动"背景"图层到"图层"面板下方的"创建新图层"按钮上，复制生成"背景副本"图层。

02

1　选择矩形选框工具，在窗口中拖动绘制矩形选区。

2　按 Ctrl+Alt+D 组合键，打开"羽化选区"对话框，设置羽化半径为 30 像素，单击"确定"按钮。

3　按 Ctrl+Shift+I 组合键反向选择选区。

03

1　选择"滤镜-模糊-高斯模糊"命令，打开"高斯模糊"对话框，设置半径为 3 像素，单击"确定"按钮。

2　按 Ctrl+D 组合键取消选区。

04

 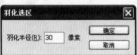

1　选择快速选择工具，在窗口中的牵牛花上单击或拖动，将其载入选区。选择"选择-修改-扩展"命令，在打开的对话框中设置扩展量为 5 像素，单击"确定"按钮。

2　按 Ctrl+Alt+D 组合键，打开"羽化选区"对话框，设置羽化半径为 10 像素，单击"确定"按钮。

3　按 Ctrl+Shift+I 组合键反向选择选区。

05

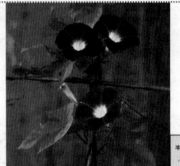

1　选择"滤镜-模糊-高斯模糊"命令，打开"高斯模糊"对话框，设置半径为 2 像素，单击"确定"按钮。

2　按 Ctrl+D 组合键取消选区。

06

1　按 Ctrl+J 组合键复制"背景副本"图层内容到"背景副本 2"。

2　设置"背景副本 2"的图层混合模式为叠加，不透明度为 85%。

实例37　沙滩图案

素材:\实例 37\沙滩图案\
源文件:\实例 37\沙滩图案.psd

包含知识
- 扭曲命令
- 高斯模糊命令
- 羽化命令
- 图层混合模式

重点难点
- 扩散命令的运用

制作思路

变换图形　　　高斯模糊　　　填充颜色　　　最终效果

01

1. 打开"沙滩.tif"素材文件。拖动"背景"图层到"图层"面板下方的"创建新图层"按钮 上,复制生成"背景副本"图层。
2. 打开"图案.tif"素材文件。选择移动工具 ,拖动"图案"到"沙滩"文件中,自动生成"图层 1"。
3. 按 Ctrl+T 组合键在弹出的快捷菜单中选择"扭曲"命令,对图案进行大小和位置的调整,按 Enter 键确认变换。

02

1. 按住 Ctrl 键不放,单击"图层 1"前面的缩略图,载入选区。选择"选择-储存选区"命令,在打开的对话框中设置名字为图案,单击"确定"按钮。
2. "通道"面板中自动生成"图案"通道。拖动"图案"通道到"通道"面板下方的"创建新通道"按钮 上,复制生成"图案副本"通道。按 Ctrl+D 组合键取消选区。

03

1. 选择"滤镜-模糊-高斯模糊"命令,在打开的对话框中设置半径为 3 像素,单击"确定"按钮。
2. 选择"滤镜-风格化-扩散"命令,在打开的对话框中设置模式为正常,单击"确定"按钮。

04

1. 按住 Ctrl 键不放,单击"图案"通道前面的缩略图,将其载入选区。
2. 选择"选择-修改-收缩"命令,在打开的对话框中设置收缩量为 2 像素,单击"确定"按钮。
3. 选择"选择-修改-羽化"命令,在打开的对话框中设置羽化半径为 2 像素,单击"确定"按钮。按 Alt+Delete 组合键将选区填充为黑色,取消选区。

05

1. 选择"背景"图层。单击文字图层前面的"指示图层可视性"图标 ,隐藏该图层。
2. 选择"背景副本"图层,选择"滤镜-渲染-光照效果"命令,在打开的对话框中设置光照类型为点光,纹理通道为图案副本,高度为 67,单击"确定"按钮。

06

1. 设置"背景副本"图层的图层混合模式为正片叠底,不透明度为 90%。
2. 按住 Ctrl 键不放,单击"图层 1"缩略图将其载入选区。选择"图像-调整-亮度/对比度"命令,在打开的对话框中设置参数为-30,40,单击"确定"按钮。按 Ctrl+D 组合键取消选区。

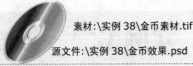
素材:\实例38\金币素材.tif
源文件:\实例38\金币效果.psd

实例38 金币效果

包含知识
- 收缩命令
- 添加杂色命令
- 光照效果命令
- 图层样式

重点难点
- 收缩命令

制作思路

添加杂色　　　　　　填充颜色　　　　使用光照效果命令　　　最终效果

01

◆ 文件大小为 500 像素 ×500 像素,分辨率为 200 像素/英寸

1 新建"金币效果.psd"文件。
2 设置前景色为红色(R:208,G:0,B:0)。按 Alt+Delete 组合键将"背景"图层填充为前景色。
3 选择"滤镜-杂色-添加杂色"命令,打开"添加杂色"对话框,设置数量为5%,单击"确定"按钮。

02

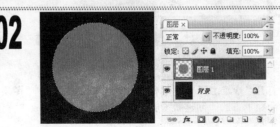

1 单击"图层"面板下方的"创建新图层"按钮,新建"图层 1"。
2 选择椭圆选框工具,按住 Shift 键不放,在窗口中拖动鼠标绘制正圆选区。
3 设置前景色为灰色(R:142,G:142,B:142)。
4 按 Alt+Delete 组合键将选区填充为前景色。

03

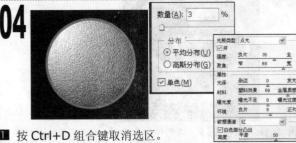

1 选择"选择-修改-收缩"命令,打开"收缩选区"对话框,设置收缩量为 8 像素,单击"确定"按钮。
2 按 Ctrl+J 组合键复制选区内容为"图层 2"。
3 按住 Ctrl 键不放,单击"图层 2"的缩略图将其载入选区。选择"图层 1",按 Delete 键删除选区内容。

04

1 按 Ctrl+D 组合键取消选区。
2 选择"图层 2"。选择"滤镜-杂色-添加杂色"命令,在打开的对话框中设置数量为 3%,单击"确定"按钮。
3 选择"滤镜-渲染-光照效果"命令,在打开的对话框中调整光圈的光源方向和范围,设置纹理通道为红,其他参数保持不变,单击"确定"按钮。

05

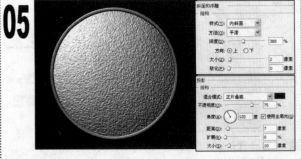

1 选择"图层 1",选择"图层-图层样式-斜面和浮雕"命令,打开"图层样式"对话框。设置深度为 388%,大小为 2 像素,其他参数保持不变。
2 单击"投影"复选框后面的名称,设置距离为 7 像素,大小为 10 像素,单击"确定"按钮。

06

1 选择"图层 2",按 Ctrl+E 组合键向下合并图层,自动生成新的"图层 1"。
2 选择"图像-调整-色相/饱和度"命令,打开对话框。选中"着色"复选框,设置参数为 45, 90, -15,单击"确定"按钮。
3 打开"金币素材.tif"素材文件,选择移动工具,拖动图像内容到"金币效果"文件窗口中,调整图像到合适位置。

实例39　立体拼贴效果

素材:\实例 39\青春美女\
源文件:\实例 39\立体拼贴效果.psd

包含知识
- 旋转命令
- 矩形选框工具
- 图层样式

重点难点
- 旋转命令

制作思路

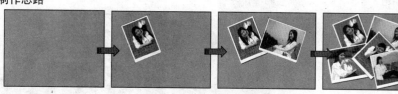

填充颜色　　　　　变换图像　　　　　拖入素材文件　　　　最终效果

01

文件大小为 800 像素 × 600 像素,分辨率为 200 像素/英寸

1 新建"立体拼贴效果.psd"文件。
2 设置前景色为灰色（R:183,G:183,B:183）。按 Alt+ Delete 组合键将"背景"图层填充为前景色。

02

1 打开"青春美女一.tif"素材图片。选择移动工具，拖动图像到"立体拼贴效果"文件窗口中，生成"图层 1"。
2 按 Ctrl+T 组合键打开自由变换调节框，按住 Shift 键等比例缩小图像并移动到窗口中部，按 Enter 键确认变换。
3 在"背景"图层上新建"图层 2"。选择矩形选框工具，绘制比图像外框略大的选区。

03

1 设置前景色为白色。按 Alt+Delete 组合键将选区填充为前景色。
2 按 Ctrl+D 组合键取消选区。
3 同时选择"图层 1"和"图层 2"，选择"编辑-变换-旋转"命令，打开旋转变换调节框，调整图像角度，按 Enter 键确认变换。

04

1 单击"图层 2"，选择"图层-图层样式-投影"命令，打开"图层样式"对话框，保持参数不变，单击"确定"按钮。

05

1 打开"青春美女二.tif"素材图片。选择移动工具，拖动图像到"立体拼贴效果"文件窗口中，生成"图层 3"。
2 采用相同方法变换图像后绘制矩形选框，新建"图层 4"，填充前景色后，选择"编辑-变换-旋转"命令，调整图像角度，按 Enter 键确认变换。
3 选择"图层 4"，选择"图层-图层样式-投影"命令，打开"图层样式"对话框，保持参数不变，单击"确定"按钮。

06

1 采用相同方法制作出更多的照片叠放效果，调整不同的角度后按 Enter 键确认变换，完成本例的制作。

素材:\实例 40\玩耍.tif
源文件:\实例 40\报纸图片效果.psd

实例40　报纸图片效果

包含知识
- 颗粒命令
- 去色命令
- 色相/饱和度命令
- 图层混合模式

重点难点
- 颗粒命令

制作思路

复制图层　　　　　去色　　　　使用颗粒命令　　　最终效果

01

1　打开"玩耍.tif"素材文件。
2　拖动"背景"图层到"图层"面板下方的"创建新图层"
　按钮上,复制生成"背景副本"图层。

02

1　选择"图像-调整-去色"命令,将图像做去色处理。

03

1　选择"图像-调整-色相/饱和度"命令,打开"色相/饱
　和度"对话框。
2　选中"着色"复选框,设置参数为40,15,10,单击
　"确定"按钮。

04

1　选择"滤镜-纹理-颗粒"命令,打开"颗粒"对话框。
2　设置强度为 20,对比度为 50,颗粒类型为柔和,单击
　"确定"按钮。

05

1　按 Ctrl+J 组合键复制"背景副本"为"背景副本 2"
　图层。
2　设置"背景副本 2"图层的图层混合模式为颜色加深,
　不透明度为 40%,完成制作。

知识延伸

　　本实例主要使用了"颗粒"命令、"去色"命令和"色
相/饱和度"命令。

　　其中,"颗粒"命令是通过模拟不同种类的颗粒在图像
中添加纹理,可以在"颗粒类型"下拉列表框中选择的颗粒
状态有常规、软化、喷洒、结块、强反差、扩大、点刻、水
平、垂直和斑点。

　　"去色"命令可将彩色图像转换为灰度图像,但图像的
颜色模式保持不变。例如,它会为 RGB 图像中的每个像素
指定相等的红色、绿色和蓝色值,每个像素的明度值也不发
生改变。

　　"色相/饱和度"命令可以调整图像中特定颜色分量的
色相、饱和度和亮度,也可同时调整图像中的所有颜色。

实例41　木纹相框效果

素材:\实例 41\油画.tif

源文件:\实例 41\木纹相框效果.psd

包含知识
- 矩形选框工具
- 图层样式命令
- 图层混合模式

重点难点
- 图层样式命令

制作思路

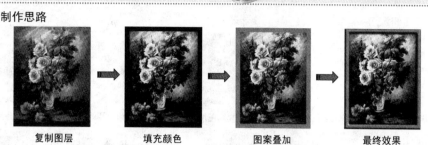

复制图层　　　　填充颜色　　　　图案叠加　　　　最终效果

01

1 打开"油画.tif"素材文件。

2 拖动"背景"图层到"图层"面板下方的"创建新图层"按钮，上，复制生成"背景副本"图层。

02

1 设置"背景副本"图层的混合模式为叠加，不透明度为 **65%**。

2 选择矩形选框工具，绘制比窗口略小的矩形选区。按 **Ctrl+Shift+I** 组合键反向选择选区。

03

1 单击"图层"面板下方的"创建新图层"按钮，新建"图层 1"。

2 设置前景色为黑色（R:0,G:0,B:0）。按 **Alt+Delete** 组合键将选区填充为前景色，按 **Ctrl+D** 组合键取消选区。

04

1 选择"图层-图层样式-图案叠加"命令，打开"图层样式"对话框。

2 设置图层的混合模式为正常，图案为 Wood，缩放为 **388%**，其他参数保持不变。

05

1 单击"斜面和浮雕"复选框后面的名称，设置深度为 **400%**，大小为 15 像素，角度为 45 度，高度为 45 度，阴影模式为正片叠底，不透明度为 60%。

06

1 单击"投影"复选框后面的名称，设置距离为 8 像素，大小为 15 像素，其他参数保持不变，单击"确定"按钮，完成制作。

素材:\实例 42\小花与蝴蝶.tif

源文件:\实例 42\编织效果.psd

实例42 编织效果

包含知识

■ 新建填充图层
■ 图案命令
■ 图层混合模式
■ 椭圆选框工具

重点难点

■ 填充图案

制作思路

复制图层　　　　填充图案　　　　正片叠底效果　　　　最终效果

01

1 打开"小花与蝴蝶.tif"素材文件。

2 拖动"背景"图层到"图层"面板下方的"创建新图层"按钮 上,复制生成"背景副本"图层。

02

1 选择"图层-新建填充图层-图案"命令,在打开的对话框中设置名称为"调色",模式为实色混合,单击"确定"按钮。

2 单击打开的"图案填充"对话框左侧的 按钮,在弹出的"自定图案"拾色器中单击右上角的 按钮,在弹出的下拉菜单中选择"图案 2"和"图案"命令,载入新图案。选择"石头"图案,单击"确定"按钮。

03

1 按 Ctrl+Alt+Shift+E 组合键盖印可见图层,自动生成"图层 1"。

2 拖动"背景副本"图层到"图层 1"的上面。

04

1 设置"背景副本"图层的图层混合模式为正片叠底,不透明度为 55%。

05

1 选择椭圆选框工具 ,按住 Shift 键不放在窗口中的蝴蝶部位拖动,绘制正圆选区。

2 选择"选择-反向"命令,反向选择选区。

06

1 选择"图层-新建填充图层-图案"命令,在打开的对话框中设置名称为"图案",模式为强光,单击"确定"按钮。

2 单击"图案填充"对话框左侧的 按钮,在弹出的"自定图案"拾色器中选择"编织(宽)"图案 ,设置缩放为 20%,单击"确定"按钮,完成本例的制作。

实例43　邮票效果

素材:\实例43\小狗.tif

源文件:\实例43\邮票效果.psd

包含知识

- 填充命令
- 矩形选框工具
- 橡皮擦工具
- 横排文字工具

重点难点

- 邮票效果的处理

制作思路

填充颜色　　　　擦除图像　　　　填充边缘　　　　最终效果

01

1. 打开"小狗.tif"素材图片。拖动"背景"图层到"图层"面板下方的"创建新图层"按钮 上,复制生成"背景副本"图层。
2. 设置前景色为黄色(R:219,G:187,B:71)。单击"图层"面板下方的"创建新图层"按钮 ,新建"图层1"。按 Alt+Delete 组合键将"背景"图层填充为前景色。

02

 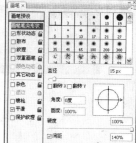

1. 拖动"背景副本"图层到顶层。选择橡皮擦工具 ,在其选项栏中选择尖角15像素画笔,不透明度为100%。
2. 选择"画笔"面板,单击"画笔笔尖形状"名称,设置间距为140%。
3. 按住 Shift 键不放,分别在图像边缘处平行和垂直擦除。

03

1. 选择矩形选框工具 ,在窗口中如图所示的位置绘制矩形选区。
2. 按 Ctrl+Shift+I 组合键反向选择选区。按 Delete 键删除选区内容。按 Ctrl+D 组合键取消选区。

04

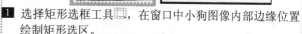

1. 选择矩形选框工具 ,在窗口中小狗图像内部边缘位置绘制矩形选区。
2. 设置前景色为白色。按 Ctrl+Shift+I 组合键反向选择选区。选择"编辑-填充"命令,打开"填充"对话框,设置使用为前景色,不透明度为100%,选中"保留透明区域"复选框,单击"确定"按钮,取消选区。

05

 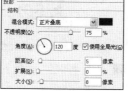

1. 选择"图层-图层样式-投影"命令,打开"图层样式"对话框。
2. 设置距离为5像素,大小为8像素,其他参数保持不变,单击"确定"按钮。

06

1. 选择横排文字工具 ,在其选项栏中设置字体为宋体,文本颜色分别为白色和黑色,在窗口中如图所示的位置输入文字,完成本例制作。

素材:\实例 44\水晶\
源文件:\实例 44\水晶中的图案.psd

实例44　水晶中的图案

包含知识
- 快速选择工具
- 图像命令
- 图层混合模式

重点难点
- 图像命令

制作思路

拖入图像　　　应用图像命令　　　绘制星星　　　最终效果

1. 分别打开"水晶球.tif"和"独角兽.tif"素材文件。
2. 选择快速选择工具，单击图像中的独角兽确定选区。
3. 选择移动工具，将独角兽拖动到"水晶球"文件窗口中，自动生成"图层1"。
4. 按 Ctrl+T 组合键打开自由变换调节框，调整"图层1"的大小和位置，按 Enter 键确认变换。

1. 拖动"图层1"到"图层"面板下方的"创建新图层"按钮上，复制生成"图层1副本"图层。
2. 单击"图层1副本"缩略图前面的"指示图层可视性"图标，关闭其可视性。选择"图层1"。
3. 选择"图像-调整-去色"命令，将"图层1"去色。

1. 选择"图像-应用图像"命令，在打开的对话框中设置图层为背景，通道为 RGB，混合为滤色，不透明度为100%，单击"确定"按钮。

1. 选择"图像-调整-色相/饱和度"命令，设置参数为-135，35，0，单击"确定"按钮。
2. 单击"图层1副本"缩略图前面的小方框，显示该图层。
3. 选择"滤镜-杂色-添加杂色"命令，打开"添加杂色"对话框，设置数量为25%，单击"确定"按钮。

1. 设置"图层1副本"图层的混合模式为滤色，不透明度为70%。
2. 设置前景色为浅紫色（R:242,G:227,B:253），单击"图层"面板下方的"创建新图层"按钮，新建"图层2"。
3. 选择画笔工具，在水晶球上方位置绘制星星图案。
4. 设置"图层2"的图层混合模式为滤色。

1. 单击"图层"面板下方的"创建新图层"按钮，分别新建"图层3"和"图层4"。
2. 选择画笔工具，绘制图像背景和花边框。
3. 选择文字工具，输入文字后对文字图层分别进行一些图层样式的效果处理。至此，本例制作完成。

素材:\无

源文件:\实例 45\网状球体.psd

实例45　网状球体

包含知识
- 填充命令
- 球面化命令
- 光照效果命令

重点难点
- 球面化命令
- 光照效果命令

制作思路

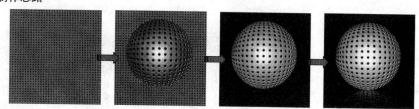

填充图案　　球面化命令　　色相/饱和度命令　　最终效果

01

1 选择"文件-新建"命令，在打开的对话框中设置名称为"网状球体"，宽度为 500 像素，高度为 500 像素，分辨率为 200 像素/英寸，颜色模式为 RGB 颜色。

2 设置前景色为灰色（R:134,G:133,B:133）。按 Alt+Delete 组合键将"背景"图层填充为前景色。

02

1 设置前景色为黑色（R:0,G:0,B:0）。选择画笔工具，设置画笔为尖角 5 像素，在窗口左下角单击绘制圆点。

2 选择矩形选框工具，在窗口中如图位置绘制矩形选区。选择"编辑-定义图案"命令，打开"图案名称"对话框，设置名称为"网状"，单击"确定"按钮。

03

1 单击"图层"面板下方"创建新图层"按钮，新建"图层 1"。

2 设置前景色为灰色（R:134,G:133,B:133）。按 Alt+Delete 组合键将"背景"图层填充为前景色。

3 选择"编辑-填充"命令，打开"填充"对话框，设置使用为图案，自定图案为"网状"，单击"确定"按钮。

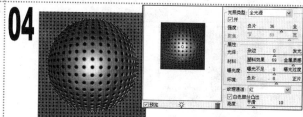

04

1 选择椭圆选框工具，按住 Shift+Alt 组合键不放，在窗口中绘制正圆选区。

2 选择"滤镜-扭曲-球面化"命令，在打开的"球面化"对话框中设置数量为 100%，单击"确定"按钮。

3 选择"滤镜-渲染-光照效果"命令，在打开的对话框中调整光圈，设置光照类型为全光源，纹理通道为红，高度为 10，其他参数保持不变，单击"确定"按钮。

05

1 按 Ctrl+Shift+I 组合键反向选择选区，按 Delete 键删除选区内容。按 Ctrl+D 组合键取消选区。

2 新建"图层 2"，将其放置于"图层 1"之下。设置前景色为黑色（R:0,G:0,B:0）。按 Alt+Delete 组合键将"图层 2"填充为前景色。

3 选择"图层 1"，选择"图像-调整-色相/饱和度"命令，在打开的对话框中选中"着色"复选框，设置参数为 45，70，0，单击"确定"按钮。

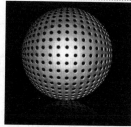

06

1 按 Ctrl+J 组合键复制"图层 1"为"图层 1 副本"。设置"图层 1 副本"的图层混合模式为柔光。

2 选择"图层 1"，按 Ctrl+J 组合键复制"图层 1"为"图层 1 副本 2"。选择移动工具，将其移动至窗口下方。单击"图层"面板下方的"添加图层蒙版"按钮，为"图层 1 副本 2"添加图层蒙版。

3 选择画笔工具，在其选项栏中设置为柔角画笔，不透明度为 70%，在窗口中倒影下方进行局部涂抹。

素材:\实例46\椰子树.tif
源文件:\实例46\雕刻效果.psd

实例46 雕刻效果

包含知识
- 去色命令
- 浮雕效果命令
- 色相/饱和度命令

重点难点
- 浮雕效果命令

制作思路

 ➡ 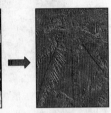 ➡

复制图层　　　使用去色命令　　　使用浮雕命令　　　最终效果

01

1️⃣ 打开"椰子树.tif"素材文件。

2️⃣ 拖动"背景"图层到"图层"面板下方的"创建新图层"按钮 🔲 上,复制生成"背景 副本"图层。

02

1️⃣ 选择"图像-调整-去色"命令,将图像去色。

03

角度(A): 35 度
高度(H): 3 像素
数量(M): 65 %

1️⃣ 选择"滤镜-风格化-浮雕效果"命令,打开"浮雕效果"对话框。

2️⃣ 设置角度为 35 度,高度为 3 像素,数量为 65%,单击"确定"按钮。

04

色相/饱和度
色相(H): 27
饱和度(A): 25
明度(L): 0

1️⃣ 选择"图像-调整-色相/饱和度"命令,打开"色相/饱和度"对话框,选中"着色"复选框,设置参数为 27、25、0,单击"确定"按钮。

05

 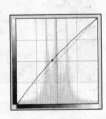

1️⃣ 按 Ctrl+M 组合键打开"曲线"对话框。

2️⃣ 调整至如图所示的曲线形状后,单击"确定"按钮,此时浮雕效果更为逼真,完成本例的制作。

知识延伸

本实例主要使用了"浮雕效果"命令,该命令属于"风格化"滤镜组中的一个子滤镜,其特点是通过将选区的填充色转换为灰色并用原填充色描画边缘,使选区显得凸起或压低。可设置浮雕角度(-360°~+360°,-360°使表面凹陷,+360°使表面凸起)、高度和选区中颜色数量的百分比(1%~500%)。要在进行浮雕处理时保留颜色和细节,在应用"浮雕效果"滤镜之后使用"渐隐"命令即可。

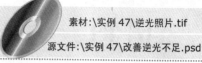

实例47　改善逆光不足

素材:\实例 47\逆光照片.tif
源文件:\实例 47\改善逆光不足.psd

包含知识
- 阴影/高光命令
- 图层混合模式
- 色阶命令
- 亮度/对比度命令

重点难点
- 阴影/高光命令

制作思路

  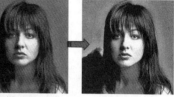

复制图层　　　　滤色效果　　　阴影/高光命令　　　最终效果

01

1. 打开 "逆光照片.tif" 素材文件。
2. 拖动 "背景" 图层到 "图层" 面板下方的 "创建新图层" 按钮 上，复制生成 "背景副本" 图层。

02

1. 设置 "背景副本" 图层的混合模式为滤色。

03

1. 按 Ctrl+Shift+Alt+E 组合键盖印可见图层，自动生成 "图层 1"，选择 "图像-调整-阴影/高光" 命令，打开 "阴影/高光" 对话框。
2. 设置阴影数量为 70%，高光数量为 0%，单击 "确定" 按钮。

04

 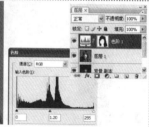

1. 单击 "图层" 面板下方的 "创建新的填充或调整图层" 按钮 ，在弹出的下拉菜单中选择 "色阶" 命令，在打开的对话框中设置参数 0，1.20，255，单击 "确定" 按钮。
2. 在 "图层" 面板中单击图层蒙版缩略图，选择画笔工具 ，在其选项栏中设置画笔为柔角，不透明度为 80%，在窗口中人物头发的位置进行涂抹。

05

1. 单击 "图层" 面板下方的 "创建新的填充或调整图层" 按钮 ，在弹出的快捷菜单中选择 "亮度/对比度" 命令，打开对话框。
2. 设置亮度为 15，对比度为 45，单击 "确定" 按钮。

06

1. 按 Ctrl+Shift+Alt+E 组合键盖印可见图层，自动生成 "图层 2"。
2. 设置 "图层 2" 的图层混合模式为柔光，不透明度为 40%。

实例48　个性色彩效果

包含知识
- 色彩平衡命令
- 色阶命令
- 曲线命令
- 色相/饱和度命令

重点难点
- 色彩平衡命令

制作思路

复制图层　　　使用色阶命令　　　平衡色彩　　　最终效果

01

1 打开"可爱美女.tif"素材文件。

2 拖动"背景"图层到"图层"面板下方的"创建新图层"按钮 上，复制生成"背景副本"图层。

02

1 设置"背景副本"图层的混合模式为叠加。

03

1 单击"图层"面板下方的"创建新的填充或调整图层"按钮 ，在弹出的菜单中选择"色阶"命令。

2 在打开的对话框中设置通道为红，参数为 25，0.75，255；设置通道为绿，参数为 25，1.45，255；设置通道为蓝，参数为 25，1.50，255，单击"确定"按钮。

04

1 单击"图层"面板下方的"创建新的填充或调整图层"按钮 ，在弹出的菜单中选择"曲线"命令，在打开的对话框中调整曲线至如图所示，单击"确定"按钮。

2 单击"曲线 1"图层前的图层蒙版缩略图，选择画笔工具 ，在其选项栏中设置画笔为大号柔角，不透明度为 75%，在窗口中人物位置进行涂抹。

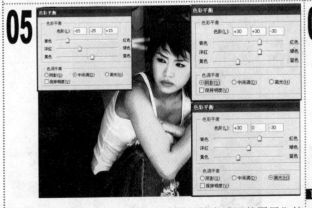

05

1 单击"图层"面板下方"创建新的填充或调整图层"按钮 ，在弹出的菜单中选择"色彩平衡"命令。

2 在打开的对话框中设置参数为-65，-25，15，选中"阴影"单选项，设置参数为 30，30，-30，选中"高光"单选项，设置参数为 30，0，-30，单击"确定"按钮。

06

1 单击"图层"面板下方的"创建新的填充或调整图层"按钮 ，在弹出的菜单中选择"色相/饱和度"命令，在打开的对话框中选中"着色"复选框，设置参数为-180，-20，-30，单击"确定"按钮。

2 单击"色相/饱和度 1"图层前的图层蒙版缩略图，选择画笔工具 ，在窗口中人物位置进行涂抹，完成制作。

实例49　单色照片效果

素材:\实例 49\单色照片素材.tif
源文件:\实例 49\单色照片效果.psd

包含知识
- 黑白命令
- 色彩平衡命令
- 高斯模糊命令

重点难点
- 黑白命令的设置

制作思路

复制图层　　　　高斯模糊命令　　　　黑白命令　　　　最终效果

01

1　打开"单色照片素材.tif"素材文件。
2　拖动"背景"图层到"图层"面板下方的"创建新图层"
　　按钮 上,复制生成"背景副本"图层。

02

1　选择"图像-调整-色彩平衡"命令,打开"色彩平衡"
　　对话框。
2　设置参数为-100,-40,0,单击"确定"按钮。

03

1　选择"滤镜-模糊-高斯模糊"命令,打开"高斯模糊"
　　对话框,设置半径为 2.5 像素,单击"确定"按钮。

04

1　拖动"背景"图层到"图层"面板下方的"创建新图层"
　　按钮 上,复制生成"背景副本 2"图层,将其置于顶层。
2　设置"背景副本 2"图层的混合模式为滤色,不透明度
　　为 80%。

05

1　单击"图层"面板下方的"创建新的填充或调整图层"
　　按钮 ,在弹出的下拉菜单中选择"黑白"命令。
2　在打开的对话框中选中"色调"复选框,设置参数为120,
　　60,40,60,20,120,40,25,单击"确定"按钮。

06

1　单击"黑白 1"图层前的图层蒙版缩略图,选择画笔工
　　具 ,在其选项栏中设置画笔为大号柔角,不透明度为
　　50%,在窗口中人物唇部和颈部装饰物处进行涂抹。

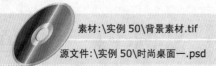
素材:\实例 50\背景素材.tif

源文件:\实例 50\时尚桌面一.psd

实例50　时尚桌面一

包含知识
- 描边命令
- 复制图层
- 钢笔工具
- 图层混合模式

重点难点
- 描边命令

制作思路

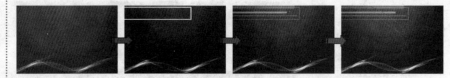

| 复制图层 | 描边 | 变换图形 | 绘制路径 |

01

1. 打开 "背景素材.tif" 素材文件。
2. 拖动 "背景" 图层到 "图层" 面板下方的 "创建新图层" 按钮 🔲 上，复制生成 "背景副本" 图层。

02

1. 设置 "背景副本" 图层的混合模式为叠加。
2. 选择矩形选框工具 🔲，在窗口上方绘制矩形选区。

03

1. 单击 "图层" 面板下方 "创建新图层" 按钮 🔲，新建 "图层 1"。
2. 选择 "编辑-描边" 命令，打开 "描边" 对话框。设置宽度为 10px，颜色为白色，单击 "确定" 按钮。
3. 按 Ctrl+D 组合键取消选区。

04

1. 设置 "图层 1" 的图层总体不透明度为 30%。
2. 新建 "图层 2"。选择矩形选框工具 🔲，在窗口中绘制小矩形选区。
3. 选择 "编辑-描边" 命令，打开 "描边" 对话框。设置宽度为 12px，位置为内部，不透明度为 50%，单击 "确定" 按钮。按 Ctrl+D 组合键取消选区。

05

1. 按 Ctrl+J 组合键两次，复制 "图层 2" 内容为两个图层 2 副本图层。
2. 按 Ctrl+T 组合键打开自由变换调节框，分别调整两个图层 2 副本图层的大小和位置至如图所示，按 Enter 键确认变换。
3. 分别调整两个图层 2 副本图层的不透明度为 25% 和 35%。

06

1. 选择钢笔工具 🖊，在窗口中如图所示的位置绘制飘舞的曲线路径。

实例51　时尚桌面二

素材:\实例51\桌面\
源文件:\实例51\时尚桌面二.psd

包含知识
- 描边命令
- 复制图层
- 椭圆选框工具
- 渐变工具

重点难点
- 描边命令

制作思路

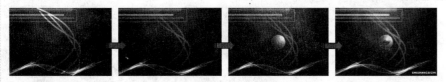

描边路径　　　绘制正圆选区　　　使用描边命令　　　最终效果

01

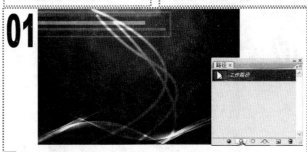

1. 打开"时尚桌面一.psd"素材文件。新建"图层3"。
2. 选择画笔工具 ✐，在其选项栏中设置画笔为柔角 15 像素，前景色为白色。单击"路径"面板下方的"用画笔描边路径"按钮 ○，将路径描边。
3. 设置"背景副本"图层的混合模式为叠加。

02

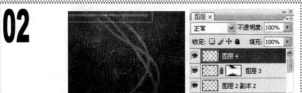

1. 单击"图层"面板下方的"添加图层蒙版"按钮 ◻，为"图层3"添加图层蒙版。
2. 选择画笔工具 ✐，在其选项栏中设置不透明度为 60%，在窗口中图像下方及下方边缘处进行局部涂抹。
3. 单击"图层"面板下方"创建新图层"按钮 ◻，新建"图层4"。选择椭圆选框工具 ○，按住 Shift 键不放，在窗口中拖动鼠标绘制正圆选区。

03

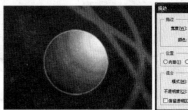

1. 选择"编辑-描边"命令，打开"描边"对话框。设置宽度为 2px，位置为居外，单击"确定"按钮。
2. 选择渐变工具 ▨，单击选项栏中的渐变色选择框 ▰，打开"渐变编辑器"对话框，设置渐变图案为"前景到透明"，单击"确定"按钮。
3. 单击选项栏中的"线性渐变"按钮 ▨，在选区内拖动鼠标绘制渐变色。按 Ctrl+D 组合键取消选区。

04

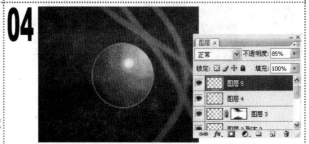

1. 单击"图层"面板下方的"创建新图层"按钮 ◻，新建"图层5"。
2. 选择画笔工具 ✐，在选项栏中设置画笔为柔角 25 像素，在正圆区域内绘制高光。
3. 设置"图层5"的不透明度为 85%。

05

1. 打开"立体树叶.tif"素材文件。选择移动工具 ▶╋，拖动图像内容到"时尚桌面一"文件窗口中，自动生成"图层6"。
2. 按 Ctrl+T 组合键打开自由变换调节框，调整图像的大小和位置至如图所示，按 Enter 键确认变换。

06

1. 选择横排文字工具 Ⓣ，在其选项栏中设置文字的字体为 Arial Black，字号为 18 点，在窗口右下角输入文字。
2. 按 Ctrl+Alt+Shift+E 组合键，盖印可见图层，自动生成"图层7"。
3. 选择"图像-调整-亮度/对比度"命令，在打开的对话框中设置参数为 20，35，单击"确定"按钮。

实例52 花卉明信片

素材:\实例 52\花卉.tif

源文件:\实例 52\花卉明信片.psd

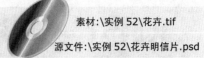

包含知识
- 色调均化命令
- 描边命令
- 高斯模糊命令
- 平滑命令

重点难点
- 色调均化命令

制作思路

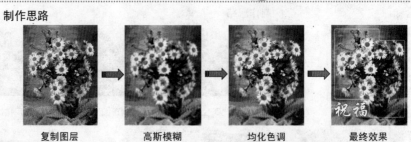

复制图层　　　　高斯模糊　　　　均化色调　　　　最终效果

01

1 打开"花卉.tif"素材文件。
2 拖动"背景"图层到"图层"面板下方的"创建新图层"
　按钮 上,复制生成"背景副本"图层。

02

1 设置"背景副本"图层的混合模式为柔光。

03

半径(R): 4.0 像素

1 按 Ctrl+Shift+Alt+E 组合键盖印可见图层,自动生成
　"图层 1"。
2 选择"滤镜-模糊-高斯模糊"命令,打开"高斯模糊"
　对话框,设置半径为 4 像素,单击"确定"按钮。

04

1 单击"图层"面板下方的"添加图层蒙版"按钮 ,为
　"图层 1"添加图层蒙版。
2 选择画笔工具 ,在其选项栏中设置柔角画笔,不透明
　度为 60%,在窗口中花卉位置进行局部涂抹。
3 选择"图像-调整-色调均化"命令,此时图像的色彩更
　艳丽。

05

平滑选区

取样半径(S): 10 像素

确定
取消

1 选择矩形选框工具 ,单击选项栏中的"添加到选区"
　按钮 ,在窗口中绘制两个矩形选区。
2 选择"选择-修改-平滑"命令,打开"平滑选区"对话
　框,设置取样半径为 10 像素,单击"确定"按钮。

06

描边

描边
宽度(W): 4 px
颜色:

位置
○内部(I)　◉居中(C)　○居外(U)

1 单击"图层"面板下方的"创建新图层"按钮 ,新建
　"图层 2"。
2 选择"编辑-描边"命令,打开"描边"对话框。设置宽
　度为 4px,颜色为白色,单击"确定"按钮。按 Ctrl+D
　组合键取消选区。
3 选择横排文字工具 T,输入文字后对文字图层添加"描
　边"图层样式。

实例53　首饰店宣传单

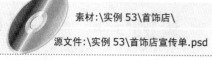

素材:\实例 53\首饰店\
源文件:\实例 53\首饰店宣传单.psd

包含知识
- 通道混合器命令
- 曲线命令
- 颜色填充命令
- 横排文字工具

重点难点
- 通道混合器命令

制作思路

复制图层　　通道混合器命令　　颜色填充　　最终效果

01

1 打开"美丽面孔.tif"素材文件。
2 拖动"背景"图层到"图层"面板下方的"创建新图层"按钮 上,复制生成"背景副本"图层。

02

1 单击"图层"面板下方的"创建新的填充或调整图层"按钮 ,在弹出的下拉菜单中选择"通道混合器"命令。
2 在打开的对话框中选中"单色"复选框,设置参数为59%、21%、7%、87%、0%,单击"确定"按钮,自动生成"通道混合器 1"图层。

03

1 单击"创建新的填充或调整图层"按钮 ,在弹出的菜单中选择"纯色"命令,设置颜色为浅咖啡色(R:131,G:123,B:96),单击"确定"按钮,生成"颜色填充 1"图层。
2 设置该图层的图层混合模式为颜色。

04

1 单击"创建新的填充或调整图层"按钮 ,在弹出的菜单中选择"曲线"命令,调整曲线至如图所示,单击"确定"按钮。

05

1 单击"图层"面板下方的"创建新图层"按钮 ,新建"图层 1"。
2 设置前景色为红色(R:179,G:47,B:93)。选择画笔工具 ,绘制唇色与眼影。
3 设置"图层 1"的混合模式为颜色减淡,不透明度为75%。

06

1 打开"手镯.tif"素材图片。
2 按住 Ctrl 键拖动选区内容到"美丽面孔"文件窗口中。按 Ctrl+T 组合键,调整图像大小与位置。
3 选择横排文字工具 ,在其选项栏中设置字体大小为32点,输入文字。

实例54 怀旧照片效果

素材:\实例 54\旗袍美女.tif

源文件:\实例 54\怀旧照片效果.psd

包含知识
- 去色命令
- 色阶命令
- 颗粒命令
- 画笔工具

重点难点
- 去色命令

制作思路

复制图层　　去色命令　　颗粒命令　　最终效果

01

1 打开"旗袍美女.tif"素材文件。

2 拖动"背景"图层到"图层"面板下方的"创建新图层"按钮 上，复制生成"背景副本"图层。

02

1 选择"图像-调整-去色"命令，将图像做去色处理。

03

1 单击"创建新的填充或调整图层"按钮 ，在弹出的下拉菜单中选择"色相/饱和度"命令，打开对话框。

2 选中"着色"复选框，设置参数为45，40，-10，单击"确定"按钮。

04

1 单击"创建新的填充或调整图层"按钮 ，在弹出的下拉菜单中选择"色阶"命令，打开对话框。

2 设置参数为35，0.75，255，单击"确定"按钮。

05

1 按 Ctrl+Alt+Shift+E 组合键，盖印可见图层，自动生成"图层 1"。

2 选择"滤镜-纹理-颗粒"命令，打开"颗粒"对话框，设置强度为 10，对比度为 25，颗粒类型为垂直，单击"确定"按钮。

06

1 单击"图层"面板下方的"创建新图层"按钮 ，新建"图层 2"。

2 设置前景色为黑色。选择画笔工具 ，在其选项栏中设置画笔为尖角 1 像素，不透明度为 100%，在窗口中垂直绘制线条。

3 设置"图层 2"的图层混合模式为溶解，不透明度为 60%。

实例55　去除折痕效果

素材:\实例 55\折痕照片.tif
源文件:\实例 55\去除折痕效果.psd

包含知识
- 曲线命令
- 图层蒙版
- 仿制图章工具
- 图层混合模式

重点难点
- 曲线命令

制作思路

复制图层　　　　使用曲线命令　　　　使用仿制图章工具　　　　最终效果

01

1 打开"折痕照片.tif"素材文件。
2 拖动"背景"图层到"图层"面板下方的"创建新图层"按钮 上,复制生成"背景副本"图层。
3 选择矩形选框工具 ,在图像折痕下方较亮的区域绘制矩形选区。

02

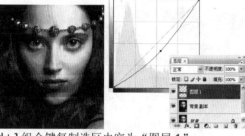

1 按 Ctrl+J 组合键复制选区内容为"图层 1"。
2 选择"图像-调整-曲线"命令,打开"曲线"对话框,调整曲线至如图所示,单击"确定"按钮。

03

1 单击"图层"面板下方的"添加图层蒙版"按钮 ,为"图层 1"添加图层蒙版。
2 选择画笔工具 ,在其选项栏中设置柔角画笔,不透明度为 80%,在图像下方位置进行局部涂抹,使图像的折痕过渡自然。

04

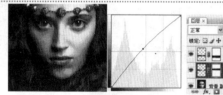

1 选择"背景副本"图层,在折痕上方较暗区域绘制矩形选区。按 Ctrl+J 组合键复制选区内容为"图层 2"。
2 选择"图像-调整-曲线"命令,打开"曲线"对话框,调整曲线至如图所示,单击"确定"按钮。
3 单击"图层"面板下方的"添加图层蒙版"按钮 ,为"图层 2"添加图层蒙版。选择画笔工具 ,在图像上方位置进行局部涂抹,此时图像的折痕自然过渡。

05

1 按 Ctrl+Alt+Shift+E 组合键,盖印可见图层,自动生成"图层 3"。
2 选择仿制图章工具 ,在其选项栏中设置画笔为柔角 15 像素,不透明度为 80%。
2 按住 Alt 键单击鼠标,在折痕邻近的相似区域取样,然后松开 Alt 键,涂抹需要修补的折痕。

06

1 按 Ctrl+J 组合键复制"图层 3"内容到"图层 3 副本"。
2 设置"图层 3 副本"的图层混合模式为滤色,不透明度为 50%。

实例56　蜡笔画效果

素材:\实例56\可爱狗狗.tif

源文件:\实例56\蜡笔画效果.psd

包含知识
- 粗糙蜡笔命令
- 彩色铅笔命令
- 调色刀命令
- 图层混合模式

重点难点
- 粗糙蜡笔命令

制作思路

　复制图层　　　使用粗糙蜡笔命令　　　使用调色刀命令　　　最终效果

01

1 打开"可爱狗狗.tif"素材文件。

2 拖动"背景"图层到"图层"面板下方的"创建新图层"按钮 上，复制生成"背景副本"图层。

02

1 选择"滤镜-艺术效果-粗糙蜡笔"命令，打开"粗糙蜡笔"对话框。

2 设置参数为 6 和 8，纹理为砂岩，缩放为 100%，凸现为 20，光照为下，单击"确定"按钮。

03

1 选择"滤镜-艺术效果-彩色铅笔"命令，打开"彩色铅笔"对话框。

2 设置参数为 1，15，50，单击"确定"按钮。

04

1 选择"滤镜-艺术效果-调色刀"命令，打开"调色刀"对话框。

2 设置参数为 4，3，9，单击"确定"按钮。

05

1 按 Ctrl+J 组合键复制"背景副本"为"背景副本 2"。

2 设置"背景副本 2"图层的混合模式为柔光。

知识延伸

使用"艺术效果"子菜单中的滤镜命令可以为美术或商业项目制作绘画效果或艺术效果。例如，使用"木刻"滤镜进行拼贴或印刷。这些滤镜模仿自然或传统介质效果，可以通过"滤镜库"来应用所有"艺术效果"滤镜。

本案例中使用了"彩色铅笔"滤镜，其特点是在纯色背景上绘制图像，保留重要边缘，外观呈粗糙阴影线，纯色背景色透过比较平滑的区域显示出来。

另外本案例还使用了"粗糙蜡笔"和"调色刀"滤镜。"粗糙蜡笔"滤镜在带纹理的背景上应用粉笔描边。在亮色区域，粉笔看上去很厚，几乎看不见纹理；在深色区域，粉笔似乎被擦去了，使纹理显露出来。而"调色刀"滤镜则可以减少图像中的细节以生成淡色描绘的画布效果，显示出下面的纹理。

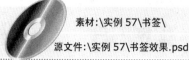

实例57　书签效果

素材:\实例 57\书签\
源文件:\实例 57\书签效果.psd

包含知识
- 纹理化命令
- 平滑命令
- 矩形选框工具
- 文字工具

重点难点
- 纹理化命令
- 平滑命令

制作思路

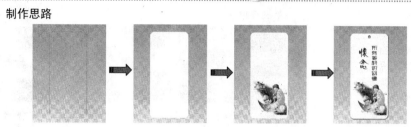

平滑选区　　　　填充颜色　　　　纹理化图像　　　　最终效果

01

1. 打开"背景底纹.tif"素材文件。选择矩形选框工具 ▣，在窗口中绘制矩形。
2. 选择"选择-修改-平滑"命令，打开"平滑选区"对话框，设置取样半径为 25 像素，单击"确定"按钮。

02

1. 单击"创建新图层"按钮 ▫，新建"图层 1"。
2. 设置前景色为粉色（R:254,G:244,B:223）。按 Alt+Delete 组合键将"图层 1"填充为前景色。
3. 按 Ctrl+D 组合键取消选区。

03

1. 打开"书签素材.tif"素材文件。选择移动工具 ▶·，拖动素材内容到"背景底纹"文件窗口中，自动生成"图层 2"。
2. 按 Ctrl+T 组合键打开自由变换调节框，调整图像的大小和位置，按 Enter 键确认变换。
3. 设置"图层 2"的图层混合模式为正片叠底。

04

1. 选择"图层 1"，选择"滤镜-纹理-纹理化"命令，打开"纹理化"对话框。设置纹理为画布，缩放为 155%，凸现为 1，光照为下，单击"确定"按钮。
2. 选择"图层-图层样式-投影"命令，打开"图层样式"对话框。设置距离为 3 像素，大小为 8 像素，其他参数保持不变，单击"确定"按钮。

05

1. 选择椭圆选框工具 ◯，按住 Shift 键不放，在书签上方中间位置绘制正圆选区。
2. 按 Delete 键删除选区内容。按 Ctrl+D 组合键取消选区。

06

1. 选择直排文字工具 ⅠT，在其选项栏中设置字体为文鼎海报体繁，字体大小分别为 100 点和 40 点，文本颜色为咖啡色（R:83,G:54,B:2）。
2. 在窗口中如图所示的位置输入文字。

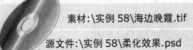

素材:\实例 58\海边晚霞.tif

源文件:\实例 58\柔化效果.psd

实例58　柔化效果

包含知识
- 高斯模糊命令
- 图层混合模式
- 曲线命令
- 色彩平衡命令

重点难点
- 高斯模糊命令

制作思路

复制图层　　　　　叠加效果　　　　　高斯模糊　　　　　最终效果

1 打开素材文件"海边晚霞.tif"。

2 拖动"背景"图层到"图层"面板下方的"创建新图层"
按钮 上,复制生成"背景副本"图层。

1 选择"图像-调整-曲线"命令,打开"曲线"对话框,
调整曲线至如图所示,单击"确定"按钮。

1 设置"背景副本"图层的混合模式为叠加,不透明度为
80%。

1 按 Ctrl+Alt+Shift+E 组合键,盖印可见图层,自动生
成"图层 1"。

2 选择"图像-调整-色彩平衡"命令,打开"色彩平衡"
对话框,设置参数为 30,-55,70,单击"确定"按钮。

1 选择"滤镜-模糊-高斯模糊"命令,打开"高斯模糊"
对话框,设置半径为 5 像素,单击"确定"按钮。

1 设置"图层 1"的图层总体不透明度为 65%。

实例59　透明气泡效果

素材:\实例 59\海底景色.tif
源文件:\实例 59\透明气泡效果.psd

包含知识
- 极坐标命令
- 镜头光晕命令
- 椭圆选框工具
- 图层混合模式

重点难点
- 极坐标命令
- 镜头光晕命令

制作思路

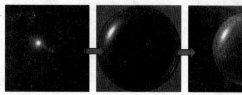 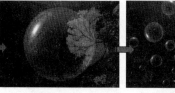

使用镜头光晕命令　　使用极坐标命令　　滤色效果　　最终效果

01

1 新建"气泡.tif"文件。文件大小为 600 像素×600 像素,分辨率为 200 像素/英寸。
2 单击"创建新图层"按钮,新建"图层 1"。设置背景色为黑色。
3 按 Ctrl+Delete 组合键,填充背景色。

02

1 选择"滤镜-渲染-镜头光晕"命令,打开"镜头光晕"对话框,设置亮度为 100%,选中"50-300 毫米变焦"单选项,单击"确定"按钮。

03

1 选择"滤镜-扭曲-极坐标"命令,在打开的对话框中选中"极坐标到平面坐标"单选项,单击"确定"按钮。
2 选择"编辑-变换-垂直翻转"命令。

04

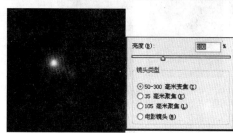

1 选择"滤镜-扭曲-极坐标"命令,在打开的对话框中选中"平面坐标到极坐标"单选项,单击"确定"按钮。
2 选择椭圆选框工具,按住 Shift+Alt 组合键不放,绘制正圆选区。
3 选择"选择-修改-羽化"命令,在打开的对话框中设置羽化半径为 5 像素,单击"确定"按钮。

05

1 打开"海底景色.tif"素材图片。
2 选择移动工具,拖动"气泡"文件窗口中的内容到"海底景色"文件窗口中,自动生成"图层 1"。
3 设置"图层 1"的图层混合模式为滤色。

06

1 按 Ctrl+T 组合键,打开自由变换调节框,调整"图层 1"的大小与位置。
2 按住 Alt 键不放,在窗口中拖动"图层 1",复制生成多个副本图层。按 Ctrl+T 组合键,分别调整各副本图层的大小与位置。

实例60　扭曲图像效果

素材:\无

源文件:\实例60\扭曲图像效果.psd

包含知识
- 旋转扭曲命令
- 镜头光晕命令
- 径向模糊命令
- 色相/饱和度命令

重点难点
- 旋转扭曲命令
- 径向模糊命令

制作思路

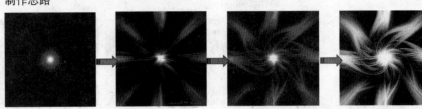

使用镜头光晕命令　　使用径向模糊　　旋转扭曲　　最终效果

01

1 新建"扭曲图像效果.psd"文件。文件大小为 600 像素×600 像素，分辨率为 200 像素/英寸。

2 设置背景色为黑色，按 Ctrl+Delete 组合键，填充"背景"图层。选择"滤镜-渲染-镜头光晕"命令，打开对话框。

3 设置亮度为 100%，镜头类型为 50-300 毫米变焦。调整光照角度，单击"确定"按钮。

02

1 采用相同方法在图像周围执行"滤镜-渲染-镜头光晕"命令，效果如图所示。

03

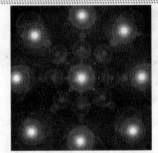

1 选择"滤镜-像素化-铜版雕刻"命令，在打开的对话框中设置类型为中长描边。

2 选择"滤镜-模糊-径向模糊"命令，在打开的对话框中设置数量为 100，模糊方法为缩放，品质为好。

3 按 Ctrl+F 组合键，重复应用 3 次"径向模糊"滤镜。

04

1 按 Ctrl+J 组合键，复制生成"图层 1"。

2 选择"滤镜-扭曲-旋转扭曲"命令，在打开的对话框中设置角度为-55 度，单击"确定"按钮。

3 设置"图层 1"的图层混合模式为变亮。

05

1 按 Ctrl+J 组合键，复制生成"图层 1 副本"。

2 选择"滤镜-扭曲-旋转扭曲"命令，在打开的对话框中设置角度为-100 度，单击"确定"按钮。

06

1 按 Ctrl+Shift+Alt+E 组合键，盖印可见图层，自动生成"图层 2"。

2 选择"图像-调整-色相/饱和度"命令，打开"色相/饱和度"对话框，选中"着色"复选框，设置参数为 85，100，0，单击"确定"按钮。

3 按 Ctrl+J 组合键，复制生成"图层 2 副本"，设置其混合模式为叠加。

实例61　插画效果一

素材:\实例 61\浪漫满屋.tif
源文件:\实例 61\插画效果一.psd

包含知识
- 快速选择工具
- 色调分离命令
- 亮度/对比度命令
- 去色命令

重点难点
- 色调分离命令

制作思路

复制图层　　　　　亮度/对比度命令　　　　去色命令　　　　色调分离命令

01

1 打开"浪漫满屋.tif"素材文件。

2 拖动"背景"图层到"图层"面板下方的"创建新图层"按钮 ⬛ 上,复制生成"背景副本"图层。

02

1 选择快速选择工具 🖌,在窗口中随意框选几朵玫瑰,将其载入选区。

2 选择"图像-调整-色相/饱和度"命令,设置参数为 0,100,-35,单击"确定"按钮。

3 按 Ctrl+D 组合键取消选区。

03

1 选择快速选择工具 🖌,在窗口中随意框选几朵玫瑰,将其载入选区。

2 选择"图像-调整-色相/饱和度"命令,设置参数为 50,25,0,单击"确定"按钮。

3 按 Ctrl+D 组合键取消选区。

04

1 选择"图像-调整-亮度/对比度"命令,打开"亮度/对比度"对话框。

2 设置参数为 0,75,单击"确定"按钮。

05

1 拖动"背景副本"图层到"图层"面板下方的"创建新图层"按钮 ⬛ 上,复制生成"背景副本 2"图层。

2 选择"图像-调整-去色"命令,将"背景副本 2"图层做去色处理。

06

1 选择"图像-调整-色调分离"命令,打开"色调分离"对话框。

2 设置色阶为 5,单击"确定"按钮。

实例62 插画效果二

素材:\实例 62\插画效果一.psd
源文件:\实例 62\插画效果二.psd

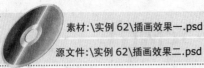

包含知识
- 中间值命令
- 阈值命令
- 图层混合模式

重点难点
- 中间值命令
- 阈值命令

制作思路

使用中间值命令　　　使用阈值命令　　　正片叠底效果　　　最终效果

01

1 打开"插画效果一.psd"素材文件。
2 选择"滤镜-杂色-中间值"命令,打开"中间值"对话框,设置半径为 1 像素,单击"确定"按钮。
3 选择"图像-调整-色阶"命令,打开"色阶"对话框。设置参数为 0,1.00,220,单击"确定"按钮。

02

1 拖动"背景"图层到"图层"面板下方的"创建新图层"按钮 上,复制生成"背景副本 3"图层,将其置于顶层。

03

1 选择"图像-调整-去色"命令,将"背景副本 3"做去色处理。

04

1 选择"图像-调整-阈值"命令,打开"阈值"对话框,设置阈值为 150,单击"确定"按钮。
2 选择"图像-调整-中间值"命令,打开"中间值"对话框,设置半径为 1 像素,单击"确定"按钮。

05

1 设置"背景副本 3"图层的混合模式为正片叠底。

06

1 拖动"背景副本"图层到"图层"面板上方,将其置于顶层。
2 设置"背景副本"图层的混合模式为颜色。

实例63 冰凉冷饮

素材:\实例 63\冷饮\
源文件:\实例 63\冰凉冷饮.psd

包含知识
- 抽出命令
- 自由变换
- 橡皮擦工具

重点难点
- 抽出命令

制作思路

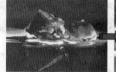   

复制图层　　　　　抽出命令　　　　　变换图像　　　　　最终效果

1 打开"冰块.tif"素材文件。

2 按 Ctrl+J 组合键两次,复制"背景"图层为"图层 1"和"图层 1 副本"。

3 选择"背景"图层,单击"图层 1"和"图层 1 副本"缩略图前的"指示图层可视性"图标 👁,隐藏两个图层。

1 打开"饮料.tif"素材文件。按住 Ctrl 键不放拖动图像到"冰块"文件窗口中,自动在"背景"图层上方生成"图层 2"。

2 按 Ctrl+T 组合键打开自由变换调节框,按住 Shift 键不放,拖动调节框的角点,等比例缩小图形并使其布满整个窗口,按 Enter 键确认变换。

1 选择"图层 1",单击其缩略图前的小方框,显示该图层。

2 选择"滤镜-抽出"命令,在打开的对话框中选择边缘高光器工具 🖉,设置画笔大小为 17。选中"强制前景"复选框,设置颜色为白色。

3 将预览框中的冰块涂抹成绿色,单击"确定"按钮。

1 选择并显示"图层 1 副本"。按 Ctrl+Alt+X 组合键打开"抽出"对话框。选中"强制前景"复选框,设置颜色为黑色。

2 采用相同的方法,将预览框中的冰块涂抹成绿色,单击"确定"按钮。

1 按 Ctrl+E 组合键向下合并图层到"图层 1"。

2 按 Ctrl+T 组合键打开自由变换调节框,等比例缩小冰块图形并移动到玻璃杯的左下方,按 Enter 键确认变换。

1 按 Ctrl+J 组合键复制"图层 1"为"图层 1 副本"。

2 按 Ctrl+T 组合键打开自由变换调节框,等比例缩小冰块图形并移动到饮料水面的上方,按 Enter 键确认变换。

3 选择橡皮擦工具 🖉,在其选项栏中选择柔角 100 像素画笔,设置不透明度为 30%。在抠出的冰块投影上涂抹,擦除部分图像。设置"图层 1 副本"图层的不透明度为 80%。

素材:\实例 64\抽象背景.tif

源文件:\实例 64\风吹文字.psd

实例64　风吹文字

包含知识
- 风命令
- 文字工具
- 旋转画布命令
- 色相/饱和度命令

重点难点
- 风命令

制作思路

输入文字　　　　使用风命令　　　　使用波纹命令　　　　最终效果

01

1　新建 "风吹文字.psd" 文件。文件大小为 600 像素×600 像素,分辨率为 200 像素/英寸。按 X 键切换前景色和背景色。按 Ctrl+Delete 组合键,填充 "背景" 图层为黑色。

2　选择横排文字工具 T,在其选项栏中设置字体为 Mesquite Std,大小为 60 点,在窗口中输入文字。

3　按 Ctrl+J 组合键复制生成文字的副本图层。单击文字图层缩略图前的 "指示图层可视性" 图标,隐藏该图层。

02

1　在文字图层上单击鼠标右键,在弹出的快捷菜单中选择 "栅格化文字" 命令。选择 "图像-旋转画布-90 度(顺时针)" 命令。

2　选择 "滤镜-风格化-风" 命令,在打开的对话框中设置方法为风,方向为从右,单击 "确定" 按钮。

3　按 Ctrl+F 组合键,重复上一次滤镜操作。

03

1　选择 "滤镜-风格化-风" 命令,在打开的对话框中设置方法为风,方向为从左,单击 "确定" 按钮。

2　按 Ctrl+F 组合键,重复上一次滤镜操作。

3　选择 "图像-旋转画布-90 度(逆时针)" 命令。

04

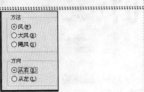

1　按 Ctrl+F 组合键,重复上一次滤镜操作。

2　选择 "滤镜-风格化-风" 命令,在打开的对话框中设置方法为风,方向为从右,单击 "确定" 按钮。

3　选择 "滤镜-扭曲-波纹" 命令,在打开的对话框中设置数量为 100%,大小为中,单击 "确定" 按钮。

05

1　按 Ctrl+Alt+Shift+E 组合键盖印可见图层,自动生成 "图层 1"。

2　选择 "图像-调整-色相/饱和度" 命令,打开 "色相/饱和度" 对话框。选中 "着色" 复选框,设置参数为 0,100,0,单击 "确定" 按钮。

3　单击文字图层缩略图前的小方框,显示该图层,并将其放置于 "图层 1" 之上。将文字的颜色更换为黑色。

06

1　打开 "抽象背景.tif" 素材文件。

2　选择移动工具,拖动图像到 "风吹文字" 文件窗口中,自动生成 "图层 2",将其放置于文字图层之下。

3　设置 "图层 2" 的图层混合模式为滤色。

实例65　数码坐标

素材:\无

源文件:\实例 65\数码坐标.psd

包含知识
- 波浪命令
- 渐变工具
- 极坐标命令
- 旋转扭曲命令

重点难点
- 波浪命令
- 旋转扭曲命令

制作思路

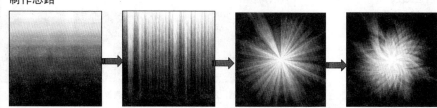

填充渐变色　　　风命令　　　波纹命令　　　最终效果

01

1. 新建"数码坐标.psd"文件。
   文件大小为 600 像素×600 像素,分辨率为 200 像素/英寸。单击"创建新图层"按钮,新建"图层 1"。
2. 选择渐变工具,单击选项栏中渐变色选择框,打开"渐变编辑器"对话框,选择"黑色-白色"渐变图案,单击"确定"按钮。
3. 单击选项栏中的"线性渐变"按钮,在窗口中由上向下绘制渐变色。

02

1. 选择"滤镜-扭曲-波浪"命令,打开"波浪"对话框。
2. 设置生成器数为 6,波长为 10,120,波幅为 5,35,比例为 100%,100%,类型为方形,未定义区域为重复边缘像素,单击"确定"按钮。

03

1. 选择"滤镜-扭曲-极坐标"命令,打开"极坐标"对话框。
2. 选中"平面坐标到极坐标"单选项,单击"确定"按钮。

04

1. 选择"图像-调整-色彩平衡"命令,在打开的对话框中设置色阶为 100,50,-100。
2. 选中"阴影"单选项,设置色阶为 100,50,-100,单击"确定"按钮。

05

1. 按 Ctrl+J 组合键,复制生成"图层 1 副本"图层。
2. 选择"滤镜-扭曲-旋转扭曲"命令,在打开的对话框中设置角度为 65 度,单击"确定"按钮。设置"图层 1 副本"图层的混合模式为深色。

06

1. 拖动"图层 1"到"创建新图层"按钮上,复制生成"图层 1 副本 2"图层,将其拖动到"图层 1 副本"上方。
2. 选择"滤镜-扭曲-旋转扭曲"命令,在打开的对话框中设置角度为-65 度,单击"确定"按钮。设置"图层 1 副本 2"的图层混合模式为叠加。

实例66　花灯效果

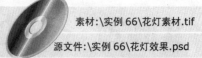

素材:\实例66\花灯素材.tif

源文件:\实例66\花灯效果.psd

包含知识
- 镜头光晕命令
- 图层混合模式
- 色彩平衡命令

重点难点
- 镜头光晕命令
- 色彩平衡命令

制作思路

复制图层　　　　正片叠底效果　　　添加镜头光晕　　　最终效果

01

1 打开素材文件"花灯素材.tif"。

2 拖动"背景"图层到"图层"面板下方的"创建新图层"按钮□上,复制生成"背景副本"图层。

02

1 设置"背景副本"图层的混合模式为正片叠底。

03

1 选择"滤镜-渲染-镜头光晕"命令,打开"镜头光晕"对话框。

2 移动光晕中心到花朵的下方,设置亮度为80%,镜头类型为50-300毫米变焦,单击"确定"按钮。

04

1 选择"滤镜-渲染-镜头光晕"命令,打开"镜头光晕"对话框。

2 移动光晕中心到另一个花朵的下方,设置亮度为110%,镜头类型为50-300毫米变焦,单击"确定"按钮。

05

1 采用相同的方法,为其他花朵增加光晕效果,分别调整不同的亮度参数。

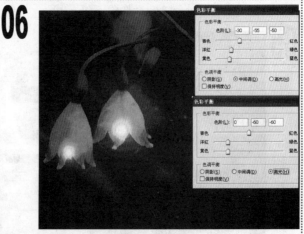

06

1 选择"图像-调整-色彩平衡"命令,打开"色彩平衡"对话框,设置参数为-30,-55,-60。

2 选中"高光"单选项,设置色阶参数为0,-60,-60,单击"确定"按钮。

实例67 旋转的文字圈

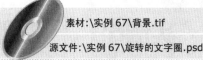

素材:\实例 67\背景.tif

源文件:\实例 67\旋转的文字圈.psd

包含知识

- 极坐标命令
- 文字工具
- 文字变形

重点难点

- 极坐标命令

制作思路

输入文字　　　　文字变形　　　　使用极坐标命令　　　　最终效果

01

1 打开"背景.tif"素材文件。
2 选择横排文字工具 T., 在文件窗口中单击输入文字。

02

1 在文字处双击选择所有文字。
2 在选项栏中设置字体为文鼎中特广告体,字号为 60 点,颜色为黄色(R:243,G:224,B:1)。

03

1 单击选项栏中的"变形"按钮 ꜛ,设置样式为鱼形,弯曲为 20%,水平扭曲为-50%,垂直扭曲为 0%。
2 单击"确定"按钮后,文字变形为鱼形状态。

04

1 在文字图层上单击鼠标右键,在弹出的快捷菜单中选择"栅格化文字"命令。
2 选择"滤镜-扭曲-极坐标"命令,打开"极坐标"对话框。选中"平面坐标到极坐标"单选项,单击"确定"按钮。

05

1 按住 Alt 键不放,拖动文字图层,复制生成新的图层。
2 按 Ctrl+T 组合键,打开自由变换调节框,按住 Shift 键等比例缩放复制的文字图像大小。

06

1 多次复制并缩放文字大小。
2 分别调整各图层的不透明度,使文字颜色发生变化。

实例68　浮雕字装饰

素材:\无

源文件:\实例68\浮雕字装饰.psd

包含知识
- 最大值命令
- 最小值命令
- 文字工具
- 高斯模糊命令

重点难点
- 最大值命令
- 最小值命令

制作思路

输入文字　　　　高斯模糊　　　　填充颜色　　　　最终效果

01

1. 新建"浮雕字装饰.psd"文件。文件大小为 600 像素×600 像素,分辨率为 200 像素/英寸。
2. 选择横排文字工具 T。设置前景色为黑色,在窗口中合适位置单击输入文字,自动生成文字图层。
3. 按 Ctrl+T 组合键打开自由变换调节框,调整文字的大小和位置,按 Enter 键确认变换。

02

1. 按住 Ctrl 键不放,单击"图层"面板中文字图层前面的缩略图,载入文字选区。
2. 选择"选择-储存选区"命令,打开"储存选区"对话框,设置名称为 5,单击"确定"按钮。
3. 选择"5"通道。选择"滤镜-模糊-高斯模糊"命令,在打开的对话框中设置半径为 5 像素,单击"确定"按钮。

03

1. 拖动"5"通道到"通道"面板下方的"创建新通道"按钮 🔲 上,分别复制生成"5 副本"和"5 副本 2"通道。
2. 选择"5 副本"通道,选择"滤镜-其他-最小值"命令,打开"最小值"对话框。
3. 设置半径为 15 像素,单击"确定"按钮。

04

1. 选择"5 副本 2"通道,选择"滤镜-其他-最大值"命令,打开"最大值"对话框。
2. 设置半径为 15 像素,单击"确定"按钮。

05

1. 按住 Ctrl 键,单击"5"通道的缩略图,载入选区。
2. 按 Alt+Delete 组合键填充选区为黑色,按 Ctrl+D 组合键取消选区。
3. 按住 Ctrl 键,单击"5 副本"通道的缩略图载入选区。
4. 按 Ctrl+Delete 组合键填充选区为白色,按 Ctrl+D 组合键取消选区。

06

1. 单击"图层"面板中文字图层前面的"指示图层可视性"图标 👁,关闭其可视性。
2. 选择"背景"图层,选择"滤镜-渲染-光照效果"命令。
3. 调整左侧光圈,设置光照颜色为蓝色(R:0,G:0,B:255),纹理通道为 5 副本 2,高度为 100,其他参数设置如图所示,单击"确定"按钮。

实例69　模糊边缘变清晰

素材:\实例 69\模糊边缘变清晰.tif
源文件:\实例 69\模糊边缘变清晰.psd

包含知识
- 高反差保留命令
- 色阶命令
- 阴影/高光命令
- 添加图层蒙版

重点难点
- 高反差保留命令

制作思路

复制图层　　　　色阶命令　　　高反差保留命令　　　最终效果

1 打开"模糊边缘变清晰.tif"素材文件。
2 拖动"背景"图层到"图层"面板下方的"创建新图层"按钮 上，复制生成"背景 副本"图层。

1 选择"图像-调整-色阶"命令，打开"色阶"对话框。
2 设置参数为 0，1.40，230，单击"确定"按钮。

1 选择"图像-调整-阴影/高光"命令，打开"阴影/高光"对话框。
2 设置参数为 60，50，30，0，50，30，-20，30，单击"确定"按钮。

1 单击"图层"面板下方的"添加图层蒙版"按钮 ，为"背景 副本"图层添加图层蒙版。
2 选择画笔工具 ，在其选项栏设置柔角画笔，不透明度为 80%，在窗口中对背景部分进行涂抹。

1 按 Ctrl+Alt+Shift+E 组合键，盖印可见图层，自动生成"图层 1"。
2 选择"滤镜-渲染-高反差保留"命令，打开"高反差保留"对话框，设置半径为 4 像素，单击"确定"按钮。

1 设置"图层 1"的图层混合模式为叠加。此时图像人物的边缘变得较清晰。

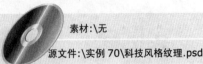

素材:\无

源文件:\实例70\科技风格纹理.psd

实例70　科技风格纹理

包含知识

- 渐变工具
- 自定形状工具
- 半调图案命令
- 径向模糊命令

重点难点

- 半调图案命令
- 径向模糊命令

制作思路

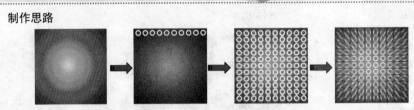

填充渐变颜色　　绘制圆圈　　径向模糊效果　　正片叠底效果

01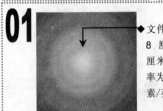

◆ 文件大小为 8 厘米×8 厘米，分辨率为 200 像素/英寸

1 新建"科技风格纹理.psd"文件。
2 设置前景色为深绿色（R:18,G:81,B:1），背景色为浅绿色（R:142,G:253,B:112）。
3 选择渐变工具，单击其选项栏中的"径向渐变"按钮，在窗口内由中心向斜角拖动，填充渐变色。
4 拖动"背景"图层到"图层"面板下方的"创建新图层"按钮上，复制生成"背景副本"图层。

02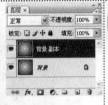

半调图案　大小(S) 2　对比度(C) 2　图案类型(P): 网点

1 选择"滤镜-素描-半调图案"命令，打开"半调图案"对话框。
2 设置大小为 2，对比度为 2，图案类型为网点，单击"确定"按钮。

03

1 新建"图层 1"。选择自定形状工具，单击其选项栏中的"形状"下拉按钮，在打开的列表框中选择"圆圈"形状，在窗口中绘制一个正圆圈。
2 按 Ctrl+Enter 组合键将路径转换为选区。
3 按 D 键复位前景色和背景色。按 Ctrl+Delete 组合键填充白色。按 Ctrl+D 组合键取消选区。

04

1 按 Ctrl+J 组合键多次，复制"图层 1"内容到新图层。
2 选择移动工具，将各层圆圈移动成行，效果如图所示。
3 按住 Shift 键不放，选择"图层 1"，此时所有的圆圈图层同时被选择，按 Ctrl+E 组合键向下合并图层。
4 按 Ctrl+J 组合键，用相同方法复制合并后的圆圈图层多次，再选择移动工具，将其拖动到合适位置。

05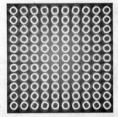

数量(A) 25

模糊方法：
○ 旋转(S)
● 缩放(Z)

品质：
○ 草图(D)
○ 好(G)
● 最好(B)

1 按 Ctrl+E 组合键向下合并所有圆圈图层，双击合并图层的名称，将图层命名为"图层 1"。
2 按 Ctrl+J 组合键，复制"图层 1"内容到"图层 1 副本"。
3 选择"滤镜-模糊-径向模糊"命令，在打开的对话框中设置数量为 25，模糊方法为缩放，品质为最好，单击"确定"按钮。

06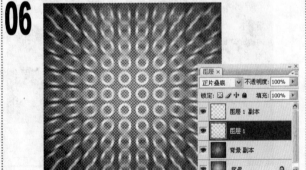

正片叠底　不透明度:100%
锁定：　填充:100%
图层 1 副本
图层 1
背景 副本
背景

1 选择"图层 1"。
2 设置"图层 1"的图层混合模式为正片叠底。

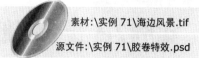

实例71　胶卷特效

素材:\实例71\海边风景.tif
源文件:\实例71\胶卷特效.psd

包含知识
- 画布大小命令
- 圆角柜形工具
- 反相命令
- 复制图层

重点难点
- 画布大小命令
- 反相命令

制作思路

复制图层　　　　　　改变画布大小　　　　　绘制胶片边缘　　　　　反相效果

1 打开"海边风景.tif"素材文件。

2 拖动"背景"图层到"图层"面板下方的"创建新图层"按钮█上，复制生成"背景副本"图层。

1 设置背景色为黑色（R:0,G:0,B:0）。

2 选择"图像-画布大小"命令，打开"画布大小"对话框，设置高度为 17 厘米，其他参数保持不变，单击"确定"按钮。

1 选择圆角矩形工具█，在图像上方黑边处绘制方框路径。

2 按 Ctrl+Enter 组合键将路径转换为选区。单击"图层"面板下方的"创建新图层"按钮█，新建"图层 1"。

3 设置前景色为乳白色（R:255,G:254,B:235），按 Alt+Delete 组合键填充前景色。按 Ctrl+D 组合键取消选区。

1 按 Ctrl+J 组合键 16 次，复制选区内容到新的图层。选择移动工具█，将各图层移动至如图所示的位置。

2 按住 Shift 键不放选择"图层 1"，按 Ctrl+E 组合键并所有方框图层为"图层 1 副本 16"。

3 按 Ctrl+J 组合键复制内容到新的图层，选择移动工具█，将新图层移动至窗口图像下方。

1 选择"背景副本"图层，选择"图像-调整-反相"命令。

1 单击"图层"面板下方的"创建新图层"按钮█，新建"图层 1"。设置前景色为黑色（R:0,G:0,B:0）。

2 按 Alt+Delete 组合键填充前景色。设置"图层 1"的不透明度为 45%。

素材:\实例 72\服饰素材.tif

源文件:\实例 72\服饰宣传单一.psd

实例72 服饰宣传单一

包含知识
- 存储选区命令
- 载入选区命令
- 快速选择工具

重点难点
- 存储选区命令
- 载入选区命令

制作思路

 → 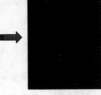 →  →

打开素材文件　　　　存储选区　　　　删除选区内容　　　　填充颜色

01

1. 打开"服饰素材.tif"素材文件。
2. 选择快速选择工具，在窗口中的人物图像上单击或拖动，将其载入选区。

02

1. 选择"选择-存储选区"命令，在打开的对话框中设置名称为"人物"，"通道"面板自动生成"人物"通道。
2. 按 Ctrl+D 组合键取消选区。

03

1. 单击"创建新图层"按钮，新建"图层 1"。
2. 设置背景色为黑色，按 Ctrl+Delete 组合键，填充"图层 1"为黑色。

04

1. 选择"选择-载入选区"命令，打开"载入选区"对话框。
2. 设置通道为人物，其他参数保持不变，单击"确定"按钮。

05

1. 按 Shift+Ctrl+I 组合键，反选选区，按 Delete 键删除选区内容。
2. 按 Ctrl+D 组合键取消选区。

06

1. 单击"创建新图层"按钮，新建"图层 2"，并将其放置于"图层 1"下方。
2. 设置前景色为蓝色（R:138,G:255,B:232）。按 Alt+Delete 组合键将图层填充为前景色。

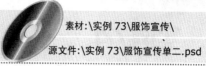

实例73　　服饰宣传单二

素材:\实例73\服饰宣传\
源文件:\实例73\服饰宣传单二.psd

包含知识
- 自由变换命令
- 文字工具
- 图层样式命令

重点难点
- 自由变换命令

制作思路

 →  →  →

拖入素材文件　　　　变换图像　　　　输入文字　　　　最终效果

01

1 打开"服饰宣传单一.psd"和"韩式花纹.tif"素材文件。
2 选择魔棒工具，在"韩式花纹"文件窗口中单击白色区域载入选区，按 Shift+Alt+I 组合键反选选区。
3 选择移动工具，拖动选区内容到"服饰宣传单一"文件窗口中，调整图像到合适位置，自动生成"图层3"。

02

1 拖动"图层 3"到"图层"面板下方的"创建新图层"按钮上，复制生成"图层 3 副本"。
2 选择"编辑-变换-水平翻转"命令，再选择"编辑-变换-垂直翻转"命令。
3 按 Ctrl+T 组合键打开自由变换调节框，调整图像的大小，并移动到窗口右上角位置，按 Enter 键确认变换。

03

1 设置前景色为白色（R:255,G:255,B:255）。
2 选择横排文字工具，在其选项栏中设置字体为经典繁中变，字体大小为 64.26 点，在窗口中输入文字"型女制造"。

04

1 选择"图层-图层样式-渐变叠加"命令，打开"图层样式"对话框，设置渐变为"黑色-紫红色"，其他参数保持不变。

05

1 单击"描边"复选框后面的名称，设置描边颜色为白色（R:255,G:255,B:255），其他参数保持不变，单击"确定"按钮。

06

1 设置前景色为黑色（R:0,G:0,B:0）。
2 选择横排文字工具，在其选项栏中设置字体为经典黑体简，字号为 36 点，在如图所示的位置输入文字"服饰"。

实例74　旧书信效果一

素材:\无

源文件:\实例74\旧书信效果一.psd

包含知识
- 喷溅命令
- 云彩命令
- 色阶命令
- 分层云彩命令

重点难点
- 喷溅命令
- 分层云彩命令

制作思路

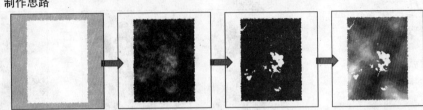

喷溅命令　　　分层云彩　　　色阶命令　　　云彩命令

01

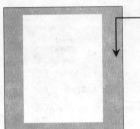

◆ 文件大小为 600 像素×600 像素，分辨率为 200 像素/英寸

1. 新建"旧书信效果一.psd"文件。
2. 选择矩形选框工具，在窗口中绘制长方形矩形选区。
3. 单击工具箱下方的"以快速蒙版模式编辑"按钮，进入快速蒙版模式。

02

1. 选择"滤色-画笔描边-喷溅"命令，打开"喷溅"对话框。设置参数为 10 和 7，单击"确定"按钮。
2. 单击"创建新图层"按钮，新建"图层 1"。

03

1. 单击工具箱下方的"以快速蒙版模式编辑"按钮，退出快速蒙版模式。
2. 按 D 键复位前景色和背景色。选择"滤镜-渲染-云彩"命令。按 Ctrl+D 组合键取消选区。

04

1. 选择"滤镜-渲染-分层云彩"命令。
2. 按 Ctrl+F 组合键多次，重复应用"分层云彩"滤镜。

05

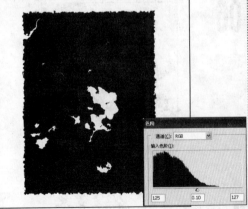

1. 选择"图像-调整-色阶"命令，打开"色阶"对话框。
2. 设置参数为 125，0.10，127，单击"确定"按钮。

06

1. 选择魔棒工具，单击窗口中白色区域将其载入选区，按 Delete 键删除选区内容。
2. 按 Ctrl+D 组合键取消选区。
3. 单击窗口中黑色区域将其载入选区，选择"滤镜-渲染-云彩"命令，按 Ctrl+D 组合键取消选区。

实例75　旧书信效果二

素材:\实例75\旧书信效果一.psd
源文件:\实例75\旧书信效果二.psd

包含知识
- 色相/饱和度命令
- 描边命令
- 图层样式命令
- 栅格化文字

重点难点
- 图层样式命令

制作思路

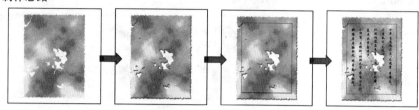

使用色相/饱和度命令　　添加图层样式　　删除多余内容　　最终效果

01

1 打开"旧书信效果一.psd"素材文件。
2 选择"图像-调整-色相/饱和度"命令，打开"色相/饱和度"对话框。选中"着色"复选框，设置参数为45，30，40，单击"确定"按钮。

02

1 选择"图层-图层样式-斜面和浮雕"命令，打开"图层样式"对话框。
2 设置深度为180%，大小为1像素，高光模式的不透明度为35%，阴影模式的不透明度为35%，其他参数保持不变。
3 单击"投影"复选框后面的名称，设置距离为4像素，大小为5像素，单击"确定"按钮。

03

1 单击"创建新图层"按钮，新建"图层2"。
2 选择矩形选框工具，绘制比旧书信略小的矩形选区。
3 选择"编辑-描边"命令，打开"描边"对话框，设置宽度为3px，颜色为红色（R:204,G:33,B:28），不透明度为70%，其他参数保持不变，单击"确定"按钮。

04

1 按住 Ctrl 键不放，单击"图层1"的缩略图载入选区。
2 按 Ctrl+Shift+I 组合键反向选择选区，按 Delete 键删除选区内容，将旧书信残缺部分的红色描边删除。按 Ctrl+D 组合键取消选区。

05

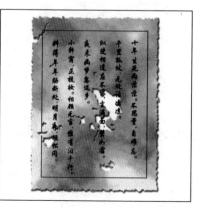

1 选择直排文字工具，在其选项栏中设置字体为华文行楷，字号为9点，字体颜色为黑色，在窗口中输入文字。

06

1 在文字图层单击鼠标右键，在弹出的快捷菜单中选择"栅格化文字"命令。设置文字图层的不透明度为90%。
2 按住 Ctrl 键不放，单击"图层1"的缩略图将其载入选区。按 Ctrl+Shift+I 组合键反向选择选区，按 Delete 键删除选区内容，将旧书信残缺部分的文字删掉。
3 按 Ctrl+D 组合键取消选区。

实例76 人物抠图一

素材:\实例76\秀发飘飘.tif
源文件:\实例76\人物抠图一.psd

包含知识
- 色阶命令
- 反相命令
- 复制图层

重点难点
- 色阶命令
- 反相命令

制作思路

复制图层　　　　去色命令　　　　色阶命令　　　　复制选区内容

01

1 打开"秀发飘飘.tif"素材图片。
2 拖动"背景"图层到"图层"面板下方的"创建新图层"
按钮🔲上,复制生成"背景副本"图层。

02

1 选择"蓝"通道。
2 拖动"蓝"通道到"通道"面板下方的"创建新通道"
按钮🔲上,复制生成"蓝副本"通道。

03

1 选择"图像-调整-反相"命令,将图像做反相处理。

04

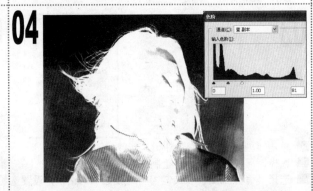

1 选择"图像-调整-色阶"命令,打开"色阶"对话框。
2 设置参数为0,1.00,81,单击"确定"按钮。

05

1 按住 Ctrl 键不放,单击"蓝副本"通道的缩略图将其选
区载入。
2 选择"背景副本"图层。

06

1 按 Ctrl+J 组合键复制选区内容到"图层 1"。
2 单击"背景"和"背景副本"图层前面的"指示图层可
视性"图标👁,关闭其可视性。

实例77　人物抠图二

素材:\实例 77\人物抠图\
源文件:\实例 77\人物抠图二.psd

包含知识
- 色阶命令
- 钢笔工具
- 图层混合模式

重点难点
- 色阶命令

制作思路

钢笔绘制路径　　　　　复制选区内容　　　　　拖入素材文件　　　　　最终效果

01

1. 打开"人物抠图一.psd"素材文件。单击"背景"和"背景副本"图层前面的小方框，打开其可视性。
2. 选择钢笔工具，在窗口中沿人物轮廓绘制闭合路径。

02

1. 按 Ctrl+Enter 组合键，将路径转换为选区。按 Ctrl+J 组合键复制选区内容到"图层 2"。
2. 单击"背景"和"背景副本"图层前面的"指示图层可视性"图标，关闭其可视性。

03

1. 同时选择"图层 1"和"图层 2"，按 Ctrl+E 组合键合并图层为新的"图层 1"。
2. 打开"海边景色.psd"素材文件。选择移动工具，拖动图像内容到"人物抠图一"文件中，生成"图层 3"。
3. 按 Ctrl+T 组合键打开自由变换调节框，按住 Shift 键等比例调整图像，按 Enter 键确认变换。

04

1. 选择"图层 1"，按 Ctrl+T 组合键打开自由变换调节框，按住 Shift 键等比例调整人物图像的大小，按 Enter 键确认变换。

05

1. 选择"图层 3"，按 Ctrl+J 组合键复制"图层 3"内容到"图层 3 副本"图层。
2. 设置"图层 3 副本"的图层混合模式为滤色。

06

1. 选择"图层 1"，选择"图像-调整-色阶"命令，打开"色阶"对话框。
2. 设置参数为 0，0.75，220，单击"确定"按钮。

实例78 水晕特效

素材:\无

源文件:\实例78\水晕特效.psd

包含知识
- 云彩命令
- 径向模糊命令
- 铬黄命令
- 水波命令

重点难点
- 铬黄命令
- 水波命令

制作思路

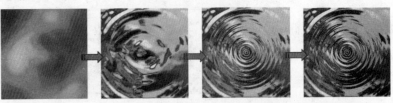

径向模糊效果   铬黄效果   水波效果   最终效果

01

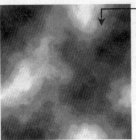

◆ 文件大小为 10 厘米 ×10 厘米，分辨率 为 96 像素/英寸

1 新建"水晕特效.psd"文件。
2 新建"图层 1"。按 D 键复位前景色和背景色。
3 选择"滤镜-渲染-云彩"命令。

02

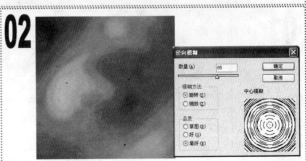

1 选择"滤镜-模糊-径向模糊"命令，打开"径向模糊"对话框。
2 设置数量为 65，模糊方法为旋转，品质为最好，单击"确定"按钮。

03

1 选择"滤镜-素描-基底凸现"命令，打开"基底凸现"对话框。
2 设置参数为 13，10，光照为上，单击"确定"按钮。

04

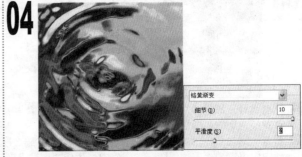

1 选择"滤镜-素描-铬黄"命令，打开"铬黄渐变"对话框。
2 设置细节为 10，平滑度为 2，单击"确定"按钮。

05

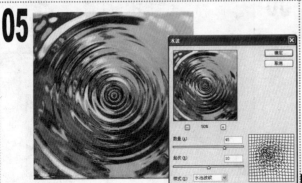

1 选择"滤镜-扭曲-水波"命令，打开"水波"对话框。
2 设置数量为 45，起伏为 10，样式为水池波纹，单击"确定"按钮。

06

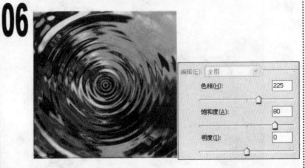

1 选择"图像-调整-色相/饱和度"命令，在打开的对话框中选中"着色"复选框。
2 设置色相为 225，饱和度为 80，明度为 0，单击"确定"按钮。

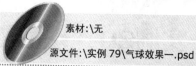

实例79　气球效果一

素材:\无

源文件:\实例79\气球效果一.psd

包含知识
- 内发光命令
- 椭圆选框工具
- 画笔工具

重点难点
- 内发光命令

制作思路

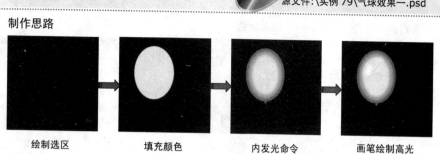

绘制选区　　　　填充颜色　　　　内发光命令　　　　画笔绘制高光

01

◆ 文件大小为 500 像素×500 像素，分辨率为 200 像素/英寸

1 新建"气球效果一.psd"文件。
2 设置前景色为黑色（R:0,G:0,B:0）。按 Alt+Delete 组合键将"背景"图层填充为前景色。

02

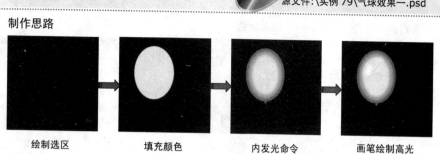

1 选择椭圆选框工具▣，在窗口中拖动鼠标绘制椭圆选区。
2 按 Ctrl+Alt+D 组合键，打开"羽化选区"对话框，设置羽化半径为 2 像素，单击"确定"按钮。

03

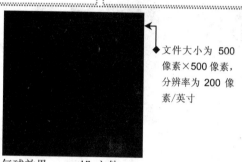

1 设置前景色为蓝色（R:138,G:255,B:232），新建"图层1"，按 Alt+Delete 组合键将"背景"图层填充为前景色。
2 按 Ctrl+D 组合键取消选区。

04

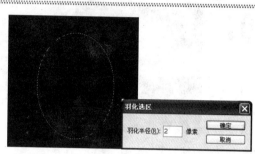

1 选择"图层-图层样式-内发光"命令，打开"图层样式"对话框。设置内发光颜色为绿色（R:11,G:71,B:63），不透明度为 50%，大小为 70 像素，单击"确定"按钮。

05

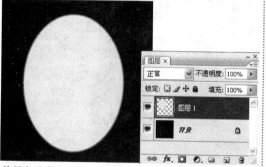

1 选择"滤镜-液化"命令，打开"液化"对话框。选择"液化"工具箱中的向前变形工具▣，设置"工具选项"参数为 24，50，100，"重建选项"栏下选择平滑模式。
2 在椭圆图形下方处，从上向下慢慢拖动鼠标，形成如图所示的形状，单击"确定"按钮。

06

1 单击"创建新图层"按钮▣，新建"图层 2"。设置前景色为白色（R:255,G:255,B:255）。
2 选择画笔工具▣，在其选项栏中设置画笔为大号柔角，不透明度为 80%。在气球的高光处涂抹，涂抹过程可根据需要按"["键或"]"键调节画笔的主直径大小。

实例80 气球效果二

素材:\实例80\海边气球\
源文件:\实例80\最终气球效果.psd

包含知识
- 变换命令
- 画笔工具
- 色相/饱和度工具

重点难点
- 变换命令

制作思路

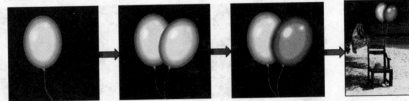

画笔绘制 　　　变换图形 　　　色相/饱和度命令 　　　最终效果

01

1 打开"气球效果一.psd"素材文件。
2 单击"创建新图层"按钮，新建"图层3"。
3 选择画笔工具，在其选项栏中设置画笔为尖角3像素，不透明度为100%，在气球下方处绘制棉线。

02

1 同时选择"图层1"、"图层2"和"图层3"，拖动选择的图层到"图层"面板下方的"创建新图层"按钮上，复制生成副本图层。
2 按Ctrl+T组合键打开自由变换调节框，调整图像的位置和角度，按Enter键确认变换。

03

1 选择"图层1副本"图层，选择"图像-调整-色相/饱和度"命令，打开"色相/饱和度"对话框。
2 设置参数为-180，100，25，单击"确定"按钮。

04

1 选择"图层-图层样式-内发光"命令，打开"图层样式"对话框。设置内发光颜色为暗红色（R:111,G:3,B:24），其他参数保持不变。
2 单击"投影"复选框后面的名称，设置角度为-27度，距离为5像素，大小为30像素，单击"确定"按钮。

05

1 打开"海边.tif"素材文件。
2 单击"气球效果一"为当前窗口，同时选中除"背景"图层之外的所有图层。按住Ctrl键不放，拖动所有图层到"海边"文件窗口中。
3 按Ctrl+T组合键打开自由变换调节框，调整图像的位置和大小到如图所示后，按Enter键确认变换。

06

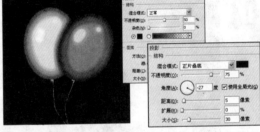

1 同时选择"图层3"和"图层3副本"图层，按Ctrl+T组合键打开自由变换调节框，调整棉线的长度至凉椅扶手处，按Enter键确认变换。
2 选择"背景"图层，拖动至面板下方的"创建新图层"按钮上，复制生成"背景副本"图层。设置"背景副本"图层的混合模式为叠加。

实例81　粗布特效

素材:\无

源文件:\实例81\粗布特效.psd

包含知识
- 图层样式
- 纹理化命令
- USM 锐化命令
- 加深减淡工具

重点难点
- 纹理化命令的应用

制作思路

纹理化效果　　　　USM 锐化　　　　正片叠底效果　　　　加深减淡工具

01

◆ 文件大小为 10 厘米× 10 厘米，分辨率为96 像素/英寸

1　新建"粗布特效.psd"文件。新建"图层 1"。

2　设置前景色为蓝色（R:42,G:58,B:140）。按 Alt+ Delete 组合键将背景填充为前景色。

3　选择"滤镜-纹理-纹理化"命令，在打开的对话框中设置参数为 110，4，纹理为画布，光照为上，单击"确定"按钮。

02

1　选择"滤镜-锐化-USM 锐化"命令，在打开的对话框中设置参数为 40，1.5，0，单击"确定"按钮。

2　按 Ctrl+F 组合键 3 次重复上一次滤镜命令。

3　按 Ctrl+M 组合键，打开"曲线"对话框，调整曲线参数，单击"确定"按钮。

03

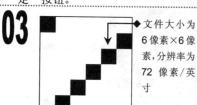

◆ 文件大小为 6 像素×6 像素，分辨率为 72 像素/英寸

1　新建"斜纹.psd"文件。选择缩放工具，将窗口放大。

2　按 D 键复位前景色与背景色，选择矩形选框工具，在窗口中绘制 1 像素的选框，按 Alt+Delete 组合键填充前景色。

3　用相同方法绘制如图所示的其他矩形，并填充颜色，按 Ctrl+D 组合键取消选区。

4　选择"编辑-定义图案"命令，打开"图案名称"对话框，单击"确定"按钮。

04

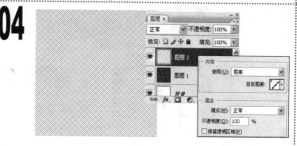

1　选择"粗布特效"文件，使其处于当前窗口。

2　单击"创建新图层"按钮，新建"图层 2"。

3　选择"编辑-填充"命令，打开对话框，设置使用为图案，选择自定图案为斜纹，不透明度为 100%，单击"确定"按钮。

05

1　设置"图层 2"的图层混合模式为正片叠底。

2　选择"滤镜-锐化-USM 锐化"命令，在打开的对话框中设置参数为 80，3，0，单击"确定"按钮。

06

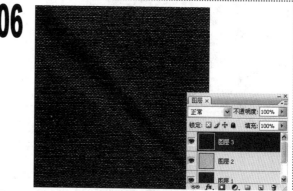

1　按 Ctrl+Shift+Alt+E 组合键盖印所有的图层到最顶层，图层名称为"图层 3"。

2　要为粗布做折痕效果，可以在绘制出折痕的选区后，对选区做加深和减淡处理。

实例82　彩色铅笔效果一

素材:\实例82\调皮女孩.tif
源文件:\实例82\彩色铅笔效果一.psd

包含知识
- 阴影线命令
- 成角的线条命令
- 色阶命令
- 色彩平衡命令

重点难点
- 阴影线命令

制作思路

复制图层　　　　调整色彩平衡　　　使用色阶命令　　　成角的线条命令

01

1 打开素材图片"调皮女孩.tif"。
2 拖动"背景"图层到"图层"面板下方的"创建新图层"
按钮　上,复制生成"背景副本"图层。

02

1 选择"图像-调整-色彩平衡"命令,打开"色彩平衡"
对话框。
2 设置参数为-15,-75,55,单击"确定"按钮。

03

1 单击"图层"面板下方的"添加图层蒙版"按钮　,为
"背景副本"添加图层蒙版。
2 选择画笔工具　,在其选项栏中设置柔角画笔,不透明
度为80%,在窗口中人物皮肤位置进行局部涂抹。
3 按 Ctrl+E 组合键向下合并图层,生成新的"背景"图层。

04

1 拖动"背景"图层到"图层"面板下方的"创建新图层"
按钮　上,复制生成"背景副本"图层。
2 选择"图像-调整-色阶"命令,打开"色阶"对话框。
设置参数为40,0.85,230,单击"确定"按钮。

05

1 选择"滤镜-画笔描边-阴影线"命令,打开"阴影线"
对话框。
2 设置参数为10,6,1,单击"确定"按钮。

06

1 选择"滤镜-画笔描边-成角的线条"命令,打开"成角
的线条"对话框。
2 设置参数为60,6,3,单击"确定"按钮。

实例83　彩色铅笔效果二

素材:\实例 83\彩色铅笔效果一.psd
源文件:\实例 83\彩色铅笔效果二.psd

包含知识
- 彩色铅笔命令
- 曲线命令

重点难点
- 彩色铅笔命令
- 曲线命令

制作思路

柔光效果　　　　　复制图层　　　　　彩色铅笔效果　　　　最终效果

1 打开"彩色铅笔效果一. psd"素材图片。
2 设置"背景副本"图层的混合模式为柔光。

1 拖动"背景"图层到"图层"面板下方的"创建新图层"按钮 ▣ 上,复制生成"背景副本 2"图层,将其放置于顶层。

1 选择"滤镜-艺术效果-彩色铅笔"命令,打开对话框。
2 设置参数为 4, 15, 45,单击"确定"按钮。

1 设置"背景副本 2"图层的混合模式为强光。

知识延伸

本实例主要使用了"彩色铅笔"滤镜和"曲线"命令。其中,"彩色铅笔"滤镜是使用彩色铅笔在纯色背景上绘制图像,绘制后保留重要边缘,外观呈粗糙阴影线,纯色背景色透过比较平滑的区域显示出来。

在"曲线"对话框中可在图像的色调范围(从阴影到高光)内最多调整 14 个不同的点,也可以在"曲线"对话框中对图像的个别颜色通道进行精确调整。例如,选择通道为红,则可以调整红色像素的色调。另外还可以将"曲线"对话框的设置存储为预设,方便以后使用。

1 按 Ctrl+Alt+Shift+E 组合键,盖印可见图层,自动生成"图层 1"。
2 选择"图像-调整-曲线"命令,打开"曲线"对话框。调整曲线至如图所示,单击"确定"按钮。

实例84　蓝天白云效果一

素材:\无
源文件:\实例84\蓝天白云效果一.psd

包含知识
- 云彩命令
- 分层云彩命令
- 凸出命令
- 渐变工具

重点难点
- 云彩命令

制作思路

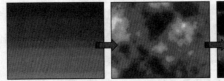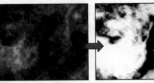

填充渐变　　　　使用云彩命令　　　分层云彩命令　　　凸出命令

01

1 新建"蓝天白云效果一.psd"文件。文件大小为 8 厘米×6 厘米，分辨率为 180 像素/英寸，颜色模式为 RGB 颜色。

2 设置前景色为蓝色（R:118,G:180,B:245），背景色为深蓝色（R:2,G:75,B:165）。

3 选择渐变工具█，单击其选项栏中的"线性渐变"按钮█，在选区中垂直拖动鼠标，填充渐变色到背景中。

02

1 单击"创建新图层"按钮█，新建"图层 1"。

2 按 D 键复位前景色和背景色。选择"滤镜-渲染-云彩"命令。

03

1 选择"滤镜-渲染-分层云彩"命令，按 Ctrl+F 组合键两次重复执行上一次滤镜操作。

04

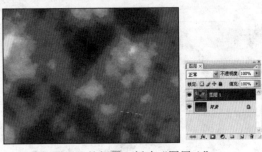

1 选择"图像-调整-色阶"命令，打开"色阶"对话框。

2 设置参数为 50，2.30，150，单击"确定"按钮。

05

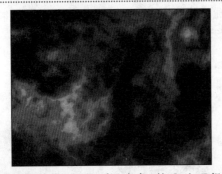

1 拖动"图层 1"到"图层"面板下方的"创建新图层"按钮█上，复制生成"图层 1 副本"。

2 选择"滤镜-风格化-凸出"命令，打开"凸出"对话框，设置大小为 2 像素，深度为 30，选中"立方体正面"复选框，单击"确定"按钮。

06

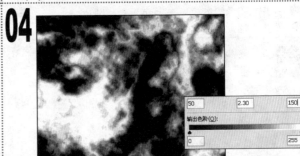

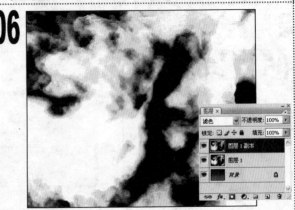

1 选择"图层 1 副本"图层。

2 设置"图层 1 副本"图层的混合模式为滤色。

实例85　蓝天白云效果二

素材:\实例 85\蓝天白云效果一.psd
源文件:\实例 85\蓝天白云效果二.psd

包含知识
- 高斯模糊命令
- 色彩平衡命令
- 仿制图章工具
- 亮度/对比度命令

重点难点
- 色彩平衡命令

制作思路

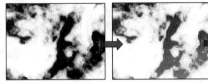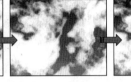

打开素材文件　　滤色效果　　高斯模糊命令　　最终效果

01

1　打开"蓝天白云效果一.psd"素材文件。
2　选择"图层 1",设置"图层 1"的图层混合模式为滤色。

02

1　选择"图层 1 副本"图层。
2　选择"滤镜-模糊-高斯模糊"命令,打开"高斯模糊"对话框,设置半径为 1.5 像素,单击"确定"按钮。

03

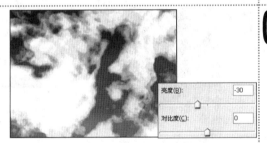

1　按 Ctrl+Alt+Shift+E 组合键盖印可见图层,自动生成"图层 2"。
2　选择"图像-调整-亮度/对比度"命令,设置亮度为-30,对比度为 0,单击"确定"按钮。

04

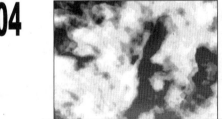

1　选择仿制图章工具，在其选项栏中设置画笔为大号柔角,不透明度为 100%。
2　按住 Alt 键单击鼠标,吸取层次分明的云层,然后松开 Alt 键,涂抹云层中的高光区域。

05

1　选择"图像-调整-色彩平衡"命令,打开"色彩平衡"对话框,设置参数为 30,30,75。

06

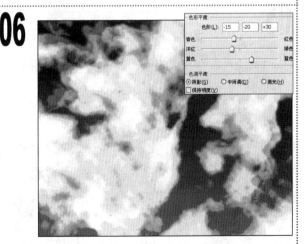

1　选中"阴影"单选项,设置参数为-15,-20,30,单击"确定"按钮。

实例86 拼贴风景

包含知识
- 拼贴命令
- 魔棒工具
- 自由变换
- 图层混合模式

重点难点
- 拼贴命令的应用

制作思路

复制图层　　　叠加效果　　　拼贴命令　　　最终效果

01

1　打开"拼贴风景.tif"素材文件。

2　拖动"背景"图层到"图层"面板下方的"创建新图层"按钮 上，复制生成"背景 副本"图层。

02

1　设置"背景 副本"图层的混合模式为叠加。

2　按 Ctrl+Alt+Shift+E 组合键，盖印可见图层，自动生成"图层 1"。

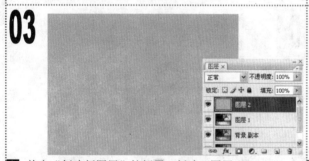

03

1　单击"创建新图层"按钮 ，新建"图层 2"。

2　设置前景色为浅蓝色（R:83,G:54,B:2）。

3　按 Alt+Delete 组合键将"图层 2"填充为前景色。

04

1　拖动"图层 2"至"图层 1"之下。

2　选择"滤镜-风格化-拼贴"命令，打开"拼贴"对话框。设置参数为 10，15，单击"确定"按钮。

05

1　选择魔棒工具 ，单击白色区域将其载入选区，并按 Delete 键删除选区内容。

06

1　按 Ctrl+D 组合键取消选区。按 Ctrl+T 组合键打开自由变换调节框，按住 Shift 键不放，拖动调节框的角点，等比例缩小图形，并调整到如图所示的位置，按 Enter 键确认变换。

2　选择"图层-图层样式-投影"命令，打开"图层样式"对话框，设置不透明度为 55%，其他参数保持不变。

3　单击"斜面和浮雕"复选框后面的名称，保持所有参数不变，单击"确定"按钮。

实例87　玻璃特效

素材:\实例87\快乐男孩.tif
源文件:\实例87\玻璃特效.psd

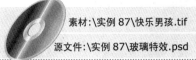

包含知识
- 矩形选框工具
- 高斯模糊命令
- 玻璃命令
- 图层样式

重点难点
- 玻璃命令

制作思路

复制图层　　　高斯模糊命令　　　玻璃命令　　　最终效果

01

1 打开"快乐男孩.tif"素材文件。
2 拖动"背景"图层到"图层"面板下方的"创建新图层"按钮 上，复制生成"背景 副本"图层。

02

1 选择矩形选框工具 ，在窗口中绘制矩形选区。

03

半径(R): 5.0　像素

1 选择"滤镜-模糊-高斯模糊"命令，打开"高斯模糊"对话框。
2 设置半径为 5 像素，单击"确定"按钮。

04

玻璃
扭曲度(D)　2
平滑度(M)　3
纹理:　磨砂
缩放(S)　130 %
□反相(I)

1 选择"滤镜-扭曲-玻璃"命令，打开"玻璃"对话框。
2 设置扭曲度为 2，平滑度为 3，纹理为磨砂，缩放为 130%，单击"确定"按钮。

05

1 单击"创建新图层"按钮 ，新建"图层 1"。
2 设置前景颜色为绿色（R:7,G:193,B:94）。按 Alt+Delete 组合键将选区填充为前景色。
3 按 Ctrl+D 组合键取消选区。设置"图层 1"的填充为 10%。

06

1 选择"图层-图层样式-描边"命令，打开"图层样式"对话框。设置描边颜色为白色，大小为 1 像素，不透明度为 10%。
2 单击"外发光"复选框后面的名称，设置混合模式为柔光，不透明度为 40%，大小为 7 像素，单击"确定"按钮。

实例88　珍珠效果一

素材:\无

源文件:\实例88\珍珠效果一.psd

包含知识
- 添加杂色命令
- 动感模糊命令
- 径向模糊命令
- 塑料包装命令

重点难点
- 动感模糊命令

制作思路

填充颜色　　　　动感模糊　　　使用塑料包装命令　　　最终效果

01

◆ 文件大小为 557 像素×484 像素,分辨率为 72 像素/英寸

1 新建"珍珠效果一.psd"文件。
2 设置前景色为黑色(R:0,G:0,B:0),按 Alt+Delete 组合键将"背景"图层填充为前景色。

02

1 单击"创建新图层"按钮□,新建"图层 1"。
2 选择椭圆选框工具○,按住 Shift 键在窗口中绘制正圆选区。
3 设置前景色为白色。按 Alt+Delete 组合键将选区填充为前景色。

03

数量(A): 65 %
分布
⊙平均分布(U)
○高斯分布(G)
☑单色(M)
角度(A): -45 度
距离(D): 30 像素

1 选择"滤镜-杂色-添加杂色"命令,打开"添加杂色"对话框,设置数量为 65%,单击"确定"按钮。
2 选择"滤镜-模糊-动感模糊"命令,在打开的对话框中设置角度为-45 度,距离为 30 像素,单击"确定"按钮。

04

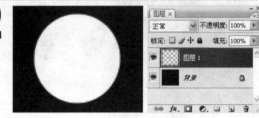

数量(A) 55
模糊方法:
⊙旋转(S)
○缩放(Z)
品质:
○草图
⊙好
○最好

塑料包装
高光强度 20
细节 15
平滑度 15

1 选择"滤镜-模糊-径向模糊"命令,打开"径向模糊"对话框,设置数量为 55,模糊方法为旋转,品质为好,单击"确定"按钮。按 Ctrl+D 组合键取消选区。
2 选择"滤镜-艺术效果-塑料包装"命令,打开"塑料包装"对话框,设置参数为 20,15,15,单击"确定"按钮。

05

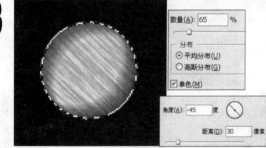

数量(A): 70 %
半径(R): 17 像素
阈值(T): 0 色阶

1 选择"滤镜-锐化-USM 锐化"命令,打开"USM 锐化"对话框,设置参数为 70,17,0,单击"确定"按钮。

06

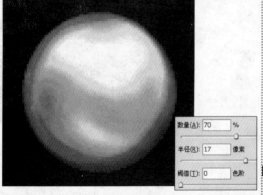

投影
结构
混合模式: 正常
不透明度(O): 50 %
角度(A): 120 度 ☑使用全局光(G)
距离(D): 3 像素
扩展(R): 0 %
大小(S): 10 像素

1 双击"图层 1"后面的空白处,打开"图层样式"对话框,单击"投影"复选框后面的名称。
2 设置混合模式为正常,投影颜色为白色,不透明度为 50%,距离为 3 像素,大小为 10 像素,单击"确定"按钮。

实例89　珍珠效果二

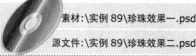

素材:\实例89\珍珠效果一.psd
源文件:\实例89\珍珠效果二.psd

包含知识
- 图层样式命令
- 色彩平衡命令
- 画笔工具

重点难点
- 色彩平衡命令

制作思路

设置图层样式　　　　平衡色彩　　　　变换图像　　　　最终效果

01

1 打开"珍珠效果一.psd"素材文件。
2 双击"图层 1"后面的空白处,打开"图层样式"对话框,单击"斜面和浮雕"复选框后面的名称。
3 设置深度为 700%,大小为 15 像素,软化为 10 像素,角度为 120 度,高度为 65 度,高光模式不透明度为 100%,阴影模式不透明度为 20%,单击"确定"按钮。

02

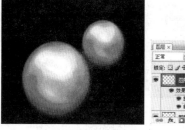 

1 拖动"图层 1"到"图层"面板下方的"创建新图层"按钮上,复制生成"图层 1 副本"图层。
2 按 Ctrl+T 组合键打开自由变换调节框,调整图像的大小和位置,按 Enter 键确认变换。

03

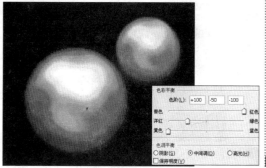

1 选择"图层 1"。选择"图像-调整-色彩平衡"命令,打开"色彩平衡"对话框,设置参数为 100,-50,-100,单击"确定"按钮。

04

1 选择"图层 1 副本"图层,按 Ctrl+J 组合键多次复制,得到多个图层 1 副本图层。
2 分别按 Ctrl+T 组合键打开自由变换调节框,调整各图像的大小和位置,按 Enter 键确认变换。

05

1 分别选择"图层"面板中需要彩色珍珠的图层。
2 分别选择"图像-调整-色彩平衡"命令,打开"色彩平衡"对话框,设置参数为 100,-40,-100,单击"确定"按钮。

06

1 单击"创建新图层"按钮,新建"图层 2",将其放置在"背景"图层之上。
2 选择画笔工具,在其选项栏中设置画笔为尖角 3 像素,在窗口中绘制珍珠链。

素材:\无

源文件:\实例90\凸出特效.psd

实例90　凸出特效

包含知识
- 杂色命令
- 染色玻璃命令
- 凸出命令
- 锐化命令
- 色阶命令

重点难点
- 凸出命令

制作思路

填充颜色　　　　添加杂色　　　　染色玻璃　　　　凸出命令

01

文件大小为 8 厘米×8 厘米,分辨率为 200 像素/英寸

1 新建"凸出特效.psd"文件。

2 设置前景色为绿色(R:18,G:255,B:0),背景色为红色(R:255,G:0,B:0),按 Ctrl+Delete 组合键填充"背景"图层。

3 拖动"背景"图层到"图层"面板下方的"创建新图层"按钮上,复制生成"背景副本"图层。

02

数量(A): 50 %

分布
○ 平均分布(U)
◉ 高斯分布(G)

☑ 单色(M)

1 选择"滤镜-杂色-添加杂色"命令,打开"添加杂色"对话框。

2 设置数量为 50%,单击"确定"按钮。

03

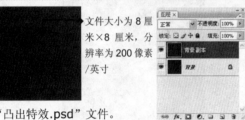

染色玻璃

单元格大小(C) 10

边框粗细(B) 6

光照强度(L) 0

1 选择"滤镜-纹理-染色玻璃"命令,打开"染色玻璃"对话框。

2 设置单元格大小为 10,边框粗细为 6,光照强度为 0,单击"确定"按钮。

04

类型: ◉ 块(B) ○ 金字塔(P)

大小(S): 30 像素

深度(D): 40 ◉ 随机(R) ○ 基于色阶(L)

☑ 立方体正面(M)
☐ 蒙版不完整块(M)

1 选择"滤镜-风格化-凸出"命令,打开"凸出"对话框。

2 设置大小为 30 像素,深度为 40,单击"确定"按钮。

05

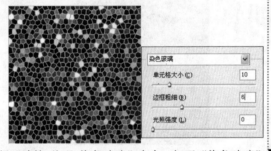

1 选择"滤镜-锐化-锐化"命令。按 Ctrl+F 组合键 3 次重复执行"锐化"滤镜操作。

06

25 1.00 210

输出色阶(O):

0 255

1 按 Ctrl+L 组合键,打开"色阶"对话框。

2 设置参数为 25,1.00,210,单击"确定"按钮。

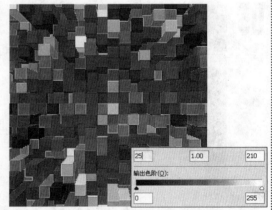

第 3 章

Photoshop 控制面板

实例 91 彩虹效果

实例 92 晶莹的水珠

实例 95 透明婚纱换背景一

实例 97 处理偏色照片

实例 100 草地效果

实例 101 回形针效果一

实例 104 可爱大头贴

实例 107 水中倒影效果

　　在 Photoshop CS3 中，任何操作都离不开面板操作，常用的面板有"图层"面板，"通道"面板和"路径"面板等。面板直观易懂，操作方便。通过选择各面板上设置的快捷菜单命令，可以快速完成相应操作，从而提高工作效率。

素材:\实例 91\山水美景.tif
源文件:\实例 91\彩虹效果.psd

实例91　彩虹效果

包含知识
- 载入固定通道选区
- 渐变工具
- 图层混合模式

重点难点
- 载入绿通道选区

制作思路

复制图层　　　　填充渐变　　　载入绿通道选区　　　最终效果

01

1. 打开"山水美景.tif"素材文件。
2. 拖动"背景"图层到"图层"面板下方的"创建新图层"按钮 上，复制生成"背景副本"图层。

02

1. 单击"创建新图层"按钮 ，新建"图层1"。
2. 选择渐变工具 ，单击选项栏中的渐变色选择框 ，在打开的对话框中设置渐变图案为"黑-红-黄-绿-兰-蓝-紫-黑",单击"确定"按钮。
3. 单击选项栏中的"径向渐变"按钮 ，拖动鼠标在窗口中填充渐变色。

03

1. 选择"背景副本"图层，拖动"背景副本"图层至顶层。
2. 选择"通道"面板，按住 Ctrl 键不放，单击"绿"通道的缩略图，载入其选区。

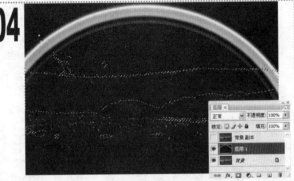

04

1. 单击"背景副本"图层缩略图前的"指示图层可视性"图标 ，隐藏该图层。选择"图层1"。

05

1. 单击"图层"面板下方的"添加图层蒙版"按钮 ，为"图层1"添加蒙版。
2. 设置"图层1"的图层混合模式为滤色。

06

1. 拖动"背景"图层到"图层"面板下方的"创建新图层"按钮 上，复制生成"背景副本 2"图层。
2. 设置"背景副本 2"图层的混合模式为叠加。

实例92　晶莹的水珠

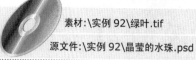

素材:\实例 92\绿叶.tif
源文件:\实例 92\晶莹的水珠.psd

包含知识
- 投影命令
- 椭圆选框工具
- 椭圆工具

重点难点
- 投影命令

制作思路

复制图层　　　投影命令　　　渐变叠加命令　　　最终效果

01

1. 打开"绿叶.tif"素材文件。
2. 拖动"背景"图层到"图层"面板下方的"创建新图层"按钮 上,复制生成"背景副本"图层。
3. 选择椭圆选框工具 ,在窗口中的绿叶上绘制一个椭圆选区。

02

1. 按 Ctrl+J 组合键复制选区内容为"图层 1"。
2. 选择"图层-图层样式-投影"命令,打开"图层样式"对话框。取消选中"使用全局光"复选框,设置角度为140 度,距离为 15 像素,大小为 10 像素。
3. 单击"内发光"复选框后面的名称,设置发光颜色为浅绿色(R:122,G:223,B:106),大小为 13 像素。

03

1. 单击"斜面和浮雕"复选框后面的名称,设置方法为雕刻柔和,深度为 450%,大小为 35 像素,软化为 12像素,高光模式为正常,不透明度为 100%,阴影模式的不透明度为 50%。
2. 单击"光泽等高线"下拉按钮,打开"等高线编辑器",调整曲线的形状至如图所示,单击"确定"按钮。

04

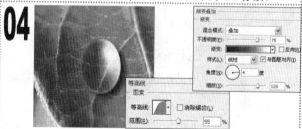

1. 单击"等高线"复选框后面的名称,设置等高线为"半圆",设置范围为 55%。
2. 单击"渐变叠加"复选框后面的名称,设置混合模式为叠加,角度为 4 度,缩放为 120%。单击渐变色选择框 ,打开"渐变编辑器"对话框,设置渐变图案为"深绿色-白色",单击"确定"按钮。

05

1. 设置"图层 1"的填充为 0%,单击"确定"按钮,确认图层样式。
2. 单击"样式"面板下方的"创建新样式"按钮 ,打开"新建样式"对话框。设置名称为"水滴",选中"包含图层效果"复选框,单击"确定"按钮。

06

1. 选择椭圆工具 ,单击选项栏中的"形状图层"按钮 ,设置样式为水滴。在绿叶上绘制较小的椭圆,自动生成"形状 1"图层。
2. 在效果栏中单击鼠标右键,在弹出的快捷菜单中选择"缩放效果"命令,在打开的对话框中设置缩放为 85%,单击"确定"按钮。
3. 用同样的方法再制作若干个水珠。

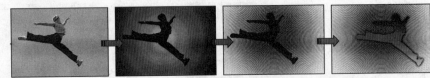

实例93　剪影效果一

素材:\实例93\跃动.tif
源文件:\实例93\剪影效果一.psd

包含知识
- 外发光命令
- 色彩范围命令
- 半调图案命令
- 渐变工具

重点难点
- 外发光命令

制作思路

复制图层　　　填充渐变　　　半调图案命令　　　外发光命令

01

■ 打开素材文件"跃动.tif"。
■ 拖动"背景"图层到"图层"面板下方的"创建新图层"按钮 上,复制生成"背景副本"图层。

02

■ 选择"选择-色彩范围"命令,打开"色彩范围"对话框,设置颜色容差为 50,在窗口中蓝色天空的位置单击取样,单击"确定"按钮。
■ 按 Ctrl+Shift+I 组合键反向选择选区,将其载入选区。

03

■ 单击"创建新图层"按钮 ,新建"图层 1"。
■ 按 D 键复位前景色和背景色。按 Alt+Delete 组合键将选区填充为前景色。
■ 按 Ctrl+D 组合键取消选区。

04

■ 单击"创建新图层"按钮 ,新建"图层 2"。
■ 选择渐变工具 ,单击选项栏中的渐变色选择框 ,在打开的对话框中设置渐变图案为"浅蓝色-蓝色",单击"确定"按钮。
■ 单击选项栏中的"径向渐变"按钮 ,在窗口中由中心向外斜线拖动鼠标填充渐变图案。

05

■ 选择"滤镜-素描-半调图案"命令,打开"半调图案"对话框。
■ 设置大小为 2,对比度为 12,图案类型为圆形,单击"确定"按钮。

06

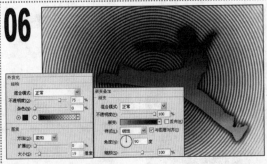

■ 选择"图层-图层样式-外发光"命令,打开"图层样式"对话框。设置混合模式为正常,颜色为黑色,大小为 19 像素。
■ 单击"渐变叠加"复选框后面的名称,设置不透明度为 100%,单击渐变色选择框 ,在打开的对话框中设置渐变图案为"蓝色-深蓝色",单击"确定"按钮。

实例94　剪影效果二

素材:\实例 94\剪影效果一.psd

源文件:\实例 94\剪影效果二.psd

包含知识
- 设置渐变叠加效果
- 动感模糊命令
- 文字工具
- 矩形选框工具

重点难点
- 设置渐变叠加效果

制作思路

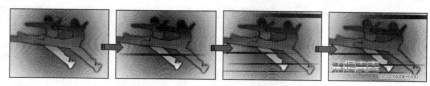

移动图像　　　动感模糊　　　变换图像　　　最终效果

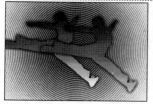 

01

1. 打开"剪影效果一.psd"素材文件。
2. 按 Ctrl+J 组合键复制"图层 1"内容为"图层 1 副本",将其放置于"图层 1"下,并将"图层 1 副本"图层向右移动一段距离。
3. 双击"图层 1 副本"的"渐变叠加"效果名称,在打开的对话框中单击渐变色选择框▇▇▇▇,改变渐变图案为"浅蓝色-蓝色",单击"确定"按钮。

02

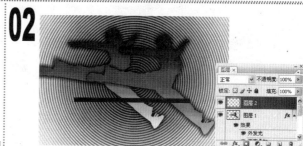

1. 单击"创建新图层"按钮🔲,新建"图层 2"。
2. 设置前景色为蓝色(R:5,G:29,B:133)。选择矩形选框工具🔲,在窗口中绘制长条矩形选区。
3. 按 Alt+Delete 组合键填充前景色,取消选区。

03

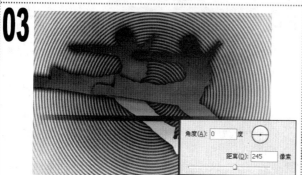

角度(A): 0 度
距离(D): 245 像素

1. 选择"滤镜-模糊-动感模糊"命令,打开"动感模糊"对话框。
2. 设置角度为 0 度,距离为 245 像素,单击"确定"按钮。

04

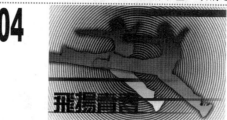

1. 按 Ctrl+J 组合键 3 次复制 3 个副本图层。
2. 按 Ctrl+T 组合键打开自由变换调节框,分别调整各副本图像的大小和位置,按 Enter 键确认变换。
3. 设置前景色为黑色(R:0,G:0,B:0)。选择横排文字工具🔲,在选项栏中设置字体为方正综艺繁体,大小为 90 点,在窗口中输入文字"飞扬青春"。

05

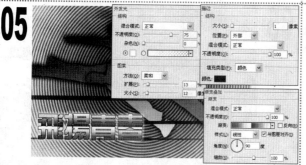

1. 选择"图层-图层样式-外发光"命令,打开"图层样式"对话框。设置扩展为 13%,大小为 12 像素。
2. 单击"渐变叠加"复选框后面的名称,单击渐变色选择框▇▇▇▇,在打开的对话框中设置渐变图案为"铬黄"。
3. 单击"描边"复选框后面的名称,设置描边颜色为黑色(R:0,G:0,B:0),大小为 1 像素,单击"确定"按钮。

06

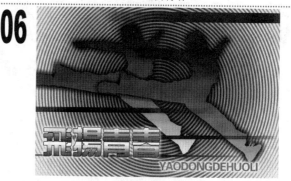

1. 在窗口右下方输入如图所示的文字。
2. 选择"图层-图层样式-外发光"命令,打开"图层样式"对话框,设置混合模式为正常,扩展为 20%,大小为 10 像素。
3. 单击"颜色叠加"复选框后面的名称,设置颜色为黄色(R:223,G:161,B:4),单击"确定"按钮。

实例95 透明婚纱换背景一

素材:\实例 95\室外婚纱.tif

源文件:\实例 95\透明婚纱换背景一.psd

包含知识
- 转换为智能对象命令
- 高斯模糊命令
- 钢笔工具
- 图层混合模式

重点难点
- 转换为智能对象命令

制作思路

绘制路径　　　　　　填充颜色　　　　　　转换为智能对象　　　　更改混合模式

① 打开"室外婚纱.tif"素材文件。

② 选择钢笔工具，在窗口中沿人物边缘绘制路径。

① 按 Ctrl+Enter 组合键将路径转换为选区。

② 选择"选择-修改-羽化"命令，打开"羽化半径"对话框，设置羽化半径为 2 像素，单击"确定"按钮。

③ 按 Ctrl+J 组合键复制选区内容到"图层 1"。

① 单击"创建新图层"按钮，新建"图层 2"，将其放置于"背景"图层之上。

② 设置前景色为蓝色（R:31,G:103,B:251）。按 Alt+Delete 组合键将"图层 2"填充为前景色。

① 选择"图层 1"，按 Ctrl+J 组合键复制"图层 1"为"图层 1 副本"。单击"图层 1 副本"缩略图前的"指示图层可视性"图标，隐藏该图层。

② 选择"图层 1"，选择"图层-智能对象-转换为智能对象"命令。选择"滤镜-模糊-高斯模糊"命令，打开"高斯模糊"对话框。

③ 设置半径为 7.5 像素，单击"确定"按钮。

① 设置前景色为黑色（R:0,G:0,B:0）。单击"智能滤镜"效果蒙版缩略图。按 Alt+Delete 组合键将蒙版内填充为黑色。

② 设置前景色为白色。选择画笔工具，设置不透明度为 60%，在窗口中透明头纱处仔细进行局部涂抹。

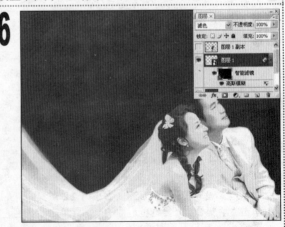

① 单击"图层 1"空白处。

② 设置"图层 1"的图层混合模式为滤色。

实例96　透明婚纱换背景二

素材:\实例 96\换背景\
源文件:\实例 96\透明婚纱换背景二.psd

包含知识
- 去色命令
- 曲线命令
- 添加图层蒙版
- 设置图层样式

重点难点
- 曲线命令

制作思路

使用去色命令　　　图层蒙版效果　　　使用曲线命令　　　最终效果

01

1. 打开素材文件"透明婚纱换背景一.psd"。
2. 双击"图层 1"的智能对象缩略图，在打开的对话框中单击"确定"按钮。打开"图层 1.psd"图像窗口，选择"图像-调整-去色"命令，将图像做去色处理。
3. 按 Ctrl+S 组合键存储文件。

02

1. 选择"透明婚纱换背景一"文件窗口为当前窗口，此时人物图像为去色滤色效果。

03

1. 单击"图层 1 副本"缩略图前的小方框，显示该图层。
2. 单击"图层"面板下方的"添加图层蒙版"按钮 ⬜，为"图层 1 副本"添加图层蒙版。选择画笔工具 ✍，在窗口中头纱位置进行涂抹。

04

1. 选择"图层 1"，选择"图层-新建调整图层-曲线"命令，在打开的"新建图层"对话框中选中"使用前一图层创建剪贴蒙版"复选框，单击"确定"按钮。
2. 打开"曲线"对话框，调整曲线至如图所示，单击"确定"按钮。此时透明头纱更增加了透明质感。

05

1. 打开"海天一色.tif"素材文件。选择移动工具 ⊹，拖动图片到"透明婚纱换背景一"文件窗口中。
2. 按 Ctrl+T 组合键打开自由变换调节框，按住 Shift 键拖动调节框的角点，等比例缩小图像，调整图像大小后，按 Enter 键确认变换。

06

1. 选择"图层 1 副本"图层，选择"图层-图层样式-投影"命令，打开"图层样式"对话框。
2. 设置投影颜色为深蓝色（R:10,G:12,B:114），角度为 120 度，距离为 10 像素，大小为 25 像素，单击"确定"按钮。

素材:\实例97\偏色照片.tif

源文件:\实例97\处理偏色照片.psd

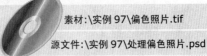

实例97　处理偏色照片

包含知识
- 色阶命令
- 应用图像命令
- 色彩平衡命令

重点难点
- 通道中的调色处理

制作思路

 →  →

复制图层　　色阶调整红通道　　使用应用图像命令　　最终效果

01

1 打开"偏色照片.tif"素材文件。
2 拖动"背景"图层到"图层"面板下方的"创建新图层"按钮 🖼 上,复制生成"背景副本"图层。

02

 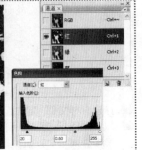

1 在"通道"面板中选择"红"通道。选择"图像-调整-色阶"命令,打开"色阶"对话框。
2 设置参数为20,0.60,255,单击"确定"按钮。

03

1 选择"绿"通道。选择"图像-调整-色阶"命令,打开"色阶"对话框。
2 设置参数为50,0.95,245,单击"确定"按钮。

04

1 选择"蓝"通道仔细观察,可发现"蓝"通道严重受损。

05

1 选择"图像-应用图像"命令,打开"应用图像"对话框。
2 设置图层为背景,通道为绿,混合为正常,不透明度为100%,其他参数保持不变,单击"确定"按钮。

06

1 选择"RGB"通道,选择"图层"面板,此时图像偏色已修正。
2 选择"图像-调整-色彩平衡"命令,打开"色彩平衡"对话框,设置参数为-15,10,-15。
3 选中"阴影"单选项,设置参数为0,0,20,选中"高光"单选项,设置参数为0,-18,-17,单击"确定"按钮。

实例98　打孔效果一

素材:\无

源文件:\实例 98\打孔效果一.psd

包含知识
- 栅格化文字
- 彩色半调命令
- 魔棒工具

重点难点
- 栅格化文字

制作思路

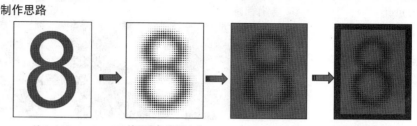

输入文字　　　使用彩色半调命令　　　填充颜色　　　变换图形

01

◆ 文件大小为 500 像素×600 像素，分辨率为 200 像素/英寸

1 新建"打孔效果一.psd"文件。设置前景色为红色（R:250,G:75,B:75）。

2 选择横排文字工具T，在其选项栏中设置字体为 Arial，大小为 240 点，在窗口中输入文字"8"。

02

1 执行"图层-栅格化-文字"命令，将文字图层转换为普通图层。按 Ctrl+E 组合键向下合并图层，生成新的"背景"图层。

2 选择"滤镜-模糊-高斯模糊"命令，打开"高斯模糊"对话框。设置半径为 18 像素，单击"确定"按钮。

03

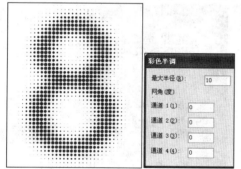

1 选择"滤镜-像素化-彩色半调"命令，打开"彩色半调"对话框。

2 设置参数为 10，0，0，0，0，单击"确定"按钮。

04

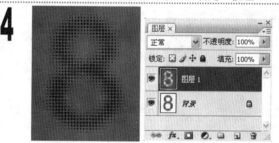

1 选择魔棒工具，在窗口中白色部分单击将其载入选区。

2 单击"创建新图层"按钮，新建"图层 1"。

3 设置前景色为灰色（R:127,G:127,B:127）。按 Alt+Delete 组合键将选区填充为前景色。按 Ctrl+D 组合键取消选区。

05

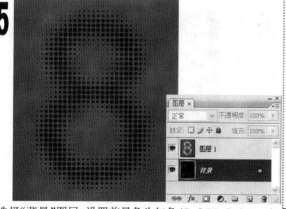

1 选择"背景"图层。设置前景色为红色（R:255,G:0,B:0）。

2 按 Alt+Delete 组合键将图层填充为前景色。

06

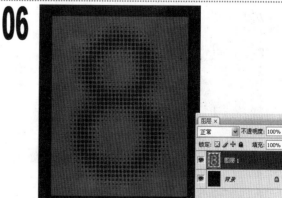

1 选择"图层 1"，按 Ctrl+T 组合键打开自由变换调节框，按住 Shift 键不放向内拖动调节框角点，等比例缩小图形，移动到如图所示的位置后，按 Enter 键确认变换。

素材:\实例99\打孔效果一.psd

源文件:\实例99\打孔效果二.psd

实例99　打孔效果二

包含知识
- 创建剪贴蒙版命令
- 光照效果命令

重点难点
- 创建剪贴蒙版命令

制作思路

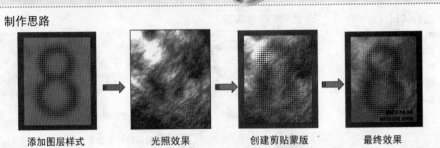

添加图层样式　　　光照效果　　　创建剪贴蒙版　　　最终效果

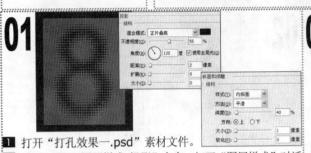

1 打开"打孔效果一.psd"素材文件。

2 选择"图层-图层样式-投影"命令,打开"图层样式"对话框。设置不透明度为55%,距离为2像素,大小为0像素。

3 单击"斜面和浮雕"复选框后面的名称,设置深度为40%,大小为1像素,单击"确定"按钮。

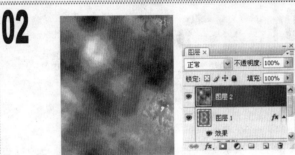

1 单击"创建新图层"按钮,新建"图层2"。

2 按D键复位前景色和背景色,选择"滤镜-渲染-云彩"命令。

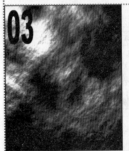 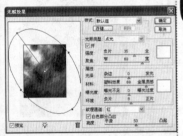

1 选择"滤镜-渲染-光照效果"命令,打开"光照效果"对话框。

2 调整左侧光圈,设置纹理通道为红,其他参数保持不变,单击"确定"按钮。

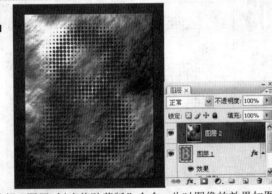

1 选择"图层-创建剪贴蒙版"命令,此时图像的效果如图所示。

1 设置"图层2"的图层总体不透明度为45%。

1 设置前景色为黑色(R:0,G:0,B:0)。

2 选择横排文字工具,在其选项栏中设置字体为Stencil Std,大小为10点,在窗口下方输入文字。

实例100　草地效果

素材:\实例100\白云朵朵.tif

源文件:\实例100\草地效果.psd

包含知识
- 画笔工具
- 设置画笔面板
- 移动工具
- 图层混合模式

重点难点
- 画笔面板的设置

制作思路

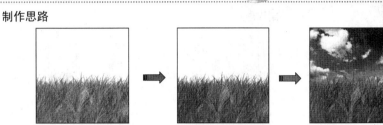

画笔绘制　　　　　正片叠底效果　　　　　最终效果

01

◆ 文件大小为 500 像素×600 像素,分辨率为 200 像素/英寸

1 新建"草地效果.psd"文件。
2 单击"创建新图层"按钮 ,新建"图层 1"。

02

1 选择画笔工具 ,打开"画笔"面板,单击"画笔笔尖形状"名称,设置画笔为草,主直径为 **134px**,间距为 **25%**。
2 单击"颜色动态"复选框后的名称,设置如图所示的参数。

03

1 设置前景色为绿色(R:136,G:221,B:67),背景色为深绿色(R:16,G:93,B:9)。
2 在窗口中自上向下绘制草地图像。

04

1 按 **Ctrl+J** 组合键复制"图层 1"内容到"图层 1 副本"。
2 设置"图层 1 副本"的图层混合模式为正片叠底,不透明度为 **45%**。

05

1 打开"白云朵朵.tif"素材文件。选择移动工具 ,拖动图像到"草地效果"文件窗口中,自动生成"图层 2",将其放置于"背景"图层之上。
2 按 **Ctrl+T** 组合键打开自由变换调节框,按住 **Shift** 键拖动调节框的角点,等比例缩小图像后,按 **Enter** 键确认变换。

06

1 按 **Ctrl+J** 组合键复制"图层 2"内容到"图层 2 副本"图层。
2 设置"图层 2 副本"图层的混合模式为叠加,不透明度为 **60%**。

素材:\无

源文件:\实例101\回形针效果一.psd

实例101 回形针效果一

包含知识
- 用画笔描边路径
- 图层样式
- 钢笔工具

重点难点
- 用画笔描边路径

制作思路

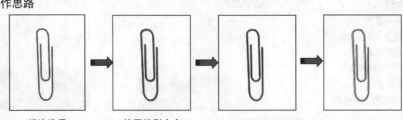

描边路径 → 使用投影命令 → 设置斜面和浮雕效果 → 添加光泽

01

◆文件大小为 500 像素×600 像素,分辨率为 200 像素/英寸

1 新建"回形针效果一.psd"文件。

2 选择钢笔工具 ,单击选项栏中的"路径"按钮 ,在窗口中绘制回形针形状路径。

3 单击"创建新图层"按钮 ,新建"图层1"。

02

1 设置前景色为深灰色(R:128,G:128,B:128)。选择画笔工具 ,在选项栏中选择尖角 9 像素画笔,设置不透明度和流量均为 100%。

2 单击"路径"面板下方的"用画笔描边路径"按钮 ,对路径进行描边。

03

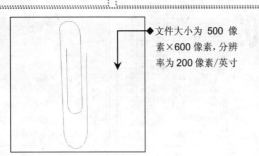

1 选择"图层-图层样式-投影"命令,打开"图层样式"对话框。

2 设置不透明度为 40%,其他参数保持不变。

04

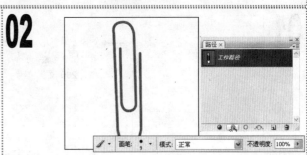

1 单击"内发光"复选框后面的名称,设置混合模式为正常,颜色为黑色(R:0,G:0,B:0),其他参数保持不变。

05

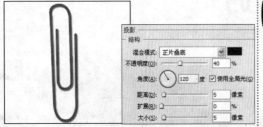

1 单击"斜面和浮雕"复选框后面的名称,设置深度为 155%,选择光泽等高线为"内凹-深",高光模式的不透明度为 60%。

06

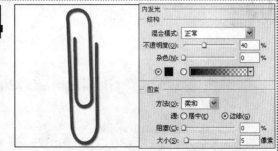

1 单击"光泽"复选框后面的名称,设置混合模式为颜色减淡,颜色为白色(R:255,G:255,B:255),不透明度为 100%,距离为 6 像素,大小为 5 像素,等高线为"内凹-深",单击"确定"按钮。

实例102　回形针效果二

素材:\实例 102\笔记本\
源文件:\实例 102\回形针效果二.psd

包含知识
- 将路径作为选区载入
- 图层样式
- 钢笔工具

重点难点
- 将路径作为选区载入

制作思路

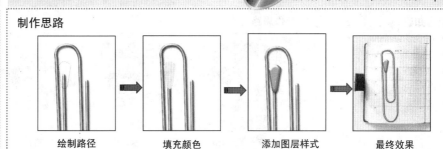

绘制路径　　　填充颜色　　　添加图层样式　　　最终效果

01

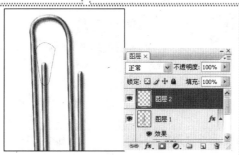

1 打开 "回形针效果一.psd" 素材文件。
2 选择钢笔工具，单击选项栏中的 "路径" 按钮，在如图所示的位置绘制回形针针头形状路径。
3 单击 "创建新图层" 按钮，新建 "图层 2"。

02

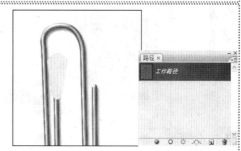

1 设置前景色为绿色（R:192,G:255,B:60）。
2 单击 "路径" 面板下方的 "将路径作为选区载入" 按钮，将路径转换为选区。
3 按 Alt+Delete 组合键将选区填充为前景色。按 Ctrl+D 组合键取消选区。

03

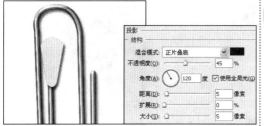

1 选择 "图层-图层样式-投影" 命令，打开 "图层样式" 对话框。
2 设置不透明度为 45%，其他参数保持不变。

04

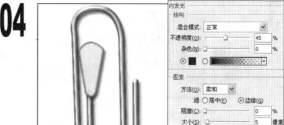

1 单击 "内发光" 复选框后面的名称，设置混合模式为正常，不透明度为 45%，颜色为黑色（R:0,G:0,B:0），其他参数保持不变。

05

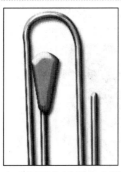
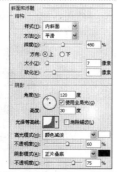

1 单击 "斜面和浮雕" 复选框后面的名称，设置深度为 480%，大小为 7 像素，软化为 4 像素，选择光泽等高线为 "内凹-深"，高光模式为颜色减淡，其不透明度为 60%，单击 "确定" 按钮。

06

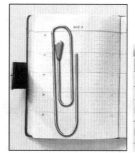

1 打开 "笔记本.tif" 素材文件。选择移动工具，拖动图像到 "回形针效果一" 文件窗口中，自动生成 "图层 3"，将其放置于 "背景" 图层之上。
2 按 Ctrl+T 组合键打开自由变换调节框，按住 Shift 键拖动调节框的角点，等比例缩小图像后，按 Enter 键确认变换。

实例103　回形针效果三

素材:\实例103\相册\
源文件:\实例103\回形针效果三.psd

包含知识
- 投影命令
- 自由变换
- 橡皮擦工具

重点难点
- 投影命令

制作思路

拖入素材图像

变换图像

复制图像

最终效果

01

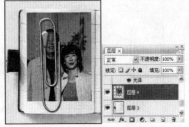

1. 打开"回形针效果二.psd"和"恩爱.tif"素材文件。
2. 选择移动工具🔾,将"恩爱"图像拖动到"回形针效果二"文件窗口中,生成"图层4",将其放置于"图层3"之上。
3. 按 Ctrl+T 组合键打开自由变换调节框,按住 Shift 键拖动调节框的角点,等比例缩小图像,调整图像位置后,按 Enter 键确认变换。

02

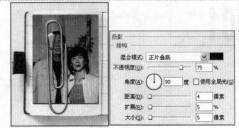

1. 选择"图层-图层样式-投影"命令,打开"图层样式"对话框。
2. 取消选中"使用全局光"复选框,设置距离为4像素,扩展为5%,大小为5像素,其他参数保持不变,单击"确定"按钮。

03

1. 同时选择"图层1"和"图层2",按 Ctrl+E 组合键合并图层为新的"图层2"。
2. 按 Ctrl+T 组合键打开自由变换调节框,按住 Shift 键拖动调节框的角点,等比例缩小图像,调整图像位置和角度后,按 Enter 键确认变换。

04

1. 按 Ctrl+J 组合键4次,复制"图层2"内容得到4个图层2副本图层。
2. 分别按 Ctrl+T 组合键打开自由变换调节框,按住 Shift 键拖动调节框的角点,等比例缩小图像,调整各副本图像的位置和角度后,按 Enter 键确认变换。

05

1. 选择"图层2",选择"图层-图层样式-投影"命令,打开"图层样式"对话框。设置距离为3像素,大小为3像素,其他参数保持不变,单击"确定"按钮。
2. 采用相同的方法,为各副本图层添加不同的投影效果。

06

1. 选择橡皮擦工具🖉,在其选项栏中设置画笔为尖角9像素,不透明度为100%,在窗口中擦除左上角回形针应压在书页下面的部分。

素材:\实例 104\大头贴\
源文件:\实例 104\可爱大头贴.psd

实例104　可爱大头贴

包含知识
- 图层蒙版
- 用前景色填充路径
- 文字工具

重点难点
- 用前景色填充路径

制作思路

复制图层

添加图层蒙版

路径填充

最终效果

01

1 打开素材文件"可爱宝贝.tif"。
2 拖动"背景"图层到"图层"面板下方的"创建新图层"按钮 上，复制生成"背景副本"图层。

02

1 打开"可爱背景.tif"素材文件。选择移动工具 ，拖动图像到"可爱宝贝"文件窗口中，生成"图层 1"。按 Ctrl+T 组合键打开自由变换调节框，调整图像大小后，按 Enter 键确认变换。
2 选择自定形状工具 ，在选项栏中打开"自定形状"拾色器，单击 按钮，在弹出的快捷菜单中选择"形状"命令，载入"形状"库。设置形状为"花 1"，在窗口中绘制路径。按 Ctrl+Enter 组合键将路径转换为选区。

03

1 按 Ctrl+Shift+I 组合键，反选选区。
2 单击"图层"面板下方的"添加图层蒙版"按钮 ，为"图层 1"添加图层蒙版。
3 选择"图层 1"，选择"图层-图层样式-投影"命令，在打开的对话框中设置距离为 4 像素，大小为 9 像素，单击"确定"按钮。

04

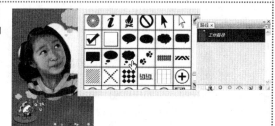

1 单击"创建新图层"按钮 ，新建"图层 2"。
2 设置前景色为蓝色（R:140,G:226,B:246）。选择自定形状工具 ，载入"台词框"形状库，设置形状为"思考 2"，在窗口上方绘制路径。
3 选择"路径"面板，单击"路径"面板下方的"用前景色填充路径"按钮 ，将路径填充为前景色。

05

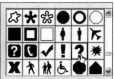

1 单击"创建新图层"按钮 ，新建"图层 3"。
2 设置前景色为黄色（R:251,G:251,B:31）。选择自定形状工具 ，设置形状为"问号"，在窗口上方绘制路径。
3 单击"路径"面板下方的"用前景色填充路径"按钮 ，将路径填充为前景色。

06

1 选择横排文字工具 ，在选项栏中设置字体为文鼎淹水体，字号为 45 点，在如图所示的位置输入文字。
2 选择"背景副本"图层，设置其混合模式为柔光，不透明度为 70%。

实例105 印章效果一

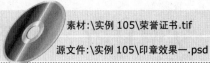

素材:\实例105\荣誉证书.tif

源文件:\实例105\印章效果一.psd

包含知识
- 自定形状工具
- 将选区转换为路径
- 文字工具

重点难点
- 在路径上输入文字

制作思路

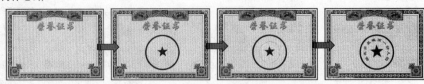

新建图层　　　　绘制图形　　　　将选区转换为路径　　　　输入文字

01

1 打开素材文件"荣誉证书.tif"。
2 单击"创建新图层"按钮 ，新建"图层1"。

02

1 选择"颜色"面板，设置颜色为红色（R:255,G:0,B:0）。
2 选择自定形状工具 ，单击选项栏中的"填充像素"按钮 ，设置形状为"窄边圆框"，在窗口中绘制图形。

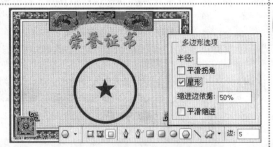

03

1 单击"创建新图层"按钮 ，新建"图层2"。
2 选择多边形工具 ，单击选项栏中的"填充像素"按钮 。单击"几何选项"下拉按钮 ，在"多边形选项"面板中选中"星形"复选框，设置缩进边依据为50%。
3 在窗口中拖动鼠标绘制五角星图案。

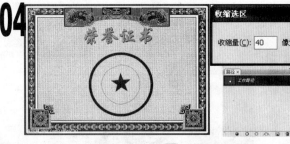

04

1 选择"图层1"，选择魔棒工具 ，在其选项栏中选中"连续"复选框，在窗口中的窄边圆圈内单击，将其载入选区。
2 选择"选择-修改-收缩"命令，打开"收缩选区"对话框，设置收缩量为40像素，单击"确定"按钮。
3 单击"路径"面板下方的"从选区生成工作路径"按钮 ，将其选区转换为路径。

05

1 选择横排文字工具 ，在选项栏中设置字体为隶书，大小为36点，在路径上单击，输入文字。

06

1 选择文字路径，按Ctrl+T组合键打开自由变换调节框，调整文字路径的角度后，按Enter键确认变换。

实例106　印章效果二

素材:\实例 106\奖状\
源文件:\实例 106\印章效果二.psd

包含知识
- 色彩范围命令
- 云彩命令
- 杂色命令
- 高斯模糊命令

重点难点
- 色彩范围命令

制作思路

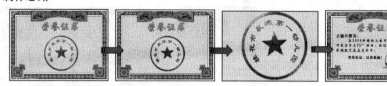

使用云彩命令　　　高斯模糊　　　删除选区内容　　　最终效果

01

1. 打开"印章效果一.psd"素材文件。同时选择除"背景"图层之外的所有图层,按 Ctrl+E 组合键合并图层为"图层 1"。
2. 按住 Ctrl 键不放单击"图层 1"缩略图,载入印章外轮廓选区。选择"滤镜-渲染-云彩"命令后,按 Ctrl+D 组合键取消选区。

02

1. 选择"滤镜-杂色-添加杂色"命令,打开"添加杂色"对话框,设置数量为 20%,单击"确定"按钮。
2. 选择"滤镜-模糊-高斯模糊"命令,打开"高斯模糊"对话框,设置半径为 1 像素,单击"确定"按钮。

03

1. 选择"图像-调整-色阶"命令,打开"色阶"对话框。
2. 设置参数为 50,0.85,220,单击"确定"按钮。

04

1. 选择"选择-色彩范围"命令,打开"色彩范围"对话框。
2. 设置颜色容差为 40,在窗口中印章图像中的稍浅色位置单击取样,单击"确定"按钮。

05

1. 按 Delete 键删除选区内容。按 Ctrl+D 组合键取消选区。
2. 设置图层 1 的图层混合模式为变暗。

06

1. 打开"文字素材.tif"素材文件。选择移动工具,拖动文字图像到"印章效果一"文件中,自动生成"图层 2"。
2. 按 Ctrl+T 组合键打开自由变换调节框,调整文字的大小和位置后,按 Enter 键确认变换。

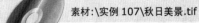

素材:\实例 107\秋日美景.tif

源文件:\实例 107\水中倒影效果.psd

实例107　水中倒影效果

包含知识
- 添加图层蒙版
- 高斯模糊命令
- 水波命令
- 加深工具

重点难点
- 图层蒙版

制作思路

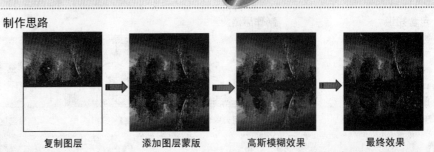

复制图层　　　添加图层蒙版　　　高斯模糊效果　　　最终效果

01

1 打开"秋日美景.tif"素材文件。

2 选择"图像-画布大小"命令，在打开的对话框中设置宽度不变，高度为 30 厘米，定位在上方居中的位置，单击"确定"按钮。

3 拖动"背景"图层到"图层"面板下方的"创建新图层"按钮 上，复制生成"背景副本"图层。

02

1 按 Ctrl+T 组合键打开自由变换调节框，在调节框内单击鼠标右键，在弹出的快捷菜单中选择"垂直翻转"命令，按 Enter 键确认变换。

2 选择矩形选框工具 ，在窗口中框选图像部分，确定选区。单击"图层"面板下方的"添加图层蒙版"按钮 ，此时"背景"图层上的内容会显现出来。

3 选择移动工具 ，调整"背景副本"图层的位置。

03

半径(R): 1.0 像素

1 在"图层"面板中单击"背景副本"图层缩略图，选择"滤镜-模糊-高斯模糊"命令，在打开的"高斯模糊"对话框中设置半径为 1 像素，单击"确定"按钮。

04

亮度/对比度

亮度(B): -70

对比度(C): -50

1 选择"图像-调整-亮度/对比度"命令，打开"亮度/对比度"对话框，设置参数为-70，-50，单击"确定"按钮。此时倒影的颜色有一定的改变。

05

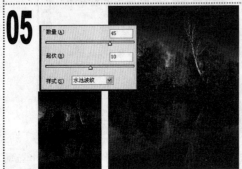

数量(A): 45

起伏(R): 10

样式(S): 水池波纹

1 选择椭圆选框工具 ，在窗口中绘制椭圆选区。

2 选择"滤镜-扭曲-水波"命令，打开"水波"对话框，设置参数为 45，10，样式为水池波纹，单击"确定"按钮。

06

1 按 Ctrl+D 组合键取消选区。

2 选择加深工具 ，在选项栏中设置范围为阴影，曝光度为 20%，在"背景副本"图层边缘处涂抹做加深处理。

第4章

纹理特效制作

实例 108　奇幻纹理特效

实例 109　铁锈纹理效果

实例 110　龟裂纹理特效

实例 111　岩石纹理特效

实例 112　方块纹理效果

实例 114　金属网状纹理效果

实例 116　豹皮纹理特效

实例 120　海洋波纹效果

实例 124　木质纹理效果

实例 126　土墙纹理特效

04

在设计领域中，纹理传情达意的地位尤为重要，它广泛应用在视觉美的产生过程中，包括痕迹、手法和笔触等。本章以具体实例分别阐述各自然纹理的设计过程，并期待读者最终能够综合应用，制作出漂亮的纹理特效。

实例108 奇幻纹理特效

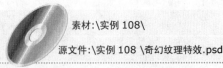

素材:\实例 108\

源文件:\实例 108 \奇幻纹理特效.psd

包含知识
- 渐变工具
- 波浪命令
- 图层混合模式
- 图层样式

重点难点
- 波浪命令
- 图层混合模式

制作思路

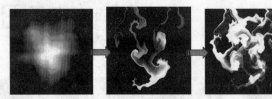

波浪扭曲   继续扭曲   纹理效果   最终效果

01

◆文件大小为 8 厘米×8 厘米,分辨率为 150 像素/英寸

1 新建"奇幻纹理特效 1.psd"文件。

2 按 D 键复位前景色和背景色。

3 按 Alt+Delete 组合键填充"背景"图层为前景色。

02

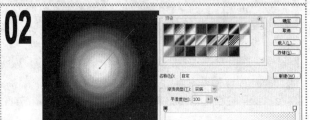

1 单击"创建新图层"按钮 ,新建"图层 1"。

2 选择渐变工具 ,在其选项栏中单击渐变色选择框 ,在打开的对话框中选择"预设"栏中第 1 排第 2 个渐变图案,更改下方的颜色为"白色-黑色",单击"确定"按钮。

3 单击选项栏中的"径向渐变"按钮 ,在窗口中斜向拖动。

03

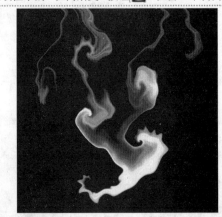

	生成器数(G)	5	
	最小	最大	
波长(W)	10	120	
	最小	最大	
波幅(A)	5	35	
	水平	垂直	
比例(S)	100 %	100	

1 按 Ctrl+E 组合键将两个图层合并为"背景"图层。

2 选择"滤镜-扭曲-波浪"命令,在打开的对话框中设置参数为 5,10,120,5,35,100,100,单击"确定"按钮,得到波浪扭曲效果。

04

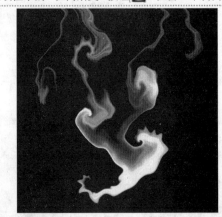

1 按 Ctrl+F 组合键 8 次,重复上次波浪扭曲操作 8 次。此时的波浪改变有随机性,所以会得到意想不到的扭曲效果。

05

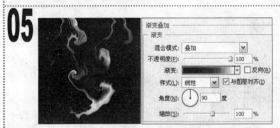

渐变叠加		
渐变		
混合模式:	叠加	
不透明度(P):	100	%
渐变:		□反向(R)
样式(L):	线性	☑与图层对齐(I)
角度(N):	90	度
缩放(S):	100	%

1 双击"背景"图层,打开"新建图层"对话框,单击"确定"按钮,此时"背景"图层取消锁定状态,名称为"图层 0"。

2 双击"图层 0"后面的空白处,打开"图层样式"对话框,单击"渐变叠加"复选框后面的名称,设置渐变为"蓝色-红色-黄色",混合模式为叠加,单击"确定"按钮。此时的图形被附加上渐变色。

06

1 拖动"图层 0"到下方的"创建新图层"按钮 上,复制生成"图层 0 副本"图层。

2 按 Ctrl+T 组合键打开自由变换调节框,在调节框内单击鼠标右键,在弹出的快捷菜单中选择"90 度(顺时针)旋转"命令,按 Enter 键确认变换。设置"图层 0 副本"图层的混合模式为滤色。

07

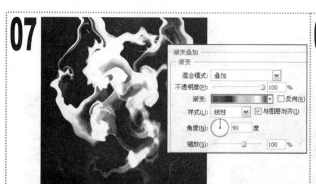

渐变叠加
渐变
混合模式: 叠加
不透明度(P): 100 %
渐变: □反向(R)
样式(L): 线性 ☑与图层对齐(I)
角度(N): 90 度
缩放(S): 100 %

1️⃣ 按 Ctrl+Alt+Shift+T 组合键再次复制并旋转。
2️⃣ 更改渐变为"色谱",其他参数保持不变。
3️⃣ 设置"图层 0 副本 1"图层的混合模式为线性减淡。

08

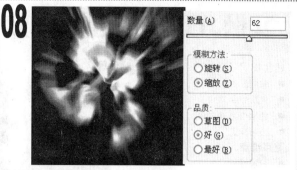

数量(A): 62
模糊方法:
○旋转(S)
⊙缩放(Z)
品质:
○草图(D)
⊙好(G)
○最好(B)

1️⃣ 按 Ctrl+Shift+Alt+E 组合键盖印可见图层为"图层 1"。
2️⃣ 复制"图层 1"为"图层 1 副本",选择"滤镜-模糊-径向模糊"命令,在打开的对话框中设置数量为 62,模糊方法为缩放,品质为好,单击"确定"按钮。

09

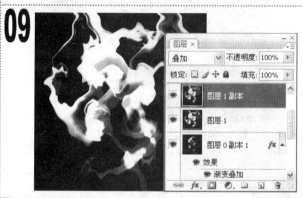

图层 ×
叠加 不透明度: 100%
锁定: 填充: 100%
图层 1 副本
图层 1
图层 0 副本 1 fx
效果
渐变叠加

1️⃣ 设置"图层 1 副本"的图层混合模式为叠加,此时图像的颜色变得比较鲜艳。

10

1️⃣ 按 Ctrl+O 组合键打开素材图片。

11

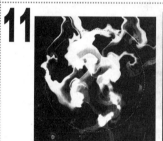

1️⃣ 选择"奇幻纹理特效 1.psd"文件,按 Ctrl+Shift+Alt+E 组合键盖印可见图层到最顶层。
2️⃣ 选择移动工具,拖动盖印图层到素材图片文件窗口中,按 Ctrl+T 组合键缩放其大小。

12

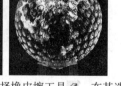

1️⃣ 按 Enter 键确认变换后,选择橡皮擦工具,在其选项栏中设置画笔为柔角 50 像素,对纹理图层周围进行擦除。
2️⃣ 设置图层混合模式为叠加。

13

1️⃣ 用同样的方法再次拖动纹理图层并放置到底座,按 Ctrl+T 组合键缩放其大小,按 Enter 键确认变换。
2️⃣ 选择橡皮擦工具,在其选项栏中选择画笔为柔角 50 像素,对纹理图层周围进行擦除。

14

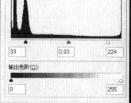

33 0.93 224
输出色阶(O):
0 255

1️⃣ 单击"图层"面板下方的"创建新的填充或调整图层"按钮,在打开的对话框中设置参数为 33,0.93,224。此时,图片效果的颜色变得更鲜艳,对比度增强。

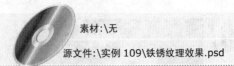

实例109   铁锈纹理效果

素材:\无

源文件:\实例109\铁锈纹理效果.psd

包含知识
- 分层云彩
- 色阶命令
- 色相/饱和度命令
- 图层样式

重点难点
- 分层云彩
- 图层样式

制作思路

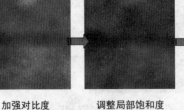

分层云彩效果   加强对比度   调整局部饱和度   最终效果

01

◆文件大小为8厘米×8厘米，分辨率为150像素/英寸

1 新建"铁锈纹理效果.psd"文件。

2 设置前景色为蓝色（R:101,G:107,B:126），背景色为红褐色（R:109,G:72,B:55）。

3 选择"滤镜-渲染-分层云彩"命令，此时背景填充为蓝色与红褐色构成的云彩效果。

02

1 选择"图像-调整-色阶"命令，在打开的对话框中设置参数为57，0.58，213，单击"确定"按钮。此时的图像颜色对比度增强，颜色变得鲜艳。

03

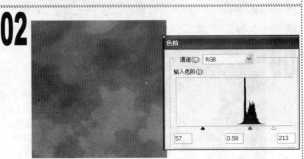

1 选择"滤镜-杂色-添加杂色"命令，在打开的对话框中设置数量为5%，选中"平均分布"单选项，选中"单色"复选框。此时的图像增加了很多杂点，单击"确定"按钮。

04

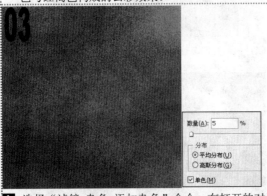

1 选择"滤镜-艺术效果-绘画涂抹"命令，在打开的对话框中设置参数为15，30，画笔类型为简单，单击"确定"按钮。

05

1 选择"滤镜-画笔描边-喷溅"命令，在打开的对话框中设置参数为20，10，单击"确定"按钮。此时图像效果增加块状细节。

06

1 按 Ctrl+M 组合键打开"曲线"对话框，调整曲线至如图所示，图像颜色变暗，单击"确定"按钮。

07

1 选择"选择-色彩范围"命令，打开"色彩范围"对话框，在图像中单击黄色部分，单击"确定"按钮。此时将出现选区范围。

08

1 选择"图像-调整-色相/饱和度"命令，在打开的对话框中选中"着色"复选框，设置参数为 30，50，10。
2 单击"确定"按钮后颜色改变为偏红色。按 Ctrl+D 组合键取消选区。

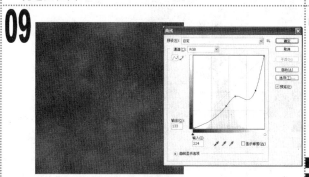

09

1 按 Ctrl+M 组合键，打开"曲线"对话框，调节曲线至如图所示。单击"确定"按钮后暗部加深，亮部变得更暗。

10

1 选择"图层-复制图层"命令，复制图层为副本图层。
2 选择"图像-调整-色相/饱和度"命令，在打开的对话框中设置参数为 180，26，-11，单击"确定"按钮。此时颜色改变为深蓝与深红褐色效果。

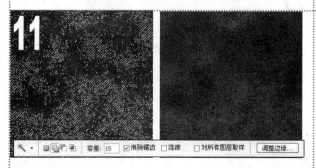

11

1 选择魔棒工具 ，单击选项栏中的"添加到选区"按钮 ，设置容差为 15，单击"背景副本"图层上的红色和蓝色部分。
2 按 Delete 键删除选区内容。按 Ctrl+D 组合键取消选区。

12

1 打开"图层样式"对话框，设置方法为雕刻清晰，深度为 52%，大小为 0 像素，软化为 0 像素，光泽等高线为"内凹-深"，其他参数保持不变，单击"确定"按钮。

13

1 选择"背景"图层，选择魔棒工具 ，随意单击任意的红色或蓝色。按 Ctrl+J 组合键复制选区内容到"图层 1"，并放置"图层 1"到最顶层。

14

1 为"图层 1"添加图层样式，方法为雕刻清晰，深度为 704%，大小为 250 像素，软化为 0 像素，光泽等高线为"线型"，高光模式为滤色，滤色为黄褐色（R:128,G:83,B:13），其他参数保持默认值，单击"确定"按钮。

实例110 龟裂纹理特效

素材:\实例 110\陶瓷.tif
源文件:\实例 110\龟裂纹理特效.psd

包含知识
- 晶格化命令
- 查找边缘命令
- 色阶命令
- 图层混合模式

重点难点
- 查找边缘命令
- 晶格化命令

制作思路

打开素材文件　　　　查找边缘　　　　设置图层样式　　　　最终效果

01

1 打开"陶瓷.tif"素材图片。
2 选择魔棒工具，单击选项栏中的"新选区"按钮，设置容差为 40，选中"连续"复选框。在窗口中单击灰色区域载入选区。

02

1 按 Ctrl+Shift+I 组合键，反选选区。
2 按 Ctrl+J 组合键，复制选区内容，自动生成"图层 1"。

03

1 选择"滤镜-像素化-晶格化"命令，在打开的对话框中设置单元格大小为 30，单击"确定"按钮，图像变为彩色的方块纹理效果。

04

1 选择"滤镜-风格化-查找边缘"命令，得到裂纹线条图像效果。

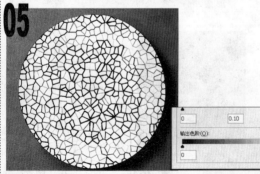

05

1 选择"图像-调整-色阶"命令，在打开的对话框中设置参数为 0，0.10，255，单击"确定"按钮，增加线条清晰度。

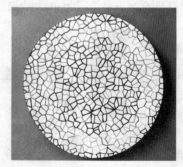

06

1 选择"图像-调整-去色"命令，去掉图像颜色，得到黑白状态的图像效果。

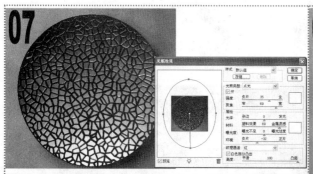

07

1 选择"滤镜-渲染-光照效果"命令，在打开的对话框中设置环境为-32，纹理通道为红，高度为 100，调整光照角度，单击"确定"按钮后得到龟裂裂痕浮雕效果。

08

1 设置"图层 1"的图层混合模式为正片叠底，不透明度为 13%，此时陶瓷图像呈现裂痕纹理效果。

09

1 按住 Ctrl 键不放，单击"图层 1"前面的缩略图载入选区。
2 选择"选择-修改-羽化"命令，在打开的对话框中设置羽化为 5 像素，单击"确定"按钮。

10

1 单击"图层"面板下方的"创建新的填充或调整图层"按钮，在弹出的菜单中选择"色彩平衡"命令，在打开的对话框中设置参数为-70，0，70，单击"确定"按钮。此时图像色彩变为蓝色调。

11

1 按 Ctrl+Alt+Shift+E 组合键，盖印可见图层。自动生成"图层 2"。
2 选择"滤镜-杂色-添加杂色"命令，在打开的对话框中设置数量为 5%，分布为高斯分布，其他参数保持默认，单击"确定"按钮。

12

1 选择"滤镜-风格化-浮雕效果"命令，在打开的对话框中设置角度为 45 度，高度为 2 像素，数量为 150%，单击"确定"按钮。纹理的立体质感被增强。

13

1 设置"图层 2"的图层混合模式为颜色加深，不透明度为 20%，加强图像整体对比度。

14

1 按住 Ctrl 键不放，单击"色彩平衡 1"图层前面的缩略图，载入选区。
2 按 Shift+Ctrl+I 组合键，反选选区。
3 按 Delete 键删除选区内容，按 Ctrl+D 组合键取消选区。

实例111 岩石纹理特效

素材:\无
源文件:\实例111\岩石纹理特效.psd

包含知识
■ 云彩命令
■ 分层云彩命令
■ 光照效果
■ 色相/饱和度命令
重点难点
■ 云彩命令
■ 光照效果

制作思路

云彩效果　　　分层云彩　　　凹凸质感　　　最终效果

01

▶文件大小为 8 厘米×8 厘米,分辨率为200像素/英寸

1 新建"岩石纹理特效.psd"文件。
2 按 D 键复位前景色与背景色。
3 选择"滤镜-渲染-云彩"命令,为背景添加黑白云彩。

02

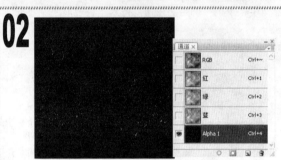

1 单击"通道"面板下方的"创建新通道"按钮,新建"Alpha1"通道。此时文件窗口中的图像整体变为黑色。

03

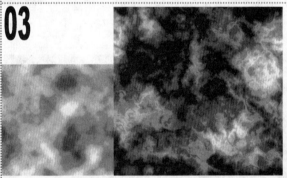

1 选择"滤镜-渲染-分层云彩"命令。
2 反复按 Ctrl+F 组合键,重复上一次滤镜操作,此时云彩图像的纹理线条变得清晰。

04

1 选择"RGB"通道,返回"图层"面板。
2 选择"滤镜-渲染-光照效果"命令,在打开的对话框中设置纹理通道为 Alpha1,高度为69,其他参数保持默认值,单击"确定"按钮后得到立体质感的岩石纹理效果。

05

1 按 Ctrl+J 组合键,复制"背景"图层,自动生成"图层1"。
2 选择"滤镜-杂色-添加杂色"命令,在打开的对话框中设置数量为10%,分布为高斯分布,选中"单色"复选框,单击"确定"按钮。

06

1 设置"图层1"的混合模式为叠加,不透明度为70%。此时图像对比度加强,纹理效果更具立体质感。

1. 按 **Ctrl+Alt+Shift+E** 组合键，盖印可见图层，自动生成"图层 2"。
2. 选择"图像-调整-色相/饱和度"命令，在打开的对话框中设置参数为 40，30，-15，单击"确定"按钮后图像整体色彩变为浅褐色。

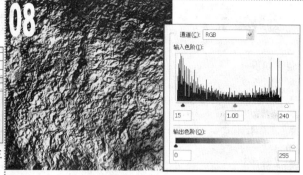

1. 选择"图像-调整-色阶"命令，在打开的对话框中设置参数为 15，1.00，240，单击"确定"按钮，增加图像暗部与高光的对比度。

1. 选择"图像-调整-曲线"命令，在打开的对话框中调整曲线至如图所示，加强暗部亮度，降低高光亮度，单击"确定"按钮后图像整体呈偏灰状态。

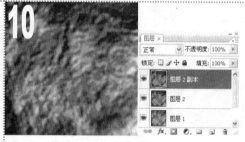

1. 按 **Ctrl+J** 组合键，复制生成"图层 2 副本"图层。
2. 选择"滤镜-模糊-高斯模糊"命令，在打开的对话框中设置半径为 5 像素，单击"确定"按钮后得到朦胧的图像效果。

1. 设置"图层 2 副本"的图层混合模式为柔光，此时纹理图像变得柔和自然。

1. 按 **Shift+Ctrl+Alt+E** 组合键，盖印可见图层，自动生成"图层 3"。
2. 选择"滤镜-渲染-光照效果"命令，在打开的对话框中设置纹理通道为红，其他参数保持默认值，单击"确定"按钮，得到红通道的立体纹理效果。

1. 设置"图层 3"的混合模式为差值，不透明度为 30%，此时岩石表面的纹理效果加强。

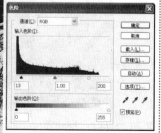

1. 选择"图像-调整-色阶"命令，在打开的对话框中设置参数为 13，1.00，200，单击"确定"按钮后图像整体对比度加强。

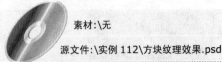

素材:\无

实例112 方块纹理效果

源文件:\实例112\方块纹理效果.psd

包含知识
- 凸出命令
- 图层样式
- 查找边缘命令
- 图层混合模式

重点难点
- 凸出命令
- 查找边缘命令

制作思路

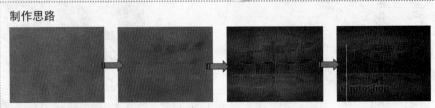

填充颜色　　　　　凸出效果　　　　　改变颜色　　　　　最终效果

01 文件大小为 9 厘米×7 厘米，分辨率为 200 像素/英寸

1 新建"方块纹理效果.psd"文件。

2 设置前景色为蓝色（R:45, G:115, B:200），按 Alt+Delete 组合键，填充"背景"图层为蓝色。

02

1 选择"滤镜-风格化-凸出"命令，在打开的对话框中设置类型为块，大小为 70 像素，深度为 100，选中"随机"单选项，选中"蒙版不完整块"复选框，单击"确定"按钮，得到凸出的方格纹理效果。

03

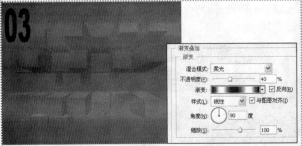

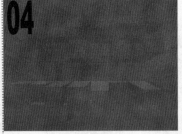

1 按住 Alt 键，双击"背景"图层，解除其锁定状态，自动生成"图层 0"。

2 选择"图层-图层样式-渐变叠加"命令，在打开的对话框中设置混合模式为柔光，不透明度为 40%，渐变为"黑-白-黑-白-黑"，选中"反向"复选框，其他参数保持默认值。

04

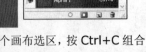

1 按 Ctrl+A 组合键，载入整个画布选区，按 Ctrl+C 组合键复制选区内容。

2 单击"通道"面板下方的"创建新通道"按钮，新建"Alpha1"通道。

3 按 Ctrl+V 组合键，粘贴选区内容到"Alpha1"通道中。

05

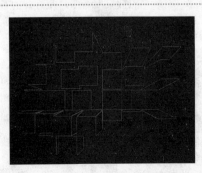

1 按 Ctrl+D 组合键取消选区。

2 选择"滤镜-风格化-查找边缘"命令，查找图像边缘。

3 按 Ctrl+I 组合键，反相图像颜色。

06

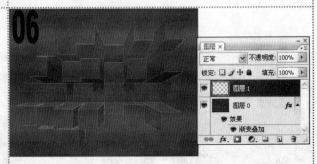

1 按住 Ctrl 键不放，单击"Alpha1"通道前的缩略图载入选区。（此时将自动打开对话框，单击"确定"按钮。）

2 打开对话框，设置亮度为 0，对比度为 10，单击"确定"按钮。

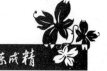

07

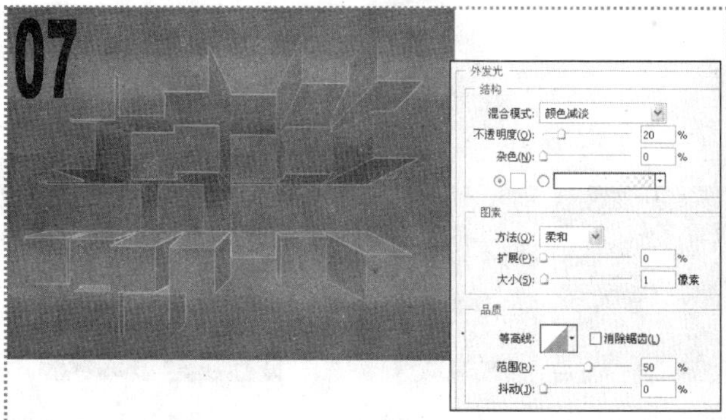

1 选择“图层-图层样式-外发光”命令，在打开的对话框中设置混合模式为颜色减淡，不透明度为 20%，大小为 1 像素，其他参数保持默认值，单击“确定”按钮。
2 按 Ctrl+D 组合键取消选区。

08

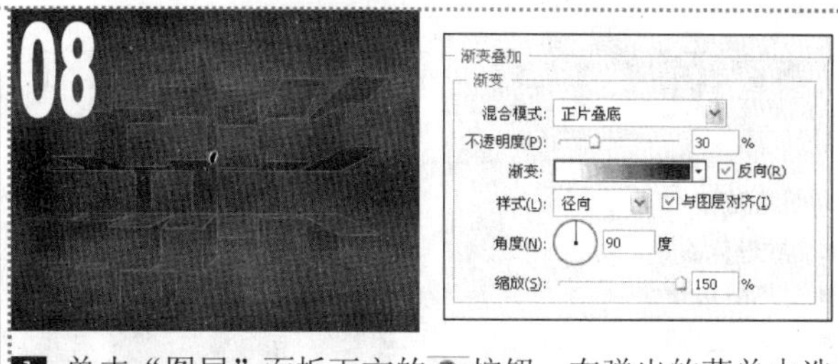

1 单击“图层”面板下方的 按钮，在弹出的菜单中选择“渐变映射”命令，在打开的对话框中设置渐变为“黑色-褐红色-黄色”，单击“确定”按钮。
2 选择“图层-图层样式-渐变叠加”命令，在打开的对话框中设置混合模式为正片叠底，不透明度为 30%，样式为径向，缩放为 150%，其他参数保持默认值，单击“确定”按钮。

09

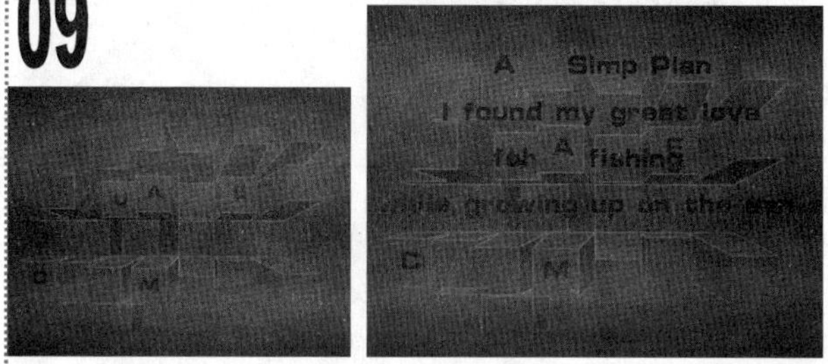

1 选择横排文字工具T，在图像底部凸出的位置输入字母。
2 合并文字图层，双击更改图层名称为“文字”。设置“文字”图层的不透明度为 40%。
3 选择横排文字工具T，在窗口中输入文字。

10

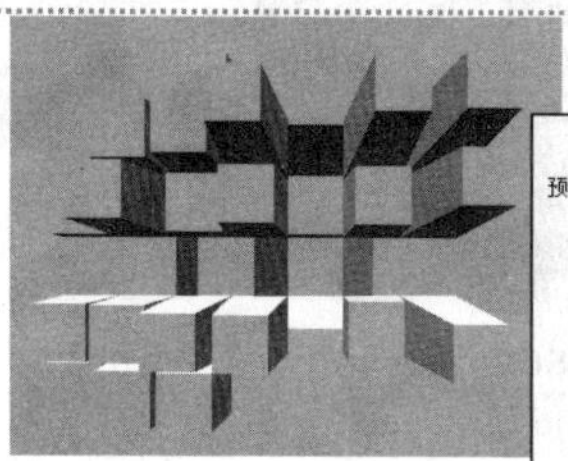

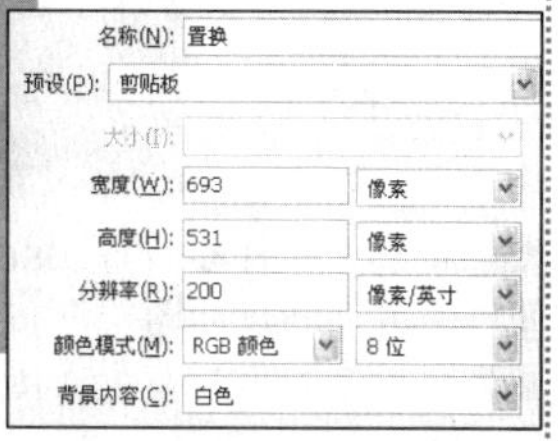

1 选择“图层 0”，按 Ctrl+A 组合键全选画布，按 Ctrl+C 组合键复制选区内容。
2 按 Ctrl+N 组合键，打开“新建”对话框，设置名称为“置换”，其他参数保持不变，单击“确定”按钮。
3 按 Ctrl+V 组合键粘贴选区内容。按 Shift+Ctrl+L 组合键执行“自动色阶”命令。按 Shift+Ctrl+S 组合键存储文件。

11

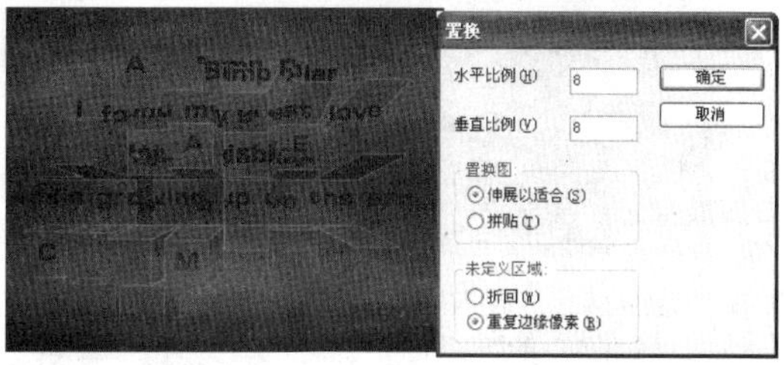

1 在文字图层上单击鼠标右键，在弹出的快捷菜单中选择“栅格化文字”命令，转换文字图层为普通图层。
2 选择“滤镜-扭曲-置换”命令，在打开的对话框中设置参数为 8，8，其他参数保存默认值。
3 单击“确定”按钮，在打开的对话框中选择“置换.psd”文件，单击“打开”按钮，置换扭曲文字图形。

12

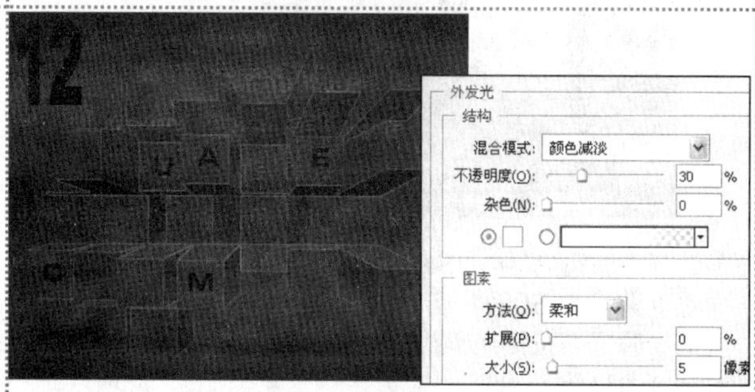

1 选择“图层-图层样式-外发光”命令，在打开的对话框中设置混合模式为颜色减淡，不透明度为 30%，其他参数保持默认值，单击“确定”按钮。
2 设置文字图层的不透明度为 40%，填充为 0%。

13

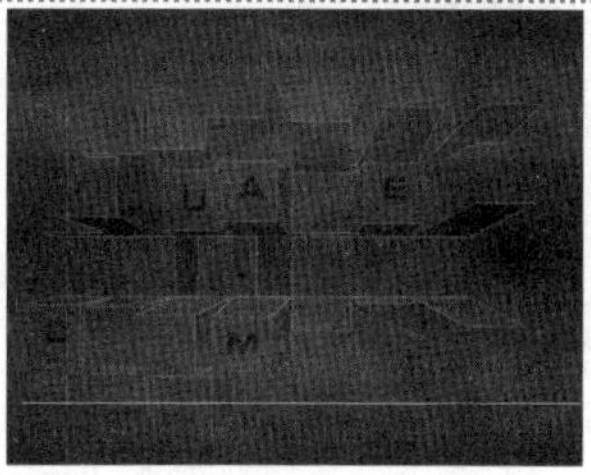

1 新建“图层 2”，设置前景色为白色。
2 选择直线工具，单击其选项栏中的“填充像素”按钮，设置粗细为 1 像素。
3 按住 Shift 键不放，绘制垂直与水平相交的两条直线。

14

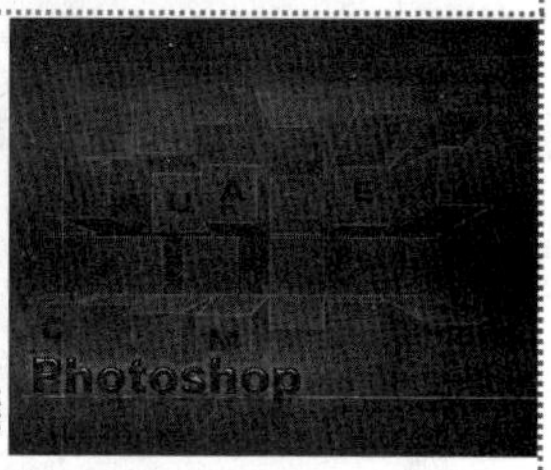

1 选择横排文字工具T，输入文字。
2 单击“样式”面板右上方的 按钮，在弹出的菜单中选择“Web 样式”命令，将样式追加到面板中。
3 选择“带投影的红色凝胶”样式，自动生成效果栏。在效果栏中单击鼠标右键，在弹出的快捷菜单中选择“缩放效果”命令，设置缩放为 18%。

实例113 牛仔布纹理

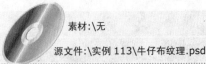
素材:\无
源文件:\实例 113\牛仔布纹理.psd

包含知识
- 纹理化命令
- USM 锐化命令
- 自定义图案
- 加深、减淡工具

重点难点
- 纹理化效果
- USM 锐化命令

制作思路

填充蓝色　　　使用纹理化命令　　　改变纹理色彩　　　最终效果

01

文件大小为 9 厘米×7 厘米，分辨率为 200 像素/英寸

1. 新建"牛仔布纹理.psd"文件。
2. 单击"创建新图层"按钮，新建"图层 1"。
3. 设置前景色为蓝色（R:20，G:55，B:175），按 Alt+Delete 组合键，填充"图层 1"为蓝色。

02

1. 选择"滤镜-纹理-纹理化"命令，在打开的对话框中设置缩放为 100%，凸现为 5，光照为上，选中"反相"复选框，单击"确定"按钮得到水平线条纹理效果。

03

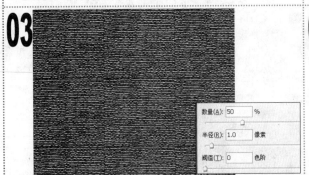

1. 选择"滤镜-锐化-USM 锐化"命令，在打开的对话框中设置数量为 50%，半径为 1 像素，阈值为 0 色阶，单击"确定"按钮。
2. 按 Ctrl+F 组合键，重复上一次滤镜操作，此时纹理线条变得更清晰。

04

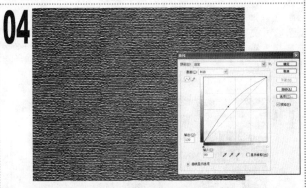

1. 按 Ctrl+M 组合键，打开"曲线"对话框，向上拖动调整曲线幅度，此时图像整体变亮，单击"确定"按钮关闭对话框。

05

1. 新建"自定义图案.psd"文件，背景内容为透明。
2. 选择铅笔工具，在其选项栏中设置画笔为尖角 1 像素，在窗口中单击绘制图形。
3. 选择"编辑-定义图案"命令，将图形定义为图案。

06

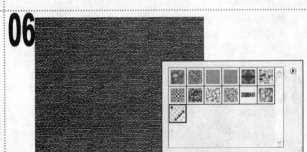

1. 在"牛仔布纹理"文档中新建"图层 2"。选择油漆桶工具，在其选项栏中设置图案为上一步自定义的图案，不透明度为 100%。在窗口中单击鼠标绘制图形。
2. 设置"图层 2"的混合模式为正片叠底，此时图像产生斜纹效果。

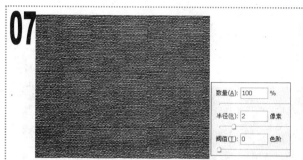

07

1 选择"滤镜-锐化-USM 锐化"命令，设置数量为100%，半径为 2 像素，阈值为 0 色阶，单击"确定"按钮后斜纹图像效果更加明显。

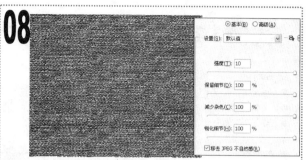

08

1 按 Shift+Ctrl+Alt+E 组合键，盖印可见图层，自动生成"图层 3"。

2 选择"滤镜-杂色-减少杂色"命令，在打开的对话框中设置强度为 10，保留细节、减少杂色和锐化细节均为100%，选中"移去 JPEG 不自然感"复选框，单击"确定"按钮。

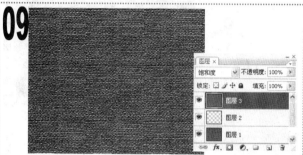

09

1 设置"图层 3"的混合模式为饱和度。图像整体色彩变为暗蓝色，纹理线条变得柔和自然。

10

1 单击"图层"面板下方的"创建新的填充或调整图层"按钮，在弹出的下拉菜单中选择"色彩平衡"命令，在打开的对话框，设置色阶为 15，-10，15，调整图像色彩，单击"确定"按钮。

2 设置"色彩平衡 1"图层的混合模式为线性加深，不透明度为 20%。

11

1 按 Shift+Ctrl+Alt+E 组合键，盖印可见图层，自动生成"图层 4"。

2 选择多边形套索工具，绘制选区。

12

1 按 Alt+Ctrl+D 组合键，打开"羽化选区"对话框，设置羽化半径为 15 像素。

2 选择加深工具，在其选项栏中设置范围为中间调，曝光度为 15%。

3 在选区右上侧拖动鼠标涂抹以加深图像。

13

1 选择减淡工具，在其选项栏中设置范围为中间调，曝光度为 16%。

2 在右下侧的选区内，拖动鼠标涂抹以减淡图像。

14

1 按 Shift+Ctrl+I 组合键反选选区。

2 再次使用加深工具与减淡工具，对其进行加深和减淡处理，得到褶皱效果。

3 按 Ctrl+D 组合键取消选区。

实例114　金属网状纹理

素材:\实例 114\材质.tif

源文件:\实例 114\金属网状纹理.psd

包含知识
- 定义图案命令
- 高斯模糊命令
- 油漆桶工具
- 光照效果

重点难点
- 定义图案
- 光照效果

制作思路

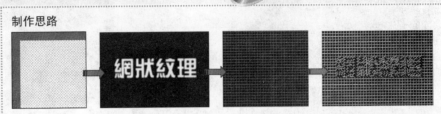

定义图案　　　　　输入白色文字　　　　　网状效果　　　　　最终效果

01

文件大小为 0.9 厘米×0.9 厘米,分辨率为 72 像素/英寸,背景内容透明

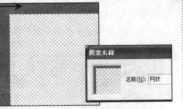

1 新建"网状.psd"文件。

2 设置前景色为暗青色(R:14,G:130,B:90)。选择铅笔工具 ✐,设置画笔为尖角 3 像素,分别绘制水平和垂直线条图形。

3 选择"编辑-定义图案"命令,在打开的对话框中设置名称为"网状",存储图案。

02

◆ 文件大小为 15 厘米×10 厘米,分辨率为 200 像素/英寸

1 新建"金属网状纹理.psd"文件。

2 设置前景色为黑色。按 Alt+Delete 组合键,填充"背景"图层为黑色。

03

1 选择横排文字工具 T,设置字体为经典综艺体繁,字体大小为 80 点,文本颜色为白色。输入文字"网状纹理"。

2 在文字图层上单击鼠标右键,在弹出的快捷菜单中选择"栅格化文字"命令,转换文字图层为普通图层。

04

1 选择"滤镜-模糊-高斯模糊"命令,在打开的对话框中设置半径为 5 像素,得到模糊效果的文字图像。

2 按 Shift+Ctrl+S 组合键,打开"存储为"对话框,设置名称为"置换",格式为 PSD,存储文件。

05

1 单击"创建新图层"按钮 🔲,新建"图层 1"。

2 单击"网状纹理"图层前面的"指示图层可视性"图标 👁,隐藏该图层。

3 选择油漆桶工具 ◕,设置图案为"网状",单击鼠标绘制网状图形。

06

1 选择"图层-图层样式-斜面和浮雕"命令,在打开的对话框中设置样式为浮雕效果,其他参数保持默认值,得到立体质感的网状纹理效果。

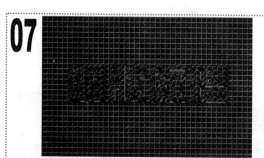

07

1 选择"滤镜-扭曲-置换"命令，在打开的对话框中保持默认值。

2 单击"确定"按钮，打开"选择一个置换图"对话框，选择"置换.psd"文件，单击"打开"按钮，置换扭曲图像。

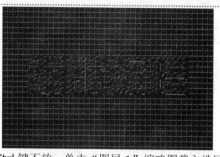

08

1 按住 Ctrl 键不放，单击"图层 1"缩略图载入选区。

2 单击"图层"面板下方的"创建新的填充或调整图层"按钮 ⊘，在弹出的下拉菜单中选择"色彩平衡"命令，在打开的对话框中设置参数为 100，-100，-100，此时局部图像色彩变为深褐色。

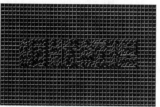

09

1 按住 Ctrl 键不放，同时选择"图层 1"和"色彩平衡 1"图层。

2 拖动选择的图层到面板下方的"创建新图层"按钮 🖃 上，复制生成副本图层。

3 按 Ctrl+E 组合键，向下合并图层，生成"色彩平衡 1 副本"图层。按 Ctrl+J 组合键，复制生成"色彩平衡 1 副本 2"图层，此时图像整体亮度增加。

10

1 按 Ctrl+O 组合键，打开"材质.tif"素材文件。

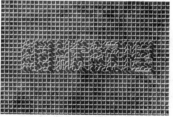

11

1 选择移动工具 ⊕，拖动"材质"图像到"金属网格纹理"文件窗口中，自动生成"图层 2"。

2 按 Ctrl+T 组合键，放大图像直到完全覆盖"金属网格纹理"窗口。

3 设置"图层 2"的混合模式为线性减淡，不透明度为 65%。

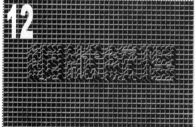

12

1 按住 Ctrl 键不放，单击"图层 1"前面的缩略图载入选区。

2 单击"图层"面板下方的"添加图层蒙版"按钮 ◻，为"图层 2"添加选区蒙版，此时纹理以外的图像恢复原图像效果。

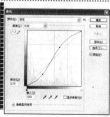

13

1 按 Ctrl+Alt+Shift+E 组合键盖印可见图层，自动生成"图层 3"。

2 选择"图像-调整-曲线"命令，在打开的对话框中调整曲线至如图所示，此时图像高光与暗调对比度加强。

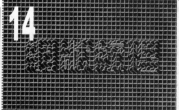

14

1 选择"滤镜-渲染-光照效果"命令，在打开的对话框中调整光照角度，并设置参数如图所示。

2 设置"图层 3"的混合模式为滤色，不透明度为 40%。

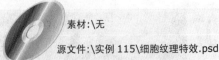

素材:\无

源文件:\实例 115\细胞纹理特效.psd

实例115　细胞纹理特效

包含知识
- 添加杂色命令
- 中间值命令
- 色相/饱和度命令
- 彩色半调命令

重点难点
- 添加杂色命令
- 照亮边缘命令

制作思路

添加杂色　　　　照亮边缘　　　　局部变色　　　　最终效果

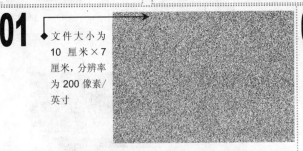

◆ 文件大小为 10 厘米×7 厘米,分辨率为 200 像素/英寸

1 新建"细胞纹理特效.psd"文件。

2 选择"滤镜-杂色-添加杂色"命令,在打开的对话框中设置数量为 145%,分布为高斯分布,选中"单色"复选框,单击"确定"按钮。

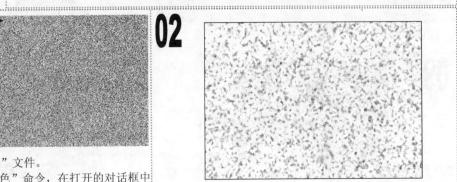

1 选择"滤镜-杂色-中间值"命令,在打开的对话框中设置参数为 4 像素,单击"确定"按钮。

1 按 Ctrl+J 组合键,复制"背景"图层,自动生成"图层 1"。

2 选择"滤镜-风格化-照亮边缘"命令,在打开的对话框中设置参数为 1,8,8,单击"确定"按钮。

1 单击"图层 1"前面的"指示图层可视性"图标,隐藏该图层。

2 选择"背景"图层。选择"滤镜-模糊-高斯模糊"命令,在打开的对话框中设置参数为 3 像素,单击"确定"按钮。

1 选择"图像-调整-色相/饱和度"命令,在打开的对话框中选中"着色"复选框,设置参数为 55,25,0,单击"确定"按钮。

1 单击"图层 1"前面的小方框,显示该图层。

2 设置"图层 1"的混合模式为滤色。

3 选择"滤镜-模糊-高斯模糊"命令,在打开的对话框中设置参数为 1 像素,单击"确定"按钮。

07

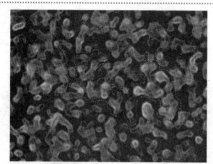

1　选择"图像-调整-色相/饱和度"命令，在打开的对话框中选中"着色"复选框，设置参数为 180，50，0，单击"确定"按钮。

2　选择套索工具 ，在其选项栏中设置羽化为 2 像素，随意绘制选区，框选部分颗粒图像。

08

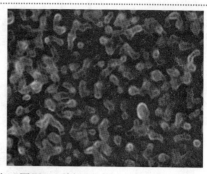

1　单击"图层"面板下方的"创建新的填充或调整图层"按钮 ，在弹出的下拉菜单中选择"色相/饱和度"命令，在打开的对话框中选中"着色"复选框，设置参数为 300，45，0，单击"确定"按钮后选区内的图像变为紫红色。

09

1　按 Shift+Ctrl+Alt+E 组合键，盖印可见图层，自动生成"图层 2"。

2　选择"滤镜-像素化-彩色半调"命令，在打开的对话框中设置最大半径为 4 像素，其他参数保持默认值，单击"确定"按钮。

3　设置"图层 2"的混合模式为叠加，填充为 18%。

10

1　选择"滤镜-杂色-添加杂色"命令，在打开的对话框中设置数量为 13%，分布为平均分布，选中"单色"复选框，单击"确定"按钮。

2　选择"滤镜-素描-炭精笔"命令，在打开的对话框中设置纹理为画布，参数为 6，9，100，4，单击"确定"按钮。

11

1　单击"创建新的填充或调整图层"按钮 ，在弹出的下拉菜单中选择"色相/饱和度"命令，在打开的对话框中设置参数为-130，0，-15，单击"确定"按钮后图像的整体色彩变为淡黄色。

12

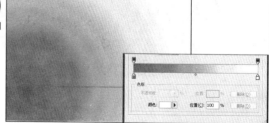

1　单击"创建新图层"按钮 ，新建"图层 3"。

2　选择渐变工具 ，设置渐变为"浅青色-白色"。

3　单击选项栏中的"径向渐变"按钮 ，绘制渐变。

13

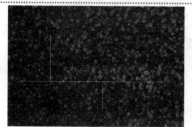

1　设置"图层 3"的混合模式为正片叠底，不透明度为 50%。

2　新建"图层 4"，设置前景色为黄色（R:250,G:245,B:140）。

3　选择直线工具 ，按住 Shift 键不放，绘制直线图形。

14

1　选择横排文字工具 ，分别设置字体为 Franklin Gothic Medium，Poplar Std 和 Symbol，字号为 6 点、7 点和 20 点，文本颜色为黄色（R:250,G:245,B:140）。

素材:\无

源文件:\实例116\豹皮纹理特效.psd

实例116 豹皮纹理特效

包含知识
- 纤维命令
- 变换命令
- 套索工具
- 风滤镜

重点难点
- 纤维命令
- 涂抹工具

制作思路

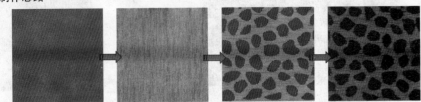

填充颜色　　　　纤维效果　　　　涂抹棒命令　　　　最终效果

01

◆文件大小为8厘米×8厘米，分辨率为200像素/英寸

1 新建"豹皮纹理特效.psd"文件。

2 设置前景色为深褐色（R:130,G:105,B:50），按Alt+Delete组合键，填充"背景"图层为深褐色。

02

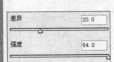

1 设置背景色为浅褐色（R:210,G:175,B:70）。

2 选择"滤镜-渲染-纤维"命令，在打开的对话框中设置参数为20，64，单击"确定"按钮。

3 选择"滤镜-风格化-风"命令，在打开的对话框中设置方法为风，方向为从右，单击"确定"按钮得到纤维纹理效果。

03

1 选择"编辑-变换-旋转90度（顺时针）"命令，顺方向旋转图像。

2 按Ctrl+F组合键，重复上一次滤镜操作。

04

1 选择套索工具，单击选项栏中的"添加到选区"按钮，设置羽化为1像素。

2 绘制多个不规则选区，按Q键，进入快速蒙版。此时图像生成橘红色的蒙版图像。

05

涂抹棒

描边长度(S) 2
高光区域(H) 4
强度(I) 10

1 选择"滤镜-艺术效果-涂抹棒"命令，在打开的对话框中设置参数为2，4，10，单击"确定"按钮，蒙版图像的边缘变得柔和且呈现虚纹效果。

06

1 按D键，退出快速蒙版，自动生成选区。

2 单击"创建新图层"按钮，新建"图层1"。

3 设置前景色为深褐色（R:100,G:65,B:0），按Alt+Delete组合键，填充"图层1"为深褐色。

07

1 按 Ctrl+D 组合键取消选区。选择"滤镜-风格化-风"命令，在打开的对话框中保持默认值，单击"确定"按钮。
2 选择"编辑-变换-水平翻转"命令，翻转图像。按 Ctrl+F 组合键，重复上一次滤镜命令。

08

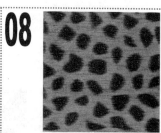

1 设置"图层 1"的混合模式为正片叠底。
2 按住 Ctrl 键不放，单击"图层 1"前面的缩略图，载入选区。
3 选择"选择-修改-平滑"命令，设置取样半径为 5 像素，单击"确定"按钮。选择"选择-修改-收缩"命令，设置收缩量为 10 像素，单击"确定"按钮。

09

1 新建"图层 2"，设置前景色为浅褐色（R:120,G:77,B:2），按 Alt+Delete 组合键，填充选区内容为浅褐色。
2 按 Shift+Ctrl+Alt+E 组合键，盖印可见图层，自动生成"图层 3"。

10

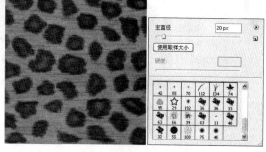

1 选择涂抹工具，在其选项栏中设置画笔为干画笔，主直径为 20px，模式为变暗，强度为 100%。在窗口中涂抹豹纹图像的边缘，得到毛边效果。

11

1 设置"图层 3"的混合模式为正片叠底，不透明度为 80%。
2 单击"创建新的填充或调整图层"按钮，在弹出的下拉菜单中选择"色阶"命令，在打开的对话框中设置参数为 15，1.00，230，单击"确定"按钮后图像的整体色彩与对比度加强。

12

1 按 Shift+Ctrl+Alt+E 组合键，盖印可见图层，自动生成"图层 4"。
2 选择"滤镜-渲染-纤维"命令，在打开的对话框中设置参数为 64，1，单击"确定"按钮得到新的纤维纹理效果。

13

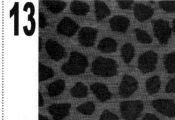

1 设置"图层 4"的混合模式为柔光，不透明度为 30%。
2 按 Shift+Ctrl+Alt+E 组合键，盖印可见图层，自动生成"图层 5"。

14

1 选择"滤镜-模糊-高斯模糊"命令，在打开的对话框中设置半径为 5 像素，单击"确定"按钮。
2 设置"图层 5"的混合模式为强光，不透明度为 35%。

实例117　褶皱纹理

素材:\实例117\油画.tif

源文件:\实例117\褶皱纹理.psd

包含知识

- 云彩命令
- 分层云彩命令
- 浮雕效果命令
- 高斯模糊命令

重点难点

- 分层云彩
- 浮雕效果命令

制作思路

云彩效果　　分层云彩效果　　浮雕效果　　最终效果

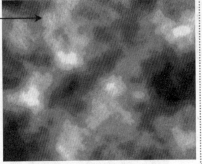

文件大小为 10 厘米×8 厘米,分辨率为 200 像素/英寸

1. 新建"褶皱纹理.psd"文件。
2. 按 D 键复位前景色与背景色。选择"滤镜-渲染-云彩"命令,得到黑白状态的云彩效果。

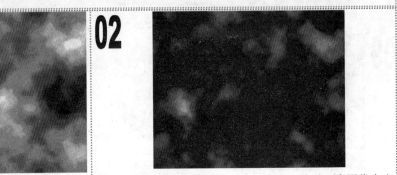

1. 选择"滤镜-渲染-分层云彩"命令。此时云彩图像中出现纹理效果。

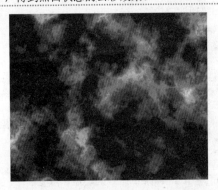

1. 反复按 Ctrl+F 组合键,重复上一次滤镜操作,使纹理更加明显,以达到更好的褶皱效果。

1. 选择"滤镜-风格化-浮雕效果"命令,在打开的对话框中设置参数为 45 度、1 像素、500%,单击"确定"按钮得到立体质感的纹理效果。

1. 选择"滤镜-模糊-高斯模糊"命令,在打开的对话框中设置半径为 4 像素,单击"确定"按钮后图像效果变为模糊状态。

1. 选择"文件-存储为"命令,在打开的对话框中设置名称为"置换",格式为 PSD,单击"保存"按钮,存储文件。
2. 单击"历史记录"面板上的"浮雕效果"步骤,或按 Ctrl+Z 组合键,返回上一个步骤。

07

1 按 Ctrl+O 组合键打开"油画.tif"素材文件。

08

1 选择移动工具，拖动"油画"图像到"褶皱纹理"文件窗口中，自动生成"图层 1"。

2 按 Ctrl+T 组合键，打开自由变换调节框，按住 Alt+Shift 组合键不放，拖动调节框的角点，等比例缩小图像到合适大小，按 Enter 键确认变换。

09

1 选择"滤镜-扭曲-置换"命令，在打开的对话框中保持参数不变。

2 单击"确定"按钮后，打开"选择一个置换图"对话框，选择"置换.psd"文件，单击"打开"按钮。此时图像产生了褶皱的扭曲效果。

10

1 设置"图层 1"的混合模式为叠加，此时褶皱效果更加明显。

11

1 选择"背景"图层。选择"图像-调整-色阶"命令，在打开的对话框中设置输出色阶为 0，215，单击"确定"按钮降低纹理的亮度，使褶皱更加清晰。

12

1 按住 Ctrl 键不放，单击"图层 1"前面的图层缩略图载入选区。

2 选择"背景"图层，按 Ctrl+J 组合键，复制选区内容，自动生成"图层 2"。

13

1 选择"背景"图层。设置前景色为白色，按 Alt+Delete 组合键填充"背景"图层为前景色。

14

1 双击"图层 1"后面的空白处，打开"图层样式"对话框，单击"投影"复选框后面的名称，设置距离为 8 像素，扩展为 5%，大小为 6 像素，其他参数保持不变，单击"确定"按钮为图层添加投影效果。

实例118　玻璃晶格纹理

素材:\无

源文件:\实例118\玻璃晶格纹理.psd

包含知识
- 染色玻璃
- 重复滤镜操作
- 设置不透明度
- 径向模糊命令

重点难点
- 染色玻璃命令
- 径向模糊命令

制作思路

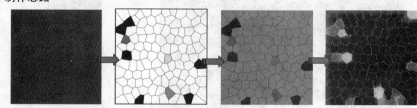

填充紫色　　　　　染色玻璃效果　　　　　不透明效果　　　　　最终效果

01

◆ 文件大小为 8 厘米×8 厘米，分辨率为 200 像素/英寸

1 新建"玻璃晶格纹理.psd"文件。

2 设置前景色为紫色（R:255,G:0,B:255）。按 Alt+ Delete 组合键填充前景色到"背景"图层中。

02

1 单击"创建新图层"按钮 ◻，新建"图层 1"。

2 设置前景色为白色。按 Alt+Delete 组合键填充"图层 1" 为前景色。

03

1 按 D 键复位前景色与背景色。

2 选择"滤镜-纹理-染色玻璃"命令，在打开的对话框中 设置参数为 28，2，0，单击"确定"按钮。

3 按 Ctrl+F 组合键，反复执行上一次滤镜操作，直到出现 若干灰色与黑色方块图形。

04

1 设置"图层 1"的总体不透明度为 35%，此时图像的整 体色彩变为淡紫色。

05

1 新建"图层 2"，设置前景色为白色。

2 按 Alt+Delete 组合键，填充"图层 2"为前景色。

3 再次按 Ctrl+F 组合键，反复执行上一次滤镜操作，直到 出现若干灰色与黑色方块图形。

06

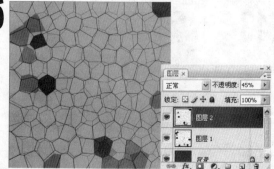

1 设置"图层 2"的总体不透明度为 45%。此时图像呈现 出具有层次感的淡紫色纹理效果。

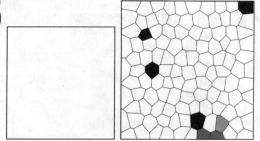

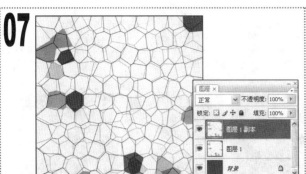

07

① 按 Ctrl+E 组合键，向下合并图层为"图层 1"。

② 按 Ctrl+J 组合键，复制生成"图层 1 副本"图层。此时图像色彩变为灰度浅紫色状态。

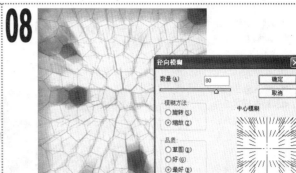

08

① 选择"滤镜-模糊-径向模糊"命令，在打开的对话框中设置数量为 80，模糊方法为缩放，品质为最好，单击"确定"按钮后图像变为模糊状态。

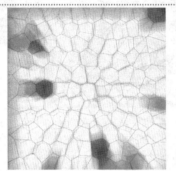

09

① 选择"滤镜-杂色-去斑"命令。

② 反复按 Ctrl+F 组合键，重复上一次滤镜操作，直到图像变为柔和自然的朦胧效果。

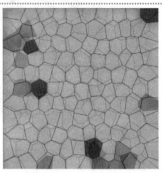

10

① 设置"图层 1 副本"的混合模式为变暗。此时图像的线条纹理变得柔和自然。

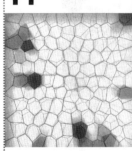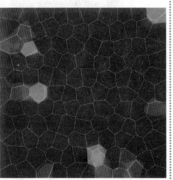

11

① 按 Ctrl+E 组合键，向下合并图层为"图层 1"。此时图像色彩由紫红色变为暗紫色。

② 按 Ctrl+I 组合键，反相图像。此时图像变为具有层次感的深暗紫色效果。

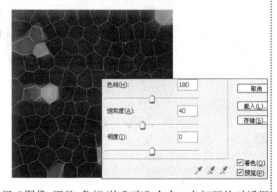

12

① 选择"图像-调整-色相/饱和度"命令，在打开的对话框中设置参数为 180，40，0，单击"确定"按钮后图像整体色彩变为深蓝色。

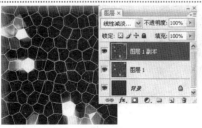

13

① 按 Ctrl+J 组合键，复制生成"图层 1 副本"图层。

② 设置"图层 1 副本"图层的混合模式为线性减淡（添加），图像的整体亮度增加。

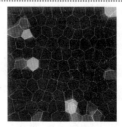

14

① 按 Ctrl+J 组合键，复制生成"图层 1 副本 2"图层。

② 设置"图层 1 副本 2"图层的混合模式为正常，不透明度为 80%。

素材:\无

源文件:\实例119\水迹纹理.psd

实例119　水迹纹理

包含知识

- 镜头光晕命令
- 重复滤镜操作
- 基底凸现命令
- 海洋波纹命令

重点难点

- 基底凸现命令
- 色阶命令

制作思路

镜头光晕　　　　多次光晕　　　　基底凸现效果　　　　最终效果

01
文件大小为10×8厘米，分辨率为200像素/英寸

1 新建"水迹纹理.psd"文件。
2 设置前景色为黑色，按 Alt+Delete 组合键填充"背景"图层为前景色。

02

1 选择"滤镜-渲染-镜头光晕"命令，在打开的对话框中设置亮度为120%，其他参数保持不变。
2 在预览框右上角单击鼠标形成光晕效果，调整光晕位置，单击"确定"按钮。

03

1 选择"滤镜-渲染-镜头光晕"命令，在打开的对话框中设置亮度为100%，其他参数保持不变。
2 在预览框右侧处单击鼠标形成光晕效果，调整光晕位置，单击"确定"按钮。

04

1 反复选择"镜头光晕"命令，设置不同的亮度与光晕位置。

05
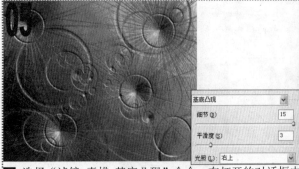

1 选择"滤镜-素描-基底凸现"命令，在打开的对话框中设置参数为 15，3，光照为右上，单击"确定"按钮得到灰色的浮雕纹理效果。

06
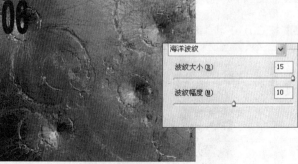

1 拖动"背景"图层到"图层"面板下方的"创建新图层"按钮上，复制生成"背景副本"图层。
2 选择"滤镜-扭曲-海洋波纹"命令，在打开的对话框中设置参数为 15，10，单击"确定"按钮。

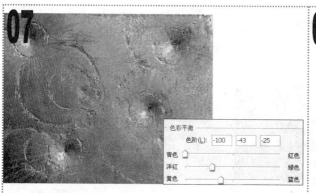

07

1 选择"图像-调整-色彩平衡"命令，在打开的对话框中设置参数为-100，-43，-25，此时图像色彩变为暗青色。

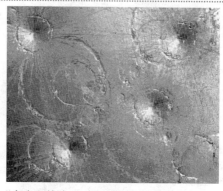

08

1 选中"高光"单选项，设置参数为-30，0，25，此时图像高光亮度加强。

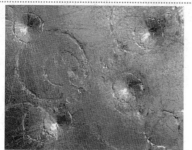

09

1 选中"阴影"单选项，设置参数为-100，-10，12，此时读者可在文件窗口中观察到图像高光与阴影的对比度整体加强，单击"确定"按钮。

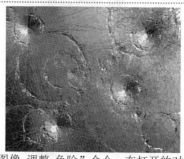

10

1 选择"图像-调整-色阶"命令，在打开的对话框中设置参数为20，1.00，240，单击"确定"按钮后图像整体对比度加强。

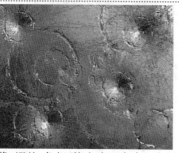

11

1 选择"图像-调整-色相/饱和度"命令，在打开的对话框中设置参数为5，10，0，单击"确定"按钮后图像色彩变得更鲜艳明亮。

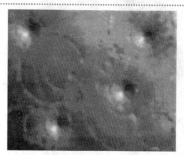

12

1 按 Ctrl+J 组合键，复制生成"背景副本 2"图层。

2 选择"滤镜-模糊-高斯模糊"命令，在打开的对话框中设置半径为 5 像素，单击"确定"按钮后得到模糊的图像效果。

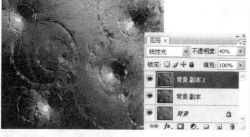

13

1 设置"背景副本 2"图层的混合模式为线性光，不透明度为 40%，此时图像中纹理线条的色彩整体加深。

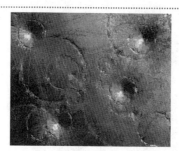

14

1 按 Ctrl+Alt+Shift+E 组合键，盖印可见图层，自动生成"图层 1"。

2 选择"图像-调整-色相/饱和度"命令，在打开的对话框中设置参数为0，-33，0，单击"确定"按钮后图像整体色彩饱和度降低。

素材:\无

源文件:\实例120\海洋波纹效果.psd

实例120　海洋波纹效果

包含知识
- 分层云彩命令
- 塑料包装命令
- 反相命令
- 查找边缘命令

重点难点
- 反相命令
- 查找边缘命令

制作思路

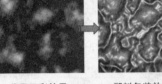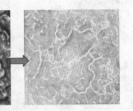

云彩效果　　　　分层云彩效果　　　　塑料包装效果　　　　最终效果

01

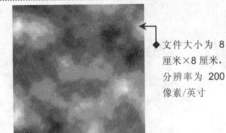

◆文件大小为 8 厘米×8 厘米，分辨率为 200 像素/英寸

1️⃣ 新建"海洋波纹效果.psd"文件。
2️⃣ 按 D 键复位前景色和背景色。
3️⃣ 选择"滤镜-渲染-云彩"命令，此时图像呈现黑白效果的云雾图像。

02

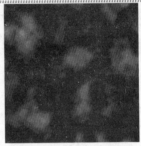

1️⃣ 选择"滤镜-渲染-分层云彩"命令，此时图像整体色彩加深，并且出现类似裂痕的纹理效果。

03

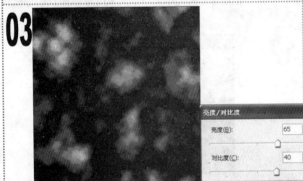

亮度/对比度

亮度(B)：　65

对比度(C)：　40

1️⃣ 选择"图像-调整-亮度/对比度"命令，在打开的对话框中设置参数为 65，40，单击"确定"按钮后图像的整体对比度加强。

04

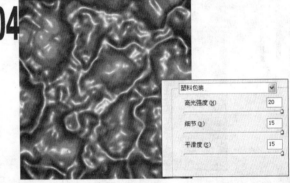

塑料包装

高光强度(H)：　20

细节(D)：　15

平滑度(S)：　15

1️⃣ 选择"滤镜-艺术效果-塑料包装"命令，在打开的对话框中设置参数为 20，15，15，单击"确定"按钮后得到塑料效果的纹理图像。

05

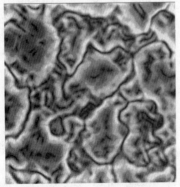

1️⃣ 选择"图像-调整-反相"命令，反相处理图像。

06

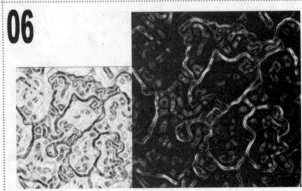

1️⃣ 选择"滤镜-风格化-查找边缘"命令。
2️⃣ 按 Ctrl+I 组合键，再次反相图像颜色。

07

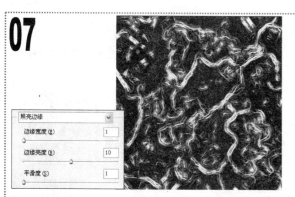

1 选择"滤镜-风格化-照亮边缘"命令，在打开的对话框中设置参数为 1，10，1，单击"确定"按钮后图像纹理边缘亮度加强。

08

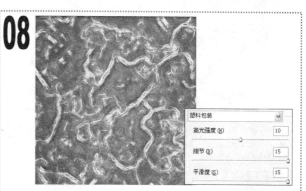

1 选择"滤镜-艺术效果-塑料包装"命令，在打开的对话框中设置参数为 10，15，15，单击"确定"按钮。

09

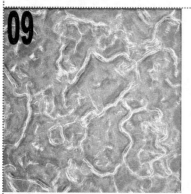

1 按 Ctrl+F 组合键，重复上一次滤镜操作。
2 按 Ctrl+J 组合键，复制生成"背景副本"图层。

10

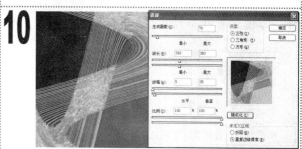

1 选择"滤镜-扭曲-波浪"命令，在打开的对话框中设置生成器数为 70，波长为 393，393，波幅为 5，35，比例均为 100%，类型为正弦，未定义区域为重复边缘像素，单击"确定"按钮。波浪的改变有随机性，所以会得到意想不到的扭曲效果。

11

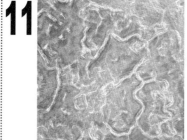

1 设置"背景副本"图层的混合模式为变亮，图像边缘得到旋转动态的水纹效果。

12

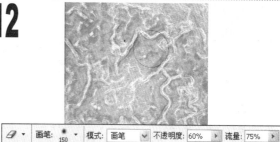

1 选择橡皮擦工具，在其选项栏中设置画笔为柔角 150 像素，不透明度为 60%，流量为 75%，在窗口中涂抹擦除中间位置的多余放射状线条。

13

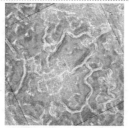

1 按 Ctrl+J 组合键，复制生成"背景副本 2"图层。
2 按 Ctrl+T 组合键，打开自由变换调节框，按住 Shift 键不放，向内拖动调节框的角点，稍微缩小图像后，旋转移动图像。
3 按 Enter 键确认变换，此时动态水纹的层次感增加。

14

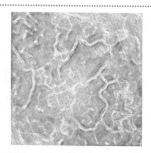

1 单击"图层"面板下方的"创建新的填充或调整图层"按钮，在弹出的下拉菜单中选择"色相/饱和度"命令，在打开的对话框中选中"着色"复选框，设置参数为 190，50，0，单击"确定"按钮。

实例121　百叶窗玻璃纹理

素材:\无
源文件:\实例121\百叶窗玻璃纹理.psd

包含知识
- 使用画笔面板
- 霓虹灯光命令
- 反相效果
- 波纹命令

重点难点
- 使用画笔面板
- 塑料包装命令

制作思路

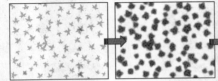

枫叶效果　　　　　霓虹灯光　　　　　反相效果　　　　　最终效果

01

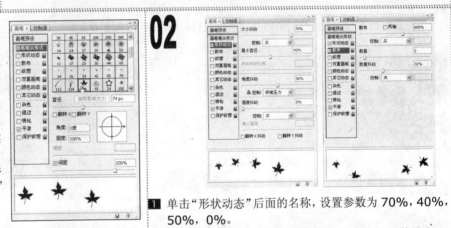

1　新建"百叶窗玻璃纹理.psd"文件。文件大小为12厘米×9厘米，分辨率为150像素/英寸。
2　选择画笔工具 ，按F5键打开"画笔"面板。
3　单击面板上的"画笔笔尖形状"名称，选择"散布枫叶"画笔，设置直径为74px，间距为200%。

02

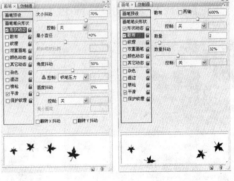

1　单击"形状动态"后面的名称，设置参数为70%，40%，50%，0%。
2　单击"散布"后的名称，设置散布为600%，数量为2，数量抖动为32%。

03

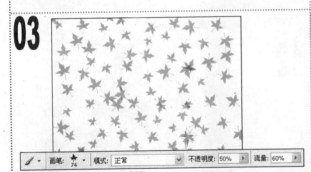

1　继续选择画笔工具 ，在其选项栏中设置不透明度为50%，流量为60%。
2　设置前景色为黑色，在窗口中随意涂抹绘制散布枫叶图形。

04

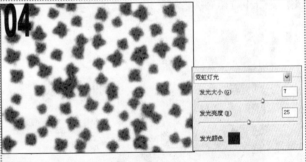

1　设置前景色为白色。
2　选择"滤镜-艺术效果-霓虹灯光"命令，在打开的对话框中设置参数为7，25，发光颜色为暗紫色（R:200,G:0,B:200），单击"确定"按钮后枫叶图像边缘出现朦胧的紫色发光效果。

05

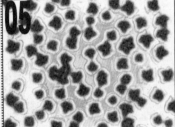

1　选择"滤镜-艺术效果-塑料包装"命令，在打开的对话框中设置参数为15，5，5，单击"确定"按钮后得到塑料的枫叶效果。

06

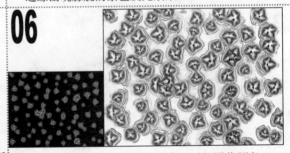

1　选择"图像-调整-反相"命令，反相图像颜色。
2　选择"滤镜-风格化-查找边缘"命令，此时枫叶图形边缘纹理变得清晰。

07

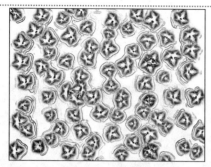

1️⃣ 选择"滤镜-锐化-USM锐化"命令，在打开的对话框中设置参数为80，40，20，单击"确定"按钮后图像整体变得更清晰。

08

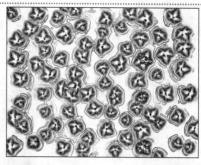

1️⃣ 选择"图像-调整-色彩平衡"命令，在打开的对话框中设置参数为100，-35，-30，单击"确定"按钮后图像整体色调变为红色。

09

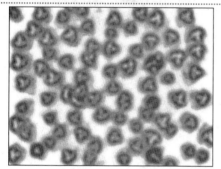

1️⃣ 拖动"背景"图层到"图层"面板下方的"创建新图层"按钮🔲上，复制生成"背景副本"图层。

2️⃣ 选择"滤镜-模糊-高斯模糊"命令，打开对话框，设置半径为5像素，单击"确定"按钮后图像整体变得模糊。

10

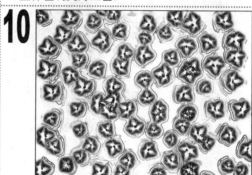

1️⃣ 设置"背景副本"图层的混合模式为柔光。

2️⃣ 按Shift+Ctrl+Alt+E组合键，盖印可见图层，自动生成"图层1"。

11

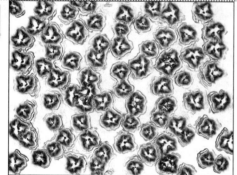

1️⃣ 选择"滤镜-扭曲-波纹"命令，打开对话框，设置数量为120%，大小为中，单击"确定"按钮后枫叶图形边缘出现微弱的波纹纹理效果。

12

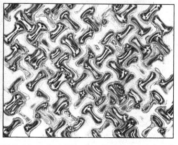

1️⃣ 按Ctrl+J组合键，复制生成"图层1副本"图层。

2️⃣ 选择"滤镜-扭曲-波浪"命令，在打开的对话框中设置生成器数为1，波长为38，48，波幅为5，35，比例为100%，100%，类型为正弦，未定义区域为重复边缘像素，单击"确定"按钮。

13

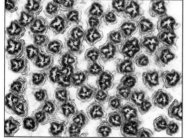

1️⃣ 设置"图层1副本"的混合模式为变暗，不透明度为25%，单击"确定"按钮，图像层次感增强。

14

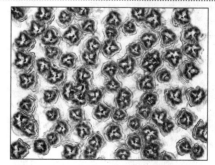

1️⃣ 选择"图像-调整-色彩平衡"命令，打开对话框，设置参数为0，0，100，单击"确定"按钮。

实例122　皮革纹理效果

素材:\无

源文件:\实例122\皮革纹理效果.psd

包含知识
- 云彩命令
- 波浪命令
- 塑料包装命令
- 色阶命令

重点难点
- 波浪命令
- 塑料包装命令

制作思路

云彩效果　　　　格子效果　　　　塑料包装　　　　最终效果

01 ◆文件大小为 7 厘米×7 厘米,分辨率为200 像素/英寸

1 新建"皮革纹理效果.psd"文件。
2 设置前景色为黑色,背景色为深朱红色(R:120,G:0,B:0)。
3 选择"滤镜-渲染-云彩"命令,得到红色与黑色的云彩效果。

02

1 选择"图像-调整-色阶"命令,打开对话框,设置参数为 25,1.00,190,单击"确定"按钮。此时图像整体色彩对比度加强。

03

1 选择"滤镜-扭曲-波浪"命令,打开对话框,设置波长为 188,188,生成器数为 245,波幅为 35,35,比例为 100%,100%,类型为三角形,单击"确定"按钮,得到黑色与红色方块的纹理效果。

04

1 选择"滤镜-艺术效果-塑料包装"命令,打开对话框,设置参数为 15,8,5,单击"确定"按钮。

05

1 选择"图像-调整-色阶"命令,打开对话框,设置参数为 15,1.00,195,单击"确定"按钮。图像对比度增加,并且整体色彩变得鲜艳。

06

1 按 Ctrl+J 组合键复制"背景"图层,自动生成"图层 1"。
2 设置"图层 1"的混合模式为滤色,不透明度为 35%。

实例123　迷彩纹理效果

素材:\无
源文件:\实例 123 \迷彩纹理效果.psd

包含知识
- 填充前景色
- 海绵命令
- 调色刀命令
- 影印命令

重点难点
- 海绵命令
- 影印命令

制作思路

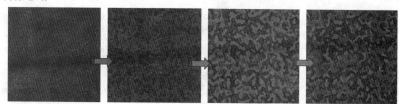

填充颜色　　　　海绵效果　　　　饱和度鲜艳　　　　最终效果

01

◆ 文件大小为 7 厘米×7 厘米,分辨率为 200 像素/英寸

1 新建"迷彩纹理效果.psd"文件。
2 设置前景色为军绿色（R:25,G:70,B:0）,按 Alt+Delete 组合键,填充"背景"图层为军绿色。

02

1 选择"滤镜-艺术效果-海绵"命令,打开对话框,设置参数为 5,15,10,单击"确定"按钮,得到颗粒纹理效果。

03

1 选择"滤镜-艺术效果-调色刀"命令,打开对话框,设置参数为 12,2,10,单击"确定"按钮,此时颗粒纹理变大。

04

1 设置前景色为军绿色（R:25,G:70,B:0）,背景色为绿色（R:50,G:133,B:0）。
2 选择"滤镜-素描-影印"命令,打开对话框,设置参数为 24,50,单击"确定"按钮,得到色彩分明的颗粒纹理效果。

05

1 选择"滤镜-艺术效果-海绵"命令,打开对话框,设置参数为 5,15,10,单击"确定"按钮,此时图像整体色彩的层次感加强。

06

1 按 Ctrl+J 组合键复制"背景"图层,自动生成"图层 1"。
2 选择"滤镜-艺术效果-木刻"命令,打开对话框,设置参数为 8,2,3,单击"确定"按钮。
3 设置"图层 1"的混合模式为深色,得到最终效果。

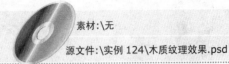

素材:\无

源文件:\实例124\木质纹理效果.psd

实例124　木质纹理效果

包含知识
- 云彩命令
- 亮度/对比度命令
- 纤维命令
- 旋转扭曲

重点难点
- 杂色渐变
- 纤维命令

制作思路

云彩效果　　　　杂色渐变　　　　纤维命令　　　　最终效果

01

◆ 文件大小为 9 厘米 ×7 厘米,分辨率 为 200 像素/英寸

1 新建"木质纹理效果.psd"文件。

2 新建"图层 1",设置前景色为橘黄色(R:240,G:145,B:50), 背景色为褐色(R:95,G:50,B:5)。

3 选择"滤镜-渲染-云彩"命令,得到橘黄色与褐色的云 彩效果。

02

1 选择"图像-调整-亮度/对比度"命令,打开对话框,设 置参数为 0,100,单击"确定"按钮。此时图像整体 对比度加强,并且色彩变得更鲜艳。

03

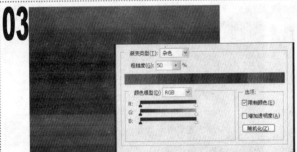

1 新建"图层 2"。选择渐变工具 ■,单击选项栏中的渐变 色选择框 ■■■,打开对话框,单击右上侧的 ▶ 按钮, 在弹出的下拉菜单中选择"杂色样本"命令,在打开的 对话框中单击"追加"按钮。

2 选择"预设"栏中的"绿色"渐变,单击"确定"按钮, 在窗口中垂直拖动鼠标绘制渐变色。

04

1 选择"图像-调整-去色"命令去掉图像颜色。

2 选择"图像-调整-自动色阶"命令,图像的色彩对比度 加强。

05

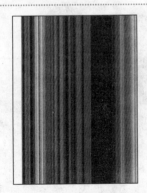

1 按 Ctrl+J 组合键,复制生成"图层 2 副本"图层。

2 选择"图像-旋转画布-90 度(顺时针)"命令,旋转画布。

06

1 选择"滤镜-渲染-纤维"命令,打开对话框,设置参数 为 18,7,单击"确定"按钮,得到纤维纹理效果。

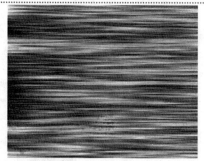

07
1 选择"图像-旋转画布-90 度（逆时针）"命令，旋转画布。
2 选择"滤镜-模糊-高斯模糊"命令，打开对话框，设置角度为 0 度，距离为 100 像素，单击"确定"按钮，此时纹理效果变得朦胧柔和。

08
1 设置"图层 2 副本"的图层混合模式为柔光，此时呈现出黑白木质纹理效果。

09
1 按 Ctrl+E 组合键向下合并图层，自动生成新的"图层 2"。
2 设置"图层 2"的混合模式为正片叠底。

10
1 按 Shift+Ctrl+Alt+E 组合键，盖印可见图层，自动生成"图层 3"。
2 选择椭圆选框工具，单击选项栏中的"新选区"按钮，设置羽化为 1 像素，单击"确定"按钮，在窗口左上侧拖动鼠标绘制椭圆选区。

11
1 选择"滤镜-扭曲-旋转扭曲"命令，打开对话框，设置角度为 215 度，单击"确定"按钮，此时选区内的图像成扭曲效果。

12
1 将鼠标光标放置于椭圆选区内，拖动选区到文件窗口左下侧，调整选区位置。
2 选择"滤镜-扭曲-旋转扭曲"命令，打开对话框，设置角度为 100 度，单击"确定"按钮。

13
1 拖动椭圆选区到文件窗口右侧，调整选区位置。
2 再次执行"滤镜-扭曲-旋转扭曲"命令，打开对话框，设置角度为-180 度，单击"确定"按钮。
3 按 Ctrl+D 组合键，取消选区。

14
1 选择"图像-调整-色彩平衡"命令，打开对话框，设置参数为 30，0，-80，单击"确定"按钮。图像整体色彩变亮，得到最终效果。

实例125　浮雕花纹理特效

素材:\无

源文件:\实例 125\浮雕花纹理特效.psd

包含知识
- 自定形状工具
- 收缩选区命令
- 画笔面板
- 纹理化命令

重点难点
- 自定形状工具
- 纹理化命令

制作思路

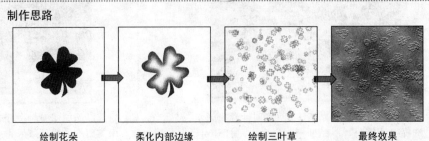

绘制花朵　　　　柔化内部边缘　　　　绘制三叶草　　　　最终效果

01

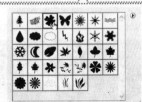

1　新建"浮雕花纹理特效.psd"文件。文件大小为 7 厘米×7 厘米，分辨率为 200 像素/英寸。

2　选择自定形状工具 ，单击选项栏中的"填充像素"按钮 ，单击"自定形状"拾色器下拉按钮 ，单击打开面板右上侧的 按钮，在弹出的菜单中选择载入"自然"形状库，在打开的对话框中单击"确定"按钮。选择"三叶草"形状。

02

1　新建"图层 1"，设置前景色为紫色（R:200,G:0,B:200）。

2　按住 Shift 键不放，在窗口中拖绘等比例的三叶草形状。

3　按住 Ctrl 键不放，单击"图层 1"前面的缩略图，载入选区。

03

1　选择"选择-修改-收缩选区"命令，打开对话框，设置收缩量为 15 像素，单击"确定"按钮。按 Alt+Ctrl+D 组合键，打开"羽化选区"对话框，设置羽化半径为 15 像素，单击"确定"按钮。

2　按 Delete 键删除选区内容，按 Ctrl+D 组合键取消选区。

04

1　选择"编辑-定义画笔预设"命令，打开"画笔名称"对话框，定义画笔。

2　选择画笔工具 ，按 F5 键打开"画笔"面板，单击"画笔笔尖形状"名称，选择"浮雕花纹理"画笔，设置直径为 50px，间距为 400%。

05

1　单击"形状动态"复选框后面的名称，设置参数为 100%，15%，100%，0%。

2　单击"散布"复选框后面的名称，设置参数为 1000%，3，100%。

3　新建"图层 2"，单击"图层 1"前面的"指示图层可视性"图标 ，隐藏该图层。

06

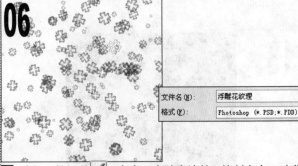

1　选择画笔工具 ，在窗口中随意涂抹，绘制多个三叶草图形。

2　选择"文件-存储为"命令，在打开的对话框中设置格式为 PSD，单击"确定"按钮，存储文件。

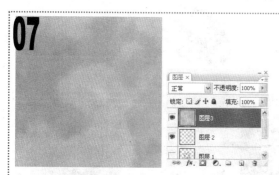

1 新建"图层 3"，设置前景色为青色（R:156,G:180,B:102），背景色为浅灰色（R:199,G:216,B:198）。

2 选择"滤镜-渲染-云彩"命令，得到青色与浅灰色的云彩效果。

1 选择"滤镜-杂色-添加杂色"命令，打开对话框，设置数量为 4%，分布为高斯分布，选中"单色"复选框，单击"确定"按钮。

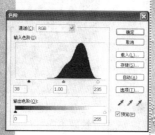
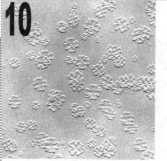

1 选择"图像-调整-色阶"命令，打开对话框，设置参数为 38，1.00，235，单击"确定"按钮，此时图像对比度加强。

1 选择"滤镜-纹理-纹理化"命令，打开对话框，单击右侧的 ▶ 按钮，载入存储的"浮雕花纹理"。

2 设置缩放为 120%，凸现为 45，光照为上，选中"反相"复选框，单击"确定"按钮。

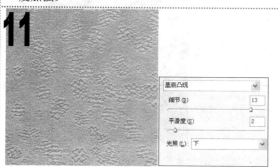
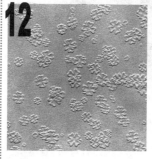

1 按 Ctrl+J 组合键，复制生成"图层 3 副本"图层。

2 选择"滤镜-素描-基底凸现"命令，打开对话框，设置参数为 13，2，光照为下。

1 设置"图层 3 副本"的图层混合模式为正片叠底，不透明度为 50%，此时图像中的纹理层次感加强。

1 单击"创建新的填充或调整"按钮 ，在弹出的下拉菜单中选择"色相/饱和度"命令，打开对话框，设置参数为-140，0，0，单击"确定"按钮。此时图像整体色彩变为紫色。

1 按 Shift+Ctrl+Alt+E 组合键，盖印可见图层。自动生成"图层 3"。

2 选择"滤镜-模糊-高斯模糊"命令，打开对话框，设置参数为 5 像素，单击"确定"按钮。

3 设置"图层 3"的图层混合模式为颜色减淡，不透明度为 20%，得到最终效果。

实例126　土墙纹理特效

素材:\实例 126 \墙壁.tif

源文件:\实例 126\土墙纹理特效.psd

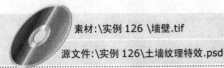

包含知识

- 添加杂色命令
- 渲染光照效果
- 局部选区命令
- 图层样式

重点难点

- 光照效果
- 图层样式

制作思路

填充颜色　　　　光照效果　　　选择局部选区　　　最终效果

01　◆文件大小为 8 厘米×8 厘米,分辨率为 200 像素/英寸

1　新建"土墙纹理特效.psd"文件。
2　设置前景色为咖啡色（R:70,G:45,B:2）,按 Alt+Delete 组合键,填充"背景"图层为咖啡色。

02

1　拖动"背景"图层到"创建新图层"按钮 上,复制生成"背景副本"图层。
2　选择"滤镜-杂色-添加杂色"命令,打开对话框,设置数量为 25%,单击"确定"按钮。

03

1　选择"滤镜-模糊-高斯模糊"命令,打开对话框,设置半径为 1 像素,单击"确定"按钮,此时杂色图像变得柔和。

04

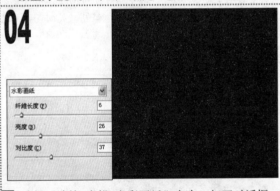

1　选择"滤镜-素描-水彩画纸"命令,打开对话框,设置参数为 6,26,37,单击"确定"按钮。

05

1　按 Ctrl+A 组合键,全选画布,按 Ctrl+C 组合键,复制选区内容。
2　单击"通道"面板下方的"创建新通道"按钮 ,新建"Alpha1"通道。
3　按 Ctrl+V 组合键,粘贴选区内容到"Alpha1"通道中。

06

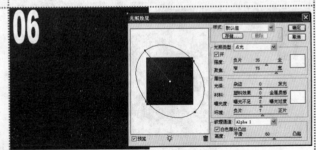

1　选择"RGB"通道,返回"图层"面板。
2　选择"滤镜-渲染-光照效果"命令,设置参数为 35,75,0,0,2,7,纹理通道为 Alpha1,高度为 60,调整光照角度,单击"确定"按钮。

07

1 单击"图层"面板下方的"创建新的填充或调整图层"按钮 ，选择"色相/饱和度"命令，打开对话框，设置参数为-3，25，0，单击"确定"按钮。此时图像整体色彩变得更加鲜艳。

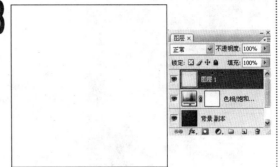

08

1 新建"图层1"，设置前景色为白色。
2 按 Alt+Delete 组合键，填充前景色。

09

1 设置背景色为灰色（R:140,G:135,B:135）。
2 选择"滤镜-素描-便条纸"命令，打开对话框，设置参数为 25，10，11，单击"确定"按钮。

10

1 选择套索工具 ，单击选项栏中的"添加到选区"按钮 ，设置羽化为 1 像素，单击"确定"按钮，在窗口中随意绘制选区。

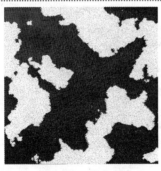

11

1 按 Shift+Ctrl+I 组合键，反选选区。
2 按 Delete 组合键，删除选区内容。

12

1 设置"图层1"的混合模式为柔光。
2 按 Ctrl+J 组合键，复制生成"图层1副本"图层。

13

1 双击"图层1副本"图层，打开"图层样式"对话框。单击"投影"复选框后的名称，设置参数为 75，10，5，21，0。
2 单击"斜面和浮雕"复选框后面的名称，设置深度为 32%，大小为 10 像素，单击"确定"按钮。

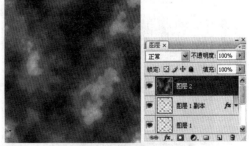

14

1 新建"图层2"，按 D 键复位前景色与背景色。
2 选择"滤镜-渲染-云彩"命令，得到黑白云彩效果。

15

1 设置"图层 2"的混合模式为叠加,此时图像呈现出黑色块状的纹理效果。

16

1 按 Shift+Ctrl+Alt+E 组合键,盖印可见图层,自动生成"图层 3"。

2 按 Ctrl+O 组合键,打开"墙壁.tif"素材文件。

17

1 选择"图像-调整-色彩平衡"命令,打开对话框,设置参数为 47,5,-42,单击"确定"按钮,调整图像色彩。

18

1 选择移动工具,拖动"墙壁"图像到"土墙纹理特效"文件窗口中,自动生成"图层 4"。

2 按 Ctrl+T 组合键打开自由变换调节框,调整图像大小,拖动"图层 4"到"图层 3"的下方。

19

1 选择"图层 3",单击面板下方的"添加图层蒙版"按钮,为图层添加蒙版。

2 按 D 键复位默认的前景色与背景色,选择画笔工具,在窗口中随意涂抹,隐藏部分蒙版图像。

20

1 设置"图层 3"的图层混合模式为正片叠底,此时图像与墙壁更加自然地融合在一起。

21

1 单击"创建新的填充或调整图层"按钮,在弹出的下拉菜单中选择"色相/饱和度"命令,打开对话框,设置参数为 180,-35,0,单击"确定"按钮,自动生成"色相/饱和度 2"图层。

22

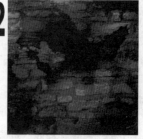

1 选择画笔工具,在窗口中随意涂抹蒙版,隐藏部分图像。

2 设置"色相/饱和度 2"图层的混合模式为叠加,不透明度为 40%,得到最终效果。

第 5 章

文字特效制作

实例 127 水滴文字

实例 128 盘旋文字

实例 129 冰蓝文字

实例 130 饼干文字

实例 132 草莓文字

实例 134 火焰文字

实例 136 奶酪文字

实例 141 碎片文字

实例 146 水晶文字

实例 149 积雪文字

文字是人类文化的重要组成部分。无论在何种视觉媒体中，文字排列组合的好坏都直接影响其版面的视觉传达效果。因此，文字设计是增强视觉传达效果、提高作品说服力、赋予版面审美价值的一种重要构成技术。本章将重点讲解使用 Photoshop CS3 制作文字效果的方法。

实例127 水滴文字

素材:\实例 127\漂亮餐盘.tif
源文件:\实例 127\水滴文字.psd

包含知识
- 图层样式
- 新建样式命令
- 晶格化命令
- 色阶命令

重点难点
- 水滴样式的制作
- 图层样式的处理

制作思路

画笔绘制颜色　　　添加图层样式　　　添加文字　　　最终效果

01
1 打开"漂亮餐盘.tif"素材文件。
2 单击"创建新图层"按钮 ，新建"图层 1"。

02
1 选择缩放工具 ，单击将窗口放大。
2 选择画笔工具 ，在选项栏中设置画笔为尖角 9 像素，在窗口中绘制水滴图案。

03
1 设置"图层 1"的填充为 3%。

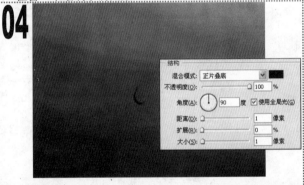

04
1 双击"图层 1"，打开"图层样式"对话框。单击"投影"复选框后面的名称，设置角度为 90 度，不透明度为 100%，距离为 1 像素，大小为 1 像素，其他参数保持不变。

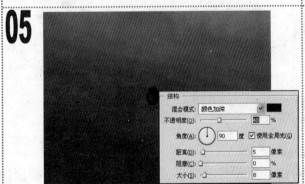

05
1 单击"内阴影"复选框后面的名称，设置混合模式为颜色加深，不透明度为 40%，距离为 5 像素，大小为 8 像素，其他参数保持不变。

06
1 单击"内发光"复选框后面的名称，设置颜色为黑色（R:0,G:0,B:0），混合模式为叠加，不透明度为 30%，其他参数保持不变。

07

1 单击"斜面和浮雕"复选框后面的名称，设置方法为雕刻清晰，参数为 250，15，4，90，30，阴影模式为颜色减淡，颜色为白色。

2 单击对话框右边的"新建样式"按钮，打开"新建样式"对话框，设置名称为水滴文字样式，单击"确定"按钮。

08

1 新建"图层 2"，按 Ctrl+Delete 组合键将其填充为背景色。

2 选择横排文字工具 T，在其选项栏中设置字体为华文新魏，大小为 230 点。单击窗口中合适位置，输入文字"LOVE"，自动生成文字图层。

09

1 按 Ctrl+E 组合键向下合并图层，生成新的"图层 2"。

2 选择"滤镜-像素化-晶格化"命令，打开对话框，设置单元格大小为 12，单击"确定"按钮。

10

1 选择"滤镜-模糊-高斯模糊"命令，打开"高斯模糊"对话框。

2 设置半径为 5 像素，单击"确定"按钮。

11

1 选择"图像-调整-色阶"命令，或按 Ctrl+L 组合键打开"色阶"对话框。

2 设置参数为 110，1.00，135，单击"确定"按钮。

12

1 按 Ctrl+Alt+~ 组合键，将白色区域载入选区，按 Delete 键删除选区内容。

2 按 Ctrl+D 组合键取消选区。

13

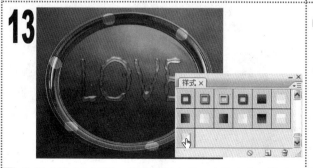

1 选择"样式"面板，单击面板上的"水滴文字"样式，为"图层 2"添加该样式。此时文字呈现水滴效果。

14

1 选择"图层 1"，选择画笔工具，在窗口四周随意绘制水滴。

素材:\无

源文件:\实例 128\盘旋文字.psd

实例128　盘旋文字

包含知识
- 极坐标命令
- 风命令
- 栅格化文字命令
- 色相/饱和度命令

重点难点
- 制作盘旋效果

制作思路

输入文字　　　　　极坐标命令　　　　　风命令　　　　　最终效果

01

◆文件大小为 10 厘米×7.5 厘米,分辨率为 200 像素/英寸

1 新建"盘旋文字.psd"文件。

2 按 D 键复位前景色和背景色。按 Alt+Delete 组合键将背景填充为黑色。

3 选择横排文字工具 T.,在选项栏中设置字体为经典粗宋繁,大小为 65 点,颜色为白色。

4 单击窗口中合适位置,输入文字,自动生成文字图层。

02

1 选择"图层"面板,在文字图层后的空白处单击鼠标右键,在弹出的快捷菜单中选择"栅格化文字"命令。

2 选择"滤镜-扭曲-极坐标"命令,打开"极坐标"对话框,选中"极坐标到平面坐标"单选项,单击"确定"按钮。

03

1 选择"滤镜-风格化-风"命令,打开"风"对话框。

2 设置方法为风,方向为从右,单击"确定"按钮。

04

1 按 Ctrl+F 组合键 3 次,重复上一次风滤镜操作。

05

1 选择"滤镜-扭曲-极坐标"命令,打开"极坐标"对话框。

2 选中"平面坐标到极坐标"单选项,单击"确定"按钮。

06

1 按 Ctrl+Shift+Alt+E 组合键盖印可见图层,自动生成"图层 1"。

2 按 Ctrl+U 组合键,打开"色相/饱和度"对话框,选中"着色"复选框,设置参数为 300,100,0,单击"确定"按钮。

实例129　冰蓝文字

素材:\实例 129\蓝色放射背景.tif
源文件:\实例 129\冰蓝文字.psd

包含知识
- 图层样式命令
- 塑料包装命令
- 图层混合模式
- 色相/饱和度命令

重点难点
- 图层样式的处理
- 冰蓝效果的制作

制作思路

输入文字　　　　添加图层样式　　　使用塑料包装命令　　　最终效果

01

1　打开"蓝色放射背景.tif"素材文件。

02

1　选择横排文字工具 T.，在选项栏中设置字体为 Arial Black，大小为 220 点。
2　单击窗口中合适位置，输入文字"BINGLAN"，自动生成文字图层。

03

1　选择"图层"面板，双击文字图层，打开"图层样式"对话框。单击"斜面和浮雕"复选框后面的名称，设置深度为 1000%，大小为 10 像素，软化为 2 像素。
2　单击"渐变叠加"复选框后面的名称，设置渐变为"深灰色-灰色"，单击"确定"按钮。

04

1　选择"图层-图层样式-创建图层"命令，为文字图层的图层样式创建新的图层。
2　同时选择新创建的 3 个图层，按 Ctrl+E 组合键向下合并图层样式图层，生成新的图层样式图层。
3　选择"滤镜-艺术效果-塑料包装"命令，在打开的对话框中设置参数为 15，12，5，单击"确定"按钮。

05

1　按 Ctrl+U 组合键，打开"色相/饱和度"对话框，选中"着色"复选框，设置参数为 220，100，0，单击"确定"按钮。

06

1　拖动图层样式图层到"图层"面板下方的"创建新图层"按钮 上，复制生成图层样式副本图层。
2　设置图层样式副本图层的混合模式为颜色减淡，不透明度为 50%。

素材:\实例 130\饼干文字背景.tif

源文件:\实例 130\饼干文字.psd

实例130 饼干文字

包含知识
- 拼贴命令
- 扩展命令
- 高斯模糊命令
- 光照命令

重点难点
- 饼干上凹凸效果的制作
- 饼干质感的处理

制作思路

输入文字　　　　　拼贴命令　　　　　光照效果　　　　　最终效果

01

◆文件大小为 10 厘米 ×7.5 厘米,分辨率为 200 像素/英寸

1 新建"饼干文字.psd"文件。

2 选择横排文字工具 T,在选项栏中设置字体为经典叠圆体繁,大小为 100 点。单击窗口中合适位置,输入文字,自动生成文字图层。

02

1 按住 Ctrl 键不放,单击文字图层前的缩略图,载入文字选区。

2 选择"通道"面板,单击"通道"面板下方的"创建新通道"按钮 ,新建通道"Alpha1"。

3 按 D 键复位前景色和背景色。按 Alt+Delete 组合键填充为前景色。

03

1 拖动"Alpha1"通道到"通道"面板下方的"创建新通道"按钮 ,复制生成"Alpha1 副本"通道。

2 选择"滤镜-风格化-拼贴"命令,打开"拼贴"对话框,设置拼贴数为 8,最大位移为 2%,单击"确定"按钮。

04

1 选择"选择-修改-扩展"命令,打开"扩展选区"对话框,设置扩展量为 2 像素。

05

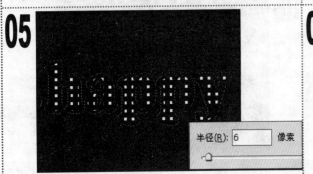

半径(R): 6 像素

1 选择"滤镜-其他-最小值"命令,打开"最小值"对话框,设置半径为 6 像素,单击"确定"按钮。

06

1 按 Ctrl+D 组合键取消选区。

2 拖动"Alpha1"通道到"通道"面板下方的"创建新通道"按钮 上,复制生成"Alpha1 副本 2"通道。

07

1. 选择"滤镜-模糊-高斯模糊"命令，打开"高斯模糊"对话框。
2. 设置半径为 3.2 像素，单击"确定"按钮。

08

1. 按住 Ctrl 键不放，选择"Alpha1 副本"通道将其载入选区。
2. 选择"选择-修改-羽化"命令，打开"羽化选区"对话框，设置羽化半径为 2 像素，单击"确定"按钮。
3. 选择"选择-修改-平滑"命令，打开"平滑选区"对话框，设置取样半径为 2 像素，单击"确定"按钮。
4. 选择"选择-修改-收缩"命令，打开"收缩选区"对话框，设置收缩量为 1 像素，单击"确定"按钮。

09

1. 设置前景色为浅灰色（R:215,G:215,B:215）。
2. 按 Alt+Delete 组合键将选区填充为前景色。
3. 按 Ctrl+D 组合键取消选区。

10

1. 单击"创建新图层"按钮，新建"图层 1"。
2. 按住 Ctrl 键不放，单击文字图层前面的缩略图，将其载入选区。设置前景色为黄色（R:242,G:190,B:105），按 Alt+Delete 组合键将选区填充为前景色。
3. 按 Ctrl+D 组合键取消选区。单击文字图层前面的"指示图层可视性"图标，关闭其可视性。

11

1. 选择"滤镜-渲染-光照效果"命令，打开"光照效果"对话框。
2. 调整对话框左侧光圈范围和角度，设置参数为 25，100，0，69，0，8，纹理通道为 Alpha1 副本 2，高度为 14，单击"确定"按钮。

12

1. 选择"图像-调整-色相/饱和度"命令，打开"色相/饱和度"对话框。
2. 设置参数为-8，8，0，单击"确定"按钮。

13

1. 双击"图层 1"，打开"图层样式"对话框。
2. 单击"投影"复选框后面的名称，设置不透明度为 55%，其他参数保持不变，单击"确定"按钮。

14

1. 打开"饼干文字背景.tif"素材文件。选择移动工具，将图像拖入"饼干文字"文件窗口中。
2. 按 Ctrl+T 组合键打开自由变换调节框，按住 Shift 键不放，调整其大小、位置和角度，按 Enter 键确认变换。

实例131　玻璃文字

素材:\实例131\抽象梦幻背景.tif
源文件:\实例131\玻璃文字.psd

包含知识
- 载入图层选区
- 高斯模糊命令
- 收缩命令
- 色相/饱和度命令

重点难点
- 文字立体化制作
- 文字透明化制作

制作思路

输入文字　　　　光照效果　　　　调整曲线　　　　最终效果

01

1 打开"抽象梦幻背景.tif"素材文件。
2 设置前景色为白色,选择横排文字工具 T.,在选项栏中设置字体为 Arial Black,大小为 191.71 点。单击窗口中合适位置,输入 WINDOWS,自动生成文字图层。

02

1 单击"创建新图层"按钮□,新建"图层1"。
2 按住 Ctrl 键不放,单击文字图层前面的缩略图将其载入选区。

03

1 设置前景色为灰色(R:175,G:175,B:175)。
2 按 Alt+Delete 组合键将选区填充为前景色。

04

1 选择"通道"面板,单击"通道"面板下方的"创建新通道"按钮□,新建通道"Alpha1"。
2 按 D 键复位前景色和背景色。按 Alt+Delete 组合键填充前景色。按 Ctrl+D 组合键取消选区。

05

1 选择"滤镜-模糊-高斯模糊"命令,打开"高斯模糊"对话框。
2 设置半径为 4 像素,单击"确定"按钮。

06

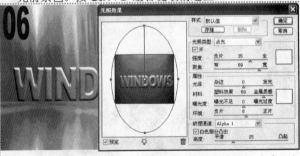

1 选择"图层1"。选择"滤镜-渲染-光照效果"命令,打开"光照效果"对话框。
2 调整对话框左侧光圈,设置参数为 35,69,0,69,0,8,纹理通道为 Alpha 1,高度为 25,单击"确定"按钮。

07

1 按 Ctrl+J 组合键复制"图层 1"内容到"图层 1 副本"图层。

2 按住 Ctrl 键不放,单击"图层 1 副本"前面的缩略图将其载入选区。

08

1 选择"选择-修改-收缩"命令,打开"收缩选区"对话框,设置收缩量为 6 像素,单击"确定"按钮。

09

1 按 Delete 键删除选区内容,按 Ctrl+D 组合键取消选区。按住 Ctrl 键不放单击"图层 1 副本"缩略图,将其载入选区。

10

1 单击"图层"面板下方的"创建新的填充或调整图层"按钮 ⊘.,在弹出的下拉菜单中选择"曲线"命令,打开"曲线"对话框。调节曲线至如图所示的形状,单击"确定"按钮。

11

1 单击"图层"面板下方的"创建新的填充或调整图层"按钮 ⊘.,在弹出的下拉菜单中选择"色相/饱和度"命令,打开"色相/饱和度"对话框。

2 选中"着色"复选框,设置参数为 110,35,0,单击"确定"按钮。按 Ctrl+D 组合键取消选区。

12

1 设置"图层 1"的图层不透明度为 40%。

2 单击文字图层前面的"指示图层可视性"图标 👁,关闭其可视性。

13

1 同时选择除"背景"和文字图层外的其他图层,按 Ctrl+E 组合键合并图层。

2 按 Ctrl+J 组合键复制"图层 1"内容到"图层 1 副本"图层。选择"编辑-变换-垂直翻转"命令,选择移动工具 ▸⊕,将"图层 1 副本"移动到窗口下方,形成倒影效果。

14

1 单击"图层"面板下方的"添加图层蒙版"按钮 ▢,为"图层 1 副本"添加图层蒙版。

2 选择画笔工具 ✐,在选项栏中选择大号柔角画笔,设置不透明度为 40%,在图像下方位置涂抹。

实例132　草莓文字

素材:\实例132\草莓背景.tif

源文件:\实例132\草莓文字.psd

包含知识
- 定义图案命令
- 图层样式
- 文字工具

重点难点
- 制作草莓图案
- 图层样式的处理

制作思路

绘制草莓图案　　　　输入文字　　　　填充图案　　　　最终效果

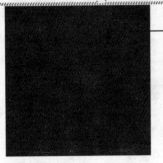

◆ 文件大小为 100 像素 ×100 像素，分辨率为 96 像素/英寸

1 新建"草莓图案.psd"文件。
2 设置前景色为红色（R:230,G:0,B:0）。按 Alt+Delete 组合键将背景填充为前景色。

1 单击"创建新图层"按钮，新建"图层 1"。
2 选择椭圆选框工具，在窗口中绘制一个小的椭圆选区。

1 设置前景色为黄色（R:220,G:210,B:140）。
2 按 Alt+Delete 组合键将背景填充为前景色。
3 按 Ctrl+D 组合键取消选区。

1 选择"图层-图层样式-外发光"命令，打开"图层样式"对话框。
2 设置混合模式为正片叠底，不透明度为 **45%**，大小为 4 像素，颜色为黑色（R: 0,G: 0,B: 0），其他参数保持不变，单击"确定"按钮。

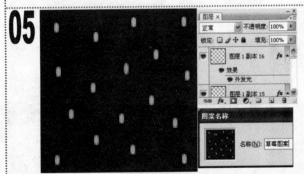

1 按 Ctrl+J 组合键多次，复制"图层 1"内容到新的图层。选择移动工具，将各副本图层移动至合适位置。
2 选择"编辑-定义图案"命令，打开"图案名称"对话框，设置名称为"草莓图案"，单击"确定"按钮。

1 打开"草莓背景.tif"素材文件，按 D 键复位前景色和背景色。

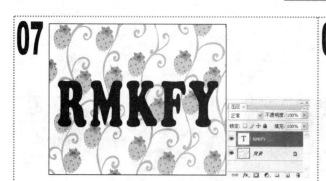

07

1　选择横排文字工具 T.，在选项栏中设置字体为 Cooper Std，大小为 245 点。

2　单击窗口中合适位置，输入文字，自动生成文字图层。

08

1　单击"创建新图层"按钮，新建"图层 1"。

2　按住 Ctrl 键不放，单击文字图层前面的缩略图将其载入选区。

09

1　选择"编辑-填充"命令，打开"填充"对话框，设置使用为图案，选择自定图案为"草莓图案"，不透明度为 100%，单击"确定"按钮。

2　按 Ctrl+D 组合键取消选区。

10

1　选择"图层-图层样式-投影"命令，打开"图层样式"对话框。

2　设置不透明度为 65%，距离为 6 像素，大小为 6 像素，其他参数保持不变。

11

1　单击"内阴影"复选框后面的名称。

2　设置不透明度为 69%，颜色为红色（R:183,G:1,B:1），距离为 3 像素，大小为 3 像素。

12

1　单击"内发光"复选框后面的名称。

2　设置混合模式为正片叠底，不透明度为 45%，颜色为黑色（R:0,G:0,B:0），大小为 2 像素，其他参数保持不变。

13

1　单击"斜面和浮雕"复选框后面的名称。

2　设置深度为 300%，大小为 7 像素，软化为 2 像素，角度为 115 度，高度为 60 度，阴影模式的不透明度为 40%，单击"确定"按钮。

14

1　选择"背景"图层，按 Ctrl+J 组合键复制"背景"图层内容到"背景副本"图层。

2　设置"背景副本"图层的混合模式为叠加。

实例133 钻石文字

素材:\实例 133\蓝色吉祥背景.tif

源文件:\实例 133\钻石文字.psd

包含知识
- 玻璃命令
- 图层样式
- 色相/饱和度命令
- 创建剪贴蒙版命令

重点难点
- 钻石效果的制作
- 文字立体感的处理

制作思路

输入文字 → 使用玻璃命令 → 色相/饱和度命令 → 最终效果

01

◆ 文件大小为
10 厘米×7.5
厘米,分辨率
为 200 像素/
英寸

1. 新建"钻石文字.psd"文件。按 D 键复位前景色和背景色。按 Alt+Delete 组合键填充前景色。
2. 选择横排文字工具 T.,在选项栏中设置字体为经典繁方篆,大小为 90 点,颜色为白色。单击窗口中合适位置,输入文字,自动生成文字图层。

02

1. 按住 Ctrl 键不放,单击文字图层载入文字选区。
2. 选择"通道"面板,单击"通道"面板下方的"创建新通道"按钮 ,新建通道"Alpha1"。
3. 按 D 键复位前景色和背景色。按 Alt+Delete 组合键填充前景色。

03

1. 选择"滤镜-扭曲-玻璃"命令,打开"玻璃"对话框。
2. 设置扭曲度为 20,平滑度为 1,纹理为小镜头,缩放为 55%,单击"确定"按钮。按 Ctrl+D 组合键取消选区。

04

1. 按住 Ctrl 键不放,选择通道"Alpha1"载入其选区。

05

1. 选择文字图层,选择"图层-栅格化-文字"命令。
2. 按 Alt +Delete 组合键将选区填充为黑色,按 Ctrl+D 组合键取消选区。

06

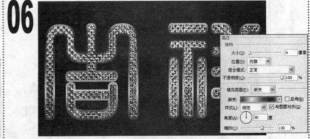

1. 选择"图层-图层样式-描边"命令,打开"图层样式"对话框。
2. 设置大小为 4 像素,位置为内部,填充类型为渐变,渐变为"铜色",其他参数保持不变。

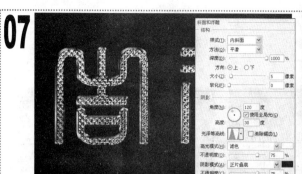

07

1　单击"斜面和浮雕"复选框后面的名称。设置深度为1000%，大小为5像素，光泽等高线为"环形"，其他参数保持不变，单击"确定"按钮。
2　选择"图层-图层样式-创建图层"命令。

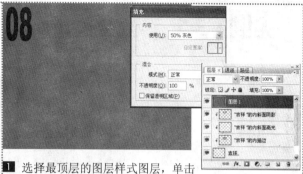

08

1　选择最顶层的图层样式图层，单击"创建新图层"按钮，新建"图层1"。
2　选择"编辑-填充"命令，打开"填充"对话框，设置使用为50%灰色，其他参数保持不变，单击"确定"按钮。

09

1　选择"图层-创建剪贴蒙版"命令，为"图层1"创建基于文字图层的剪贴蒙版。

10

1　选择"图像-调整-色相/饱和度"命令，打开"色相/饱和度"对话框。
2　选中"着色"复选框，设置参数为45，100，0，单击"确定"按钮。

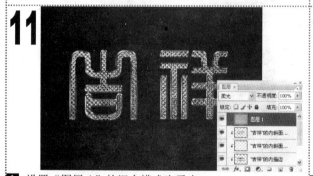

11

1　设置"图层1"的混合模式为柔光。

12

1　打开"蓝色吉祥背景.tif"素材文件。选择移动工具，将图像拖入"钻石文字"文件窗口中。
2　按Ctrl+T组合键打开自由变换调节框，按住Shift键不放，调整其大小、位置和角度，按Enter键确认变换。

13

1　双击"图层1"，打开"图层样式"对话框。
2　单击"投影"复选框后面的名称，设置距离为8像素，大小为8像素，其他参数保持不变，单击"确定"按钮。

14

1　单击"创建新图层"按钮，新建"图层3"。
2　设置前景色为白色（R:255,G:255,B:255）。选择画笔工具，在选项栏中设置画笔为"星形放射"，在文字边缘的高光处随意单击绘制。

实例134 火焰文字

素材:\无
源文件:\实例 134\火焰文字.psd

包含知识
- 图层样式
- 风命令
- 涂抹工具
- 液化命令

重点难点
- 逼真火焰的制作
- 涂抹工具的运用

制作思路

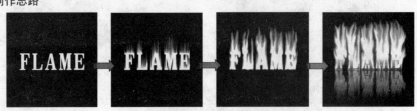

输入文字　　　　使用风命令　　　　使用液化命令　　　　最终效果

01

◆文件大小为 10 厘米×10 厘米，分辨率为 200 像素/英寸

1 新建"火焰文字.psd"文件。
2 按 D 键复位前景色和背景色。按 Alt+Delete 组合键将"背景"图层填充为前景色。

02

1 设置前景色为白色（R:255,G:255,B:255）。
2 选择横排文字工具 T，在选项栏中设置字体为经典长宋繁，大小为 70 点。单击窗口中合适位置，输入文字，自动生成文字图层。

03

1 按 Ctrl+Alt+Shift+E 组合键盖印可见图层，自动生成"图层 1"。
2 选择"图像-旋转画布-90 度（逆时针）"命令，旋转画布。

04

1 选择"滤镜-风格化-风"命令，打开"风"对话框。
2 设置方法为风，方向为从右，单击"确定"按钮。

05

1 按 Ctrl+F 组合键 3 次，重复上一次风滤镜操作。

06

1 选择"图像-旋转画布-90 度（顺时针）"命令，旋转画布。

07

1 选择"滤镜-模糊-高斯模糊"命令,打开"高斯模糊"对话框。
2 设置半径为 4 像素,单击"确定"按钮。

08

1 选择"图像-调整-色相/饱和度"命令,打开"色相/饱和度"对话框。
2 选中"着色"复选框,设置参数为 40,100,0,单击"确定"按钮。

09

1 按 Ctrl+J 组合键复制"图层 1"内容到"图层 1 副本"图层。
2 选择"图像-调整-色相/饱和度"命令,打开"色相/饱和度"对话框,设置参数为-40,0,0,单击"确定"按钮。

10

1 设置"图层 1 副本"的图层混合模式为颜色减淡。

11

1 按 Ctrl+E 组合键向下合并图层为新的"图层 1"。
2 选择"滤镜-液化"命令,打开对话框,选择向前变形工具,设置参数为 38,50,65,在窗口中文字的边缘处拖动,单击"确定"按钮。

12

1 选择涂抹工具,在选项栏中设置画笔大小为柔角 40 像素,强度为 60%。
2 在窗口中文字边缘处向上方随意涂抹。

13

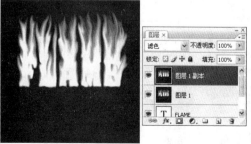

1 按 Ctrl+J 组合键复制"图层 1"内容到"图层 1 副本"。
2 设置"图层 1 副本"的图层混合模式为滤色。

14

1 选择"图层"面板,拖动文字图层,将其放置于图层顶部。

15

1 选择"图层-图层样式-渐变叠加"命令,打开"图层样式"对话框,参数不变,单击"确定"按钮。

16

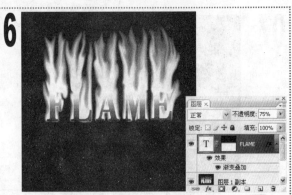

1 单击"图层"面板下方的"添加图层蒙版"按钮 ,选择工具箱中的渐变工具 。

2 在窗口中垂直拖动,为文字图层蒙版填充渐变色。

17

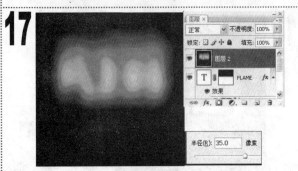
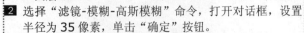

1 按 Ctrl+Alt+Shift+E 组合键盖印可见图层,自动生成"图层 2"。

2 选择"滤镜-模糊-高斯模糊"命令,打开对话框,设置半径为 35 像素,单击"确定"按钮。

18

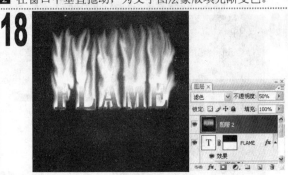

1 设置"图层 2"的混合模式为滤色,不透明度为 50%。

19

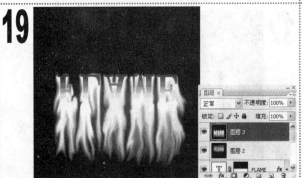

1 按 Ctrl+Alt+Shift+E 组合键盖印可见图层,自动生成"图层 3"。

2 选择"编辑-变换-垂直翻转"命令,变换图像。

20

1 设置"图层 3"的混合模式为滤色,不透明度为 50%。

21

1 单击"图层"面板下方的"添加图层蒙版"按钮 ,为"图层 3"添加图层蒙版。

2 选择画笔工具 ,在选项栏中选择大号柔角画笔,设置不透明度为 20%,在图像下方位置涂抹。

举一反三

根据本例介绍的方法,使用涂抹工具为左下图所示的人物(素材:\实例 134\人物.tif)制作出眼睫毛和眼影效果,如下图所示(源文件:\实例 134 \烟熏妆.psd)。

实例135　冰冻文字

素材:\实例135\冰块素材.tif
源文件:\实例135\冰冻文字.psd

包含知识
- Alpha 通道
- 晶格化命令
- 碎片命令

重点难点
- 逼真冰雪融化的效果
- 风命令运用

制作思路

输入文字　　　　　　使用风命令　　　　　　液化命令　　　　　　最终效果

01

1 打开"冰块素材.tif"素材文件。设置前景色为白色（R:255,G:255,B:255）。

2 选择横排文字工具 T.，在其选项栏中设置字体为华文行楷，大小为 200 点。单击窗口中合适位置，输入文字，自动生成文字图层。

02

1 按住 Ctrl 键不放，选择文字图层载入文字选区。

2 选择"通道"面板，单击"通道"面板下方的"创建新通道"按钮 ，新建通道"Alpha1"。

3 按 D 键复位前景色和背景色。按 Alt+Delete 组合键填充前景色。

03

1 拖动通道"Alpha1"到面板下方的"创建新通道"按钮 上，复制生成"Alpha1 副本"通道。

2 选择"滤镜-像素化-碎片"命令，按 Ctrl+F 组合键重复一次滤镜操作。按 Ctrl+D 组合键取消选区。

04

1 选择"滤镜-像素化-晶格化"命令，打开"晶格化"对话框，设置单元格大小为 6，单击"确定"按钮。

2 按 Ctrl+F 组合键重复一次晶格化滤镜操作。

05

1 按 Ctrl+A 组合键全选整个图像窗口，按 Ctrl+C 组合键复制选区图像。

2 选择"图层"面板，新建"图层 1"，按 Ctrl+V 组合键粘贴选区图像到"图层 1"。单击文字图层前面的"指示图层可视性"按钮 ，关闭其可视性。

06

1 选择"图像-调整-色彩平衡"命令，打开"色彩平衡"对话框。

2 设置参数为 40，0，100，单击"确定"按钮。

07

1 设置"图层1"的混合模式为滤色。

08

1 选择"图像-旋转画布-90度（顺时针）"命令，旋转画布。

09

1 选择"滤镜-风格化-风"命令，打开"风"对话框。设置方法为风，方向为从右，单击"确定"按钮。
2 按Ctrl+F组合键重复一次风滤镜操作。

10

1 选择"图像-旋转画布-90度（逆时针）"命令，旋转画布。

11

1 选择通道"Alpha1"。
2 选择"滤镜-模糊-高斯模糊"命令，打开对话框，设置半径为7像素，单击"确定"按钮。

12

1 选择"图像-调整-色阶"命令，打开"色阶"对话框。
2 设置参数为0，0.15，120，单击"确定"按钮。

13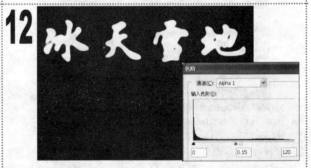

1 按住Ctrl键不放，单击通道"Alpha1"前面的缩略图，将其载入选区。
2 单击"创建新图层"按钮 ，新建"图层2"。

14

1 设置背景色为灰色（R:137,G:130,B:130），选择"滤镜-渲染-云彩"命令，在选区内执行云彩滤镜命令。

15

① 按 Ctrl+D 组合键取消选区。

② 选择"滤镜-素描-铬黄"命令，打开"铬黄渐变"对话框，设置细节为 8，平滑度为 3，单击"确定"按钮。

16

① 选择"图层-图层样式-内发光"命令，打开"图层样式"对话框。

② 设置颜色为蓝色（R:0,G:50,B:255），阻塞为 20%，大小为 65 像素，其他参数保持不变，单击"确定"按钮。

17

① 设置"图层 2"的混合模式为叠加。

18

① 按住 Ctrl 键不放，单击"Alpha1"通道前的缩略图，将其载入选区。按 Ctrl+Shift+I 组合键反选选区。

② 选择"图层 1"，按 Delete 键删除选区内容，并按 Ctrl+D 组合键取消选区。

19

① 按 Ctrl+J 组合键复制"图层 1"内容到"图层 1 副本"图层。

② 设置"图层 1 副本"的图层混合模式为正常，不透明度为 75%。

20

① 选择"图层 1"，选择"图像-旋转画布-90 度（顺时针）"命令。选择"滤镜-风格化-风"命令，打开"风"对话框。设置方法为风，方向为从右，单击"确定"按钮。

② 按 Ctrl+F 组合键重复一次风滤镜操作。选择"图像-旋转画布-90 度（逆时针）"命令，旋转画布。

21

① 选择"图层-图层样式-投影"命令，打开"图层样式"对话框。设置颜色为蓝色（R:7,G:44,B:122），不透明度为 50%，距离为 10 像素，大小为 8 像素，其他参数保持不变。

22

① 单击"斜面和浮雕"复选框后面的名称。设置深度为 120%，大小为 2 像素，阴影模式的不透明度为 50%，其他参数保持不变，单击"确定"按钮。

实例136　奶酪文字

素材:\实例 136\奶酪文字背景.tif
源文件:\实例 136\奶酪文字.psd

包含知识
- 椭圆选框工具
- 定义图案命令
- 亮度/对比度命令
- 图层样式

重点难点
- 气孔图案的制作
- 奶酪立体感制作

制作思路

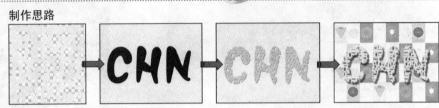

奶酪图案　　　　输入文字　　　　高斯模糊命令　　　　最终效果

01

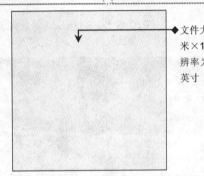

◆文件大小为 10 厘米×10 厘米,分辨率为 96 像素/英寸

1 新建"奶酪图案.psd"文件。单击"创建新图层"按钮■,新建"图层 1"。
2 设置前景色为乳黄色(R:251,G:242,B:184)。
3 按 Alt+Delete 组合键将图层填充为前景色。

02

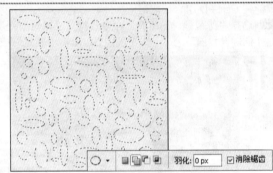

1 选择椭圆选框工具◯,单击选项栏中的"添加到选区"按钮■。
2 在窗口中绘制若干个大小不一的椭圆选区,作为气孔。

03

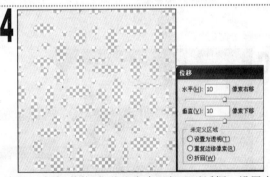

1 按 Delete 键删除选区内容,按 Ctrl+D 组合键取消选区。
2 单击"背景"图层缩略图前的"指示图层可视性"图标■,隐藏"背景"图层。

04

1 选择"滤镜-其他-位移"命令,打开对话框,设置水平为 10 像素右移,垂直为 10 像素下移,选中"折回"单选项,单击"确定"按钮。

05

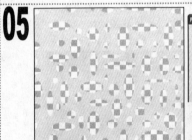

1 选择"图像-图像大小"命令,打开对话框,设置宽度为 5 像素,分辨率为 100 像素/英寸,单击"确定"按钮。
2 选择"编辑-定义图案"命令,打开对话框,名称自动设置为"奶酪图案",单击"确定"按钮。

06

◆文件大小为 10 厘米×10 厘米,分辨率为 96 像素/英寸

1 新建"奶酪文字.psd"文件。
2 设置前景色为浅蓝色(R:225,G:228,B:252)。
3 按 Alt+Delete 组合键将背景填充为前景色。

07

1 选择横排文字工具 T.，在选项栏中设置字体为文鼎中特广告体，大小为 130 点。
2 单击窗口中合适位置，输入文字，自动生成文字图层。

08

1 按住 Ctrl 键不放，单击文字图层的缩略图将其载入选区。
2 单击文字图层缩略图前的"指示图层可视性"图标，关闭其可视性。

09

1 选择"编辑-填充"命令，打开对话框，设置使用为图案，自定义图案为新定义的"奶酪图案"，单击"确定"按钮。
2 按 Ctrl+D 组合键取消选区。

10

1 按 Ctrl+J 组合键复制"图层 1"为"图层 1 副本"。单击"图层 1 副本"图层缩略图前的"指示图层可视性"图标，将其隐藏。
2 选择"图层 1"，选择"图像-调整-色相/饱和度"命令，打开对话框，选中"着色"复选框，设置参数为 45，100，-20，单击"确定"按钮。

11

1 按 Ctrl+J 组合键 4 次，复制"图层 1"为其他 4 个副本图层。
2 选择"图层 1 副本 5"。选择移动工具，按方向键将图形向下移动 1 像素，向右移动 2 像素。

12

1 选择"图层 1 副本 4"。按方向键将图形向下和向右各移动 3 像素。
2 选择"图像-调整-亮度/对比度"命令，打开"亮度/对比度"对话框，设置亮度为-35，单击"确定"按钮。

13

1 选择"图层 1 副本 3"。按方向键将图形向下和向右各移动 5 像素。
2 选择"图像-调整-亮度/对比度"命令，打开"亮度/对比度"对话框，设置亮度为-40，单击"确定"按钮。

14

1 选择"图层 1 副本 2"。按方向键将图形向下移动 7 像素，向右移动 6 像素。
2 选择"图像-调整-亮度/对比度"命令，打开"亮度/对比度"对话框，设置亮度为-60，单击"确定"按钮。

15

1. 选择"图层 1"。按方向键将图形向下移动 9 像素,向右移动 8 像素。
2. 选择"图像-调整-亮度/对比度"命令,打开"亮度/对比度"对话框,设置亮度为-65,单击"确定"按钮。

16

1. 同时选择"图层 1"和其他 4 个副本图层,按 Ctrl+E 组合键合并图层为"图层 1"。
2. 选择"滤镜-模糊-高斯模糊"命令,打开"高斯模糊"对话框,设置半径为 0.8 像素,单击"确定"按钮。

17

1. 选择"滤镜-杂色-添加杂色"命令,打开"添加杂色"对话框。
2. 设置数量为 3%,选中"高斯分布"单选项,选中"单色"复选框,单击"确定"按钮。

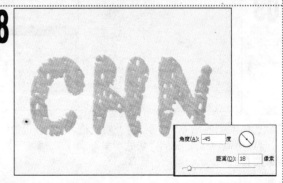

18

1. 选择"滤镜-模糊-动感模糊"命令,打开"动感模糊"对话框。
2. 设置角度为-45 度,距离为 18 像素,单击"确定"按钮。

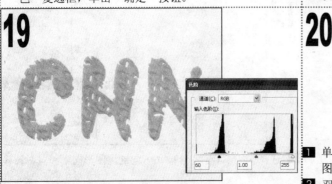

19

1. 选择"图像-调整-色阶"命令,打开"色阶"对话框。
2. 设置输入色阶的参数为 60,1.00,255,单击"确定"按钮。

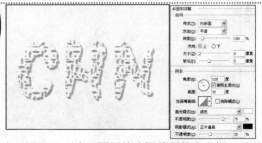

20

1. 单击"图层 1 副本"图层缩略图前面的小方框,显示该图层。
2. 双击"图层 1 副本"后面的空白处,打开"图层样式"对话框,单击"斜面和浮雕"复选框后面的名称。
3. 设置大小为 0 像素,软化为 5 像素,设置阴影模式的不透明度为 35%,其他参数保持不变,单击"确定"按钮。

21

1. 双击"图层 1"后面的空白处,打开"图层样式"对话框,单击"投影"复选框后面的名称。
2. 设置不透明度为 65%,距离为 9 像素,大小为 8 像素,单击"确定"按钮。

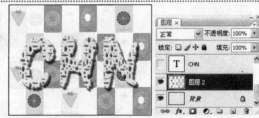

22

1. 打开"奶酪文字背景.tif"素材文件。选择移动工具,将图像拖入"奶酪文字"窗口中,放置于"背景"图层之上。
2. 按 Ctrl+T 组合键打开自由变换调节框,按住 Shift 键不放,调整其大小、位置和角度,按 Enter 键确认变换。

实例137　粉红长毛文字

素材:\实例 137\粉红浪漫背景.tif
源文件:\实例 137\粉红长毛文字.psd

包含知识
- 画笔工具
- 隐藏图层
- 文字工具
- 图层样式

重点难点
- 红色毛发的制作

制作思路

输入文字　　　　画笔绘制　　　　绘制长毛　　　　最终效果

01

◆ 文件大小为 10 厘米×7.5 厘米,分辨率为 200 像素/英寸

1 新建"粉红长毛文字.psd"文件。
2 选择横排文字工具 T.,在选项栏中设置字体为 Arial Black,大小为 100 点。单击窗口中合适位置,输入文字,自动生成文字图层。

02

1 新建"图层 1"。设置前景色为红色(R:216,G:99,B:99)。
2 选择画笔工具 ∕,打开"画笔"面板,单击"画笔笔尖形状"名称,设置画笔为草,直径为 40px,间距为 25%。在窗口中沿文字形状绘制。绘制过程中针对实际情况,随时调整"画笔"面板中的画笔角度和圆度。

03

1 双击"图层 1"后面的空白处,打开"图层样式"对话框,单击"投影"复选框后面的名称。设置颜色为暗红色(R:138,G:9,B:9),距离为 10 像素,大小为 5 像素。
2 单击"斜面和浮雕"复选框后面的名称,设置大小为 1 像素,其他参数保持不变,单击"确定"按钮。
3 为了方便观察效果,单击文字图层前的"指示图层可视性"图标 ●,关闭其可视性。

04

1 按 Ctrl+J 组合键复制"图层 1"为"图层 1 副本"图层。
2 按 Ctrl+T 组合键打开自由变换调节框,按住 Shift 键不放,等比例缩小图像并调整其位置,按 Enter 键确认变换。

05

1 按 Ctrl+J 组合键复制"图层 1 副本"为"图层 1 副本 2",此时长毛文字效果更厚实,更具立体感。
2 采用相同方式绘制其他文字,效果如图所示。

06

1 打开"粉红浪漫背景.tif"素材文件。选择移动工具 ▶+,将图像拖入"粉红长毛文字"文件窗口中,并放置于"背景"图层之上。
2 按 Ctrl+T 组合键打开自由变换调节框,按住 Shift 键不放,调整其大小、位置和角度,按 Enter 键确认变换。
3 按 Ctrl+Alt+Shift+E 组合键盖印可见图层。选择"图像-调整-亮度/对比度"命令,打开对话框,设置参数为 10, 30,单击"确定"按钮。

实例138 铁锈文字

素材:\实例138\超酷背景.tif

源文件:\实例138\铁锈文字.psd

包含知识
- 云彩命令
- 添加杂色命令
- 海洋波纹命令
- 动感模糊命令

重点难点
- 铁锈效果的制作
- 文字立体感的处理

制作思路

输入文字　　　　使用海洋波纹命令　　　　创建剪贴蒙版　　　　最终效果

01

◆文件大小为 10 厘米×7.5 厘米,分辨率为 200 像素/英寸

1　新建"铁锈文字.psd"文件。

2　选择横排文字工具 T ,在选项栏中设置字体为方正小标宋简体,大小为 72 点。单击窗口中合适位置,输入文字,自动生成文字图层。

02

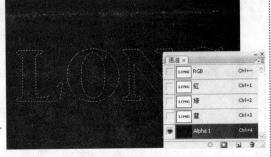

1　按住 Ctrl 键不放,单击文字图层载入其选区。

2　选择"通道"面板,单击"通道"面板下方的"创建新通道"按钮 ,新建通道"Alpha1"。

03

1　按 D 键复位前景色和背景色。

2　按 Alt+Delete 组合键填充前景色。

04

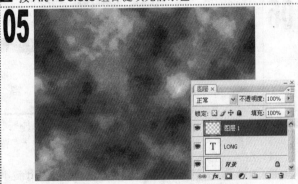

1　选择"滤镜-扭曲-海洋波纹"命令,打开"海洋波纹"对话框。

2　设置波纹大小为 7,波纹幅度为 16,单击"确定"按钮。按 Ctrl+D 组合键取消选区。

05

1　单击"创建新图层"按钮 ,新建"图层1"。

2　选择"滤镜-渲染-云彩"命令。

06

1　选择"滤镜-杂色-添加杂色"命令,打开"添加杂色"对话框。

2　设置数量为 6%,分布为高斯分布,选中"单色"复选框,单击"确定"按钮。

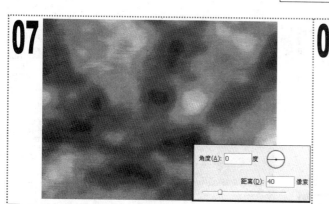

07

1　选择"滤镜-模糊-动感模糊"命令，打开"动感模糊"对话框。

2　设置角度为 0 度，距离为 40 像素，单击"确定"按钮。

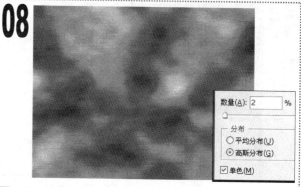

08

1　选择"滤镜-杂色-添加杂色"命令，打开"添加杂色"对话框。

2　设置数量为 2%，其他参数保持不变，单击"确定"按钮。

09

1　按住 Ctrl 键不放单击文字图层的缩略图，载入其选区。

2　按 Ctrl+J 组合键复制选区内容为"图层 2"。单击"图层 1"和文字图层缩略图前的"指示图层可视性"图标，隐藏这两个图层。

10

1　选择"图层-图层样式-投影"命令，打开"图层样式"对话框。

2　设置距离为 12 像素，大小为 10 像素，其他参数保持不变。

11

1　单击"内发光"复选框后面的名称。

2　设置混合模式为正片叠底，内发光颜色为黑色（R:0,G:0,B:0），不透明度为 55%，大小为 20 像素，其他参数保持不变。

12

1　单击"斜面和浮雕"复选框后面的名称。

2　设置深度为 300%，大小为 5 像素，高光模式的不透明度为 55%，其他参数保持不变，单击"确定"按钮。

13

1　单击"创建新图层"按钮，新建"图层 3"。

2　设置前景色为暗红色（R:105,G:9,B:9），背景色为橘红色（R:197,G:85,B:12）。选择"滤镜-渲染-云彩"命令。

14

1　选择"通道"面板，单击"通道"面板下方的"创建新通道"按钮，新建通道"Alpha2"。

2　选择"滤镜-渲染-云彩"命令。

15

1 选择"滤镜-杂色-添加杂色"命令，打开"添加杂色"对话框。

2 设置数量为 15%，其他参数保持不变，单击"确定"按钮。

16

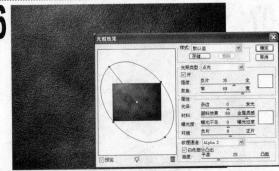

1 选择"图层 3"。选择"滤镜-渲染-光照效果"命令，打开"光照效果"对话框。

2 调整对话框左侧的光圈，设置参数为 35，69，0，69，0，8，纹理通道为 Alpha 2，高度为 25，单击"确定"按钮。

17

1 选择"图层-创建剪贴蒙版"命令，为"图层 3"创建基于"图层 2"的剪贴蒙版。

18

1 按住 Ctrl 键不放，单击文字图层载入文字选区。选择"Alpha1"通道，选择"滤镜-扭曲-海洋波纹"命令，打开"海洋波纹"对话框。

2 设置波纹大小为 6，波纹幅度为 15，单击"确定"按钮。按 Ctrl+D 组合键取消选区。

19

1 按住 Ctrl 键不放单击"Alpha1"通道前的缩略图，将其载入选区。

2 选择"图层"面板，单击面板下方的"添加图层蒙版"按钮，为"图层 3"添加基于"Alpha1"通道选区的蒙版。

20

1 选择"图层-图层样式-投影"命令，打开"图层样式"对话框。

2 设置距离为 0，大小为 1 像素，其他参数保持不变，单击"确定"按钮。

21

1 打开"超酷背景.tif"素材文件。选择移动工具，将图像拖入"铁锈文字"文件窗口中，并放置于"背景"图层之上。

2 按 Ctrl+T 组合键打开自由变换调节框，按住 Shift 键不放，调整其大小、位置和角度，按 Enter 键确认变换。

22

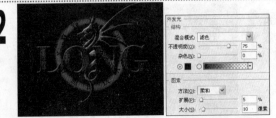

1 选择"图层 2"，选择"图层-图层样式-外发光"命令，打开"图层样式"对话框。设置颜色为咖啡色（R:112,G:61,B:27），扩展为 5%，大小为 10 像素，其他参数保持不变，单击"确定"按钮。

实例139　糖果文字

素材:\实例 139\卡通背景.tif

源文件:\实例 139\糖果文字.psd

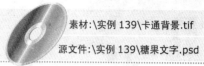

包含知识

- 图层样式
- 位移命令
- 浮雕效果
- 曲线命令

重点难点

- 图层样式的设置
- 糖果光泽的制作

制作思路

输入文字　　　添加图层样式　　创建剪贴蒙版命令　　最终效果

01

◆ 文件大小为 10 厘米×7.5 厘米,分辨率为 200 像素/英寸

1 新建"糖果文字.psd"文件。

2 选择横排文字工具 T.,在选项栏中设置字体为方正胖头鱼简体,大小为 72 点。单击窗口中合适位置,输入文字,自动生成文字图层。

02

1 采用相同方法,分别在窗口中单击输入其他文字。

03

1 按 Ctrl+T 组合键打开自由变换调节框,按住 Shift 键不放,分别调整各文字图层的位置和角度,按 Enter 键确认变换。

2 同时选择所有文字图层,按 Ctrl+E 组合键向下合并,生成新的图层,双击合并后的图层名称,更改名称为"图层 1"。

04

1 选择"图层-图层样式-投影"命令,打开"图层样式"对话框。

2 设置角度为 130 度,距离为 5 像素,大小为 5 像素,其他参数保持不变。

05

1 单击"渐变叠加"复选框后面的名称。

2 设置混合模式为正常,渐变为"橙色-黄色-橙色",不透明度为 100%,其他参数保持不变。

06

1 单击"外发光"复选框后面的名称。

2 设置不透明度为 45%,大小为 20 像素,其他参数保持不变。

07

1 单击"内阴影"复选框后面的名称。

2 设置颜色为橙色（R:255,G:126,B:0），不透明度为65%，距离为0像素，大小为7像素，其他参数保持不变。

08

1 单击"内发光"复选框后面的名称。

2 设置混合模式为正常，颜色为红色（R:249,G:117,B:100），阻塞为1%，大小为30像素，其他参数保持不变。

09

1 单击"斜面和浮雕"复选框后面的名称。

2 设置大小为12像素，高度为58度，阴影模式的不透明度为0%，其他参数保持不变，单击"确定"按钮。

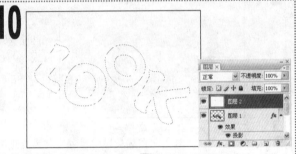

10

1 单击"创建新图层"按钮，新建"图层2"。

2 按D键复位前景色和背景色。按Ctrl+Delete组合键填充前景色。

3 按住Ctrl键不放，单击"图层1"前面的缩略图，载入文字轮廓选区。

11

1 选择"选择-修改-收缩"命令，打开"收缩选区"对话框，设置收缩量为4像素，单击"确定"按钮。

2 按Alt+Delete组合键填充前景色。按Ctrl+D组合键取消选区。

12

1 选择"滤镜-模糊-高斯模糊"命令，打开"高斯模糊"对话框。

2 设置半径为7像素，单击"确定"按钮。

13

1 选择"通道"面板，按住Ctrl键不放，选择"红"通道，载入选区。

2 选择"图像-调整-反相"命令，按Ctrl+D组合键取消选区。

14

1 选择"滤镜-其他-位移"命令，打开"位移"对话框。

2 设置水平为-8像素右移，垂直为-8像素下移，选中"折回"单选项，单击"确定"按钮。

15

1 选择"滤镜-模糊-高斯模糊"命令，打开"高斯模糊"对话框。
2 设置半径为 2 像素，单击"确定"按钮。

16

1 选择"滤镜-风格化-浮雕效果"命令，打开"浮雕效果"对话框。
2 设置角度为 135 度，高度为 4 像素，数量为 151%，单击"确定"按钮。

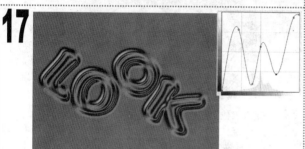

17

1 选择"图像-调整-曲线"命令，打开"曲线"对话框。
2 调节曲线至如图所示的形状，单击"确定"按钮。

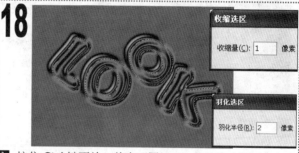

18

1 按住 Ctrl 键不放，单击"图层 1"前的缩略图，将文字轮廓载入选区。
2 选择"选择-修改-收缩"命令，打开"收缩选区"对话框，设置收缩量为 1 像素，单击"确定"按钮。
3 选择"选择-修改-羽化"命令，打开"羽化选区"对话框，设置羽化半径为 2 像素，单击"确定"按钮。

19

1 选择"选择-反向"命令，反向选择选区。
2 按 Delete 键删除选区内容，按 Ctrl+D 组合键取消选区。

20

1 设置"图层 2"的混合模式为柔光，不透明度为 65%。

举一反三

根据本例介绍的方法，使用位移命令与光照效果滤镜为左下图所示的人物（素材：\实例 139\人物.tif）制作右下图所示的重叠浮雕效果（源文件：\实例 139\三重人.psd）。

21

1 打开"卡通背景.tif"素材文件。选择移动工具，将图像拖入"糖果文字"文件窗口中，且置于"背景"图层之上。
2 按 Ctrl+T 组合键打开自由变换调节框，按住 Shift 键不放，调整其大小、位置和角度，按 Enter 键确认变换。

实例140　黄金文字

素材:\无
源文件:\实例140\黄金文字.psd

包含知识
- 高斯模糊命令
- 光照效果命令
- 曲线命令
- 色相/饱和度命令

重点难点
- 黄金光泽的制作
- 黄金色彩的设置

制作思路

输入文字　　使用曲线命令　　调整色相/饱和度　　最终效果

01

◆ 文件大小为 10 厘米 ×7.5 厘米,分辨率为 200 像素/英寸

1. 新建"黄金文字.psd"文件。
2. 按 D 键复位前景色和背景色。按 Alt+Delete 组合键填充前景色。

02

1. 设置前景色为白色（R:255,G:255,B:255）。
2. 选择横排文字工具 T.,在选项栏中设置字体为经典粗圆繁,大小为 120 点。单击窗口中合适位置,输入文字,自动生成文字图层。

03

1. 按 Ctrl+J 组合键复制文字图层到文字副本图层。
2. 选择"图层-栅格化-文字"命令。单击文字图层缩略图前的"指示图层可视性"图标👁,隐藏该图层。

04

1. 按住 Ctrl 键不放,单击文字图层前的缩略图,载入文字选区。
2. 选择"通道"面板,单击"通道"面板下方的"创建新通道"按钮🔲,新建通道"Alpha1"。

05

1. 按 Alt+Delete 组合键将选区填充为前景色。按 Ctrl+D 组合键取消选区。
2. 选择"滤镜-模糊-高斯模糊"命令,打开"高斯模糊"对话框。设置半径为 8 像素,单击"确定"按钮。

06

1. 选择"滤镜-模糊-高斯模糊"命令,打开"高斯模糊"对话框。
2. 设置半径为 4 像素,单击"确定"按钮。

07

1 选择"滤镜-模糊-高斯模糊"命令，打开"高斯模糊"对话框。

2 设置半径为 3 像素，单击"确定"按钮。

08

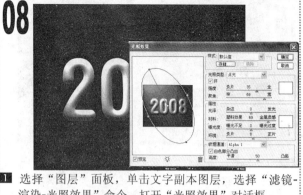

1 选择"图层"面板，单击文字副本图层，选择"滤镜-渲染-光照效果"命令，打开"光照效果"对话框。

2 调整对话框左侧光圈，设置参数为 35，69，0，69，0，8，纹理通道为 Alpha 1，高度为 50，单击"确定"按钮。

09

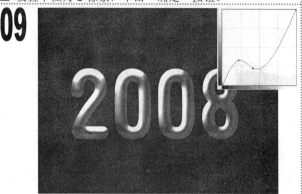

1 选择"图像-调整-曲线"命令，打开"曲线"对话框。

2 调节曲线至如图所示的形状，单击"确定"按钮。

10

1 选择"图像-调整-曲线"命令，打开"曲线"对话框。

2 调节曲线至如图所示的形状，单击"确定"按钮。

11

1 按住 Ctrl 键不放，单击文字图层的缩略图载入其选区。

2 选择"选择-修改-收缩"命令，打开"收缩选区"对话框，设置收缩量为 8 像素，单击"确定"按钮。

12

1 单击"创建新图层"按钮，新建"图层 1"。

2 按 Alt+Delete 组合键将选区填充为前景色。按 Ctrl+D 组合键取消选区。

13

1 选择"滤镜-模糊-高斯模糊"命令，打开"高斯模糊"对话框。

2 设置半径为 4 像素，单击"确定"按钮。

14

1 设置"图层 1"的混合模式为叠加，不透明度为 85%。

15

1 按 Ctrl+E 组合键将"图层 1"向下合并为新的文字副本图层，双击文字副本图层名称，更改名称为"图层 1"。

2 选择"图像-调整-色相/饱和度"命令，打开对话框，选中"着色"复选框，设置参数为 40，85，-20，单击"确定"按钮。

16

1 按 Ctrl+J 组合键复制"图层 1"内容到"图层 1 副本"图层。

2 设置"图层 1 副本"的图层混合模式为柔光，不透明度为 50%。

17
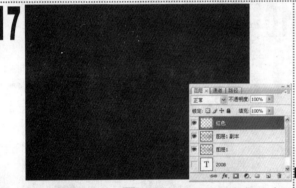

1 单击"创建新图层"按钮，新建"图层 1"，改名为"红色"。

2 设置前景色为红色（R:195,G:7,B:7）。

3 按 Alt+Delete 组合键将"图层 1"填充为前景色。

18

1 选择"滤镜-杂色-添加杂色"命令，打开"添加杂色"对话框。

2 设置数量为 6%，分布为平均分布，选中"单色"复选框，单击"确定"按钮。

19
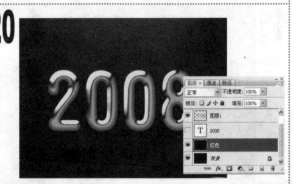

1 选择"滤镜-渲染-光照效果"命令，打开"光照效果"对话框。

2 调整对话框左侧光圈，其他参数保持不变，单击"确定"按钮。

20

1 选择"图层"面板，拖动"红色"图层到"背景"图层之上。

21
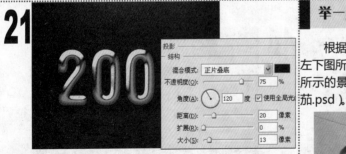

1 选择"图层 1"，选择"图层-图层样式-投影"命令，打开"图层样式"对话框。设置距离为 20 像素，大小为 13 像素，其他参数保持不变，单击"确定"按钮。

举一反三

根据本例介绍的方法，使用高斯模糊命令和海绵工具为左下图所示的水果（素材：\实例 140\水果.tif）制作右下图所示的景深效果与色彩差异（源文件：\实例 140\红色番茄.psd）。

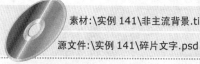

实例141　碎片文字

素材:\实例 141\非主流背景.tif

源文件:\实例 141\碎片文字.psd

包含知识

- 添加杂色命令
- 晶格化命令
- 查找边缘命令
- 图层样式

重点难点

- 碎片效果的制作
- 文字完整效果的处理

制作思路

 → →  →

输入文字　　　　　使用晶格化命令　　　添加素材文件　　　　最终效果

01

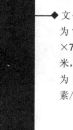

◆ 文件大小为 10 厘米×7.5 厘米,分辨率为 200 像素/英寸

1 新建"碎片文字.psd"文件。

2 按 D 键复位前景色和背景色。按 Alt+Delete 组合键填充前景色。

02

1 设置前景色为白色(R:255,G:255,B:255)。

2 选择横排文字工具 T.,在选项栏中设置字体为方正综艺繁体,大小为 100 点。单击窗口中合适位置,输入文字,自动生成文字图层。

3 选择"图层-栅格化-文字"命令。

03

1 选择"滤镜-杂色-添加杂色"命令,打开"添加杂色"对话框。

2 设置数量为 400%,分布为高斯分布,选中"单色"复选框,单击"确定"按钮。

04

1 选择"滤镜-像素化-晶格化"命令,打开"晶格化"对话框。

2 设置单元格大小为 70,单击"确定"按钮。

05

1 选择"滤镜-风格化-查找边缘"命令。

06

1 选择"通道"面板,按住 Ctrl 键不放,单击"红"通道前的缩略图,将其载入选区。

2 选择"选择-反向"命令,反选选区。

07

1 按 Delete 键删除选区内容，按 Ctrl+D 组合键取消选区。
2 为了方便观察效果，单击"背景"图层前的"指示图层可视性"图标 ，关闭其可视性。

08

1 打开"非主流背景.tif"素材文件。选择移动工具 ，将图像拖入"碎片文字"文件窗口中，放置于"背景"图层之上。
2 按 Ctrl+T 组合键打开自由变换调节框，按住 Shift 键不放，调整其大小、位置和角度，按 Enter 键确认变换。

09

1 选择"破碎"图层，按 Ctrl+T 组合键打开自由变换调节框，按住 Shift 键不放，调整其大小、位置和角度，按 Enter 键确认变换。

10

1 选择"图层-图层样式-外发光"命令，打开"图层样式"对话框。
2 设置混合模式为叠加，颜色为绿色（R:155,G:255,B:0），不透明度为 60%，杂色为 50%，大小为 85 像素，其他参数保持不变。

11

1 单击"投影"复选框后面的名称。
2 设置距离为 20 像素，扩展为 15%，大小为 20 像素，其他参数保持不变。

12

1 单击"投影"复选框后面的名称。
2 设置混合模式为正片叠底，颜色为红色（R:255,G:0,B:0），不透明度为 80%，其他参数保持不变，单击"确定"按钮。

13

1 设置"破碎"图层的图层混合模式为溶解，填充为 50%。

14

1 选择横排文字工具 T.，在选项栏中设置个人喜好的字体、大小和颜色，单击窗口上方位置输入文字。

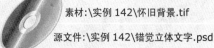

实例142　错觉立体文字

素材:\实例 142\怀旧背景.tif

源文件:\实例 142\错觉立体文字.psd

包含知识
- 图层样式命令
- 渐变工具
- 扭曲命令
- 复制命令

重点难点
- 制作错觉立体效果

制作思路

输入文字　　　　　　扭曲命令　　　　　　复制投影　　　　　　最终效果

01

1 打开"怀旧背景.tif"素材文件。
2 选择横排文字工具 T.，在选项栏中按个人喜好设置字体，单击窗口中合适位置，输入文字，自动生成文字图层。
3 选择"图层"面板，在文字图层后的空白处单击鼠标右键，在弹出的快捷菜单中选择"栅格化文字"命令。

02

1 选择"编辑-变换-扭曲"命令，打开自由变换调节框。
2 拖动调节框角点，将文字图案变形，按 Enter 键确认变换。

03

1 双击文字图层，在打开的对话框中单击"投影"复选框后面的名称，设置角度为-45度，距离为4像素，投影颜色为土黄色（R:198,G:133,B:62），单击"确定"按钮。
2 选择"图层-图层样式-创建图层"命令，为文字图层的图层样式创建新的图层。
3 选择投影图层，按 Ctrl+T 组合键打开变换调节框，按两次↑方向键，再按两次←方向键，按 Enter 键确认变换。

04

1 按 Ctrl+Shift+Alt+T 组合键重复上次变换，将投影图层复制 10 次。此时文字的投影有一定的厚度。

05

1 选择文字图层。
2 按住 Ctrl 键不放，单击文字图层的缩略图载入文字选区。
3 选择渐变工具 ，单击选项栏中的渐变色选择框 ，打开"渐变编辑器"对话框，选择"铜色"渐变，在选区内垂直拖动鼠标，填充铜色渐变。
4 按 Ctrl+D 组合键取消选区。

06

1 选择横排文字工具 T.，在选项栏中按个人喜好设置字体，单击窗口中合适位置输入文字。
2 复制多个文字图层，设置不同的不透明度，选择移动工具 ，分别放置于不同的位置。

实例143 玉石文字

素材:\实例 143\红色丝绒背景.tif
源文件:\实例 143\玉石文字.psd

包含知识
- 图层样式
- 云彩命令
- 杂色命令
- 高斯模糊

重点难点
- 制作玉石效果
- 图层样式的处理

制作思路

使用云彩命令　　　输入文字　　　添加图层样式　　　最终效果

01

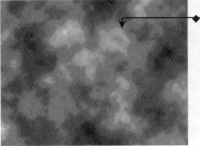

文件大小为 10 厘米×7.5 厘米,分辨率为 200 像素/英寸

1 新建"玉石文字.psd"文件。
2 按 D 键复位前景色和背景色。选择"滤镜-渲染-云彩"命令。

02

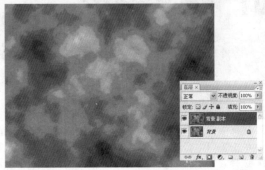

1 拖动"背景"图层到面板下方的"创建新图层"按钮上,复制生成"背景副本"图层。

03

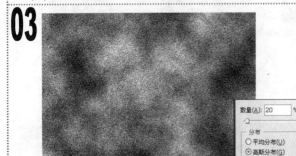

1 选择"滤镜-杂色-添加杂色"命令,打开"添加杂色"对话框。
2 设置数量为 20%,分布为高斯分布,选中"单色"复选框,单击"确定"按钮。

04

1 选择"滤镜-模糊-高斯模糊"命令,打开"高斯模糊"对话框。
2 设置半径为 5 像素,单击"确定"按钮。

05

1 选择横排文字工具 T,在选项栏中设置字体为经典繁方篆,大小为 145 点。
2 单击窗口中合适位置,输入文字,自动生成文字图层。

06

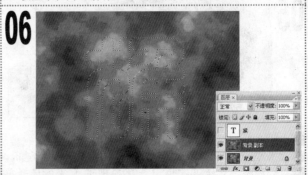

1 按住 Ctrl 键不放,单击文字图层前面的缩略图,将轮廓载入选区。
2 单击文字图层前面的"指示图层可视性"图标,关闭其可视性。

07

1. 选择"背景副本"图层，按 Ctrl+J 组合键将选区内容复制到"图层 1"。
2. 单击"创建新图层"按钮，新建"图层 3"。按 Alt+ Delete 组合键将背景填充为黑色。

08

1. 双击"图层 1"，打开"图层样式"对话框。
2. 单击"颜色叠加"复选框后面的名称，设置混合模式为叠加，颜色为绿色（R:9,G:69,B:10），不透明度为 80%，其他参数保持不变。

09

1. 单击"斜面和浮雕"复选框后面的名称，设置深度为 150%，大小为 10 像素，软化为 3 像素，光泽等高线为"圆形斜面"，高光模式的不透明度为 60%，其他参数保持不变。

10

1. 单击"光泽"复选框后面的名称，设置颜色为绿色（R:7,G:102,B:11），不透明度为 50%，角度为 20 度，距离为 85 像素，大小为 170 像素，等高线为"环形"，单击"确定"按钮。

11

1. 打开"红色丝绒背景.tif"素材文件。选择移动工具，将图像拖入"玉石文字"窗口中，自动生成"图层 3"。
2. 按 Ctrl+T 组合键打开自由变换调节框，按住 Shift 键不放，调整其大小、位置和角度，按 Enter 键确认变换。

12

1. 选择"图层"面板，拖动"图层 3"到"图层 1"之下。

13

1. 双击"图层 1"，打开"图层样式"对话框。
2. 单击"投影"复选框后面的名称，设置距离为 15 像素，大小为 10 像素，其他参数保持不变，单击"确定"按钮。

注意提示

本实例中使用的"云彩"命令，是使用介于前景色与背景色之间的随机值，生成柔和的云彩图案。要生成色彩较为分明的云彩图案，可按住 Alt 键，然后选择"滤镜-渲染-云彩"命令。在应用云彩滤镜时，当前图层上的图像数据会被替换掉。该命令适合制作云雾效果和星球效果等。

实例144 树根文字

素材:\无

源文件:\实例144\树根文字.psd

包含知识
- 图层样式
- 涂抹工具
- 画笔工具

重点难点
- 涂抹工具的运用
- 树根形状的制作

制作思路

输入文字　　　　使用涂抹工具　　　　绘制树枝　　　　最终效果

01

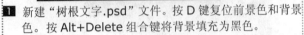

◀◆ 文件大小为 10 厘米×6 厘米，分辨率为 200 像素/英寸

1. 新建"树根文字.psd"文件。按 D 键复位前景色和背景色。按 Alt+Delete 组合键将背景填充为黑色。
2. 选择横排文字工具 T.，设置前景色为暗黄色（R:204,G:153,B:63），在选项栏中设置字体为 Adobe Garamo，大小为 100 点。
3. 在窗口中合适位置单击鼠标输入文字，自动生成文字图层。

02

1. 选择"图层"面板，双击文字图层，打开"图层样式"对话框。
2. 单击"斜面和浮雕"复选框后的名称,设置深度为 500%,大小为 8 像素,其他参数保持不变,单击"确定"按钮。

03

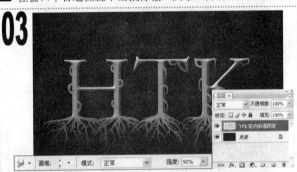

1. 选择"图层-图层样式-创建图层"命令，按 Ctrl+E 组合键向下合并图层样式图层和文字图层。
2. 选择涂抹工具 ，在选项栏中设置强度为 90%，在窗口中文字下方涂抹成树根形状。

04

1. 单击"创建新图层"按钮 ，新建"图层 1"。
2. 选择画笔工具 ，在选项栏中设置画笔为尖角 3 像素，在窗口中文字上方绘制"树枝"。

05

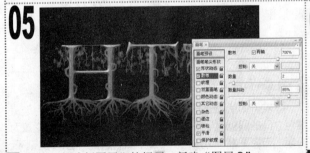

1. 单击"创建新图层"按钮 ，新建"图层 2"。
2. 选择"画笔"面板，选择"树叶"画笔，取消选中"其他动态"复选框，单击"散布"复选框后的名称，设置散布为 700%，数量为 2，数量抖动为 85%。
3. 在树枝的位置拖动鼠标绘制树叶图案。

06

1. 选择橡皮擦工具 ，在选项栏中设置尖角画笔，不透明度为 100%，在窗口中擦除多余树叶部分。

实例145 拼贴立体文字

素材:\实例 145\科技风格背景.tif
源文件:\实例 145\拼贴立体文字.psd

包含知识
- 拼贴命令
- 旋转画布命令
- 图层样式
- 魔棒工具

重点难点
- 制作立体拼贴效果

制作思路

输入文字　　　　拼贴命令　　　　删除多余内容　　　　最终效果

01

◆ 文件大小为 10 厘米×7.5 厘米,分辨率为 200 像素/英寸

1 新建"拼贴立体文字.psd"文件。
2 按 D 键复位前景色和背景色。按 Alt+Delete 组合键将背景填充为黑色。

02

1 设置前景色为蓝色(R:6,G:12,B:142)。选择横排文字工具 T,在选项栏中设置字体为 Impact,大小为 80 点。
2 单击窗口中合适位置输入文字,自动生成文字图层。

03

1 按 Ctrl+J 组合键复制文字图层内容到文字副本图层。
2 选择"图层-栅格化-文字"命令。选择"滤镜-风格化-拼贴"命令,打开"拼贴"对话框,设置拼贴数为 18,最大位移为 18,用背景色填充空白区域,单击"确定"按钮。

04

1 选择魔棒工具,在窗口中单击白色部分,将其载入选区。
2 按 Delete 键删除选区内容,按 Ctrl+D 组合键取消选区。

05

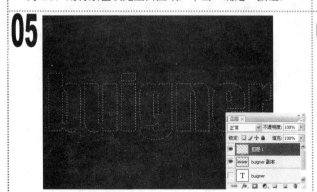

1 单击"创建新图层"按钮,新建"图层 1"。
2 按住 Ctrl 键不放,单击文字图层前面的缩略图将文字轮廓载入选区。

06

1 设置前景色为蓝色(R:27,G:34,B:186)。按 Alt+Delete 组合键将选区填充为蓝色。
2 按 Ctrl+D 组合键取消选区。

07

■ 选择"图像-旋转画布-90度（顺时针）"命令，旋转画布。

08

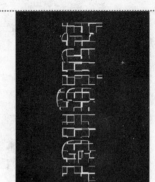

■ 按 Ctrl+F 组合键重复上一次拼贴滤镜操作。

09

■ 选择魔棒工具，在窗口中单击白色部分，将其载入选区。
■ 按 Delete 键删除选区内容，按 Ctrl+D 组合键取消选区。

10

■ 单击"创建新图层"按钮，新建"图层 2"。
■ 按住 Ctrl 键不放，单击文字图层前面的缩略图，载入文字轮廓选区。
■ 设置前景色为蓝色（R:42,G:49,B:204）。按 Alt+Delete 组合键将选区填充为蓝色。按 Ctrl+D 组合键取消选区。

11

■ 选择"图像-旋转画布-90度（顺时针）"命令，旋转画布。
■ 按 Ctrl+F 组合键重复上一次拼贴滤镜操作。

12

■ 选择魔棒工具，在窗口中单击白色部分，将其载入选区。
■ 按 Delete 键删除选区内容，按 Ctrl+D 组合键取消选区。

13

■ 单击"创建新图层"按钮，新建"图层 3"。
■ 按住 Ctrl 键不放，单击文字图层前面的缩略图，载入文字轮廓选区。
■ 设置前景色为蓝色（R:72,G:79,B:225）。按 Alt+Delete 组合键将选区填充为蓝色，按 Ctrl+D 组合键取消选区。

14

■ 选择"图像-旋转画布-90度（顺时针）"命令，旋转画布。
■ 按 Ctrl+F 组合键两次，重复上一次拼贴滤镜操作。

15

1. 选择魔棒工具 🪄，在窗口中单击白色部分，将其载入选区。
2. 按 Delete 键删除选区内容，按 Ctrl+D 组合键取消选区。

16

1. 单击"创建新图层"按钮 🔲，新建"图层 3"。
2. 按住 Ctrl 键不放，单击文字图层前面的缩略图，载入文字轮廓选区。
3. 设置前景色为浅蓝色（R:142,G:147,B:252）。按 Alt+Delete 组合键将选区填充为浅蓝色。按 Ctrl+D 组合键取消选区。

17

1. 选择"图像-旋转画布-90 度（顺时针）"命令，旋转画布。
2. 按 Ctrl+F 组合键两次，重复上一次拼贴滤镜操作。

18

1. 选择魔棒工具 🪄，在窗口中单击白色部分，将其载入选区。
2. 按 Delete 键删除选区内容，按 Ctrl+D 组合键取消选区。

19

1. 选择"图层-图层样式-描边"命令，打开"图层样式"对话框。
2. 设置颜色为黑色（R:0,G:0,B:0），大小为 1 像素，位置为外部，不透明度为 70%，单击"确定"按钮。

20

1. 打开"科技风格背景.tif"素材文件。选择移动工具 ➤￪，将其拖入"拼贴立体文字"文件窗口中，放置于"背景"图层之上。
2. 按 Ctrl+T 组合键打开自由变换调节框，按住 Shift 键不放，调整其大小和位置，按 Enter 键确认变换。

21

1. 按 Ctrl+J 组合键复制"图层 5"内容到"图层 5 副本"图层。
2. 设置"图层 5 副本"图层的混合模式为正片叠底。

22

1. 选择文字副本图层，选择"图层-图层样式-外发光"命令，打开"图层样式"对话框。
2. 设置颜色为白色（R:255,G:255,B:255），扩展为 10%，大小为 130 像素，单击"确定"按钮。

实例146　水晶文字

素材:\无

源文件:\实例146\水晶文字.psd

包含知识
- 渐变工具
- 描边命令
- 收缩命令
- 高斯模糊命令

重点难点
- 渐变的编辑和填充
- 文字色彩的处理

制作思路

输入文字　　　　　渐变填充　　　　　再次渐变填充　　　　最终效果

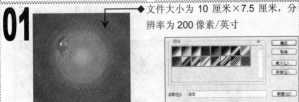

◆文件大小为 10 厘米×7.5 厘米，分辨率为 200 像素/英寸

1 新建"水晶文字.psd"文件。

2 选择渐变工具，在选项栏中单击渐变色选择框，打开"渐变编辑器"对话框，设置渐变为"浅绿色-绿色"，单击"确定"按钮。

3 在选项栏中单击"径向渐变"按钮，在窗口中由中心向外斜线拖动鼠标填充渐变色。

1 按 D 键复位前景色和背景色。选择横排文字工具，在选项栏中设置字体为 Century Gothic，大小为 100 点。

2 单击窗口中合适位置输入文字，自动生成文字图层。

1 单击"创建新图层"按钮，新建"图层 1"。

2 按住 Ctrl 键不放，单击文字图层前面的缩略图将其轮廓载入选区。

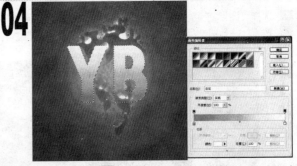

1 选择渐变工具，在选项栏中单击渐变色选择框，打开"渐变编辑器"对话框，设置渐变为"浅灰-白色"，单击"确定"按钮。

2 在选项栏中单击"线性渐变"按钮，在选区中由下向上拖动鼠标填充渐变色。

1 选择"编辑-描边"命令，打开"描边"对话框。

2 设置宽度为 1px，颜色为深灰色（R:100,G:100,B:100），位置为居外，单击"确定"按钮。

1 选择"选择-修改-收缩"命令，打开"收缩选区"对话框。设置收缩量为 4 像素，单击"确定"按钮。

2 单击"创建新图层"按钮，新建"图层 2"。

07

1 选择渐变工具 ▣，在选项栏中单击渐变色选择框 ▣，打开"渐变编辑器"对话框，设置渐变为"绿色-浅绿色"，单击"确定"按钮。

2 在选项栏中单击"线性渐变"按钮 ▣，在选区中由上向下拖动鼠标填充渐变色。

08

1 单击"创建新图层"按钮 ▣，新建"图层 3"。

2 选择椭圆选框工具 ▣，在窗口文字上方拖动鼠标绘制椭圆选区。

09

1 设置前景色为白色（R:255,G:255,.B:255）。选择渐变工具 ▣，在选项栏中单击渐变色选择框 ▣，打开"渐变编辑器"对话框，设置渐变为"前景到透明"。

2 按住 Shift 键不放，在选区中由上至下垂直拖动鼠标填充渐变色。按 Ctrl+D 组合键取消选区。

10

1 按住 Ctrl 键不放，单击文字图层前面的缩略图，将文字轮廓载入选区。

2 选择"选择-反向"命令，反选选区。

3 按 Delete 键删除选区内容，按 Ctrl+D 组合键取消选区。

11

1 选择"图层-图层样式-描边"命令，打开"图层样式"对话框。

2 设置颜色为绿色（R:15,G:113,B:8），大小为 1 像素，位置为外部，其他参数保持不变，单击"确定"按钮。

12

1 选择文字图层，选择"图层-栅格化-文字"命令。

2 选择"滤镜-模糊-高斯模糊"命令，打开"高斯模糊"对话框。设置半径为 5 像素，单击"确定"按钮。

13

1 选择横排文字工具 T，在选项栏中设置字体为 Stencil Std，大小为 4 点。

2 单击窗口中合适位置，输入文字，自动生成文字图层。

14

1 选择"图层-图层样式-投影"命令，打开"图层样式"对话框。设置距离为 3 像素，大小为 5 像素，其他参数保持不变，单击"确定"按钮。

实例147 迷彩特效文字

素材:\实例147\迷彩背景.tif

源文件:\实例147\迷彩特效文字.psd

包含知识
- 添加杂色命令
- 晶格化命令
- 图层样式
- 中间值命令

重点难点
- 制作迷彩效果
- 添加图层样式

制作思路

输入文字　　　　　中间值命令　　　　　添加图层样式　　　　　最终效果

01

MKPG

◆ 文件大小为 10 厘米×7.5 厘米,分辨率为 200 像素/英寸

02

1 新建"迷彩特效文字.psd"文件。
2 按 D 键复位前景色和背景色。选择横排文字工具 T.,在选项栏中设置字体为 Arial Black,大小为 72 点。
3 单击窗口中合适位置输入文字,自动生成文字图层。

1 设置前景色为绿色（R:14,G:122,B:32）。
2 单击"创建新图层"按钮 ,新建"图层 1"。按 Alt+Delete 组合键将图层填充为绿色。

03

数量(A): 47 %

分布
○平均分布(U)
◉高斯分布(G)

☑单色(M)

04

单元格大小(C) 60

1 选择"滤镜-杂色-添加杂色"命令,打开"添加杂色"对话框。
2 设置数量为 47%,分布为高斯分布,选中"单色"复选框,单击"确定"按钮。

1 选择"滤镜-像素化-晶格化"命令,打开"晶格化"对话框。
2 设置单元格大小为 60,单击"确定"按钮。

05

半径(R): 25 像素

06

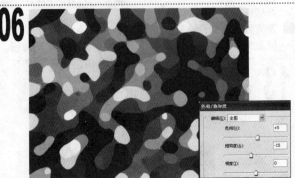

色相/饱和度

编辑(E): 全图
色相(H): +5
饱和度(A): -15
明度(I): 0

1 选择"滤镜-杂色-中间值"命令,打开"中间值"对话框。
2 设置半径为 25 像素,单击"确定"按钮。

1 选择"图像-调整-色相/饱和度"命令,打开对话框。
2 设置参数为 5,-15,0,单击"确定"按钮。

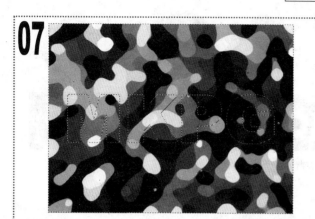

07

1 按住 Ctrl 键不放，单击文字图层前面的缩略图，将文字轮廓载入选区。

08

1 按 Ctrl+J 组合键复制选区内容到"图层 2"。

2 单击"图层 1"前面的"指示图层可视性"图标，隐藏该图层。

09

1 双击"图层 1"，打开"图层样式"对话框。单击"投影"复选框后面的名称，设置距离为 11 像素，大小为 9 像素，其他参数保持不变。

2 单击"内阴影"复选框后面的名称，保持参数不变。

10

1 单击"斜面和浮雕"复选框后面的名称，设置深度为 327%，大小为 6 像素，软化为 2 像素，其他参数保持不变。

2 单击"外发光"复选框后面的名称，设置颜色为绿色（R:35,G:156,B:4），其他参数保持不变。

11

1 单击"描边"复选框后面的名称，设置颜色为黑色（R:0,G:0,B:0），大小为 2 像素，位置为居中，不透明度为 70%，单击"确定"按钮。

12

1 按住 Ctrl 键不放，单击文字图层前面的缩略图，将文字轮廓载入选区。

2 选择"选择-修改-扩展"命令，打开"扩展选区"对话框，设置扩展量为 15 像素，单击"确定"按钮。

13

1 单击"创建新图层"按钮，新建"图层 3"，并将其放置于"图层 2"之下。

2 设置前景色为浅绿色（R:172,G:230,B:173）。

3 按 Alt+Delete 组合键将选区填充为绿色。按 Ctrl+D 组合键取消选区。

14

1 打开"迷彩背景.tif"素材文件。选择移动工具，将其拖入"迷彩特效文字"文件窗口中，放置于"图层 3"之下。

2 按 Ctrl+T 组合键打开自由变换调节框，按住 Shift 键不放，调整其大小和位置，按 Enter 键确认变换。

实例148 波谱文字

素材:\实例148\几何图案背景.tif
源文件:\实例148\波谱文字.psd

包含知识
- 高斯模糊命令
- 光照效果命令
- 玻璃命令
- 曲线命令

重点难点
- 制作波谱效果
- 各种滤镜的处理

制作思路

输入文字　　　　高斯模糊　　　　光照效果　　　　最终效果

01

1 打开"几何图案背景.tif"素材文件。复制"背景"图层。
2 选择横排文字工具 T.,在选项栏中设置字体为经典叠圆体繁,大小为 95 点。
3 单击窗口中合适位置,输入文字,自动生成文字图层。
4 选择"通道"面板,拖动"蓝"通道到面板下方的"创建新通道"按钮 上,复制生成"蓝副本"通道。

02

1 选择"滤镜-模糊-高斯模糊"命令,打开"高斯模糊"对话框。
2 设置半径为 8 像素,单击"确定"按钮。

03

1 选择"图层"面板,选择"背景副本"图层。
2 选择"滤镜-渲染-光照效果"命令,设置参数为 35, 69, 0, 69, 0, 8,单击"确定"按钮。
3 按住 Ctrl 键不放,单击文字图层前的缩略图载入文字选区。
4 选择"选择-修改-扩展"命令,打开"扩展选区"对话框,设置扩展量为 10 像素,单击"确定"按钮。

04

1 单击"图层"面板下方的"添加图层蒙版"按钮 ,为"背景副本"图层添加蒙版。
2 选择"滤镜-扭曲-玻璃"命令,打开"玻璃"对话框,设置参数为 12, 2, 100,纹理为磨砂,单击"确定"按钮。

05

1 单击"图层"面板下方的"创建新的填充或调整图层"按钮 ,在弹出的下拉菜单中选择"曲线"命令,打开"曲线"对话框,调整曲线至如图所示。此时窗口中图像颜色有一定的变化。

06

1 拖动"背景"图层到面板下方的"创建新图层"按钮 上,复制生成"背景副本 2"图层。
2 将"背景副本 2"图层放至"图层"面板最顶层。
3 设置"背景副本 2"图层的混合模式为叠加。

实例149　积雪文字

素材:\无

源文件:\实例149\积雪文字.psd

包含知识
- 渐变工具
- 塑料效果命令
- 填充命令
- 曲线命令

重点难点
- 透明胶体的制作
- 图层样式的处理

制作思路

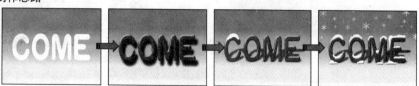

输入文字　　　　添加图层样式　　　　画笔绘制　　　　最终效果

01

◆ 文件大小为
10 厘米×7.5
厘米，分辨率
为 200 像素/
英寸

1 新建"积雪文字.psd"文件。

2 选择渐变工具▣，在选项栏中单击渐变色选择框 ▭，打开"渐变编辑器"对话框，设置渐变为"浅蓝色-浅灰色"，单击"确定"按钮。

02

1 在选项栏中单击"线性渐变"按钮▣，按住 Shift 键不放，在图层中由上向下垂直拖动鼠标填充渐变色。

03

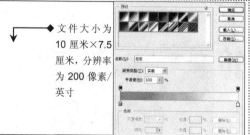

1 设置前景色为白色（R:255,G:255,B:255）。选择横排文字工具 T.，在选项栏中设置字体为经典粗圆繁，大小为 110 点。

2 单击窗口中合适位置输入文字，自动生成文字图层。

04

1 双击文字图层，打开"图层样式"对话框。

2 单击"投影"复选框后的名称，设置距离为 40 像素，大小为 15 像素，其他参数保持不变。

05

1 单击"颜色叠加"复选框后的名称，设置颜色为橙色（R:255,G:105,B:0），其他参数保持不变。

06

1 单击"斜面和浮雕"复选框后的名称，设置深度为 650%，大小为 10 像素，高光模式的不透明度为 60%，其他参数保持不变，单击"确定"按钮。

07

1. 选择"图层-图层样式-创建图层"命令，为文字图层的图层样式创建新的图层。
2. 选择投影图层，选择"编辑-变换-扭曲"命令，打开自由变换调节框。
3. 拖动调节框角点，使投影变形，按 Enter 键确认变换。

08

1. 单击"创建新图层"按钮，新建"图层 1"。
2. 选择画笔工具，在选项栏中设置画笔为尖角 8 像素，不透明度为 100%，在窗口中文字上方绘制"积雪"形状。

09

1. 双击"图层 1"，打开"图层样式"对话框。
2. 单击"内发光"复选框后面的名称，设置混合模式为正常，不透明度为 40%，大小为 3 像素，颜色为黑色，范围为 80%，其他参数保持不变。

10

1. 单击"斜面和浮雕"复选框后的名称，设置大小为 6 像素，软化为 10 像素，阴影模式的不透明度为 65%。

11

1. 选择画笔工具，采用相同的方法在如图所示的位置绘制其他积雪。

12

1. 单击"创建新图层"按钮，新建"图层 2"，并将其放置于"背景"图层之上。
2. 选择自定形状工具，在其选项栏中打开"自定形状"拾色器，选择"雪花"形状。
3. 在选项栏中单击"填充像素"按钮，设置不透明度为 80%。按住 Shift 键不放，在窗口中拖动鼠标绘制雪花形状。

13

1. 采用相同方法，按住 Shift 键不放，在窗口中拖绘出大小不一的白色雪花图案，
2. 绘制雪花时，分别在选项栏中调整不同的不透明度，使雪花图像更具层次感。

14

1. 设置"图层 2"的图层不透明度为 65%。

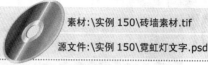

实例150　霓虹灯文字

素材:\实例150\砖墙素材.tif
源文件:\实例150\霓虹灯文字.psd

包含知识
- 高斯模糊命令
- 图层样式
- 扩展命令
- 曲线命令

重点难点
- 制作霓虹灯效果
- 图层样式的处理

制作思路

输入文字　　　　　添加图层样式　　　　添加图层样式　　　　最终效果

01

1 打开"砖墙素材.tif"素材文件。

2 拖动"背景"图层到面板下方的"创建新图层"按钮 ⬜ 上，复制生成"背景副本"图层。

02

1 选择横排文字工具 **T.**，在选项栏中设置字体为经典空叠圆繁，大小为 180 点。

2 单击窗口中合适位置，输入文字，自动生成文字图层，选择"图层-栅格化-文字"命令。

03

半径(R)：2　像素

1 选择"滤镜-模糊-高斯模糊"命令，打开"高斯模糊"对话框。

2 设置半径为 2 像素，单击"确定"按钮。

04

1 双击文字图层，打开"图层样式"对话框。单击"外发光"复选框后面的名称，设置大小为 15 像素，不透明度为 65%，颜色为蓝色（R:0,G:255,B:255），等高线为"半圆"。

2 单击"内发光"复选框后面的名称，设置混合模式正常，颜色为浅蓝色（R:223,G:255,B:255），大小为 10 像素，单击"确定"按钮。

05

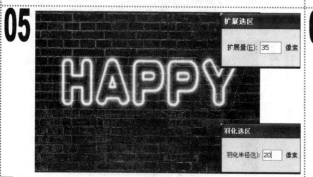

扩展选区
扩展量(E)：35　像素

羽化选区
羽化半径(R)：20　像素

1 按住 Ctrl 键不放，单击文字图层的缩略图载入文字选区。

2 选择"选择-修改-扩展"命令，在打开的对话框中设置扩展量为 35 像素，单击"确定"按钮。按 **Ctrl+Alt+D** 组合键，打开对话框，设置羽化半径为 20 像素，单击"确定"按钮。

06

1 选择"图层"面板，选择"背景副本"图层。

2 选择"图像-调整-曲线"命令或按 **Ctrl+M** 组合键，打开"曲线"对话框，调整曲线至如图所示，将背景变亮，单击"确定"按钮。

07

1. 选择"图像-调整-色相/饱和度"命令，选中"着色"复选框，设置参数为 180，35，0，单击"确定"按钮。

08

1. 选择自定形状工具 ，在选项栏中打开"自定形状"拾色器，分别选择"箭头"、"音符"等形状。
2. 在选项栏中单击"路径"按钮 ，分别在窗口中拖绘出各种形状。

09

1. 单击"创建新图层"按钮 ，新建"图层 1"。按 Ctrl+Enter 组合键将路径转换为选区。
2. 选择"编辑-描边"命令，打开对话框，设置宽度为 5，颜色为白色，位置为居外，单击"确定"按钮。

10

1. 选择"滤镜-模糊-高斯模糊"命令，打开"高斯模糊"对话框。
2. 设置半径为 2 像素，单击"确定"按钮。

11

1. 双击"图层 1"，打开"图层样式"对话框。单击"外发光"复选框后面的名称，设置大小为 15 像素，不透明度为 65%，颜色为红色（R:255,G:0,B:240），等高线为"半圆"。
2. 单击"内发光"复选框后面的名称，设置混合模式正常，颜色为浅蓝色（R:252,G:235,B:242），大小为 10 像素，单击"确定"按钮。

12

1. 按住 Ctrl 键不放，单击"图层 1"缩略图载入其选区。
2. 选择"选择-修改-扩展"命令，在打开的对话框中设置扩展量为 40 像素，单击"确定"按钮。按 Ctrl+Alt+D 组合键，打开对话框，设置羽化半径为 20 像素，单击"确定"按钮。

13

1. 选择"图层"面板，单击"背景副本"图层。
2. 选择"图像-调整-曲线"命令或按 Ctrl+M 组合键，打开"曲线"对话框，调整曲线将背景变亮，单击"确定"按钮。

14

1. 选择"图像-调整-色相/饱和度"命令，选中"着色"复选框，设置参数为 320，60，0，单击"确定"按钮。

实例151　透明胶体文字

素材:\实例151\蓝天白云.tif

源文件:\实例151\透明胶体文字.psd

包含知识
- 液化命令
- 塑料效果命令
- 填充命令
- 曲线命令

重点难点
- 透明胶体的制作
- 图层样式的处理

制作思路

输入文字　　　　　填充颜色　　　　　调整曲线　　　　　最终效果

01

1 打开"蓝天白云**.tif**"素材文件。

2 拖动"背景"图层到面板下方的"创建新图层"按钮 ☐ 上，复制生成"背景 副本"图层。

02

1 选择横排文字工具 **T.**，在选项栏中设置字体为经典叠圆体繁，大小为 **260** 点。

2 单击窗口中合适位置，输入文字"**BLUE**"，自动生成文字图层。选择"图层-栅格化-文字"命令。

03

1 选择"滤镜-液化"命令，打开"液化"对话框。

2 选择向前变形工具 🖉，设置参数为 **34**，**50**，**100**，在窗口中文字边缘拖动出如图所示的效果，单击"确定"按钮。

04

1 按住 **Ctrl** 键不放，单击文字图层前的缩略图载入文字选区。

2 选择"通道"面板，单击"通道"面板下方的"创建新通道"按钮 ☐，新建通道"**Alpha1**"。

05

1 按 **D** 键复位前景色和背景色。按 **Alt+Delete** 组合键填充前景色。

2 按 **Ctrl+D** 组合键取消选区。

06

1 选择"滤镜-素描-塑料效果"命令，打开"塑料效果"对话框。

2 设置图像平衡为 **25**，平滑度为 **5**，光照为上，单击"确定"按钮。

07

1 单击"创建新图层"按钮 ，新建"图层 1"，将其放置于"背景副本"图层之上。
2 按 Ctrl+Delete 组合键填充背景色。

08

1 单击文字图层前面的"指示图层可视性"图标 ，关闭其可视性。
2 选择"通道"面板，按住 Ctrl 键不放，单击"Alpha1"通道前的缩略图载入其选区。

09

1 选择"编辑-填充"命令，打开"填充"对话框。
2 设置使用为 50% 灰色，其他参数保持不变，单击"确定"按钮。
3 按 Ctrl+D 组合键取消选区。

10

1 选择"图像-调整-曲线"命令，或者按 Ctrl+M 组合键，打开"曲线"对话框。
2 调整曲线至如图所示，文字更有立体感，单击"确定"按钮。

11

1 选择"通道"面板，按住 Ctrl 键不放，单击"Alpha1"通道前的缩略图，载入其选区。
2 选择"选择-反向"命令，反选选区，按 Delete 键删除多余部分，按 Ctrl+D 组合键取消选区。

12

1 选择"图像-调整-色相/饱和度"命令，打开"色相/饱和度"对话框。
2 选中"着色"复选框，设置参数为 220，90，0，单击"确定"按钮。

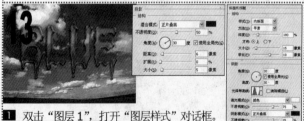

13

1 双击"图层 1"，打开"图层样式"对话框。
单击"斜面和浮雕"复选框后面的名称，设置参数如图所示，阴影颜色为蓝色（R:0,G:50,B:195），等高线为"环形"。
2 单击"投影"复选框后面的名称，设置距离为 6 像素，单击"确定"按钮。

14

1 选择"背景副本"图层，设置图层的混合模式为叠加，不透明度为 55%。

第 6 章

人物修饰处理制作

实例 152 背部纹身效果

实例 153 五彩的染发效果

实例 154 皮肤磨皮去皱纹

实例 155 改变人物脸形

实例 156 艺术淡妆效果

实例 157 黑白照片上色

实例 159 去除脸部青春痘

06

实例 161 眼睛换色

实例 163 艺术美甲效果

实例 165 亮丽嘴唇效果

　　人物修饰处理包括对人物的脸部五官、皮肤、头发和身体等进行修饰，其目的是将不完美的五官比例或肤色等进行美化处理使之符合大众的审美标准。通过学习本章的案例制作，读者可以轻松地将人物从头美化到手或身体的任意部分。

实例152　背部纹身效果

　素材:\实例152\背部纹身\
源文件:\实例152\背部纹身效果.psd

包含知识
- 渐变工具
- 色彩平衡命令
- 色相/饱和度命令
- 置换命令

重点难点
- 纹身效果的处理
- 渐变色彩的处理

制作思路

填充渐变　　　色彩平衡命令　　　置换命令　　　最终效果

01

◆文件大小为 12 厘米×16.5 厘米，分辨率为 180 像素/英寸

1 新建"背部纹身效果.psd"文件。

2 选择渐变工具 ，单击选项栏中的渐变色选择框 ，设置渐变为"白色-黑色"，单击"径向渐变"按钮 ，在图层中由中心向外斜线拖动填充渐变色。

02

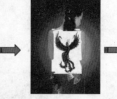 

1 选择"图像-调整-色相/饱和度"命令，打开"色相/饱和度"对话框。

2 选中"着色"复选框，设置参数为 0，60，0，单击"确定"按钮。

03

1 打开"裸背美女.tif"素材文件。选择魔术棒工具 ，在窗口中单击白色部分，按 Ctrl+Shift+I 组合键反向选择选区。

2 按 Ctrl+Alt+D 组合键，打开"羽化选区"对话框，设置羽化半径为 2 像素，单击"确定"按钮。

3 选择移动工具 ，拖动选区内容到"背部纹身效果"文件窗口中，自动生成"图层 1"。按 Ctrl+T 组合键打开自由变换调节框，调整图像的大小和位置，按 Enter 键确认变换。

04

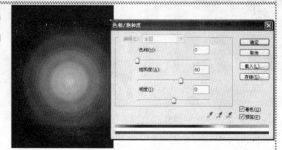 

1 选择"图像-调整-色彩平衡"命令，打开"色彩平衡"对话框。

2 设置参数为 35，-40，-55，单击"确定"按钮。

05

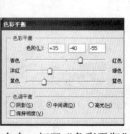

1 打开"纹身图案.tif"素材文件。

2 选择移动工具 ，拖动"纹身图案"图像到"背部纹身效果"文件窗口中，此时自动生成"图层 2"。

3 按 Ctrl+T 组合键，打开自由变换调节框，对"图层 2"进行大小、位置和角度的调节，按 Enter 键确认变换。

06

1 选择"图层 1"。

2 选择矩形选框工具 ，绘制矩形选区，完全框选纹身图案后，按 Ctrl+C 组合键复制选区内容。

07

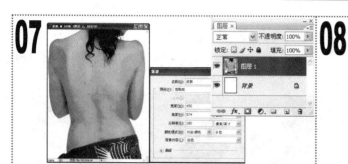

1 选择"文件-新建"命令，打开"新建"对话框，此时对话框内宽度和高度为复制选区时的参数，设置名称为"皮肤"，高度和宽度保持不变，颜色模式为 RGB 颜色，背景内容为白色，单击"确定"按钮。

2 按 Ctrl+V 组合键粘贴选区内容到"图层 1"。

08

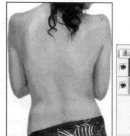

1 在"通道"面板中拖动"红"通道到"通道"面板下方的"删除该通道"按钮。删除"红"通道后，打开询问是否要拼合图层的对话框，单击"确定"按钮。

2 在"通道"面板中自动生成"洋红"通道和"黄色"通道。

09

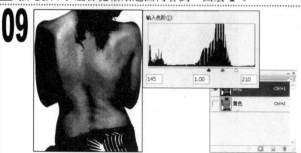

1 选择"洋红"通道。单击"黄色"通道前面的"指示通道可视性"图标，关闭其可视性。

2 按 Ctrl+L 组合键，打开"色阶"对话框，设置参数为145，1.00，210，单击"确定"按钮。

10

1 选择"滤镜-模糊-高斯模糊"命令，打开"高斯模糊"对话框。

2 设置半径为 1.5 像素，单击"确定"按钮。

11

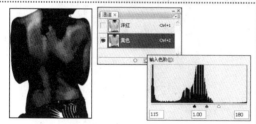

1 在"通道"面板中单击"黄色"通道前面的小方框，显示该通道。单击"洋红"通道前面的"指示通道可视性"图标，关闭其可视性，选择"黄色"通道。

2 按 Ctrl+L 组合键，打开"色阶"对话框，设置参数为115，1.00，180，单击"确定"按钮。

3 选择"滤镜-模糊-高斯模糊"命令，打开"高斯模糊"对话框。设置半径为 1.5 像素，单击"确定"按钮。

12

1 选择"文件-存储为"命令，保存"皮肤"文件，格式为PSD。

2 返回"背部纹身效果"文件窗口，选择"图层 2"，此时矩形选区还在。

3 选择"滤镜-扭曲-置换"命令，打开对话框，设置参数为10，10，单击"确定"按钮。打开"选择一个置换图"对话框，找到存储的"皮肤.psd"文件，单击"打开"按钮。

13

1 按 Ctrl+D 组合键取消选区。

2 设置"图层 2"的图层混合模式为正片叠底，不透明度为 75%。

14

1 选择橡皮擦工具，在其选项栏中设置尖角画笔，不透明度为 100%。

2 擦除纹身图案下方的多余部分，完成制作。

实例153　五彩的染发效果

素材:\实例 153\前卫少女.tif

源文件:\实例 153\五彩的染发效果.psd

包含知识
- 钢笔工具
- 图层混合模式
- 羽化命令
- 画笔工具

重点难点
- 染发色彩的处理
- 挑染头发的处理

制作思路

复制图层　　　添加图层蒙版　　　挑染头发　　　最终效果

01

1 打开"前卫少女.tif"素材文件。

2 拖动"背景"图层到"图层"面板下方的"创建新图层"按钮 上，复制生成"背景 副本"图层。

02

1 选择钢笔工具 ，单击选项栏中的"路径"按钮 ，沿着人物发丝边缘绘制路径。

03

羽化选区

羽化半径(R): 5　像素

1 按 Ctrl+Enter 组合键将路径转换为选区。

2 按 Ctrl+Alt+D 组合键打开"羽化选区"对话框，设置羽化半径为 5 像素，单击"确定"按钮。

04

1 单击"创建新图层"按钮 ，新建"图层 1"。设置前景色为蓝色（R:25,G:59,B:123）。

2 按 Alt+Delete 组合键填充前景色。

3 按 Ctrl+D 组合键取消选区。

05

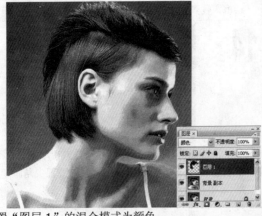

1 设置"图层 1"的混合模式为颜色。

06

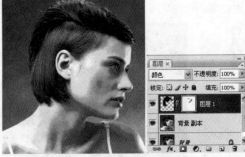

1 单击"图层"面板下方的"添加图层蒙版"按钮 ，为"图层 1"添加图层蒙版。

2 选择画笔工具 ，在其选项栏中设置柔角画笔，不透明度为 50%，在露出头皮的位置进行涂抹。

07

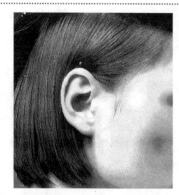

1 选择钢笔工具 ，单击选项栏中的"路径"按钮 ，绘制人物耳侧挑染头发的路径。

08

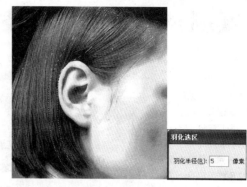

1 按 Ctrl+Enter 组合键将路径转换为选区。
2 按 Ctrl+Alt+D 组合键打开"羽化选区"对话框，设置羽化半径为 5 像素，单击"确定"按钮。

09

1 单击"创建新图层"按钮 ，新建"图层 2"。
2 设置前景色为紫红色（R:144,G:1,B:111），按 Alt+Delete 组合键填充前景色。
3 按 Ctrl+D 组合键取消选区。

10

1 设置"图层 2"的混合模式为颜色。

11

1 选择钢笔工具 ，单击选项栏中的"路径"按钮 ，绘制人物侧面挑染头发的路径。
2 按 Ctrl+Enter 组合键将路径转换为选区。
3 按 Ctrl+Alt+D 组合键打开"羽化选区"对话框，设置羽化半径为 5 像素，单击"确定"按钮。

12

1 单击"创建新图层"按钮 ，新建"图层 3"。设置前景色为紫色（R:94,G:19,B:149）。
2 按 Alt+Delete 组合键填充前景色。按 Ctrl+D 组合键取消选区。
3 设置"图层 3"的混合模式为颜色。

13

1 单击"创建新图层"按钮 ，新建"图层 4"。
2 选择画笔工具 ，在其选项栏中设置画笔为柔角 80 像素，不透明度为 100%，前景色为暗红色（R:175,G:32,B:40），涂抹人物头部上方的发丝。

14

1 设置"图层 4"的混合模式为颜色。

Photoshop CS3 特效处理百练成精

实例154　皮肤磨皮去皱纹

素材:\实例154\成熟女性.tif

源文件:\实例154\皮肤磨皮去皱纹.psd

包含知识
- 修补工具
- 仿制图章工具
- 曲线命令
- 色阶命令

重点难点
- 去除皱纹的处理
- 皮肤美白的处理

制作思路

复制图层　　　载入选区　　　调整色阶　　　最终效果

01

1. 打开"成熟女性.tif"素材文件。
2. 拖动"背景"图层到"图层"面板下方的"创建新图层"按钮 🔲 上，复制生成"背景 副本"图层。

02

1. 选择仿制图章工具 ♣,，在其选项栏中设置画笔为柔角 45 像素，不透明度为 50%。
2. 按住 Alt 键不放单击鼠标，在嘴角纹周围相似的皮肤处取样，然后松开 Alt 键，涂抹需要去除皱纹的区域。

03

1. 在其选项栏中设置画笔大小为 30 像素，采用相同的方法去除嘴角的皱纹。

04

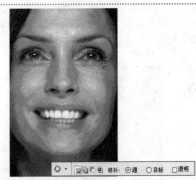

1. 选择修补工具 🔘，在其选项栏中选中"源"单选项，取消选中"透明"复选框。
2. 框选眼部下方的皱纹，将框选区域拖动到无皱纹且肤色相似的面部区域，松开鼠标后完成框选部分的去皱处理。

05

1. 运用修补工具 🔘 后，此时人物面部皱纹基本去除完成。

06

1. 选择快速选择工具 🖌，单击人物面部皮肤，可用画笔来修饰细节处，确定选区。
2. 按 Ctrl+Alt+D 组合键，打开"羽化选区"对话框，设置羽化半径为 5 像素，单击"确定"按钮。

07

1 按 Ctrl+J 组合键复制选区内容到新的图层，自动生成"图层 1"。

08

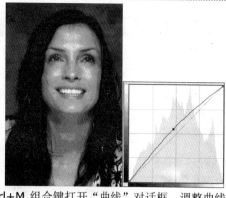

1 按 Ctrl+M 组合键打开"曲线"对话框，调整曲线至如图所示，单击"确定"按钮。

09

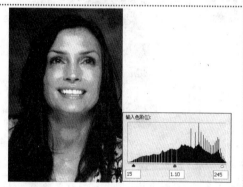

1 选择"图像-调整-色阶"命令，打开"色阶"对话框。
2 在对话框中调整滑块，设置参数为 15，1.10，245，单击"确定"按钮。

10

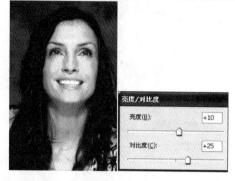

1 选择"图像-调整-亮度/对比度"命令，打开"亮度/对比度"对话框。
2 设置亮度为 10，对比度为 25，单击"确定"按钮。

11

1 选择减淡工具，在其选项栏中设置画笔为柔角 45 像素，曝光度为 20%。
2 对人物面部和颈部的色斑部位和肤色较深的部位进行减淡处理。

12

1 单击"图层"面板下方的"添加图层蒙版"按钮，为"图层 1"添加图层蒙版。
2 选择画笔工具，在其选项栏设置柔角画笔，在人物眼、嘴、眉等部位进行涂抹。

注意提示

运用仿制图章工具可以将图像的一部分绘制到同一图像的另一部分，或绘制到具有相同颜色模式的文档的另一部分，还可以将一个图层的一部分绘制到另一个图层。仿制图章工具对于复制图像或移去图像中的缺陷很有用。

对仿制图章工具使用任意的画笔笔尖，可以准确地控制仿制区域的大小。也可以使用不透明度和流量参数控制对仿制区域应用绘制的方式。

举一反三

根据本例介绍的方法，将左下图（素材：\实例 154\去除新郎.tif）中的新郎涂抹掉，仅剩新娘一个人在画面中，效果如右下图所示（源文件：\实例 154\去除新郎.psd）。

实例155 改变人物脸形

素材:\实例155\清秀美女.tif

源文件:\实例155\改变人物脸形.psd

包含知识

- 液化命令
- 向前变形工具
- 膨胀工具
- 图层混合模式

重点难点

- 人物脸形的处理
- 五官协调统一的处理

制作思路

复制图层　　　　改变脸形　　　　美白皮肤　　　　最终效果

01

1 打开"清秀美女.tif"素材文件。

2 拖动"背景"图层到"图层"面板下方的"创建新图层"按钮 上,复制生成"背景副本"图层。

02

1 选择"滤镜-液化"命令,打开"液化"对话框。

03

1 选择工具箱中的缩放工具 ,在对话框左侧的预览框中单击,将图像放大至100%。

04

1 选择工具箱中的向前变形工具 。

2 设置工具选项为70,50,50,模式为平滑。

05

1 从外向内慢慢拖动鼠标,此时人物脸形有一些变化。在人物下巴处从上向下拖动鼠标,使人物脸部显得更修长。

06

1 选择工具箱中的褶皱工具 。设置工具选项为46,50,50,80,单击嘴部中间,将其嘴部缩小。

07

1 选择工具箱中的膨胀工具 。设置工具选项为 60，50，50，80，单击人物眼睛中心位置，使其眼睛放大。

08

1 选择工具箱中的向前变形工具 。
2 设置工具选项为 62，50，50，从鼻翼两侧分别由外向内慢慢拖动鼠标，将人物鼻子缩小，使其五官在变形后的脸形上更显协调，单击"确定"按钮。

09

1 选择仿制图章工具 ，在其选项栏中设置柔角画笔，大小为 25 像素，不透明度为 50%。
2 按住 Alt 键不放单击鼠标，在眼袋周围相似的皮肤取样，然后松开 Alt 键，涂抹需要去除眼袋的区域。

10

1 选择"图像-调整-曲线"命令，打开"曲线"对话框，调整曲线至如图所示，单击"确定"按钮。

11

1 选择"图像-调整-亮度/对比度"命令，打开"亮度/对比度"对话框。
2 设置亮度为 0，对比度为 35，单击"确定"按钮。

12

1 拖动"背景副本"图层到"图层"面板下方的"创建新图层"按钮 ，复制生成"背景副本 2"图层。
2 设置"背景副本 2"图层的混合模式为叠加，图层的总体不透明度为 35%。

注意提示

液化滤镜可用于推、拉、旋转、反射、折叠和膨胀图像的任意区域。创建的扭曲可以是细微的，也可以是剧烈的，因此液化滤镜是修饰图像和创建艺术效果的强大工具。液化滤镜可应用于 8 位/通道或 16 位/通道图像。"液化"对话框中提供了液化滤镜的工具、选项和图像预览。

举一反三

根据本例介绍的方法，将左下图中的地球（素材：\实例 155\流淌的地球.tif）制作成如右下图所示的流淌效果（源文件：\实例 155\流淌的地球.psd）。

实例156　艺术淡妆效果

素材:\实例156\素面美女.tif

源文件:\实例156\艺术淡妆效果.psd

包含知识
- 减少杂色命令
- 图层混合模式
- 羽化命令
- 画笔工具

重点难点
- 化妆色彩的处理
- 人物皮肤的处理

制作思路

复制图层　　滤色命令后的效果　　图层蒙版效果　　最终效果

01

1 打开"素面美女.tif"素材文件。

2 拖动"背景"图层到"图层"面板下方的"创建新图层"按钮上,复制生成"背景副本"图层。

02

1 选择修补工具,在其选项栏中选中"源"单选项,取消选中"透明"复选框。

2 框选人物面部比较明显的黑痣,将框选区域拖动到无黑痣且肤色相似的面部区域,松开鼠标后完成框选部分的去痣处理。

03

1 选择快速选择工具,单击人物面部皮肤,可用画笔来修饰细节处,确定选区。

2 按 Ctrl+Alt+D 组合键,打开"羽化选区"对话框,设置羽化半径为 5 像素,单击"确定"按钮,使羽化选区的边缘过渡自然。

04

1 按 Ctrl+J 组合键复制选区内容到新的图层,自动生成"图层 1"。

2 设置"图层 1"的混合模式为滤色。

05

1 按 Ctrl+M 组合键打开"曲线"对话框,调整曲线至如图所示,单击"确定"按钮。

2 按 Ctrl+L 组合键打开"色阶"对话框,调整滑块设置参数为 0、1.10、220,单击"确定"按钮。

06

1 选择"图像-调整-亮度/对比度"命令,打开"亮度/对比度"对话框。

2 设置亮度为 5,对比度为 10,单击"确定"按钮。

07

1️⃣ 选择"滤镜-杂色-减少杂色"命令，打开"减少杂色"对话框。

2️⃣ 设置参数为 8，0，90，0，单击"确定"按钮。

08

1️⃣ 单击"图层"面板下方的"添加图层蒙版"按钮 ▣，为"图层 1"添加图层蒙版。

2️⃣ 选择画笔工具 ✎，在其选项栏设置柔角画笔，不透明度为 80%，在眼部和眉毛位置进行涂抹。

09

1️⃣ 选择钢笔工具 ✎，单击其选项栏中的"路径"按钮，沿嘴唇边缘绘制路径。

2️⃣ 按 Ctrl+Enter 组合键将路径转换为选区。

3️⃣ 按 Ctrl+Alt+D 组合键打开"羽化选区"对话框，设置羽化半径为 2 像素，单击"确定"按钮。

10

1️⃣ 单击"创建新图层"按钮 ▣，新建"图层 2"。

2️⃣ 设置前景色为红色（R:181,G:2,B:0），按 Alt+Delete 组合键填充前景色，按 Ctrl+D 组合键取消选区。

11

1️⃣ 设置"图层 2"的混合模式为颜色。

2️⃣ 单击"图层"面板下方的"添加图层蒙版"按钮 ▣，为"图层 2"添加图层蒙版。

3️⃣ 选择画笔工具 ✎，在露出牙齿的部位进行涂抹。

12

1️⃣ 单击"创建新图层"按钮 ▣，新建"图层 3"。

2️⃣ 选择画笔工具 ✎，在选项栏中设置画笔为柔角 100 像素。

3️⃣ 在人物脸部绘制前景色。

13

1️⃣ 设置"图层 3"的混合模式为颜色。

2️⃣ 选择橡皮擦工具 ✎，在选项栏中设置柔角画笔，擦除人物脸上腮红多余的部分。

14

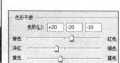

1️⃣ 按 Ctrl+Alt+Shift+E 组合键盖印可见图层，自动生成"图层 4"。

2️⃣ 选择"图像-调整-色彩平衡"命令，打开"色彩平衡"对话框，设置参数为 20，-20，-10，单击"确定"按钮。

实例157　黑白照片上色

素材:\实例 157\黑白照片.tif

源文件:\实例 157\黑白照片上色.psd

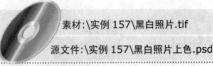

包含知识
- 快速选择工具
- 图层混合模式
- 羽化命令
- 画笔工具

重点难点
- 照片上色的处理
- 色彩的处理

制作思路

复制图层　　　　使用颜色命令　　　　叠加效果　　　　最终效果

01

1　打开"黑白照片.tif"素材文件。
2　按 Ctrl+J 组合键复制"背景"图层内容到新的图层，自动生成"图层 1"。

02

1　单击"创建新图层"按钮 ，新建"图层 2"。
2　选择快速选择工具 ，单击窗口中背景区域，载入选区。
3　按 Ctrl+Alt+ D 组合键打开"羽化选区"对话框，设置羽化半径为 1 像素，单击"确定"按钮。

03

1　设置前景色为蓝色（R:171,G:196,B:226），按 Alt+Delete 组合键填充前景色,按 Ctrl+D 组合键取消选区。
2　设置"图层 2"的混合模式为颜色。

04

1　单击"创建新图层"按钮 ，新建"图层 3"。
2　选择快速选择工具 ，单击窗口中葡萄位置，将其载入选区。
3　按 Ctrl+Alt+Shift+D 组合键打开"羽化选区"对话框，设置羽化半径为 1 像素，单击"确定"按钮。

05

1　设置前景色为绿色（R:160,G:191,B:0），按 Alt+Delete 组合键填充前景色,按 Ctrl+D 组合键取消选区。
2　设置"图层 3"的混合模式为叠加,图层的总体不透明度为 75%。

06

1　单击"创建新图层"按钮 ，新建"图层 4"。
2　选择画笔工具 ，在选项栏中设置画笔为柔角 40 像素。
3　设置前景色为白色（R:255,G:255,B:255），在葡萄的高光部位绘制前景色。

07

1 设置"图层 4"的混合模式为柔光。

08

1 单击"创建新图层"按钮，新建"图层 5"。
2 选择快速选择工具，单击窗口中的人物，载入选区。
3 按 Ctrl+Alt+ D 组合键打开"羽化选区"对话框，设置羽化半径为 2 像素，单击"确定"按钮。

09

1 设置前景色为粉红色（R:212,G:168,B:137），按 Alt+Delete 组合键填充前景色，按 Ctrl+D 组合键取消选区。
2 设置"图层 5"的混合模式为颜色。

10

1 单击"图层"面板下方的"添加图层蒙版"按钮，为"图层 5"添加图层蒙版。
2 选择画笔工具，在选项栏设置画笔为柔角，不透明度为 80%，在眼白、眉毛和头发位置进行局部涂抹。

11

1 选择钢笔工具，单击选项栏中的"路径"铵钮，沿着人物嘴唇边缘绘制路径。
2 按 Ctrl+Enter 组合键将路径转换为选区。
3 按 Ctrl+Alt+D 组合键打开"羽化选区"对话框，设置羽化半径为 2 像素，单击"确定"按钮。

12

1 单击"创建新图层"按钮，新建"图层 6"。
2 设置前景色为紫红色（R:152,G:68,B:98），按 Alt+Delete 组合键填充前景色，按 Ctrl+D 组合键取消选区。
3 设置"图层 6"的混合模式为叠加。

13

1 单击"创建新图层"按钮，新建"图层 7"。
2 选择画笔工具，在选项栏中设置画笔为柔角 25 像素，不透明度为 50%，用前景色在人物眼影处绘制前景色。
3 设置"图层 7"的混合模式为叠加，不透明度为 70%。

14

1 按 Ctrl+Alt+Shift+E 组合键盖印可见图层，自动生成"图层 8"。
2 选择"图像-调整-亮度/对比度"命令，打开对话框，设置参数为 30，20，单击"确定"按钮。

素材:\实例 158\直发美女.tif

源文件:\实例 158\直发变烫发效果.psd

实例158 直发变烫发效果

包含知识
- 液化命令
- 扭曲工具
- 高反差保留命令
- 钢笔工具

重点难点
- 卷发效果的处理
- 卷发色彩的处理

制作思路

复制图层　　　　　　液化效果　　　使用高反差保留命令　　　最终效果

01

1 打开"直发美女.tif"素材文件。
2 拖动"背景"图层到"图层"面板下方的"创建新图层"按钮□上,复制生成"背景副本"图层。

02

1 选择钢笔工具 ，单击选项栏中的"路径"按钮 ，沿着人物发丝边缘绘制路径。

03

羽化选区

羽化半径(R): 10　像素

1 按 Ctrl+Enter 组合键将路径转换为选区。
2 按 Ctrl+Alt+D 组合键打开"羽化选区"对话框,设置羽化半径为 10 像素,单击"确定"按钮。

04

1 按 Ctrl+J 组合键复制选区内容到新的图层,自动生成"图层 1"。
2 选择"滤镜-液化"命令,打开"液化"对话框。

05

1 选择工具箱中的顺时针旋转扭曲工具 。
2 设置工具选项为 148,60,100,80,在窗口中头发部位拖动鼠标。

06

1 选择工具箱中的向前变形工具 。
2 设置工具选项为 158,75,100,在头发边缘处由内向外慢慢拖动鼠标,使人物的卷发显得更自然。

07

1 单击"确定"按钮后，图像的效果如图所示。

08

1 选择加深工具 <img>，在其选项栏中设置画笔为 70 像素柔角，曝光度为 25%。
2 在人物卷发的局部位置进行加深处理。

09

1 选择减淡工具 <img>，在其选项栏中设置画笔为 20 像素柔角，曝光度为 20%。
2 在人物卷发的局部位置进行减淡处理。

10

1 按 Ctrl+J 组合键复制选区内容到新的图层，自动生成"图层 1 副本"。
2 选择"滤镜-其他-高反差保留"命令，打开"高反差保留"对话框。
3 设置半径为 5 像素，单击"确定"按钮。

11

1 设置"图层 1 副本"的图层混合模式为叠加。

12

1 选择"图像-调整-色阶"命令，打开"色阶"对话框。
2 在对话框中调整滑块设置参数为 65，1.20，240，单击"确定"按钮。

13

1 设置"图层 1 副本"图层的总体不透明度为 75%。

14

1 选择"图像-调整-色彩平衡"命令，打开"色彩平衡"对话框。
2 设置参数为 40，-20，-10，单击"确定"按钮。

实例159　去除脸部青春痘

素材:\实例 159\痘痘美女.tif

源文件:\实例 159\去除脸部青春痘.psd

包含知识
- 阈值命令
- 高斯模糊
- 色阶命令
- 曲线命令

重点难点
- 去除痘痘的处理
- 人物皮肤的处理

制作思路

复制图层　　　　调整各通道色阶　　　　使用曲线命令　　　　最终效果

01

1. 打开"痘痘美女.tif"素材文件。
2. 拖动"背景"图层到"图层"面板下方的"创建新图层"按钮 上，复制生成"背景副本"图层。

02

1. 选择修补工具 ，在其选项栏中选中"源"单选项，取消选中"透明"复选框。
2. 框选人物面部比较明显的黑痣和痘痘，将框选区域拖动到无瑕疵且肤色相似的面部区域，释放鼠标后完成框选部分的处理。

03

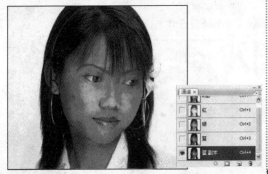

1. 选择"蓝"通道。
2. 拖动"蓝"通道到"通道"面板下方的"创建新图层"按钮 上，复制生成"蓝副本"通道。

04

1. 选择"滤镜-其他-高反差保留"命令，打开"高反差保留"对话框。
2. 设置半径为 4 像素，单击"确定"按钮。

05

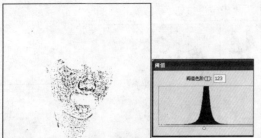

1. 选择"图像-调整-阈值"命令，打开"阈值"对话框，设置阈值色阶为 123，单击"确定"按钮。
2. 选择画笔工具 ，设置前景色为白色（R:255,G:255,B:255）。
3. 在除皮肤部位之外的区域涂抹。

06

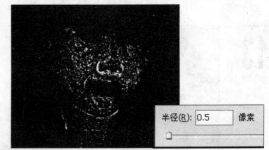

1. 选择"图像-调整-反相"命令。
2. 选择"滤镜-模糊-高斯模糊"命令，打开对话框，设置半径为 0.5 像素，单击"确定"按钮。
3. 按住 Ctrl 键不放，单击"蓝副本"通道前面的缩略图，将通道内容载入选区，按 Ctrl+H 组合键隐藏选区。

07

1 选择"蓝"通道。

2 按 Ctrl+M 组合键打开"曲线"对话框，调整曲线至如图所示，单击"确定"按钮。

08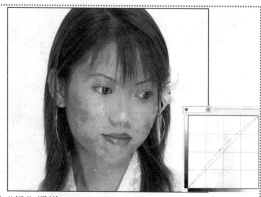

1 选择"绿"通道。

2 按 Ctrl+M 组合键打开"曲线"对话框，调整曲线至如图所示，单击"确定"按钮。

09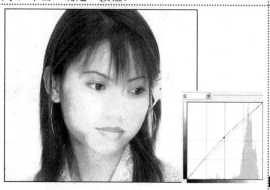

1 选择"红"通道。

2 按 Ctrl+M 组合键打开"曲线"对话框，调整曲线至如图所示，单击"确定"按钮。

10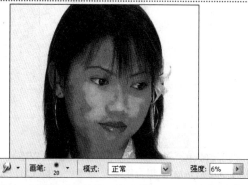

1 选择"通道"面板，选择"RGB"通道。按 Ctrl+D 组合键取消选区。

2 选择"图层"面板，选择"背景副本"图层，此时图像效果如图所示。

11

1 选择涂抹工具，在其选项栏中设置画笔为 20 像素柔角，强度为 6%。

2 在人物面部肤色不均匀的位置慢慢涂抹。

12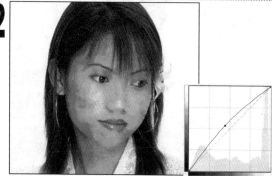

1 按 Ctrl+M 组合键打开"曲线"对话框，调整曲线至如图所示，单击"确定"按钮。

13

1 选择涂抹工具，在人物面部肤色不均匀的位置再次慢慢涂抹。

2 按 Ctrl+M 组合键打开"曲线"对话框，调整曲线至如图所示，单击"确定"按钮。

14

1 按 Ctrl+J 组合键复制选区内容到新的图层，自动生成"背景副本 2"。

2 设置"背景副本 2"图层的混合模式为滤色，图层的总体不透明度为 30%。

实例160 黑美女皮肤美白

素材:\实例160\黑美女.tif

源文件:\实例160\黑美女皮肤美白.psd

包含知识
- 亮度/对比度命令
- 图层混合模式
- 减淡工具
- 橡皮擦工具

重点难点
- 皮肤美白的处理
- 肤色的处理

制作思路

复制图层　　　　填充颜色　　　　减淡颜色　　　　最终效果

01

1 打开"黑美女.tif"素材文件。
2 拖动"背景"图层到"图层"面板下方的"创建新图层"按钮 上，复制生成"背景副本"图层。

02

1 选择"红"通道。
2 按住 Ctrl 键不放，单击"红"通道将其载入选区。

03

1 选择"图层"面板，单击"创建新图层"按钮 ，新建"图层1"。

04

1 设置前景色为白色（R:255,G:255,B:255）。
2 按 Alt+Delete 组合键填充前景色，按 Ctrl+D 组合键取消选区。

05

1 设置"图层1"的不透明度为80%，此时人物的肤色变得白皙。

06

1 选择橡皮擦工具 ，在选项栏中设置不透明度为55%。
2 拖动鼠标，对除了肌肤以外的区域进行擦除。

07

1 选择"背景副本"图层。选择减淡工具 ，在其选项栏中设置画笔为 60 像素柔角，曝光度为 20%。
2 对颈部和手臂部位进行涂抹，使肤色减淡。

08

1 选择钢笔工具 ，单击选项栏中的"路径"按钮 ，沿人物嘴唇边缘绘制路径。

09

1 按 Ctrl+Enter 组合键将路径转换为选区。
2 按 Ctrl+Alt+D 组合键打开"羽化选区"对话框，设置羽化半径为 2 像素，单击"确定"按钮。
3 选择"图层 1"，按 Delete 键删除选区内容。

10

1 选择"背景副本"图层，按 Ctrl+J 组合键复制选区内容到新的图层，自动生成"图层 2"。

11

1 设置"图层 2"的混合模式为叠加，图层的总体不透明度为 60%。

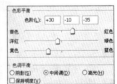

12

1 选择"图层 1"，按 Ctrl+Alt+Shift+E 组合键盖印可见图层，自动生成"图层 3"。
2 选择"图像-调整-色彩平衡"命令，打开"色彩平衡"对话框，设置参数为 30，-10，-35，单击"确定"按钮。

13

1 选择"图像-调整-亮度/对比度"命令，打开"亮度/对比度"对话框。设置对比度为 25，单击"确定"按钮。

举一反三

根据本例介绍的方法，将左下图所示的花图像（素材：\实例 160\花.tif）通过选择"蓝"通道改变颜色，效果为右下图所示的紫色花图像（源文件：\实例 160\花.psd）。

实例161　眼睛换色

素材:\实例161\漂亮女孩.tif
源文件:\实例161\眼睛换色.psd

包含知识
- 画笔工具
- 图层混合模式
- 橡皮擦工具

重点难点
- 眼睛色彩的处理
- 图层混合模式的运用

制作思路

复制图层　　　　正片叠底效果　　　柔光效果　　　　最终效果

01

1 打开"漂亮女孩.tif"素材文件。
2 拖动"背景"图层到"图层"面板下方的"创建新图层"按钮⬛上,复制生成"背景 副本"图层。

02

1 设置"背景副本"图层的混合模式为正片叠底,不透明度为65%。

03

1 单击"创建新图层"按钮⬛,新建"图层1"。设置前景色为紫色(R:230,G:0,B:255)。
2 选择画笔工具✐,在选项栏中设置画笔为尖角 100 像素,不透明度为100%,在人物眼珠处单击绘制圆点。

04

1 设置"图层1"的混合模式为柔光。
2 选择橡皮擦工具✐,在选项栏中设置画笔为尖角,擦除眼珠上方的多余部分。

05

1 单击"创建新图层"按钮⬛,新建"图层2"。
2 选择画笔工具✐,在选项栏中设置画笔为柔角40像素。
3 设置前景色为白色(R:255,G:255,B:255),在人物眼珠内的高光处绘制前景色。

06

1 设置"图层2"的混合模式为叠加,不透明度为50%,完成本例的制作。

实例162 去除黑大的眼袋

素材:\实例 162\魅力女性.tif

源文件:\实例 162\去除黑大的眼袋.psd

包含知识

■ 仿制图章工具
■ 曲线命令
■ 图层蒙版
■ 涂抹工具

重点难点

■ 去除眼袋的处理
■ 人物皮肤的处理

制作思路

复制图层　　　　滤色命令后的效果　　　使用仿制图章工具　　　最终效果

01

1 打开"魅力女性.tif"素材文件。
2 拖动"背景"图层到"图层"面板下方的"创建新图层"按钮 ▣ 上,复制生成"背景 副本"图层。

02

1 设置"背景 副本"图层的混合模式为滤色。

03

1 按 Ctrl+Alt+Shift+E 组合键盖印可见图层,自动生成"图层 1"。
2 选择放大工具 ◉,单击窗口内的图像将其放大至 100%。

04

1 选择仿制图章工具 ▣.,在其选项栏中设置画笔为柔角 25 像素,不透明度为 60%。
2 按住 Alt 键单击鼠标,在眼部周围相似的肤色处取样,然后松开 Alt 键,涂抹右眼需要改变的区域。

05

1 采用相同的方法去除左眼眼袋,此时图像效果如图所示。

06

1 在其选项栏中设置画笔为柔角 30 像素,采用相同的方法涂抹人物额头上需要改变的区域。

07

1　在其选项栏中设置画笔为柔角 20 像素，不透明度为 30%。

2　采用相同的方法，涂抹嘴角处需要改变的皱纹区域。

08

1　选择快速选择工具 ，单击人物面部皮肤，可用画笔来修饰细节处，确定选区。

2　按 Ctrl+Alt+D 组合键，打开"羽化选区"对话框，设置羽化半径为 8 像素，单击"确定"按钮。

09

1　按 Ctrl+J 组合键复制选区内容到新的图层，自动生成"图层 2"。

2　按 Ctrl+M 组合键打开"曲线"对话框，调整曲线至如图所示，单击"确定"按钮。

10

1　选择涂抹工具 ，在其选项栏中设置画笔为 35 像素柔角，强度为 6%。

2　在人物颈部和下巴处肤色不均匀的位置慢慢涂抹。

11

1　单击"图层"面板下方的"添加图层蒙版"按钮 ，为"图层 2"添加图层蒙版。

2　选择画笔工具 ，在其选项栏中设置画笔为柔角，不透明度为 80%，在项链处进行涂抹。

12

1　在选项栏中设置画笔大小为 10 像素，不透明度为 60%。

2　在人物眼睛、眉和嘴唇位置仔细涂抹。

13

 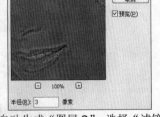

1　按 Ctrl+Alt+Shift+E 组合键盖印可见图层，自动生成"图层 3"。选择"滤镜-其他-高反差保留"命令，打开"高反差保留"对话框。

2　设置半径为 3 像素，单击"确定"按钮。

14

1　设置"图层 3"的混合模式为叠加，图层总体不透明度为 80%。

实例163　艺术美甲效果

素材:\实例 163\纤纤玉手.tif

源文件:\实例 163\艺术美甲效果.psd

包含知识
- 添加杂色命令
- 图层混合模式
- 羽化命令
- 染色玻璃命令

重点难点
- 美甲色彩的处理
- 美甲图案的处理

制作思路

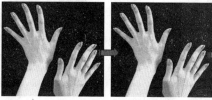  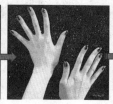 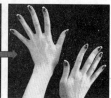

复制图层　　　　　填充颜色效果　　　　叠加效果　　　　　最终效果

01

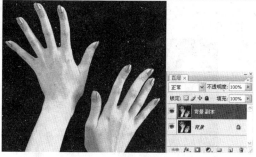

1️⃣ 打开"纤纤玉手.tif"素材文件。

2️⃣ 拖动"背景"图层到"图层"面板下方的"创建新图层"按钮 上,复制生成"背景副本"图层。

02

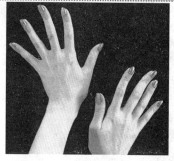

1️⃣ 选择钢笔工具 ,单击选项栏中的"路径"按钮 ,沿手部指甲边缘绘制路径。

03

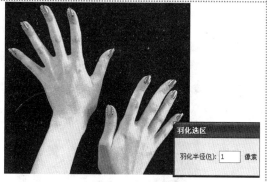

1️⃣ 按 Ctrl+Enter 组合键将路径转换为选区。

2️⃣ 按 Ctrl+Alt+D 组合键打开"羽化选区"对话框,设置羽化半径为 1 像素,单击"确定"按钮。

04

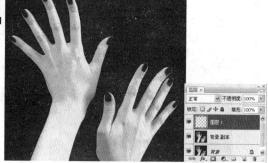

1️⃣ 单击"创建新图层"按钮 ,新建"图层 1"。

2️⃣ 设置前景色为蓝色(R:0,G:0,B:255),按 Alt+Delete 组合键填充前景色。

3️⃣ 按 Ctrl+D 组合键取消选区。

05

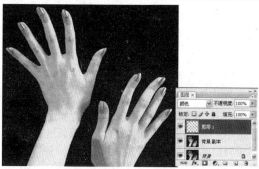

1️⃣ 设置"图层 1"的图层混合模式为颜色。

06

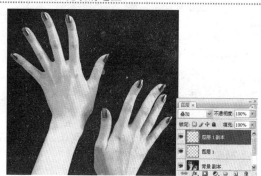

1️⃣ 按 Ctrl+J 组合键复制图层内容到新的图层,自动生成"图层 1 副本"图层。

2️⃣ 设置"图层 1 副本"图层的混合模式为叠加。

07

1. 单击"创建新图层"按钮 ⬛，新建"图层 2"。
2. 按住 Ctrl 键单击"图层 1"缩略图，载入选区。
3. 设置前景色为白色，按 Alt+Delete 组合键填充前景色。按 Ctrl+D 组合键取消选区。

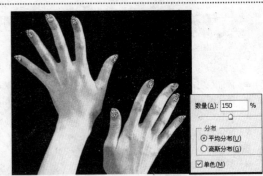

08

1. 选择"滤镜-杂色-添加杂色"命令，打开"添加杂色"对话框。
2. 设置数量为 150%，选中"平均分布"单选项，单击"确定"按钮。

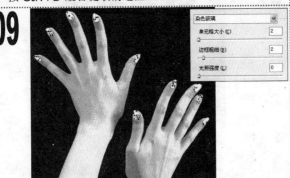

09

1. 选择"滤镜-纹理-染色玻璃"命令，打开"染色玻璃"对话框。
2. 设置参数为 2，2，0，单击"确定"按钮。

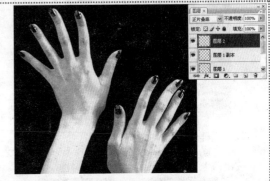

10

1. 设置"图层 2"的混合模式为正片叠底。

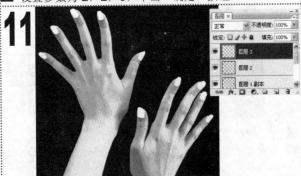

11

1. 单击"创建新图层"按钮 ⬛，新建"图层 3"。
2. 按住 Ctrl 键单击"图层 1"前面的缩略图，载入选区。
3. 按 Alt+Delete 组合键填充前景色。按 Ctrl+D 组合键取消选区。

12

1. 单击"图层"面板下方的"添加图层蒙版"按钮 ⬛，为"图层 3"添加图层蒙版。
2. 选择画笔工具 ✏️，在其选项栏中设置画笔为尖角，不透明度为 100%，在除指甲上方边缘之外的其他位置进行涂抹。

注意提示

　　"颜色减淡"、"颜色加深"、"变暗"、"变亮"、"差值"和"排除"混合模式不可用于 Lab 图像。适用于 32 位图像的图层混合模式包括"正常"、"溶解"、"变暗"、"正片叠底"、"线性减淡（添加）"、"颜色变暗"、"变亮"、"颜色变亮"、"差值"、"色相"、"饱和度"、"颜色"和"明度"。

注意提示

　　单击"图层"面板下方的"创建新组"按钮 ⬛，可新建图层组。默认情况下图层组的混合模式是"穿透"，这表示组没有自己的混合属性。为组选择其他混合模式时，组会被视为一幅单独的图像，并利用所选混合模式与图像的其余部分混合。因此，如果为图层组设置的混合模式不是"穿透"，则组中的调整图层或图层混合模式将不会应用于组外部的图层。

实例164　柳叶眉毛效果

素材:\实例164\面部特写.tif
源文件:\实例164\柳叶眉毛效果.psd

包含知识
- 高反差保留命令
- 图层混合模式
- 反向命令
- 自由变换命令

重点难点
- 柳叶眉毛效果的处理
- 人物色彩的处理

制作思路

 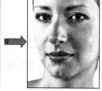 

复制图层　　　高反差保留命令　　　复制图层　　　最终效果

01

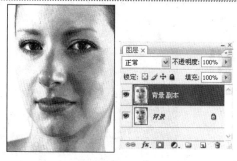

1 打开"面部特写.tif"素材文件。
2 拖动"背景"图层到"图层"面板下方的"创建新图层"按钮□上,复制生成"背景 副本"图层。

02

1 按 Ctrl+J 组合键复制"背景副本"图层内容到新的图层,生成"背景 副本 2"图层。
2 设置"背景副本 2"图层的混合模式为叠加。

03

1 选择"滤镜-其他-高反差保留"命令,打开"高反差保留"对话框。
2 设置半径为 30 像素,单击"确定"按钮。

04

1 选择钢笔工具,单击选项栏中的"路径"按钮,沿人物眉毛边缘绘制路径。
2 按 Ctrl+Enter 组合键将路径转换为选区。
3 按 Ctrl+Alt+ D 组合键打开"羽化选区"对话框,设置羽化半径为 5 像素,单击"确定"按钮。

05

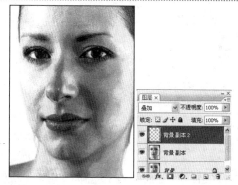

1 选择"选择-反向"命令,反选选区。
2 按 Delete 键删除选区内容,按 Ctrl+D 组合键取消选区。

06

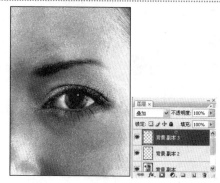

1 按 Ctrl+J 组合键,复制"背景副本 2"图层内容到新的图层,生成"背景 副本 3"图层。

07

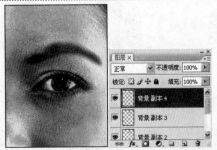

1 按 Ctrl+J 组合键，复制"背景副本 3"图层内容到新的图层，生成"背景副本 4"图层。

2 设置"背景副本 4"图层的混合模式为正常。

3 按 Ctrl+T 组合键打开自由变换调节框，调整"背景副本 4"的角度、大小和位置至眉尾，确定眉形后，按 Enter 键确认变换。

08

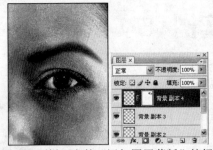

1 单击"图层"面板下方的"添加图层蒙版"按钮，为"背景副本 4"添加图层蒙版。

2 选择画笔工具，在其选项栏中设置柔角画笔，不透明度为 50%，在眉毛边缘部分进行局部涂抹。

09

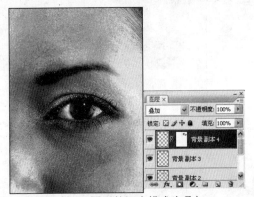

1 设置"背景副本 4"图层的混合模式为叠加。

10

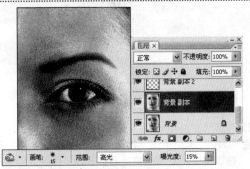

1 选择"背景副本"图层。

2 选择加深工具，在其选项栏中设置柔角画笔，范围为高光，曝光度为 15%，在人物眉毛处进行加深处理。

11

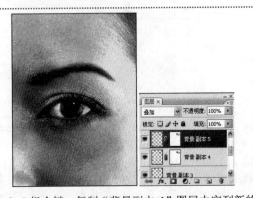

1 按 Ctrl+J 组合键，复制"背景副本 4"图层内容到新的图层，得到"背景副本 5"图层。

12

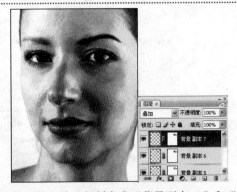

1 采用相同的方法，复制生成"背景副本 6"和"背景副本 7"图层。

13

1 选择"背景副本"图层，采用相同的方法处理右眼眉毛，此时图像效果如图所示。

14

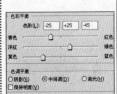

1 按 Ctrl+Alt+Shift+E 组合键盖印可见图层，自动生成"图层 2"。

2 选择"图像-调整-色彩平衡"命令，打开对话框，设置参数为-25，25，-45，单击"确定"按钮。

实例165 亮丽嘴唇效果

素材:\实例165\青春美女.tif

源文件:\实例165\亮丽嘴唇效果.psd

包含知识
- 钢笔工具
- 图层混合模式
- 羽化命令
- 画笔工具

重点难点
- 嘴唇色彩的处理
- 人物牙齿的处理

制作思路

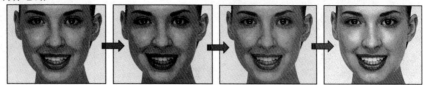

复制图层　　　　颜色处理后的效果　　　　删除选区内容　　　　最终效果

01

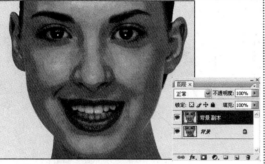

1. 打开"青春美女.tif"素材文件。
2. 拖动"背景"图层到"图层"面板下方的"创建新图层"按钮 上,复制生成"背景副本"图层。

02

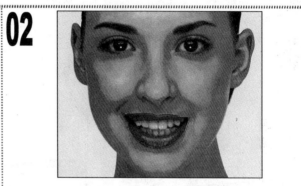

1. 选择钢笔工具 ,在其选项栏中单击"路径"按钮 ,沿人物嘴唇边缘绘制路径。

03

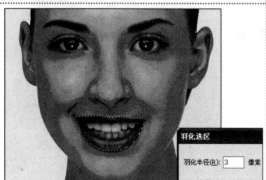

1. 按 Ctrl+Enter 组合键将路径转换为选区。
2. 按 Ctrl+Alt+D 组合键打开"羽化选区"对话框,设置羽化半径为 3 像素,单击"确定"按钮。

04

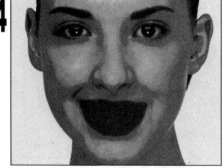

1. 单击"创建新图层"按钮 ,新建"图层 1"。
2. 设置前景色为红色(R:189,G:53,B:46),按 Alt+Delete 组合键填充前景色。
3. 按 Ctrl+D 组合键取消选区。

05

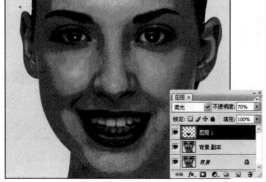

1. 设置"图层 1"的混合模式为柔光,图层的总体不透明度为 70%。

06

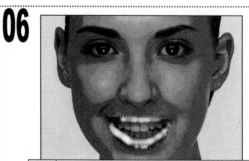

1. 单击"创建新图层"按钮 ,新建"图层 2"。
2. 选择画笔工具 ,在选项栏中设置画笔为柔角,前景色为白色(R:255,G:255,B:255),在嘴唇的高光部位涂抹。

07

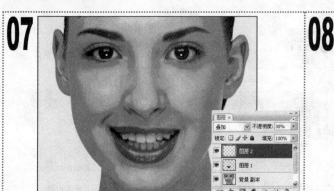

1 设置"图层 2"的混合模式为叠加，图层的总体不透明度为 30%。

08

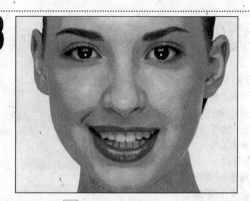

1 选择钢笔工具 ，在其选项栏中单击"路径"按钮 ，沿人物牙齿边缘绘制路径。

09

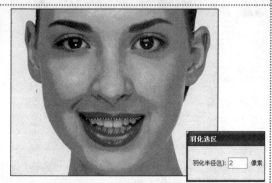

1 按 Ctrl+Enter 组合键将路径转换选区。
2 按 Ctrl+Alt+ D 组合键打开"羽化选区"对话框，设置羽化半径为 2 像素，单击"确定"按钮。

10

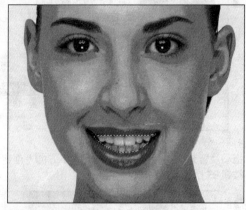

1 选择"图层 1"，按 Delete 键删除选区内容。

11

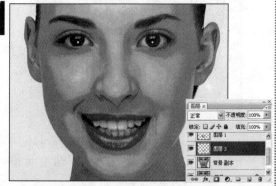

1 按 Ctrl+J 组合键复制选区内容到新的图层，自动生成"图层 3"。

12

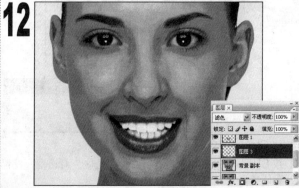

1 设置"图层 3"的混合模式为滤色。

13

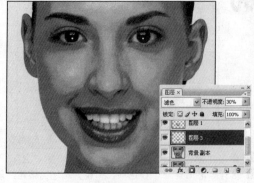

1 设置"图层 3"的图层总体不透明度为 30%。

14

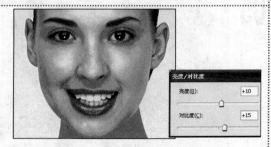

1 按 Ctrl+Alt+Shift+E 组合键盖印可见图层，自动生成"图层 4"。
2 选择"图像-调整-亮度/对比度"命令，打开对话框，设置参数为 10，15，单击"确定"按钮。

第 7 章

图像处理制作

实例 166 卷页效果

实例 168 相片划痕效果

实例 170 神秘古堡效果

实例 171 春天变秋天效果

实例 174 金属图腾效果

实例 176 奔驰的汽车

实例 178 池塘下雨效果

实例 180 云雾效果

实例 184 男变女效果

实例 186 爆炸效果

07

图像处理技术可以轻松地为普通照片赋予专业的数码照片效果。本章将重点讲解如何完美地处理各种图片特效，如卷页效果和脸部裂痕效果等，最终让读者掌握专业的图片处理技术。

实例166 卷页效果

素材:\实例166\卷页素材.tif
源文件:\实例166\卷页效果.psd

包含知识
- 钢笔工具
- 添加锚点工具
- 加深、减淡工具
- 图层样式

重点难点
- 绘制卷页路径
- 卷页效果的处理

制作思路

 →  →  →

拖入素材文件　　删除多余部分　　绘制卷页投影　　最终效果

01

◆ 文件大小为6厘米×8厘米,分辨率为350像素/英寸

1 新建"卷页效果.psd"文件。
2 设置前景色为浅粉色(R:253,G:204,B:195)。
3 按 Alt+Delete 组合键填充前景色到"背景"图层中。

02

1 打开"卷页素材.tif"素材文件。
2 选择移动工具,将素材图片拖入"卷页效果"文件窗口中,自动生成"图层1"。
3 按 Ctrl+T 组合键打开自由变换调节框,按住 Shift 键不放,等比例调整图像的大小和位置,按 Enter 键确认变换。

03

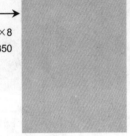

1 选择矩形工具,单击选项栏中的"路径"按钮,在窗口中沿着"图层1"图像边缘绘制矩形路径。
2 选择直接选择工具,在矩形路径上任意点单击。
3 选择添加锚点工具,在路径的右侧和下侧两条边上单击,添加两个新锚点。

04

1 将路径右下角的锚点向左上方拖动,右侧锚点向左轻微拖动,下侧新锚点向上轻微拖动。
2 拖动两个新锚点的控制柄,使路径曲线部分圆滑且过渡自然。

05

1 按 Ctrl+Enter 组合键将路径转换为选区。
2 选择"选择-反向"命令,反选选区,按 Delete 键删除选区内容。
3 按 Ctrl+D 组合键取消选区。

06

1 选择钢笔工具,在窗口右下方绘制路径,并使路径右下方的曲线与纸张开始卷页位置的形状相切。
2 按 Ctrl+Enter 组合键将路径转换为选区。
3 选择"背景"图层,单击"图层"面板下方的"创建新图层"按钮,新建"图层2"。

07

1 设置前景色为浅绿色（R:210,G:237,B:205），背景色为绿色（R:37,G:150,B:34）。

2 选择渐变工具■，单击选项栏中的"线性渐变"按钮■。

3 自左上向右下拖动鼠标为选区填充渐变色，按 Ctrl+D 组合键取消选区。

08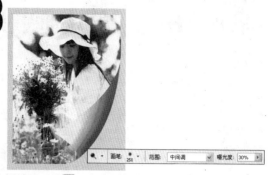

1 选择减淡工具，在选项栏中设置画笔为大号柔角，范围为中间调，曝光度为 30%。

2 在"图层 2"颜色较浅的部位涂抹。

09

1 设置前景色为灰色（R:83,G:83,B:83）。选择钢笔工具，在窗口右下方绘制纸张阴影的路径。

2 新建"图层 3"，按 Ctrl+Enter 组合键将路径转换为选区。

3 按 Ctrl+Alt+D 组合键打开"羽化选区"对话框，设置羽化半径为 15 像素，单击"确定"按钮。

10

1 按 Alt+Delete 组合键为选区填充灰色，按 Ctrl+D 组合键取消选区。

2 设置"图层 3"的图层总体不透明度为 65%。

11

1 新建"图层 4"。按住 Ctrl 键不放，单击"图层 1"前面的缩略图，载入选区。

2 选择"编辑-描边"命令，打开对话框，设置宽度为 2px，颜色为白色（R:255,G:255,B:255），位置为居外，单击"确定"按钮。

3 按 Ctrl+D 组合键取消选区。选择橡皮擦工具，擦除没有卷页效果的其他描边部位。

12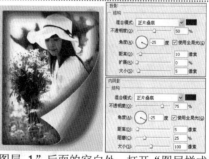

1 双击"图层 1"后面的空白处，打开"图层样式"对话框，单击"投影"复选框后面的名称，设置不透明度为 50%，角度为-25 度，距离为 10 像素，大小为 5 像素。

2 单击"内阴影"复选框后面的名称，设置距离为 5 像素，阻塞为 25%，大小为 100 像素。

13

1 单击"确定"按钮。选择"图层-图层样式-创建图层"命令，打开对话框，单击"确定"按钮。

2 选择内阴影图层，选择橡皮擦工具，擦除没有卷页效果的其他阴影部位。

14

1 选择"背景"图层，按 Ctrl+U 组合键，打开"色相/饱和度"对话框。

2 设置参数为 50，50，-20，单击"确定"按钮。

素材:\实例167\恬静美女.tif
源文件:\实例167\色块效果.psd

实例167 色块画效果

包含知识
- 色相/饱和度命令
- 照片滤镜命令
- 图层样式
- 图层混合模式

重点难点
- 调整混合颜色色带

制作思路

打开素材文件　　调整颜色　　照片滤镜效果　　最终效果

01

1 打开"恬静美女.tif"素材文件。
2 拖动"背景"图层到"图层"面板下方的"创建新图层"按钮上，复制生成"背景副本"图层。

02

1 选择"图像-调整-色相/饱和度"命令，打开对话框，设置参数为 38，100，0，单击"确定"按钮。此时人物的色相和色彩鲜艳程度都有很大的改变。

03

1 复制"背景副本"图层为"背景副本 2"图层。
2 选择"图像-调整-照片滤镜"命令，打开对话框。选中"滤镜"单选项，并在其后的下拉列表框中选择"深褐色"选项，设置浓度为 100%。取消选中"保留明度"复选框，单击"确定"按钮。此时图像整体颜色变为深色。

04

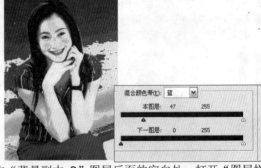

1 双击"背景副本 2"图层后面的空白处，打开"图层样式"对话框，在"混合颜色带"下拉列表框中选择"蓝"选项，拖动设置本图层滑块至 47-255 位置，单击"确定"按钮，此时颜色会有部分被删除。

05

1 选择"背景副本"图层。双击该图层后面的空白处，打开"图层样式"对话框，在"混合颜色带"下拉列表框中选择"绿"选项，拖动设置下一图层滑块至 101-255 位置，单击"确定"按钮。

06

1 设置"背景副本"图层的混合模式为明度。
2 设置"背景副本 2"图层的混合模式为颜色加深。

实例168 相片划痕效果

素材:\实例 168\老相片\
源文件:\实例 168\相片划痕效果完整篇.psd

包含知识
- 图层混合模式
- 去色命令
- 添加杂色命令
- 变化命令

重点难点
- 怀旧色彩的调整
- 划痕效果的处理

制作思路

打开素材文件　　柔光效果　　使用变化命令　　最终效果

01

1 打开"老照片素材.tif"素材文件。
2 打开"幸福的一家.tif"素材文件。

02

1 选择移动工具 ，将"幸福的一家"图片拖入"老照片素材"文件窗口中,自动生成"图层 1"。
2 按 Ctrl+T 组合键打开自由变换调节框,按住 Shift 键不放,调整图像的大小和位置,按 Enter 键确认变换。

03

1 设置"图层 1"的混合模式为柔光,图像效果如图所示。

04

1 按 Ctrl+J 组合键 3 次,复制生成 3 个图层 1 副本,图像效果比较清晰。

05

1 单击"图层"面板下方的"创建新的填充或调整图层"按钮 ,在弹出的快捷菜单中选择"色阶"命令,打开"色阶"对话框,设置参数为 25,1.50,255,单击"确定"按钮。

06

1 单击"创建新图层"按钮 ,新建"图层 2",按 D 键复位前景色和背景色,按 Ctrl+Delete 组合键,填充"图层 2"为背景色。
2 选择"滤镜-杂色-添加杂色"命令,打开"添加杂色"对话框。设置数量为 25%,分布为高斯分布,选中"单色"复选框,单击"确定"按钮。

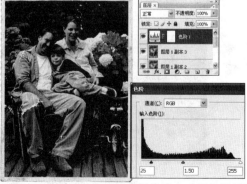

07

半径(R): 0.5 像素

1 选择"滤镜-模糊-高斯模糊"命令,打开"高斯模糊"对话框。设置半径为 0.5 像素,单击"确定"按钮。

08

1 设置"图层 2"的图层混合模式为正片叠底,不透明度为 35%。

09

1 按 Ctrl+Shift+Alt+E 组合键,盖印可见图层,自动生成"图层 3"。
2 选择"图像-调整-去色"命令,将图像进行去色处理。

10

1 选择"图像-调整-变化"命令,打开"变化"对话框。
2 分别单击对话框中的"加深黄色"和"加深红色"预览框各一次,单击"确定"按钮。

11

1 选择"图像-调整-色彩平衡"命令,打开"色彩平衡"对话框。
2 设置参数为-10,-20,-35,单击"确定"按钮。

12

1 打开"花纹背景.tif"素材文件。

13

1 单击"老照片素材"文件为当前窗口,拖动"图层 3"到"花纹背景"文件窗口中,自动生成"图层 1"。
2 按 Ctrl+T 组合键,打开自由变换调节框,调整图像的大小、位置和角度,按 Enter 键确认变换。

14

1 双击"图层 1"后面的空白处,打开"图层样式"对话框。单击"投影"复选框后面的名称,设置距离为 8 像素,扩展为 5%,大小为 7 像素,单击"确定"按钮。

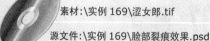

实例169 脸部裂痕效果

素材:\实例 169\涩女郎.tif

源文件:\实例 169\脸部裂痕效果.psd

包含知识
- 去色命令
- 云彩命令
- 色阶命令
- 浮雕效果命令

重点难点
- 色阶命令
- 置换命令

制作思路

打开素材文件　　　　色阶分明效果　　　　制作裂痕　　　　最终效果

01

1 打开"涩女郎.tif"素材文件。

02

1 在文件窗口标题栏上单击鼠标右键,在弹出的快捷菜单中选择"复制"命令,在打开的对话框中单击"确定"按钮。
2 选择"图像-调整-去色"命令,使图像改变成灰度图像。
3 按 Ctrl+Shift+S 组合键打开对话框,保存文件。

03

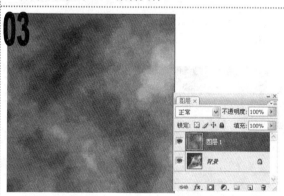

1 单击"创建新图层"按钮□,新建"图层 1"。
2 选择"滤镜-渲染-云彩"命令,此时"图层 1"的云彩效果分布均匀。

04

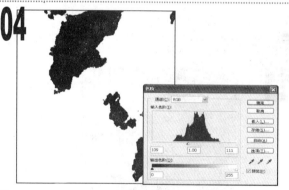

1 选择"图像-调整-色阶"命令,打开对话框,设置参数为 109,1,111。此时云彩图层黑白分明。

05

1 选择魔棒工具，取消选中"连续"复选框,在窗口中单击白色像素载入选区。
2 按 Delete 键删除选区内容。

06

1 按 Ctrl+D 组合键取消选区。
2 拖动"背景"图层到"图层"面板下方的"创建新图层"按钮□上,复制"图层 1"为"图层 1 副本"。
3 按 Ctrl+I 组合键反相颜色为白色。

07

1 按 Ctrl+T 组合键打开自由变换调节框，拖动调整图像的大小，双击鼠标确认变换。

08

1 按住 Ctrl 键不放，单击"图层 1 副本"前面的缩略图，载入选区。

09

1 按 Delete 键删除选区内容。
2 拖动"图层 1 副本"到"图层"面板右下方的"删除图层"按钮 上，删除该图层。

10

1 按 Ctrl+T 组合键，打开自由变换调节框，移动并缩放其大小。

11

1 确认变换后选择橡皮擦工具，擦除脸部以外的部分。

12

1 选择"滤镜-扭曲-置换"命令，打开对话框，选择存储的"涩女郎 副本.psd"文件，单击"打开"按钮。

13

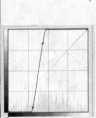

角度(A)：-60 度
高度(H)：2 像素
数量(M)：75 %

1 选择"图像-调整-曲线"命令，打开对话框，调节曲线形状至如图所示。
2 选择"滤镜-风格化-浮雕效果"命令，打开对话框，设置参数为-60，2，75，单击"确定"按钮。

14

1 多次复制"图层 1"，旋转其角度和位置，在脸部放置多个裂痕效果，本例制作完成。

实例170　神秘古堡效果

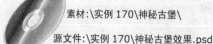

素材:\实例 170\神秘古堡\
源文件:\实例 170\神秘古堡效果.psd

包含知识
- 变换图像
- 曲线命令
- 加深、减淡工具
- 图层混合模式

重点难点
- 自由变换图像
- 色彩调节

制作思路

变换图像　　　　海水效果　　　　添加云朵　　　　最终效果

◆新建的文件大小为 10 厘米×10 厘米，分辨率为 150 像素/英寸

1 新建文件"神秘古堡效果.psd"。打开"古堡.tif"素材文件。
2 选择移动工具，拖动"古堡"图像到新建文件窗口中。
3 按 Ctrl+T 组合键打开自由变换调节框，缩放其大小。

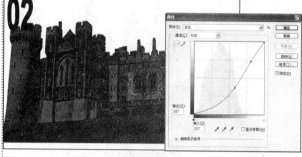

1 双击确认变换后，拖动"图层 1"到"图层"面板下方的"创建新图层"按钮上，复制生成图层 1 副本图层。
2 按 Ctrl+M 组合键打开对话框，调节曲线至如图所示。

1 打开"水.tif"素材文件，选择移动工具，拖动"水"图像到"神秘古堡效果"文件窗口中。
2 按 Ctrl+T 组合键打开自由变换调节框，缩放其大小，双击鼠标确定变换。

1 单击"图层"面板下方的"添加图层蒙版"按钮，为图层添加蒙版。设置前景色为黑色，使用画笔工具涂抹水的边缘，使其过渡自然。
2 选择移动工具，按住 Alt 键不放，水平复制并拖动该图片。

1 使用画笔工具涂抹水的边缘，使两个水图层之间衔接自然。

1 打开"云.tif"素材文件。选择移动工具，拖动"云"图像到"神秘古堡效果"文件窗口中，按 Ctrl+T 组合键打开自由变换调节框，缩放其大小。
2 将"图层 3"放置到"图层 1"下面。

07

色相/饱和度

编辑(E): 全图

色相(H): -11

饱和度(A): -23

明度(I): -70

1 选择"图像-调整-色相/饱和度"命令，打开"色相/饱和度"对话框，设置参数为-11，-23，-70，单击"确定"按钮。

08

1 拖动"图层 1"到"图层"面板下方的"创建新图层"按钮 上，复制生成"图层 1 副本"图层。

2 分别选择加深工具 和减淡工具 ，在其选项栏中设置画笔为柔角 45 像素，范围为中间调，曝光度为 50%，在蓝天处涂抹使其颜色加深，在云朵处涂抹使其局部颜色减淡。

09

1 选择图层混合模式为叠加，此时的云朵颜色融合得比较自然。

10

1 再次选择加深工具 和减淡工具 ，在其选项栏中设置画笔为柔角 45 像素，范围为中间调，曝光度为 50%，对云图像进一步进行修饰。

11

1 选择画笔工具 ，在选项栏中设置画笔为滴溅 39 像素。

2 选择"图层 1 副本"图层，添加图层蒙版后，设置前景色为黑色，对局部进行擦除，露出下一层的图像，形成斑驳陈旧的效果。

12

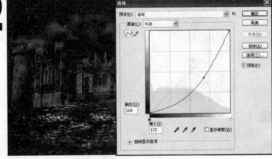

曲线

预设(R): 自定

通道(C): RGB

输出(O): 109

输入(I): 172

1 同时选择"图层 2"和"图层 2 副本"图层，按 Ctrl+E 组合键合并图层。

2 按 Ctrl+M 组合键打开对话框后，调整曲线至如图所示。

13

1 打开"树.tif"素材文件。

2 选择移动工具 ，多次移动"树"图像到水后方城堡的两侧，按 Ctrl+T 组合键打开自由变换调节框，缩放树的大小，双击鼠标确认变换。

3 单击水所在的图层，选择橡皮擦工具 ，涂抹水面的上方，露出部分草地。

14

1 打开"月亮.tif"素材文件。

2 选择移动工具 ，移动"月亮"图像到城堡的右上角，按 Ctrl+T 组合键打开自由变换调节框，缩放其大小。

3 设置图层的混合模式为滤色，此时的黑色会被隐藏，神秘古堡效果完成。

实例171　春天变秋天效果

素材:\实例 171\春天.tif

源文件:\实例 171\春天变秋天效果.psd

包含知识
- 色彩平衡命令
- 粗糙蜡笔命令
- 图层样式

重点难点
- 色彩平衡命令
- 粗糙蜡笔命令

制作思路

打开素材文件　　　调节中间色调为绿色　　　调节其他颜色　　　最终效果

1 打开"春天.tif"素材文件。

1 选择"图像-调整-色彩平衡"命令,打开对话框,设置参数为 100,-100,-100,此时中间色调变为黄色。

1 选中"高光"单选项,设置参数为 53,-24,-29,此时照片颜色的高光整体偏红。

1 选中"阴影"单选项,设置参数为 36,23,-44,此时照片颜色的暗调整体偏红和偏黄,单击"确定"按钮。

1 选择"滤镜-艺术效果-粗糙蜡笔"命令,打开对话框,设置参数为 2,3,纹理为画布,76,15,单击"确定"按钮。

1 选择矩形选框工具,在距离文件窗口水平和垂直约 1 厘米处,拖动并绘制矩形选区。
2 按 Ctrl+Shift+I 组合键反选选区。新建"图层 1",设置前景色为黑色,按 Alt+Delete 组合键填充前景色。
3 双击"图层 1"后面的空白处,打开对话框,设置内阴影的颜色为浅灰色,大小为 3 像素,单击"确定"按钮。

实例172 地球效果

素材:\无
源文件:\实例172\地球效果.psd

包含知识
- 椭圆选框工具
- 分层云彩命令
- 色相/饱和度命令
- 色彩范围命令

重点难点
- 分层云彩命令
- 色彩范围命令

制作思路

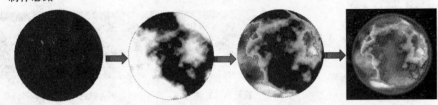

绘制正圆　　　　绿色陆地效果　　　　蓝色海洋效果　　　　最终效果

文件大小为 8 厘米×8厘米,分辨率为 200 像素/英寸

1 新建"地球效果.psd"文件。单击"创建新图层"按钮,新建"图层 1"。

2 选择椭圆选框工具,按住 Shift 键不放,在文件窗口中拖动鼠标绘制正圆选区。

3 设置前景色为黑色,按 Alt+Delete 组合键填充前景色。

1 按 D 键复位前景色与背景色。选择"渲染-分层云彩"命令,此时图像呈黑白云雾效果。

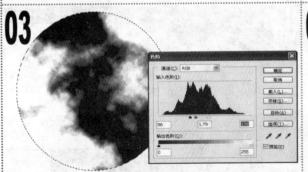

1 按 Ctrl+L 组合键打开对话框,设置参数为 86,1.79,139,单击"确定"按钮,此时黑白分布更加分明。

1 按 Ctrl+U 组合键,打开"色相/饱和度"对话框,选中"着色"复选框,设置参数为 125,70,0,单击"确定"按钮。

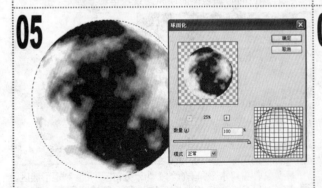

1 选择"滤镜-扭曲-球面化"命令,打开对话框,设置数量为 100%,单击"确定"按钮。

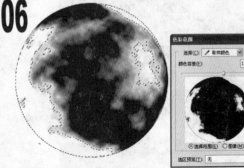

1 选择"选择-色彩范围"命令,打开对话框,在文件窗口中单击鼠标吸取白色像素,返回对话框,设置颜色容差为 118,单击"确定"按钮。

07

1 设置前景色为蓝色（R:0,G:50,B:255），背景色为白色，选择"滤镜-渲染-分层云彩"命令，此时选区内将出现蓝白色云雾效果。

08

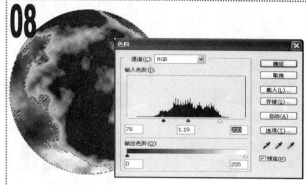

1 按 Ctrl+L 组合键打开对话框，设置参数为 78，1.19，200，单击"确定"按钮。

09

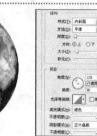

1 按 Ctrl+Shift+I 组合键反选选区。按 Ctrl+J 组合键复制选区内容到"图层 2"。

2 双击"图层 2"后面的空白处，打开"图层样式"对话框，单击"斜面与浮雕"复选框后的名称，设置深度为62%，大小为 13 像素，软化为 16 像素，阴影模式的颜色为蓝色（R:86,G:132,B:255）。

10

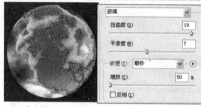

1 按 Ctrl+D 组合键取消选区。选择"选择-色彩范围"命令，打开对话框，在文件窗口中单击鼠标吸取中间的黑色像素，单击"确定"按钮。

2 单击渐变工具，单击选项栏中的渐变色选择框，设置渐变为"深绿-绿-绿黄色"，在选区中拖动鼠标填充渐变色。

3 选择"滤镜-扭曲-玻璃"命令，打开对话框，设置参数为 19，7，纹理为磨砂，缩放为 50%。

11

1 新建"图层 3"。按 D 键复位前景色与背景色。

2 选择"滤镜-渲染-分层云彩"命令，填充黑白状云雾到"图层 3"中。

12

1 设置"图层 3"的混合模式为滤色。

2 选择橡皮擦工具，在选项栏中设置画笔为柔角 100 像素，不透明度为 5%，对局部进行擦除处理，使其表面感觉有一层雾气。

13

1 选择"背景"图层，设置前景色为黑色，按 Alt+Delete 组合键填充前景色。选择"图层 1"，按住 Shift 键不放，选择"图层 3"，按 Ctrl+E 组合键合并选择的图层为"图层 1"。

2 双击"图层 1"后面的空白处，打开"图层样式"对话框。单击"内阴影"复制框后的名称，设置混合模式的颜色为蓝色（R:0, G:120,B:255），距离为 0 像素，阻塞为 36%，大小为 27 像素。

14

1 单击"外发光"复选框后的名称，设置颜色为浅蓝色（R:175,G:202,B:255），扩展为 0%，大小为 24 像素，单击"确定"按钮，地球效果完成。

实例173 月球效果

素材:\无

源文件:\实例173\月球效果.psd

包含知识
- 渐变工具
- USM 锐化
- 光照效果命令
- 球面化命令

重点难点
- 渐变与云彩效果
- 光照命令

制作思路

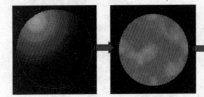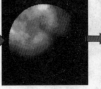

填充渐变　　　　云彩效果　　　　图层混合　　　　最终效果

01

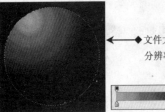

◆文件大小为 8 厘米×8 厘米，分辨率为 200 像素/英寸

1 新建"月球效果.psd"文件。设置前景色为黑色，按 Alt+Delete 组合键填充颜色到"背景"图层中。

2 单击"创建新图层"按钮，新建"图层 1"。选择椭圆选框工具，按 Shift 键不放，拖动绘制正圆选区。

3 选择渐变工具，单击选项栏中的渐变色选择框，设置渐变为"黄色-黑色"，确定后单击选项栏中的"径向渐变"按钮，在选区中拖动填充径向渐变。

02

1 单击"创建新图层"按钮，新建"图层 2"。

2 设置前景色为棕黄色（R:175,G:139,B:0），背景色为黄色（R:246,G:197,B:0）。

3 选择"滤镜-渲染-云彩"命令，此时选区内将呈现黄色云雾效果。

03

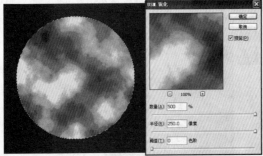

1 选择"滤镜-锐化-USM 锐化"命令，打开对话框，设置参数为 500，250，0，单击"确定"按钮后云彩效果色彩分明。

04

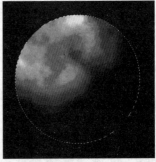

1 设置图层混合模式为叠加，此时与"背景"图层的渐变色相融合。

05

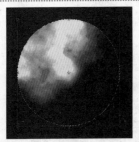

1 拖动"图层 2"到"图层"面板下方的"创建新图层"按钮上，复制生成"图层 2 副本"图层。

2 按 Ctrl+T 组合键打开自由变换调节框，在框内单击鼠标右键，在弹出的快捷菜单中选择"旋转 90 度顺时针"命令。

06

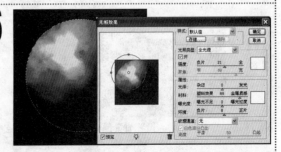

1 双击确认变换。选择"图层 1"，按住 Shift 键不放，选择"图层 2 副本"图层，按 Ctrl+E 组合键合并选择的图层为"图层 1"。

2 选择"滤镜-渲染-光照效果"命令，打开对话框，设置光照类型为全光源，强度为 21，单击"确定"按钮。

07

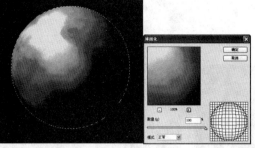

1 选择"滤镜-扭曲-球面化"命令，打开对话框，设置数量为 100%，单击"确定"按钮。此时呈现球体突出状。

08

1 按 Ctrl+D 组合键取消选区。
2 选择"图层 1"，单击"图层"面板下方的"添加图层蒙版"按钮■，为图层添加蒙版。
3 设置前景色为黑色，使用画笔工具✐涂抹月球下方的位置。

09

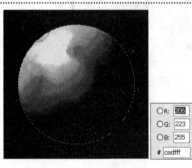

R: 206
G: 223
B: 255
cedfff

1 按住 Ctrl 键不放，单击"图层 1"前面的缩略图，载入选区。
2 新建"图层 2"。设置前景色为蓝色（R:206,G:223,B:255）。选择画笔工具✐，在选项栏中设置画笔大小为 100 像素，不透明度为 30%，沿选区边缘进行涂抹。

10

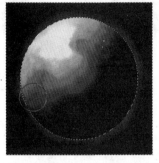

1 按 Ctrl+Shift+I 组合键反选选区，然后再进行涂抹，做出光晕效果。

11

1 按 Ctrl+D 组合键取消选区。单击"图层"面板下方的"添加图层蒙版"按钮■，为图层添加蒙版。

12

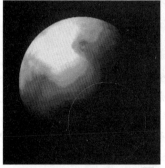

1 设置前景色为黑色，选择画笔工具✐，在选项栏中设置画笔大小为 300 像素，不透明度为 50%，对"图层 2"中的光晕进行涂抹隐藏。

13

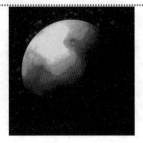

1 设置前景色为棕黄色（R:166,G:117,B:0）。
2 新建"图层 3"，放置该图层到"背景"图层上方。选择画笔工具✐，在图像窗口中单击，绘制多个柔角圆点。

14

1 设置"图层 3"的图层不透明度为 35%。

实例174　金属图腾效果

素材:\实例174\图腾.tif

源文件:\实例174\金属图腾效果.psd

包含知识
- 基底凸现命令
- 添加杂色命令
- 光照效果命令
- 图层混合模式

重点难点
- 基底凸现命令
- 图层混合模式

制作思路

打开素材文件　　　基底凸现效果　　　柔光效果　　　最终效果

01

1 打开"图腾.tif"素材文件。

02

1 设置前景色为棕黄色（R:166,G:117,B:0），背景色为黑色。

2 选择"滤镜-素描-基底凸现"命令，打开对话框，设置细节为 15，平滑度为 1，光照为下，单击"确定"按钮。

03

1 按 Ctrl+J 组合键复制生成"图层 1"。

2 选择"滤镜-杂色-添加杂色"命令，打开对话框，设置数量为 8%，分布为平均分布，选中"单色"复选框。单击"确定"按钮。

04

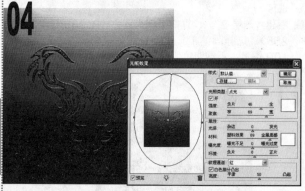

1 选择"滤镜-渲染-光照效果"命令，设置光照类型为"点光"，强度为 46，单击"确定"按钮。

05

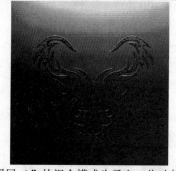

1 设置"图层 1"的混合模式为柔光，此时杂色与光照互相融合。

06

1 选择减淡工具，在选项栏中设置画笔为柔角 60 像素，范围为高光，曝光度为 50%，在文件窗口下方涂抹使颜色减淡。

实例175　鸡蛋上的眼睛

素材:\实例175\鸡蛋.tif，眼睛.tif

源文件:\实例175\鸡蛋上的眼睛.psd

包含知识
- 添加图层蒙版
- 色阶命令
- 渐变工具
- 图层混合模式

重点难点
- 去色命令
- 蒙版隐藏局部

制作思路

打开素材文件　　　隐藏局部图像　　　填充渐变色　　　最终效果

01

1 打开"鸡蛋.tif"素材文件。

02

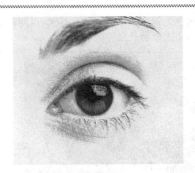

1 打开"眼睛.tif"素材文件。

03

1 选择移动工具，拖动"眼睛"图像到"鸡蛋"文件窗口中。

2 按 Ctrl+T 组合键打开自由变换调节框，缩放其大小。

04

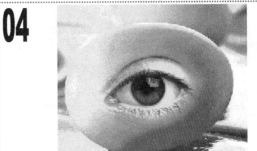

1 单击"图层"面板下方的"添加图层蒙版"按钮，为图层添加蒙版。

2 设置前景色为黑色，选择画笔工具，在选项栏中设置画笔为柔角 80 像素，不透明度为 50%，在眼睛周围涂抹，隐藏部分图像。

05

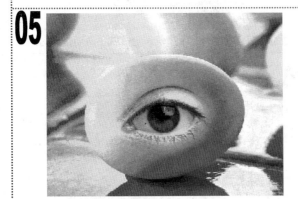

1 选择"图像-调整-去色"命令，此时眼睛改变为黑白图像。

06

1 选择"图层-新建调整图层-色阶"命令，打开对话框，设置参数为 88，0.77，255，单击"确定"按钮。此时窗口整体变暗，眼睛颜色对比度增强。

07

1 设置前景色为黑色，选择画笔工具 ✎，涂抹眼睛周围的图像，使之还原为原来的色彩。

08

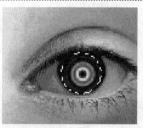

1 选择椭圆选框工具 ○，按 Shift+Alt 组合键不放，单击眼睛中心位置向外拖动鼠标绘制正圆选区。

2 选择渐变工具 ■，在选项栏中单击渐变色选择框 ■，打开"渐变编辑器"对话框，设置渐变图案为"透明彩虹"。

3 新建"图层 2"。单击选项栏中的"径向渐变"按钮 ■，在选区内拖动鼠标填充渐变色。

09

1 设置"图层 2"的混合模式为叠加，此时眼睛改变为彩色效果。按 Ctrl+D 组合键取消选区。

10

1 按住 Ctrl 键不放，选择"图层 1"和"图层 2"，将其拖动到"创建新图层"按钮 ▣ 上，复制生成新的图层，按 Ctrl+E 组合键合并图层，更改名称为"图层 3"。

2 按 Ctrl+T 组合键打开自由变换调节框，旋转其角度，双击确认变换。

11

1 设置"图层 3"的不透明度为 75%。

12

1 复制"图层 3"为副本图层，更改其不透明度为 50%。

13

1 复制眼睛图层并旋转其角度，更改不透明度为 60%。

14

1 复制眼睛图层并旋转其角度，更改其不透明度为 45%。

实例176　奔驰的汽车

素材:\实例 176\汽车\
源文件:\实例 176\奔驰的汽车.psd

包含知识
- 自由变换命令
- 径向模糊命令
- 创建图层命令

重点难点
- 自由变换命令
- 径向模糊命令

制作思路

素材图片　　　　变形汽车　　　　制作速度感　　　　最终效果

1 打开"奔驰的汽车.tif"和"路.tif"素材文件。
2 切换到"奔驰的汽车"文件窗口,选择钢笔工具 ,单击选项栏中的"路径"按钮 ,在窗口中沿汽车外轮廓绘制路径。
3 按 Ctrl+Enter 组合键将路径转换为选区。

1 按 Ctrl+Alt+D 组合键打开对话框,设置羽化选区为 1像素,单击"确定"按钮。选择移动工具 ,拖动汽车图像到"路"文件窗口中。
2 按 Ctrl+T 组合键,在打开的自由变换调节框内单击鼠标右键,在弹出的快捷菜单中选择"扭曲"命令,调节车的形状;继续在调节框内单击鼠标右键,在弹出的快捷菜单中选择"缩放"命令,调节车的大小。

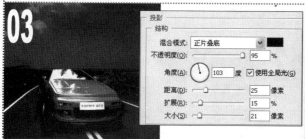

1 双击确认变换。双击"图层 1"后面的空白处,打开"图层样式"对话框,单击"投影"复选框后面的名称,设置不透明度为 95%,距离为 25 像素,扩展为 15%,大小为 21 像素。

1 在"图层 1"上单击鼠标右键,在弹出的快捷菜单中选择"创建图层"命令,在打开的对话框中单击"确定"按钮,投影效果与图层分离。
2 单击"图层"面板下方的"添加图层蒙版"按钮 ,为图层添加蒙版。设置前景色为黑色,选择画笔工具 ,擦除多余的局部以将其隐藏。
3 单击图层缩略图,在缺失的轮胎底部进行黑色涂抹修补。

 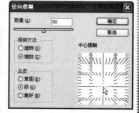

1 选择"背景"图层,选择"滤镜-模糊-径向模糊"命令,设置数量为 50,向下移动中心位置,单击"确定"按钮,此时"背景"图层的图像有向外发散的效果。

1 按 Ctrl+M 组合键,打开"曲线"对话框,调节曲线至如图所示,单击"确定"按钮后图像效果变亮。

07

1 选择"图层1"，拖动该图层到面板下方的"创建新图层"按钮 上，复制生成"图层1副本"。

2 按 Ctrl+F 组合键重复上一次滤镜操作。

08

1 放置该图层到"图层1"下方，汽车呈现发射效果。

09

1 选择移动工具 ，向左上角拖动"图层1副本"图层一些位置。

10

1 新建"图层2"并放置到最顶层。

2 设置前景色为黑色，选择画笔工具 ，在选项栏中设置画笔为滴溅39像素，绘制道路的两旁。

11

1 按 Ctrl+F 组合键重复上一步滤镜操作。

12

1 设置"图层2"的混合模式为颜色，与道路颜色融合。

13

1 单击"创建新图层"按钮 ，新建"图层3"。

2 设置前景色为白色，在天空中涂抹。

14

1 按 Ctrl+F 组合键重复上一步滤镜操作。

2 设置图层混合模式为柔光，此时在天空的陪衬下车的速度感更强。

实例177 创意瓶子效果

素材:\实例 177\瓶子.tif

源文件:\实例 177\创意瓶子效果.psd

包含知识
- 色相/饱和度命令
- 渐变工具
- 自定形状工具
- 径向渐变

重点难点
- 调整色相/饱和度
- 绘制球体正圆

制作思路

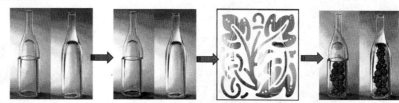

打开素材文件　　调整色相/饱和度　　绘制图案　　最终效果

1 打开"瓶子.tif"素材文件。

1 按 Ctrl+U 组合键,打开"色相/饱和度"对话框,选中"着色"复选框,设置参数为 198,45,0,单击"确定"按钮。

1 选择渐变工具,单击选项栏中的渐变色选择框,打开对话框,设置渐变图案为"蓝色-浅蓝"。

2 新建"图层 1"并填充渐变色。

1 设置"图层 1"的混合模式为叠加,此时瓶子图像变得更蓝。

1 选择加深工具,在选项栏中设置画笔为柔角 125 像素,范围为中间调,曝光度为 100%,在瓶子需要加深的位置涂抹。

1 选择自定形状工具,单击选项栏中的按钮,打开"自定形状"拾色器,单击右上侧的按钮,在弹出的下拉菜单中选择载入"形状"库。返回"自定形状"拾色器,选择"叶形饰件"。

2 单击选项栏中的"路径"按钮,绘制路径。按 Ctrl+Enter 组合键将路径转化为选区。

3 新建"图层 2",填充图层为白色。按 Ctrl+D 组合键取消选区。

07

① 设置"图层 2"的混合模式为柔光，此时图案效果与瓶子相融合。

08

① 单击"图层"面板下方的"添加图层蒙版"按钮▣。设置前景色为黑色，在瓶子周围进行涂抹，将之隐藏。

09

① 新建"图层 3"。选择椭圆选框工具◯，按住 Shift 键不放，在文件窗口中拖绘出正圆选区。
② 选择渐变工具▣，单击选项栏中的渐变色选择框▣▣，打开对话框，设置渐变图案为"蓝色-深蓝"。
③ 单击选项栏中的"径向渐变"按钮▣，在窗口中拖动绘制渐变色，使之具有球体效果。

10

① 选择移动工具▶♦，按住 Alt 键不放拖动复制"图层 3"中的球体。按 Ctrl+T 组合键调节其大小。
② 按 Ctrl+D 组合键取消选区。

11

① 选择移动工具▶♦，按住 Alt 键不放拖动复制"图层 3"为"图层 3 副本"图层，放置到右边的瓶子里。

12

① 再次复制"图层 3"为"图层 3 副本 2"图层，按 Ctrl+T 组合键调节其大小，双击确认变换，并放置到瓶子的顶部。

13

① 设置前景色为蓝色（R:99,G:205,B:255）。
② 新建"图层 4"，选择画笔工具✐，分别单击涂抹渐变圆。

14

① 设置"图层 4"的混合模式为叠加，此时被涂抹后的渐变圆变得更加靓丽。

实例178　池塘下雨效果

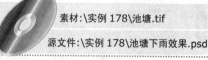

素材:\实例178\池塘.tif

源文件:\实例178\池塘下雨效果.psd

包含知识
- 色彩范围命令
- 点状化命令
- 阈值命令
- 反相命令

重点难点
- 制作下雨效果
- 制作涟漪效果

制作思路

素材图片　　　　颜色整体变暗　　　　制作下雨效果　　　　最终效果

1 打开"池塘.tif"素材文件。

1 选择"选择-色彩范围"命令，打开对话框，吸取文件窗口中的蓝色像素，返回对话框，设置颜色容差为200，单击"确定"按钮。

1 按 Ctrl+Alt+D 组合键打开"羽化选区"对话框，设置羽化半径为10像素，单击"确定"按钮。

1 按 Ctrl+L 组合键，打开"色阶"对话框，设置参数为112，0.62，255，单击"确定"按钮。选区内容的颜色变暗。

2 按 Ctrl+D 组合键取消选区。

1 单击"创建新图层"按钮，新建"图层1"。

2 设置前景色为白色，按 Alt+Delete 组合键填充前景色。

3 选择"滤镜-杂色-添加杂色"命令，打开对话框，设置数量为400%，分布为平均分布，选中"单色"复选框，单击"确定"按钮。

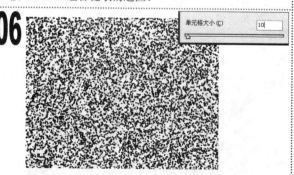

1 选择"滤镜-像素化-点状化"命令，打开对话框，设置单元格大小为10，单击"确定"按钮。

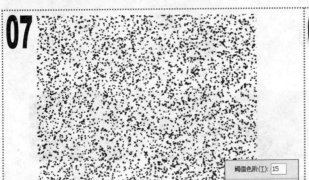

阈值色阶(T): 15

1 选择"图像-调整-阈值"命令,打开对话框,设置阈值
色阶为 15,单击"确定"按钮。颗粒数减少。

1 按 Ctrl+I 组合键反相颜色,使黑白颜色互换。

角度(A): -56 度

距离(D): 44 像素

1 选择"滤镜-模糊-动感模糊"命令,打开对话框,设置
角度为-56 度,距离为 44 像素,单击"确定"按钮。
2 设置图层的混合模式为滤色。此时黑色被隐藏。

1 单击"图层"面板下方的"添加图层蒙版"按钮 ,为
图层添加蒙版。
2 选择画笔工具 ,设置前景色为黑色,在选项栏中设置画
笔为柔角 200 像素,不透明度为 50%,对雨进行擦除。

1 拖动"图层 1"到"图层"面板下方的"创建新图层"
按钮 上,复制生成"图层 1 副本"图层,设置其图层
混合模式为正常。
2 按 Ctrl+F 组合键重复上一次滤镜操作。

1 设置副本图层的混合模式为滤色。
2 设置前景色为黑色。选择画笔工具 ,在选项栏中设置
不透明度为 50%,涂抹池塘部分的蒙版使其若隐若现。

1 选择椭圆选框工具 ,单击选项栏中的"添加到选区"
按钮 ,绘制多个选区。

1 选择"背景"图层,选择"滤镜-扭曲-水波"命令,打
开对话框,设置参数为 33,5,样式为水池波纹。
2 按 Ctrl+D 组合键取消选区。

实例179 闪电艺术效果

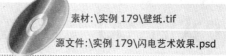

素材:\实例 179\壁纸.tif
源文件:\实例 179\闪电艺术效果.psd

包含知识
- 分层云彩命令
- 色阶命令
- 反相命令
- 色相/饱和度命令

重点难点
- 制作雷电效果
- 图层混合模式

制作思路

分层云彩效果　　　重复滤镜操作　　　反相颜色　　　最终效果

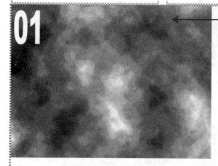

◆文件大小为 15 厘米×11 厘米,分辨率为 200 像素/英寸

1 新建"闪电艺术效果.psd"文件。按 D 键恢复前景色与背景色的默认状态。
2 选择"滤镜-渲染-分层云彩"命令,此时"背景"图层将呈现黑白云雾状态。

1 按 Ctrl+F 组合键重复上一次分层云彩滤镜操作。

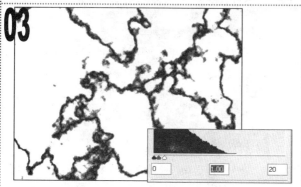

1 按 Ctrl+L 组合键打开"色阶"对话框,设置参数为 0,1,20,单击"确定"按钮,此时出现雷电的纹理效果。

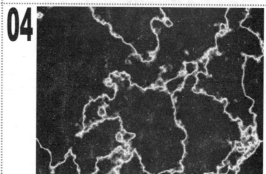

1 按 Ctrl+I 组合键反相颜色,使黑白颜色互换。

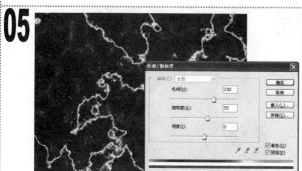

1 按 Ctrl+U 组合键,打开"色相/饱和度"对话框,选中"着色"复选框,设置参数为 230,55,0,单击"确定"按钮。

1 打开"壁纸.tif"素材文件。
2 选择移动工具,将素材图片移动到"闪电艺术效果"文件窗口中,设置其图层混合模式为滤色。

实例180 云雾效果

素材:\实例180\风景.tif

源文件:\实例180\云雾效果.psd

包含知识
- 色彩平衡命令
- 曲线命令
- 云彩命令
- 图层混合模式

重点难点
- 云彩命令
- 图层混合模式

制作思路

打开素材文件　　　调节色彩平衡效果　　　云雾效果　　　最终效果

01 打开"风景.tif"素材文件。

02 选择"图像-调整-色彩平衡"命令,打开对话框,设置参数为-48,77,0,使图像颜色偏绿。

03 选中"阴影"单选项,设置参数为-23,24,18,使图像暗部的颜色也偏绿。

04 选中"高光"单选项,设置参数为-14,32,6,使图像高光区域的颜色也偏绿,单击"确定"按钮。

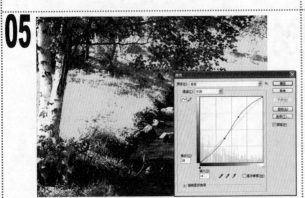

05 按Ctrl+M组合键,打开对话框,调节曲线至如图所示,单击"确定"按钮。

06 选择"图像-调整-色相/饱和度"命令,打开对话框,设置参数为15,0,0,单击"确定"按钮。黄色的草地改变为绿色。

07

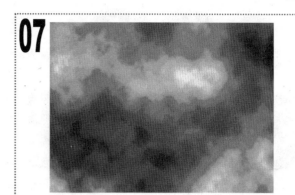

■ 单击"创建新图层"按钮▣，新建"图层 1"。

■ 选择"滤镜-渲染-云彩"命令，此时"图层 1"呈现黑白云雾状态。

08

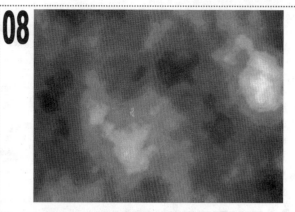

■ 多次按 Ctrl+F 组合键重复上一次滤镜操作，直到获得自己满意的云雾分布效果。

09

■ 选择"图像-调整-色阶"命令，打开对话框，设置参数为54，1，215，单击"确定"按钮。此时云雾效果分明。

10

■ 设置"图层 1"的混合模式为滤色。此时黑色被隐藏。

11

■ 单击"图层"面板下方的"添加图层蒙版"按钮▣，为图层添加蒙版。选择画笔工具✐，设置前景色为黑色，在选项栏中设置画笔为柔角 100 像素，不透明度为50%，对云雾进行擦除隐藏。

12

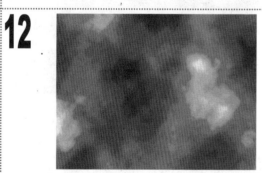

■ 新建"图层 2"，并按 Ctrl+F 组合键多次，重复上一次滤镜操作，直到获得自己满意的云雾分布效果。

13

■ 设置"图层 2"的图层混合模式为滤色，黑色被隐藏。单击"添加图层蒙版"按钮▣，为图层添加蒙版。选择画笔工具✐，对云雾进行擦除隐藏。

14

■ 设置"图层 2"的不透明度为35%，最终效果绘制完毕。

实例181 绚丽爆炸效果

素材:\实例181\风景.tif

源文件:\实例181\绚丽爆炸效果.psd

包含知识
- 钢笔工具
- 云彩命令
- 渐变映射命令
- 加深、减淡效果

重点难点
- 渐变映射命令
- 加深、减淡处理

制作思路

绘制路径　　　　云彩效果　　　　渐变映射　　　　最终效果

1 打开素材文件"风景.tif"。

2 选择钢笔工具，单击选项栏中的"路径"按钮，在窗口中绘制蘑菇云朵形状。

1 按 Ctrl+Enter 组合键，将路径转换为选区。按 D 键复位前景色与背景色。

2 新建"图层1"，选择"滤镜-渲染-云彩"命令，此时选区呈现黑白云雾效果。

1 按 Ctrl+L 组合键，打开对话框，设置参数为 24, 0.77, 209，单击"确定"按钮后图像颜色对比鲜明。

1 按 Ctrl+D 组合键取消选区。单击"图层"面板下方的"添加图层蒙版"按钮，为图层添加蒙版。

2 设置前景色为黑色。选择画笔工具，在选项栏中设置画笔为柔角 45 像素，在文件窗口中涂抹蘑菇云朵的边缘，隐藏部分图像。

1 按住 Ctrl 键不放，单击图层前面的缩略图，载入蘑菇云云朵选区。

1 选择"滤镜-扭曲-球面化"命令，打开对话框，设置数量为 100，单击"确定"按钮，蘑菇云朵呈现凸出状。

07

1 按 Ctrl+D 组合键取消选区。

2 选择画笔工具 ⬚，在选项栏中设置画笔为柔角 45 像素，在文件窗口中涂抹蘑菇云朵的边缘，隐藏部分图像。

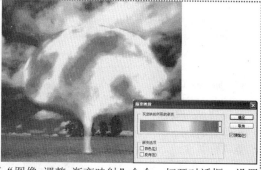

08

1 选择"图像-调整-渐变映射"命令，打开对话框，设置灰度映射所用的渐变为"橘红色-黄色-橘红色"，单击"确定"按钮。蘑菇云朵呈现红黄云雾状。

09

1 单击"图层 1"的缩略图，选择加深工具 ⬚，在选项栏中设置画笔为柔角 100 像素，范围为中间调，曝光度为 50%，在红色处涂抹，使其颜色加深。

10

1 选择减淡工具 ⬚，在选项栏中设置画笔为柔角 100 像素，范围为中间调，曝光度为 50%，在蘑菇云朵的黄色处涂抹，使其颜色减淡。

11

1 按 Ctrl+T 组合键，打开自由变换调节框，缩放其大小。

12

1 双击确认变换后，选择"背景"图层。选择加深工具 ⬚，在选项栏中设置画笔为柔角 200 像素，范围为中间调，曝光度为 50%，在四周涂抹，使其颜色加深。

2 选择减淡工具 ⬚，在选项栏中设置画笔为柔角 100 像素，涂抹蘑菇云朵周围的颜色，使颜色减淡。

13

1 单击"创建新图层"按钮 ⬚，新建"图层 2"。

2 设置前景色为红色（R:255,G:79,B:2），选择画笔工具 ⬚，在选项栏中设置画笔为柔角 100 像素，不透明度为 50%，在蘑菇云朵周围涂抹。

14

1 拖动"图层 2"到"图层 1"下方，设置"图层 2"的混合模式为颜色。

素材:\实例182\燃烧\

源文件:\实例182\燃烧效果.psd

实例182 燃烧效果

包含知识
- 抽出命令
- 色相/饱和度命令
- 图层混合模式
- 图层样式

重点难点
- 抽出命令
- 图层混合模式

制作思路

打开素材文件　　　调节云色彩　　　火焰效果　　　最终效果

01

1　打开"黑女人.tif"素材文件。

02

1　选择"滤镜-抽出"命令，打开对话框，设置画笔大小为15，沿人物边缘进行绘制。

2　选择左侧的填充工具 ◇，单击预览框中封闭的区域，单击"确定"按钮。

03

1　人物被很干净地选择出来。

04

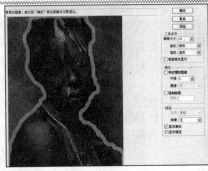

1　打开"天空.tif"素材文件。按 Ctrl+U 组合键，打开"色相/饱和度"对话框，设置参数为 158，100，0，单击"确定"按钮。

05

1　按 Ctrl+L 组合键，打开对话框，设置参数为 93，0.83，214，单击"确定"按钮后图像颜色对比鲜明。

06

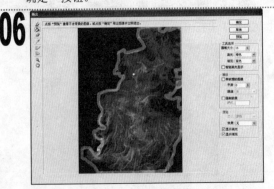

1　打开"火.tif"素材文件。选择"滤镜-抽出"命令，打开对话框，设置画笔为15，沿火焰边缘进行绘制。

2　选择左侧的填充工具 ◇，单击预览框中封闭的区域，单击"确定"按钮。

07

1 火焰被很干净地选择出来。

08

1 选择移动工具 ，拖动火焰和人物图像到"天空"文件窗口中，分别按 Ctrl+T 组合键调节各素材的大小，双击鼠标确定变换。

09

1 选择橡皮擦工具 ，在选项栏中设置画笔为柔角 30 像素，在火焰与头部接触的边缘处涂抹，擦除局部。

2 按住 Ctrl 键不放选择人物与火焰所在的图层，按 Ctrl+E 组合键合并为"图层 1"。

10

1 选择移动工具 ，多次移动火焰到"天空"文件窗口中，并按住 Alt 键不放拖动复制 3 次。

2 按住 Ctrl 键不放，选择火焰所在图层及其复制的副本图层，按 Ctrl+E 组合键合并为"图层 2"。

11

1 拖动"图层 2"到"背景"图层的上一层，设置其混合模式为亮光。

12

1 选择"背景"图层，将其填充为黑色。

13

1 选择"图层 2"，按 Ctrl+I 组合键反相颜色。

14

1 设置"图层 2"的图层不透明度为 35%。

2 双击"图层 1"后面的空白处，打开"图层样式"对话框，设置外发光颜色为红色，扩展为 0%，大小为 87 像素，单击"确定"按钮。最终效果制作完毕。

素材:\实例 183\摩天轮.tif

源文件:\实例 183\摩天轮夜景.psd

实例183 摩天轮夜景

包含知识
- 钢笔工具
- 渐变工具
- 图层混合模式

重点难点
- 描边路径
- 图层样式

制作思路

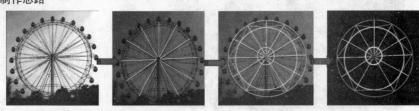

打开素材文件　　　填充透明渐变　　　描边路径　　　最终效果

01

1 打开"摩天轮.tif"素材文件。
2 单击"创建新图层"按钮 🔲 ，新建"图层 1"。

02

1 设置前景色为蓝色（R:18,G:0,B:255）。
2 选择渐变工具 🔲 ，单击选项栏中的渐变色选择框 🔲 ，打开对话框，拖动右上方的"不透明度色标" 🔲 至 30% 的位置。
3 在窗口内由左上角向右下角对角拖动鼠标，在"图层 2"中填充渐变色。

03

1 选择钢笔工具 🖋 ，在窗口中绘制放射状路径。
2 单击"创建新图层"按钮 🔲 ，新建"图层 2"。

04

1 设置前景色为粉红色（R:251,G:205,B:255），选择画笔工具 🖋 ，在选项栏中设置画笔为尖角 4 像素。
2 选择"路径"面板，在"工作路径"后面的空白处单击鼠标右键，在弹出的快捷菜单中选择"描边路径"命令，在打开的"描边路径"对话框中选择"画笔"选项，单击"确定"按钮。

05

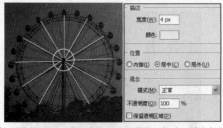

1 新建"图层 3"，选择椭圆工具 ⬭ ，在选项栏中单击"路径"按钮 🔲 ，按住 Shift 键不放，绘制正圆路径。
2 选择"编辑-描边"命令，设置宽度为 4px，颜色为绿色（R:205,G:255,B:205），单击"确定"按钮。按 Ctrl+L 组合键，打开对话框，设置参数为 93，0.83，214，单击"确定"按钮后图像颜色对比鲜明。

06

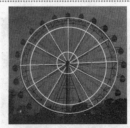

1 新建"图层 4"、"图层 5"和"图层 6"。
2 采用与处理"图层 3"相同的方法绘制正圆并描边。
3 设置"图层 4"的描边颜色为紫色（R:223,G:195,B:255），"图层 5"的描边颜色为绿色（R:205,G:255,B:207），"图层 6"的描边颜色为粉色（R:251,G:205,B:255）。

07

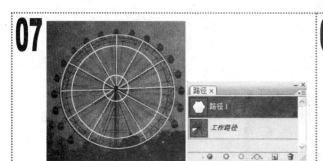

1　选择钢笔工具 ✎，在窗口中绘制摩天轮边缘部位的花边路径。

2　单击"创建新图层"按钮 ⬜，新建"图层 7"。

08

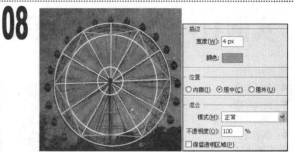

1　按 Ctrl+Enter 组合键将路径转换为选区。

2　选择"编辑-描边"命令，在打开的对话框中设置宽度为 4px，颜色为蓝色（R:181,G:186,B: 255），单击"确定"按钮。

3　按 Ctrl+D 组合键取消选区。

09

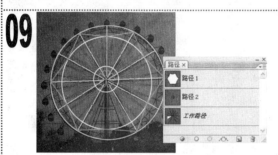

1　选择钢笔工具 ✎，在窗口中绘制摩天轮中心部位的花朵路径。

2　新建"图层 8"，采用与处理"图层 7"相同的方法为"图层 8"描边。

3　设置描边颜色为红色（R:255,G:193,B:205）。

10

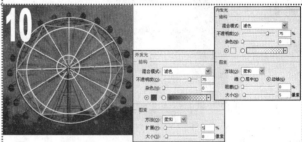

1　双击"图层 1"后面的空白处，在打开的"图层样式"对话框中单击"外发光"复选框后面的名称，设置扩展为 5%，大小为 8 像素，颜色为红色（R:235,G:4,B:255）。

2　单击"内发光"复选框后面的名称，设置颜色为浅红色（R:252,G:225,B:254），大小为 5 像素，单击"确定"按钮。

11

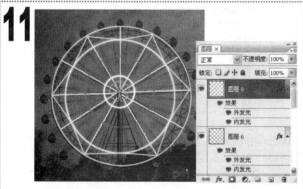

1　采取相同的方法分别为"图层 3"至"图层 8"添加图层样式中的"外发光"和"内发光"效果。

12

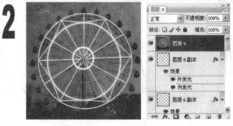

1　在"图层"面板中按住 Shift 键的同时选择"图层 2"至"图层 8"之间的所有图层。

2　拖动选择的图层到"图层"面板下方的"创建新图层"按钮 ⬜ 上，复制生成各图层的副本图层。

3　按 Ctrl+Alt+Shift+E 组合键盖印可见图层，自动生成"图层 9"。

13

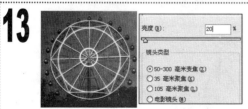

1　选择"滤镜-渲染-镜头光晕"命令，在打开的对话框中设置亮度为 20%，将光晕中心定位在中心处，单击"确定"按钮。

2　重复选择"滤镜-渲染-镜头光晕"命令，分别为剩余的摩天轮小箱添加镜头光晕效果。

14

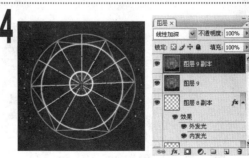

1　复制生成"图层 9 副本"图层。

2　设置"图层 9 副本"的图层混合模式为线性加深。

实例184 男变女效果

素材:\实例184\男性\

源文件:\实例184\男变女效果.psd

包含知识
- 曲线命令
- 液化命令
- 图层混合模式
- 画笔工具

重点难点
- 美白皮肤
- 脸部化妆

制作思路

打开素材文件　　美白皮肤　　液化皮肤　　最终效果

01
1. 打开"男人.tif"素材文件。
2. 拖动"背景"图层到"图层"面板下方的"创建新图层"按钮 □ 上,复制生成"背景副本"图层。

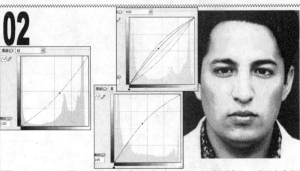

02
1. 选择"图像-调整-曲线"命令,打开对话框,分别选择"红"、"蓝"、"RGB"通道,调整曲线至如图所示,使素材图像的颜色去红调亮,单击"确定"按钮。

03
1. 单击"创建新图层"按钮 □ ,新建"图层1"。
2. 按 Ctrl+Alt+~ 组合键载入高光选区并设置前景色为白色,填充颜色到"图层1"中,设置不透明度为50%。

04
1. 按住 Ctrl 键不放,选择"背景副本"和"图层1",按 Ctrl+E 组合键并图层为"背景副本"图层。
2. 选择"滤镜-液化"命令,打开对话框,选择向前推进工具 ,将人物的脸形以及五官进行液化,单击"确定"按钮。

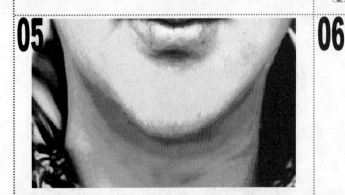

05
1. 设置前景色为粉红色（R:212,G:181,B:123）,选择画笔工具 ,在选项栏中设置不透明度为30%,对人物颈部进行涂抹,降低颈部的黑色程度。

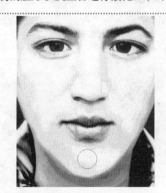

06
1. 选择减淡工具 ,对脸部黄色部分,尤其是下巴的胡须进行涂抹,做加白处理。

07

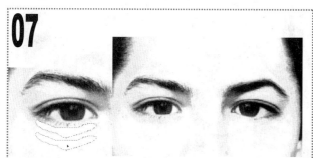

1️⃣ 选择修补工具，框选眼袋部分，然后向下拖动。此时选区部分将被修补为自然皮肤。

2️⃣ 按 Ctrl+D 组合键取消选区。

3️⃣ 用同样的方法处理另一只眼睛的眼袋，并取消选区。

08

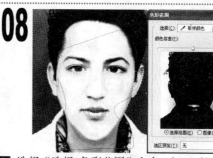

1️⃣ 选择"选择-色彩范围"命令，打开对话框，单击右侧的"添加到取样"按钮，吸取红色部分，设置容差为 102，单击"确定"按钮。

2️⃣ 选择套索工具，单击选项栏中的"从选区中减去"按钮，在窗口中拖绘选区，将多余的选区部分减去。

09

1️⃣ 单击"创建新图层"按钮，新建"图层 1"。

2️⃣ 按 Ctrl+J 组合键复制选区内容到"图层 1"。

3️⃣ 设置前景色为红色（R:254,G:9,B:7）。选择画笔工具，对人物嘴唇进行涂抹。然后设置图层混合模式为颜色，此时嘴唇颜色将变为红色。

10

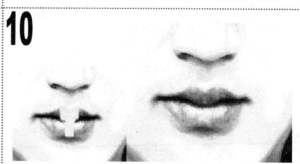

1️⃣ 新建"图层 2"。双击图层名称，更改为"图层 2（嘴巴）"。设置前景色为黄色（R:254,G:238,B:3）。选择画笔工具，在人物嘴唇中间进行涂抹。设置图层混合模式为颜色，此时嘴唇中间的颜色将变为黄色。

11

1️⃣ 新建"图层 3"。设置前景色为粉红色（R:253,G:159,B:158）。选择画笔工具，在人物脸颊部位涂抹。设置图层混合模式为颜色，此时腮红变为粉红色。

12

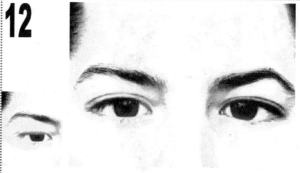

1️⃣ 新建"图层 4"，设置前景色为黄色（R:239,G:255,B:10）。选择画笔工具，对人物眼睛进行涂抹。设置图层的混合模式为叠加，此时眼影变为黄色。

13

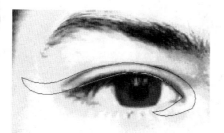

1️⃣ 选择钢笔工具，单击选项栏中的"路径"按钮，在窗口中绘制如图所示的路径。

14

1️⃣ 选择"路径"面板，单击面板下方的"将路径作为选区载入"按钮，将路径转换为选区。

2️⃣ 新建"图层 5"。设置前景色为黑色，按 Alt+Delete 组合键填充颜色到选区中。

15

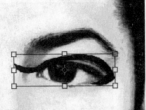

1️⃣ 按 Ctrl+D 组合键取消选区。

2️⃣ 选择移动工具，按住 Ctrl 键不放，拖动并复制生成"图层 5 副本"图层。

3️⃣ 按 Ctrl+T 组合键打开自由变换调节框。单击鼠标右键，在弹出的快捷菜单中选择"水平翻转"命令，双击确认变换。

16

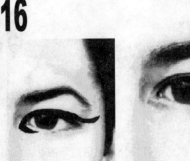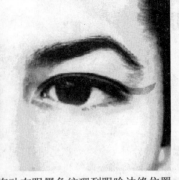

1️⃣ 选择移动工具，拖动右眼黑色纹理到眼睑边缘位置。

2️⃣ 分别设置两个黑色纹理的图层混合模式为叠加，其眼睑边缘黄色加深，且若隐若现。

17

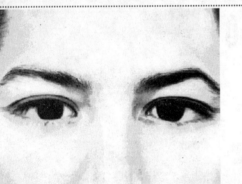

1️⃣ 新建"图层 6"。设置前景色为蓝色（R:46,G:0,B:241）。选择画笔工具，对人物眼睛进行涂抹。设置图层混合模式为叠加，此时眼珠改变为蓝色。

18

1️⃣ 打开"头发.tif"素材图片。选择移动工具，拖动"头发"到人物的头部，自动生成"图层 7"。

2️⃣ 按 Ctrl+T 组合键缩放其大小到合适状态。

19

1️⃣ 选择"背景"图层，新建"图层 8"，并置于其上一层。

2️⃣ 设置前景色为黑色，选择画笔工具，对"图层 8"进行涂抹，遮住红色背景和男人头发多余的部分。

20

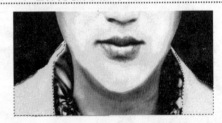

1️⃣ 选择钢笔工具，单击选项栏中的"路径"按钮，单击"添加到选区"按钮。在窗口中沿双肩区域绘制路径，按 Ctrl+Enter 组合键转化为选区。

2️⃣ 设置前景色为红色（R:255,G:0,B:0）。新建"图层 9"，填充颜色到图层中，设置图层的混合模式为叠加。

3️⃣ 按 Ctrl+D 组合键取消选区。

21

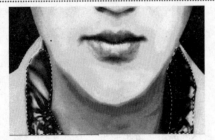

1️⃣ 选择钢笔工具，沿内部衣领绘制路径。按 Ctrl+Enter 组合键将路径转化为选区。

22

1️⃣ 按 Ctrl+U 组合键，打开"色相/饱和度"对话框，设置参数为 100，55，0，单击"确定"按钮。

2️⃣ 按 Ctrl+D 组合键取消选区。

实例185　摊开的书

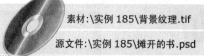

素材:\实例 185\背景纹理.tif

源文件:\实例 185\摊开的书.psd

包含知识

- 矩形选框工具
- 自由变换
- 加深、减淡工具
- 文字工具

重点难点

- 制作书籍厚度
- 制作书籍投影

制作思路

绘制黑色矩形　　绘制褐色矩形　　书籍翻开效果　　最终效果

01

1 打开"背景纹理.tif"素材文件。
2 单击"创建新图层"按钮□，新建"图层 1"。
3 设置前景色为黑色，选择矩形选框工具□，绘制矩形选区，按 Alt+Delete 组合键填充前景色。

02

1 按 Ctrl+D 组合键取消选区。新建"图层 2"。
2 设置前景色为棕色（R:118,G:78,B:43），选择矩形选框工具□，绘制矩形选区，按 Alt+Delete 组合键，填充前景色。按 Ctrl+D 组合键取消选区。

03

1 选择减淡工具■，在选项栏中设置画笔为柔角 100 像素，范围为中间调，曝光度为 50%。
2 在图形左上角涂抹减淡局部图像。

04

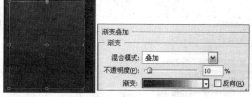

1 双击"图层 2"后面的空白处，打开"图层样式"对话框，单击"投影"复选框后面的名称，设置混合模式为叠加，角度为 90 度，距离为 0 像素，扩展为 0%，大小为 15 像素。
2 单击"渐变叠加"复选框后面的名称，设置混合模式为叠加，不透明度为 10%，渐变为"黑色-白色"，单击"确定"按钮。
3 按 Ctrl+J 组合键复制生成"图层 2 副本"图层，按 Ctrl+T 组合键，打开自由变换调节框，向右轻移图像，分别拖动调节框上方居中与下方居中的控制点，向中心点方向做细微拖动，使图形缩小，制作出书页效果。

05

1 按住 Ctrl 键不放，单击"图层 2 副本"前面的缩略图，载入其外轮廓选区。
2 设置前景色为白色，按 Alt+Delete 组合键，填充前景色至选区。
3 按 Ctrl+D 组合键取消选区。

06

1 双击"图层 2 副本"图层后面的空白处，打开对话框，更改"投影"不透明度为 45%，角度为 90 度，距离为 0 像素，大小为 8 像素。
2 单击"渐变叠加"复选框后面的名称，设置不透明度为 20%，角度为 180 度，缩放为 65%，单击"确定"按钮。

07

1 按 Ctrl+J 组合键 6 次，单击"图层 2 副本 7"到"图层 2 副本 3"之间所有图层前面的◉图标，隐藏这 5 个图层。

2 选择"图层 3 副本 2"图层，按 Ctrl+T 组合键，打开自由变换调节框，将图像向右做轻微移动，分别拖动调节框上方居中与下方居中的控制点，向外做细微拖动，将图像放大，制作出书页效果，按 Enter 键确认变换。

08

1 按顺序依次单击"图层 2 副本 3"到"图层 2 副本 7"之间所有图层缩略图前面的小方框，显示图层。然后采用同样的方法分别将各图层放大并右移，制作出书页效果。

09

1 单击"图层 2 副本 7"下效果栏前面的◉图标，隐藏该图层的图层样式。

2 设置前景色为棕黄色（R:201,G:150,B:79）。选择矩形选框工具▣，绘制矩形选区。按 Alt+Delete 组合键填充前景色。

10

1 选择加深工具◉，在选项栏中设置画笔大小为柔角 70 像素，范围为中间调，曝光度为 15%。

2 在"图层 2 副本 7"图层中涂抹，制作左浅右深的效果，营造出光感度。

11

1 选择"图层 1"，按住 Shift 键不放，选择"图层 2 副本 7"图层，按 Ctrl+E 组合键合并图层为"图层 1"。

2 按 Shift+Alt 组合键不放，水平复制"图层 1"，此时自动生成"图层 1 副本"。

3 按 Ctrl+T 组合键，打开自由变换调节框，单击鼠标右键，在弹出的快捷菜单中选择"旋转 180 度"命令，按 Enter 键确认变换。

12

1 同时选择"图层 1"和"图层 1 副本"，按 Ctrl+E 组合键合并图层为"图层 1"。

2 按 Ctrl+J 组合键，复制"图层 1"为副本图层。按 Ctrl+T 组合键打开自由变换调节框，单击鼠标右键，在弹出的快捷菜单中选择"斜切"命令，向右拖动调节框下方居中的控制点，双击确认变换。

3 选择"滤镜-模糊-高斯模糊"命令，打开对话框，设置半径为 7.6 像素，单击"确定"按钮。

13

1 单击"添加图层蒙版"按钮▣，为"图层 1 副本"图层添加图层蒙版。选择渐变工具▣，在选项栏中单击渐变色选择框▣，打开对话框，设置渐变图案为"黑色-白色"。

2 在图像中由下往上拖动鼠标，此时蒙版的黑色部分会隐藏部分图像。

14

1 选择横排文字工具▣，在选项栏中设置字体为 Airal，字号为 100 点。在窗口中输入文字，按 Ctrl+Enter 组合键确认输入。

实例186 爆炸效果

素材:\无
源文件:\实例186\爆炸效果.psd

包含知识
- 填充命令
- 球面化命令
- 反相命令
- 极坐标命令

重点难点
- 球面化效果
- 发射效果

制作思路

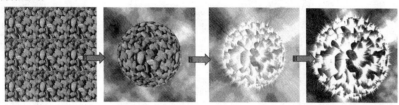

填充图案　　使用球面化命令　　发射效果　　最终效果

01

1 新建"爆炸效果.psd"文件。文件大小为10厘米×10厘米,分辨率为150像素/英寸,颜色模式为RGB颜色。
2 选择"编辑-填充"命令,在打开的"填充"对话框中设置使用为图案,自定图案为"石头",不透明度为100%,单击"确定"按钮。

02

1 选择椭圆选框工具○,按住 Shift 键不放在窗口中绘制正圆选区。
2 按 Ctrl+J 组合键复制选区内容到新的图层,自动生成"图层1"。

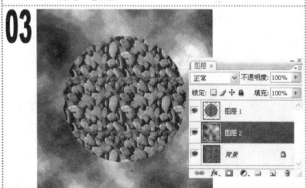

03

1 新建"图层2",将其放置在"图层1"下方。
2 按 D 键复位前景色和背景色。
3 选择"滤镜-渲染-云彩"命令。

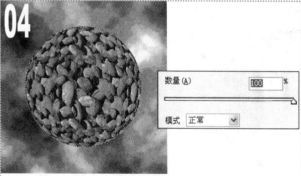

04

1 按住 Ctrl 键不放,单击"图层1"缩略图,载入选区。
2 选择"滤镜-扭曲-球面化"命令,在打开的对话框中设置数量为100%,单击"确定"按钮。

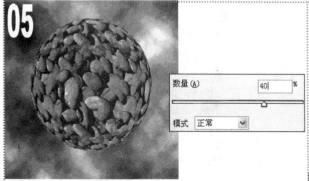

05

1 选择"滤镜-扭曲-球面化"命令。
2 在打开的"球面化"对话框中设置数量为40%,单击"确定"按钮。

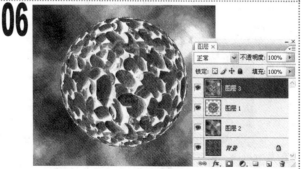

06

1 选择"图像-调整-反相"命令,将图像反相。
2 按 Ctrl+Alt+Shift+E 组合键盖印可见图层,自动生成"图层3"。

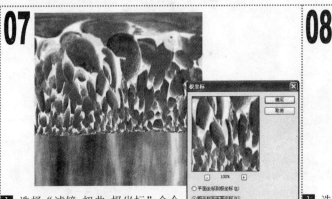

07

1. 选择"滤镜-扭曲-极坐标"命令。
2. 在打开的"极坐标"对话框中选中"极坐标到平面坐标"单选项，单击"确定"按钮。

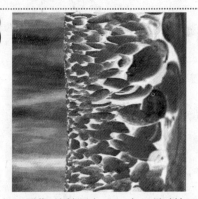

08

1. 选择"图像-旋转画布-90度（顺时针）"命令，顺时针旋转画布。

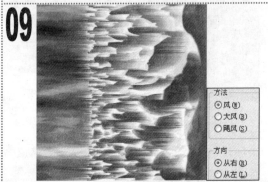

09

1. 选择"滤镜-风格化-风"命令，在打开的对话框中设置方法为风，方向为从右，单击"确定"按钮。
2. 按 Ctrl+F 组合键重复风滤镜操作。

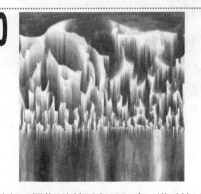

10

1. 选择"图像-旋转画布-90度（逆时针）"命令，逆时针旋转画布。

11

1. 选择"滤镜-扭曲-极坐标"命令。
2. 在打开的"极坐标"对话框中选中"平面坐标到极坐标"单选项，单击"确定"按钮。

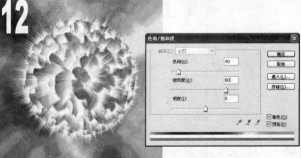

12

1. 选择"图像-调整-色相/饱和度"命令。
2. 在打开的"色相/饱和度"对话框中选中"着色"复选框，设置参数为 40，80，0，单击"确定"按钮。

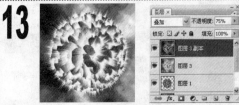

13

1. 复制生成"图层3副本"图层。
2. 选择"图像-调整-色相/饱和度"命令，在打开的对话框中设置参数为-40，0，0，单击"确定"按钮。
3. 设置"图层3副本"图层的混合模式为"叠加"，不透明度为75%。

14

1. 按 Ctrl+Alt+Shift+E 组合键盖印可见图层，自动生成"图层4"。
2. 选择"图像-调整-色彩平衡"命令。在打开的对话框中设置中间调参数为-100，-100，-60，阴影参数为-100，-50，-45，高光参数为-20，30，35，单击"确定"按钮。

第 8 章

图像质感制作

  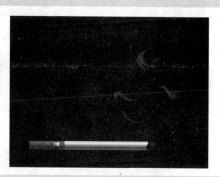

实例 187 画中人走出效果

实例 189 水晶苹果效果

实例 191 滴溅水墨效果

实例 193 金属按钮

实例 196 戒指上的宝石

实例 200 斑驳的人脸

实例 201 狼皮质感

实例 204 干裂土地质感

实例 208 闪电质感球

实例 211 光芒四射

08

不同的物质其表面的自然特质也不相同，即天然质感，如空气、水、岩石和竹木等。经过人工的处理也可以表现不同的质感，即人工质感，如砖、陶瓷、玻璃、布匹和塑胶等。本章将重点讲解如何运用 Photoshop 制作逼真的质感效果。

实例187 画中人走出效果

素材:\实例187\画中人\
源文件:\实例187\画中人走出效果.psd

包含知识
- 矩形选框工具
- 羽化命令
- 纹理效果
- 图层样式

重点难点
- 画框质感
- 人物投影质感

制作思路

打开素材文件　　　　制作边框　　　　制作人物走出的效果　　　　最终效果

01

1 打开"风景.tif"素材文件。
2 选择矩形选框工具 ⬚，在文件窗口中拖绘出矩形选区。

02

1 按 Ctrl+J 组合键复制选区内容到"图层 1"。
2 选择"背景"图层并设置前景色为黑色，按 Alt+Delete 组合键填充颜色到"背景"图层。

03

1 按住 Ctrl 键不放，单击"图层 1"前面的缩略图，载入其选区。
2 选择"选择-修改-边界选区"命令，打开对话框，设置宽度为 15 像素，单击"确定"按钮。

04

1 单击"创建新图层"按钮 ⬚，新建"图层 2"。设置前景色为蓝色，按 Alt+Delete 组合键填充前景色。

05

1 按 Ctrl+D 组合键取消选区。
2 单击"样式"面板右上方的 按钮，在弹出的下拉菜单中选择"纹理"命令，打开对话框，单击"追加"按钮将其追加到样式列表中。选择"砖墙"样式。

06

1 选择"图层 1"，选择"图像-调整-亮度/对比度"命令，打开对话框，设置参数为 20，50，单击"确定"按钮。

07

1. 打开"人物.tif"素材文件。
2. 选择"滤镜-抽出"命令，打开对话框，选择边缘高光器工具，设置画笔大小为 10 像素，沿人物边缘进行绘制并形成封闭图形。
3. 选择填充工具，在封闭的绿色边框内单击鼠标，填充颜色为蓝色，单击"确定"按钮。

08

1. 此时人物被选择出来。选择移动工具，拖动人物图像到"风景"文件窗口中，自动生成"图层 3"。
2. 按 Ctrl+T 组合键打开自由变换调节框，缩放其大小到合适的状态。

09

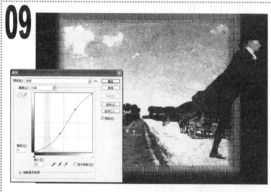

1. 按 Ctrl+M 组合键打开对话框，调整曲线至如图所示，单击"确定"按钮。此时人物的颜色对比度鲜明。

10

1. 拖动"图层 3"到"图层"面板下方的"创建新图层"按钮上，复制生成"图层 3 副本"图层。
2. 将"图层 3 副本"图层放置到"图层 3"的下面。
3. 按 Ctrl+T 组合键打开自由变换调节框，进行斜切和缩放调节，双击鼠标确定变换。

11

1. 单击"图层"面板下方的"添加图层蒙版"按钮，为图层添加蒙版。
2. 按 D 键复位前景色与背景色，选择画笔工具，在选项栏中设置画笔为柔角 45 像素，不透明度为 50%。
3. 在文件窗口中涂抹"图层 3 副本"图层，隐藏部分图像，作为人物投影。

12

 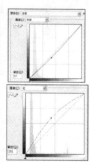

1. 选择矩形选框工具，在文件窗口中拖绘出矩形选区。
2. 选择"图层 3"，按 Ctrl+M 组合键打开对话框。调节"红"通道的曲线和"RGB"通道的曲线至如图所示，单击"确定"按钮。

13

1. 打开"油画纹理.tif"素材文件。
2. 按 Ctrl+M 组合键，打开对话框，调整曲线至如图所示，单击"确定"按钮。

14

1. 选择移动工具，拖动"油画纹理"图像到"风景"文件窗口中。
2. 设置图层混合模式为叠加。油画效果制作完毕。

素材:\无

源文件:\实例188\橘皮效果.psd

实例188 橘皮效果

包含知识
- 球面化命令
- 光照效果命令
- 加深、减淡效果
- 画笔命令
- 设置不透明度

重点难点
- 橘皮凹凸质感

制作思路

填充橙色   凹凸质感   橘皮形态   最终效果

01

1 新建"橘皮效果.psd"文件。宽度为10厘米,高度为8厘米,分辨率为180像素/英寸,颜色模式为RGB颜色。

2 单击"创建新图层"按钮🔲,新建"图层1"。

3 设置前景色为橙色(R:255,G:122,B:0),按Alt+Delete组合键将背景填充为前景色。

02

1 单击"通道"面板下方的"创建新通道"按钮🔲,新建"Alpha1"通道。按Alt+Delete组合键填充白色。

2 选择"滤镜-素描-网状"命令,打开"网状"对话框,设置参数为10,50,0,单击"确定"按钮。

3 选择"滤镜-模糊-高斯模糊"命令,打开"高斯模糊"对话框,设置半径为2像素,单击"确定"按钮。

03

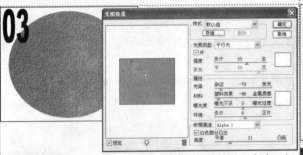

1 选择"图层1",选择"滤镜-渲染-光照效果"命令,打开对话框。设置如图参数,纹理通道为Alpha1,调整光圈到适当位置,单击"确定"按钮。

2 选择椭圆选框工具◯,按住Shift键不放,在窗口中绘制椭圆选区。选择"选择-反向"命令,反选选区。

3 按Delete键删除选区内容。按Ctrl+D组合键取消选区。

04

1 选择"滤镜-扭曲-球面化"命令,打开"球面化"对话框,设置数量为20,单击"确定"按钮。

2 选择"滤镜-液化"命令,打开对话框,设置画笔大小为217,画笔密度为67,压力为84。

3 选择向前变形工具,自外向内拖动,对图像进行变形,单击"确定"按钮。

05

1 单击"创建新图层"按钮🔲,新建"图层2"。按住Ctrl键不放,单击"图层1"缩略图,载入选区。

2 选择画笔工具✎,在选项栏中设置150像素柔角画笔,不透明度为5%。

3 设置前景色为黑色,在橘子暗部绘制阴影颜色。

06

1 新建"图层3"。在选项栏中设置大号柔角画笔,不透明度为20%。

2 设置前景色为深绿色(R:79,G:115,B:16),在橘子上方绘制颜色。

3 新建"图层4"。在选项栏中设置画笔为粗边圆形钢笔,不透明度为20%。

4 设置前景色为白色,在橘子亮部绘制高光颜色。

07

1　单击"创建新图层"按钮◻，新建"图层 5"。在选项栏中设置画笔为 25 像素柔角，不透明度为 30%。

2　设置前景色为深绿色（R:79,G:115,B:16），在橘子上方绘制如图图案。按 Ctrl+D 组合键取消选区。

08

1　新建"图层 6"。选择多边形工具⬠，在选项栏中单击"几何选项"按钮▾，打开"多边形选项"面板，选中所有复选框，在窗口中绘制星形路径。

2　按 Ctrl+Enter 组合键将路径转换为选区。

3　设置前景色为绿色（R:46,G:88,B:26），按 Alt+Delete 组合键将选区填充为前景色。按 Ctrl+D 组合键取消选区。

09

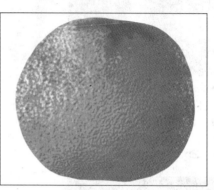

1　选择"编辑-变换-扭曲"命令，打开自由变换调节框，拖动角点将其变形，按 Enter 键确认变换。

10

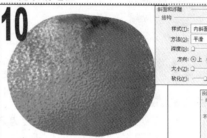

1　双击"图层 6"后面的空白处，打开"图层样式"对话框。单击"斜面和浮雕"复选框后面的名称，设置深度为 10%，大小为 0 像素，软化为 5 像素。

2　单击"投影"复选框后面的名称，设置大小为 10 像素，单击"确定"按钮。

11

1　选择钢笔工具✒，在窗口中绘制橘柄路径。按 Ctrl+Enter 组合键将路径转换为选区。

2　新建"图层 7"。按 Alt+Delete 组合键将选区填充为绿色。按 Ctrl+D 组合键取消选区。

3　双击"图层 7"后面的空白处，打开对话框。单击"投影"复选框后面的名称，设置大小为 5 像素，单击"确定"按钮。

4　选择加深工具✋，在橘柄的暗部进行局部加深处理。

12

1　选择"图层"面板，按住 Shift 键不放，选择"图层 1"，此时除"背景"图层之外的所有图层被同时选中。

2　按 Ctrl+E 组合键向下合并图层，生成新的"图层 7"。

3　选择加深工具✋，在选项栏中设置画笔为大号柔角，范围为中间调，曝光度为 25%，在暗部和下方位置进行局部加深处理。

13

1　新建"图层 8"，将其放置在"图层 7"的下方。

2　选择渐变工具▣，单击选项栏中的渐变色选择框▣，打开对话框，设置渐变图案为"暗橙色-透明"，单击"确定"按钮。

3　单击选项栏中的"径向渐变"按钮▣，设置不透明度为 40%，在窗口中垂直拖动鼠标填充渐变色。

14

1　新建"图层 9"。选择椭圆选框工具○，在窗口中绘制椭圆选区。设置前景色为黑色。

2　按 Ctrl+Alt+D 组合键，打开对话框，设置羽化半径为 15 像素，单击"确定"按钮。

3　按 Alt+Delete 组合键填充椭圆选区为黑色。按 Ctrl+D 组合键取消选区。设置"图层 9"的图层不透明度为 80%。

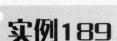

实例189 水晶苹果效果

素材:\无

源文件:\实例189\水晶苹果效果.psd

包含知识
- 钢笔工具
- 画笔工具
- 变形命令
- 水波命令

重点难点
- 水晶质感
- 高光处理

制作思路

填充颜色　　　　绘制高光　　　　制作苹果柄　　　　最终效果

1 新建"水晶苹果.psd"文件。宽度为8厘米,高度为8厘米,分辨率为180像素/英寸,颜色模式为RGB颜色。

2 设置前景色为梅红色(R:113,G:0,B:49)。

3 按 Alt+Delete 组合键将背景填充为前景色。

1 选择"滤镜-渲染-光照效果"命令,打开对话框。设置如图参数,调整光照角度,单击"确定"按钮。

2 选择钢笔工具 ◊,在窗口中绘制苹果外形路径。

3 按 Ctrl+Enter 组合键将路径转换为选区。

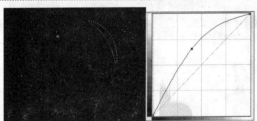

1 按 Ctrl+J 组合键复制选区内容到"图层1"。

2 选择"图像-调整-曲线"命令,打开对话框,调整曲线至如图所示,单击"确定"按钮。

3 选择钢笔工具 ◊,在苹果右上方绘制路径。按 Ctrl+Enter 组合键将路径转换为选区。

4 按 Ctrl+Alt+D 组合键,打开"羽化选区"对话框,设置羽化半径为5像素,单击"确定"按钮。

1 单击"创建新图层"按钮 ▣,新建"图层2"。

2 设置前景色为白色(R:255,G:255,B:255)。按 Alt+Delete 组合键将选区填充为前景色。按 Ctrl+D 组合键取消选区。

3 设置"图层2"的图层总体不透明度为50%。

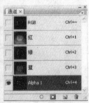

1 按 Ctrl+J 组合键复制"图层2"内容到"图层3"。

2 选择"编辑-变换-水平翻转"命令,按 Ctrl+T 组合键打开自由变换调节框,调整图像的大小,按 Enter 键确认变换。

3 选择"编辑-变换-变形"命令,打开变形变换调节框,调整图像的形状,按 Enter 键确认变换。

4 设置"图层3"的图层总体不透明度为100%。

1 单击"通道"面板下方的"创建新通道"按钮 ▣,新建"Alpha1"通道。

2 选择椭圆选框工具 ○,在窗口中绘制椭圆选区。

3 选择画笔工具 ✐,在选项栏中设置画笔为45像素柔角,在选区中间部分单击绘制。

4 选择"滤镜-扭曲-水波"命令,打开对话框。设置样式为水池波纹,参数为18,4,单击"确定"按钮。按 Ctrl+D 组合键取消选区。

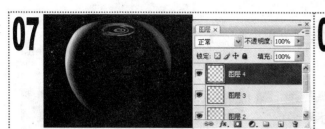

07

1. 按住 **Ctrl** 键不放，单击"Alpha1"通道的缩略图，将其载入选区。
2. 新建"图层 4"。按 **Alt+Delete** 组合键将选区填充为前景色。
3. 按 **Ctrl+D** 组合键取消选区。按 **Ctrl+T** 组合键打开自由变换调节框，调整图像的大小、位置和角度，按 **Enter** 键确认变换。

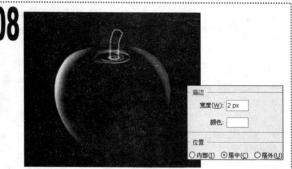

08

1. 选择钢笔工具 ，在窗口中绘制苹果柄路径。按 **Ctrl+Enter** 组合键将路径转换为选区。
2. 新建"图层 5"。选择"编辑-描边"命令，打开对话框，设置宽度为 2px，位置为居中，单击"确定"按钮。

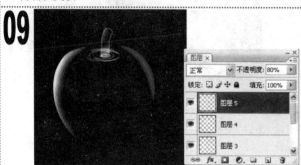

09

1. 选择画笔工具 ，在选项栏中设置画笔为小号柔角，在苹果柄内部左上方和右下方绘制颜色。
2. 按 **Ctrl+D** 组合键取消选区。设置"图层 5"的图层总体不透明度为 80%。

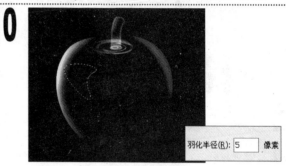

10

1. 选择钢笔工具 ，在窗口中绘制路径。按 **Ctrl+Enter** 组合键将路径转换为选区。
2. 按 **Ctrl+Alt+D** 组合键，打开"羽化选区"对话框，设置羽化半径为 5 像素，单击"确定"按钮。

11

1. 新建"图层 6"。选择渐变工具 ，单击选项栏中的渐变色选择框 ，打开对话框，选择预定义的渐变图案"前景到透明"，单击"确定"按钮。
2. 单击选项栏中的"径向渐变"按钮 ，在选区内垂直拖动鼠标填充渐变色。按 **Ctrl+D** 组合键取消选区。
3. 设置"图层 6"的图层总体不透明度为 80%。

12

1. 采用相同的方法，绘制苹果右面和下方的高光部分，并设置不同的图层总体不透明度。

13

1. 选择横排文字工具 ，输入装饰文字。
2. 选择"图层-栅格化-文字"命令，将文字栅格化。
3. 选择"编辑-变换-变形"命令，打开变形变换调节框，拖动调节框的角点及控制柄，对文字进行变形，按 **Enter** 键确认变换。

14

1. 按 **Ctrl+Alt+Shift+E** 组合键盖印可见图层。
2. 选择"图像-调整-亮度/对比度"命令，打开对话框，设置参数为 0，60，单击"确定"按钮。

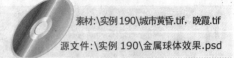

素材:\实例190\城市黄昏.tif, 晚霞.tif
源文件:\实例190\金属球体效果.psd

实例190 金属球体效果

包含知识
- 椭圆选框工具
- 渐变工具
- 变形命令
- 图层混合模式

重点难点
- 球体效果
- 倒影效果

制作思路

绘制渐变球体　　　变形效果　　　晚霞素材　　　最终效果

01

1 打开"城市黄昏.tif"素材文件。

2 拖动"背景"图层到"图层"面板下方的"创建新图层"按钮 上,复制生成"背景副本"图层。

3 设置"背景副本"图层的混合模式为正片叠底。

02

1 单击"创建新图层"按钮 ,新建"图层1"。

2 按 Ctrl+Alt+Shift+E 组合键盖印可见图层。

3 新建"图层2"。选择椭圆选框工具 ,按住 Shift 键在窗口左侧绘制正圆选区。

03

1 选择渐变工具 ,单击选项栏中的渐变色选择框 ,打开对话框,设置渐变图案为"浅黄-黄色-暗黄-深灰",单击"确定"按钮。

2 单击选项栏中的"径向渐变"按钮 ,在选区内自左上方向右下方拖动鼠标填充渐变色到选区,按 Ctrl+D 组合键取消选区。

04

1 按 Ctrl+J 组合键复制"图层2"为"图层2副本"图层。

2 设置"图层1副本"的图层混合模式为叠加。

05

1 选择减淡工具 ,在选项栏中设置画笔为柔角50像素,范围为中间调,曝光度为24%。

2 选择"图层2",在球形的底部右侧涂抹,局部减淡图像颜色。

06

1 拖动"背景副本"图层到"图层2副本"图层的上方,设置其混合模式为正常。

2 按住 Ctrl 键不放,单击"图层2副本"图层前的缩略图,载入选区,按 Ctrl+T 组合键打开自由变换调节框,在窗口内单击鼠标右键,在弹出的快捷菜单中选择"变形"命令。

3 拖动调节框的角点及控制柄,对图像进行变形,按 Enter 键确认变换。

07

1 按住 Ctrl 键不放，单击“图层 2”缩略图，载入球体的外轮廓选区。

2 按 Ctrl+Alt+D 组合键，打开“羽化选区”对话框，设置羽化半径为 1 像素，单击“确定”按钮。

3 按 Ctrl+Shift+I 组合键反选选区，按 Delete 键删除选区内容，按 Ctrl+ D 组合键取消选区。

4 设置“背景副本”图层的混合模式为柔光。

08

1 打开“晚霞.tif”素材文件。

2 按住 Ctrl 键不放，拖动“晚霞”图像到“城市黄昏”文件窗口中，自动生成“图层 3”。

3 按 Ctrl+T 组合键打开自由变换调节框，调整图像的大小和位置。

09

1 选择“编辑-变换-变形”命令，打开变形变换调节框。对图像进行变形后按 Enter 键确认。

2 按住 Ctrl 键不放，单击“背景副本”图层的缩略图，载入外轮廓选区。

3 按 Ctrl+Shift+I 组合键反选选区，按 Delete 键删除选区内容，按 Ctrl+ D 组合键取消选区。

10

1 设置“图层 3”的图层混合模式为柔光。

2 单击“图层”面板下方的“添加图层蒙版”按钮，选择画笔工具，在球体底部涂抹，擦除下半部分图像。

11

1 选择加深工具，在选项栏中设置柔角画笔，范围为中间调，曝光度为 65%。

2 选择“图层 1”，在球体顶部的天空部分和球体底部右侧的海水部分轻轻涂抹，局部加深背景并绘出球体的阴影。

12

1 选择减淡工具，在选项栏中设置画笔为柔角，曝光度为 24%。

2 在球体两侧的天空部分和海水部分涂抹，局部减淡背景。

13

1 按 Ctrl+Alt+Shift+E 组合键盖印可见图层，自动生成“图层 4”。

2 按住 Ctrl 键不放单击“背景副本”图层的缩略图，载入外轮廓选区。在选区的右下方涂抹，局部减淡球体图像。按 Ctrl+D 组合键取消选区。

14

1 选择“滤镜-渲染-镜头光晕”命令，打开对话框，选中“50-300 毫米变焦”单选项，设置亮度为 100%，调整光晕位置，单击“确定”按钮。

实例191　滴溅水墨效果

素材:\实例191\水墨效果\
源文件:\实例191\滴溅水墨效果.psd

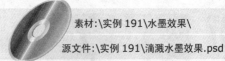

包含知识
- 画笔工具
- 贴入命令
- 文字工具

重点难点
- 画笔样式的选择
- 水墨的边缘

制作思路

水墨笔迹　　　　黄色墨迹　　　　贴入素材文件　　　　最终效果

01

◆文件大小为 12
厘米×16 厘米，分辨率为
180 像素/英寸

1 新建"滴溅水墨效果.psd"文件。单击"创建新图层"按钮，新建"图层 1"。设置前景色为黑色。

2 选择画笔工具，在选项栏中设置画笔为"粗画笔"下的"粗边圆形钢笔"，大小为 250 像素，在窗口中绘制画笔颜色。

02

1 按 Ctrl+J 组合键复制"图层 1"到"图层 1 副本"图层。

2 按 Ctrl+T 组合键打开自由变换调节框，调整图层的大小和位置，按 Enter 键确认变换。

03

1 设置"图层 1 副本"图层的不透明度为 70%。

2 按 Ctrl+E 组合键向下合并图层，生成新的"图层 1"。

3 选择"编辑-定义画笔预设"命令，打开对话框，设置名称为"水墨"，单击"确定"按钮。

04

1 设置前景色为黄色（R:185,G:118,B:13）。

2 新建"图层 2"。选择画笔工具，在选项栏中设置为"水墨"画笔，在窗口左上方进行绘制。

05

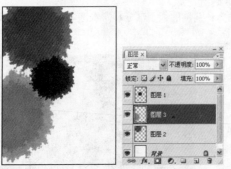

1 设置前景色为绿色（R:163,G:188,B:64）。

2 新建"图层 3"。选择画笔工具，在选项栏中设置为"水墨"画笔，在窗口左下方进行绘制。

06

1 设置前景色为红色（R:200,G:82,B:82）。

2 新建"图层 4"。选择画笔工具，在选项栏中设置为"水墨"画笔，调整画笔大小，在窗口右上方绘制。

07

1 打开"海景.tif"素材文件。按 **Ctrl+A** 组合键将其载入选区。按 **Ctrl+C** 组合键复制选区内容。

2 选择"滴溅水墨效果"文件窗口，按住 **Ctrl** 键不放，单击"图层 1"前面的缩略图，将其载入选区。

3 选择"编辑-贴入"命令，将复制内容贴入选区内并形成蒙版。

08

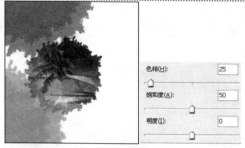

1 按 **Ctrl+T** 组合键打开自由变换调节框，调整"图层 5"的大小和位置，按 **Enter** 键确认变换。

2 选择"图像-调整-色相/饱和度"命令，打开"色相/饱和度"对话框。

3 设置参数为 25，50，0，单击"确定"按钮。

09

1 打开"海景 2.tif"素材文件。按 **Ctrl+A** 组合键将其载入选区。按 **Ctrl+C** 组合键复制选区内容。

2 选择"滴溅水墨效果"文件窗口，按住 **Ctrl** 键不放，单击"图层 2"前面的缩略图，将其载入选区。

3 按 **Ctrl+Shift+V** 组合键贴入复制内容到选区内。

10

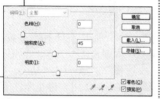

1 按 **Ctrl+T** 组合键打开自由变换调节框，调整"图层 6"的大小和位置，按 **Enter** 键确认变换。

2 选择"图像-调整-色相/饱和度"命令，打开"色相/饱和度"对话框，选中"着色"复选框，设置参数为 0，45，0，单击"确定"按钮。

11

1 打开"城市.tif"素材文件。按 **Ctrl+A** 组合键将其载入选区。按 **Ctrl+C** 组合键复制选区内容。

2 选择"滴溅水墨效果"文件窗口，按住 **Ctrl** 键不放，单击"图层 3"前面的缩略图，将其载入选区。

3 按 **Ctrl+Shift+V** 组合键贴入复制内容到选区内。

12

1 按 **Ctrl+T** 组合键打开自由变换调节框，调整"图层 7"的大小和位置，按 **Enter** 键确认变换。

2 选择"图像-调整-色相/饱和度"命令，打开"色相/饱和度"对话框，设置参数为-108，59，0，单击"确定"按钮。

13

1 设置前景色为蓝色（R:0G:42,B:255）。

2 选择横排文字工具 **T.**，输入大标题，字体为 Impact.

14

1 在窗口中输入小一些的蓝色文字。

素材:\实例192\海星和水纹\

源文件:\实例192\水底海星.psd

实例192　水底海星

包含知识
- 亮度/对比度命令
- 玻璃命令
- 曲线命令
- 图层样式

重点难点
- 玻璃命令
- 海底的颜色

制作思路

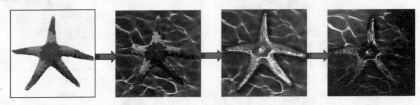

打开素材文件　　　调整亮度/对比度　　　设置图层样式　　　最终效果

01

1. 打开"海星素材.tif"素材文件。
2. 选择魔术棒工具 ，在窗口中白色位置单击，载入选区，选择"选择-反向"命令，反选选区。
3. 按 Ctrl+J 组合键复制选区内容到"图层 1"。选择"图像-调整-去色"命令，去除图像颜色。

02

1. 选择"图像-调整-亮度/对比度"命令，打开对话框。设置参数为-45，100，单击"确定"按钮。
2. 选择"图像-调整-曲线"命令，打开"曲线"对话框，调整曲线至如图所示，单击"确定"按钮。
3. 选择"背景"图层，复位前景色和背景色，按 Ctrl+Delete 组合键将"背景"图层填充为白色。

03

1. 选择"文件-存储为"命令，打开对话框，设置名称为"海星"，格式为 PSD，单击"保存"按钮，在打开的对话框中单击"确定"按钮。
2. 按 Ctrl+A 组合键全选画布，并按 Ctrl+C 组合键复制选区内的图像，按 Ctrl+D 组合键取消选区。
3. 打开"水纹.tif"素材文件。按 Ctrl+V 组合键粘贴到文件中，自动生成"图层 1"。选择移动工具 ，移动至如图位置。选择"背景"图层，按住 Ctrl 键单击"图层 1"缩略图，载入选区。按 Ctrl+J 组合键复制选区内容为"图层 2"。

04

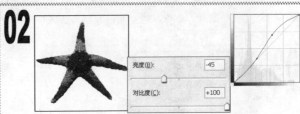

1. 拖动"水纹.tif"文件中的"图层 2"图像到"海星素材"文件窗口中，自动生成"图层 2"。移动图形，使其与窗口对齐。
2. 按 Ctrl+J 组合键复制"图层 2"到"图层 2 副本"。

05

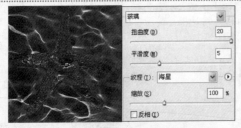

1. 单击"图层 1"前面的 图标，隐藏"图层 1"。
2. 选择"滤镜-扭曲-玻璃"命令，打开对话框。单击右侧的 按钮，在弹出的下拉菜单中选择"载入纹理"命令，打开"载入纹理"对话框。选择预先存储好的"海星"文件，单击"打开"按钮。
3. 返回对话框中，设置参数为 20，5，单击"确定"按钮。

06

1. 按住 Ctrl 键不放，单击"图层 1"的缩略图，载入选区。单击"添加图层蒙版"按钮 。
2. 单击"创建新图层"按钮 ，新建"图层 3"。按住 Ctrl 键不放单击"图层 1"的缩略图，载入选区。
3. 按 Ctrl+Delete 组合键将选区填充为背景色。按 Ctrl+D 组合键取消选区。

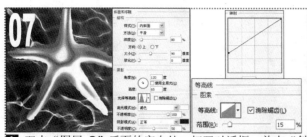

07

1 双击"图层 3"后面的空白处，打开对话框。单击"斜面和浮雕"复选框后面的名称，取消选中"使用全局光"复选框，设置参数为 80，90，0，120，65，光泽等高线为"环形"，高光模式为滤色，不透明度为 100%，阴影模式为正常，不透明度为 50%。

2 单击"等高线"复选框后面的名称，单击"等高线"拾色器，打开对话框。调整曲线至如图所示，单击"确定"按钮。

3 设置范围为 15%，选中"消除锯齿"复选框。

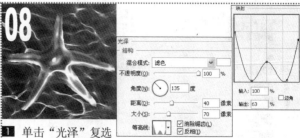

08

1 单击"光泽"复选框后面的名称，单击"等高线"拾色器，打开对话框，调整曲线至如图所示，单击"确定"按钮。

2 设置光泽颜色为白色，混合模式为滤色，不透明度为 100%，其他参数为 135，40，70，选中"消除锯齿"和"反相"复选框。

3 单击"颜色叠加"复选框后面的名称，设置叠加颜色为黑色，单击"确定"按钮。

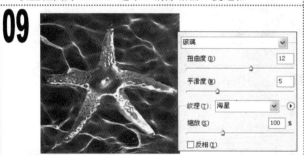

09

1 单击"创建新图层"按钮，新建"图层 4"。同时选择"图层 4"和"图层 3"，按 Ctrl+E 组合键并图层。

2 选择"滤镜-扭曲-玻璃"命令，打开"玻璃"对话框，设置扭曲度为 12，平滑度 5，其他参数保持不变，单击"确定"按钮。

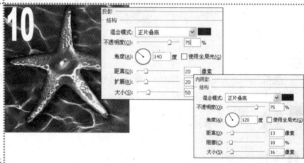

10

1 双击"图层 4"后面的空白处，打开对话框。单击"阴影"复选框后面的名称，设置参数如图所示。

2 单击"内阴影"复选框后面的名称，设置参数如图所示，单击"确定"按钮。

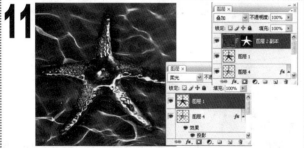

11

1 单击"图层 1"缩略图前面的小方框，显示"图层 1"，设置该图层的混合模式为柔光。

2 选择"图层 2 副本"图层，拖动将该图层置于顶部，设置其图层混合模式为叠加。

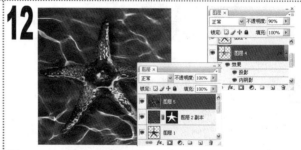

12

1 选择"图层 4"，设置该图层的不透明度为 90%。

2 按 Ctrl+Alt+Shift+E 组合键盖印可见图层，自动生成"图层 5"。

13

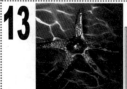 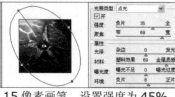

1 选择模糊工具，在选项栏中选择柔角 15 像素画笔，设置强度为 45%。在海星边缘处轻轻涂抹，使其生硬的边缘锯齿模糊。

2 按 Ctrl+J 组合键复制生成副本图层。选择"滤镜-渲染-光照效果"命令，打开对话框，设置如图参数，调整光照范围和角度，单击"确定"按钮。

14

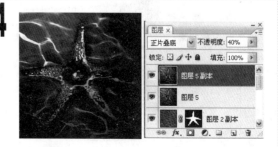

1 设置"图层 5 副本"的图层混合模式为正片叠底，不透明度为 40%。

实例193　金属按钮

素材:\实例 193\金属按钮\
源文件:\实例 193\金属按钮 2.psd

包含知识
- 椭圆选框工具
- 图层样式
- 羽化命令
- 画笔工具

重点难点
- 水晶样式
- 细节处理

制作思路

水晶样式　　　　修改水晶样式　　　　添加丰富内容　　　　最终效果

01

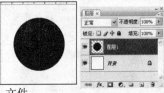

◆ 文件大小为 7 厘米 × 7 厘米,分辨率为 200 像素/英寸

1 新建"金属按钮.psd"文件。

2 按 Ctrl+R 组合键,显示标尺,拖出参考线。选择椭圆选框工具⊙,按住 Shift+Alt 组合键不放,在参考线交叉点处开始绘制正圆选区。

3 新建"图层 1",设置前景色为红色,按 Alt+Delete 组合键,填充前景色。

02

1 选择"样式"面板,单击面板右上角的 按钮,追加"Web 样式"。

2 返回"样式"面板,选择"红色胶体"样式,自动生成效果图层。按 Ctrl+R 组合键取消标尺。

03

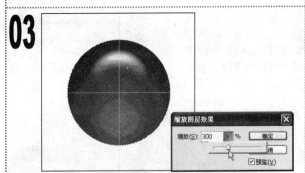

1 设置"图层 1"的填充为 50%。

2 在"图层"的效果栏上单击鼠标右键,在弹出的快捷菜单中选择"缩放效果"命令,打开对话框,设置缩放为 300%,单击"确定"按钮。按 Ctrl+D 组合键取消选区。

04

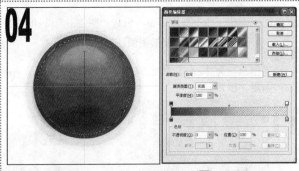

1 新建"图层 2",选择椭圆选框工具⊙,绘制同样大小的正圆选区。选择"选择-修改-羽化"命令,设置羽化半径为 35 像素。

2 选择渐变工具■,单击选项栏中的渐变色选择框■■■,打开对话框,设置渐变图案为"红色-粉红(透明)",在选区内绘制渐变色。

05

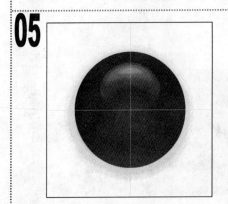

1 按 Ctrl+D 组合键取消选区。

2 设置"图层 2"的混合模式为正片叠底,填充为 80%。

06

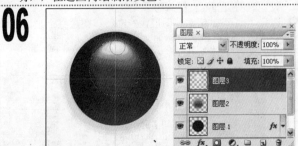

1 选择椭圆选框工具⊙,绘制高光区域选区,并羽化选区为 20 像素。

2 新建"图层 3",设置前景色为白色,选择画笔工具✐,在选项栏中设置不透明度为 40%,流量为 35%,在选区内绘制高光效果。

07

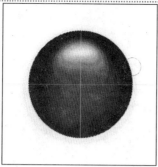

1 按 Ctrl+D 组合键取消选区。按住 Ctrl 键不放，单击"图层 1"缩略图载入选区。

2 新建"图层 4"，设置前景色为黑色，选择画笔工具 ✏，在选区内的边缘处涂抹绘制阴影颜色。

08

1 打开"花纹.tif"素材文件。选择移动工具 ⊕，拖动图像到"金属按钮"文件窗口中，自动生成"图层 5"。拖动"图层 5"到"图层 1"的下方。

2 按 Ctrl+T 组合键打开自由变换调节框，放大并旋转图像到合适位置，按 Enter 键确认变换。

09

1 选择橡皮擦工具 ✏，在选项栏中设置画笔为柔角 80 像素，不透明度为 70%，流量为 80%，在窗口中涂抹擦除按钮图形之外的多余壁纸图像。

10

1 选择横排文字工具 T，在"图层 1"下方输入喜欢的文字，自动生成文字图层。

2 在文字图层上单击鼠标右键，在弹出的快捷菜单中选择"栅格化"命令，转换文字图层为普通图层。

11

1 选择"滤镜-扭曲-球面化"命令，打开对话框，设置数量为 50%。

2 按住 Ctrl 键不放，单击"图层 1"缩略图，载入选区，按 Shift+Ctrl+I 组合键反选选区，按 Delete 键删除选区内容。

12

1 单击"背景"图层的"指示图层可视性"图标 ◉，隐藏该图层。

2 选择"图层 4"，按 Shift+Ctrl+Alt+E 组合键，盖印可视图层，自动生成"图层 6"。

13

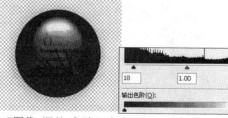

1 选择"图像-调整-色阶"命令，打开"色阶"对话框，设置参数为 18，1.00，235，单击"确定"按钮，加强图像整体色彩的对比度。

14

1 打开"壁纸.tif"素材文件。

2 选择移动工具 ⊕，拖动按钮图像到"壁纸"文件窗口中。按 Ctrl+T 组合键打开自由变换调节框，调整图像到合适大小，按 Enter 键确认变换。

实例194　生锈的水壶

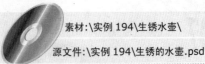
素材:\实例 194\生锈水壶\
源文件:\实例 194\生锈的水壶.psd

包含知识
- 光照效果
- 图层混合模式
- 加深工具
- 橡皮擦工具

重点难点
- 制作铁锈凹凸感
- 水壶生锈处理

制作思路

打开素材文件　　　　光照效果　　　　打开素材文件　　　　最终效果

1　打开"纹理.tif"素材文件。

2　选择"通道"面板，分别拖动"绿"通道与"蓝"通道到面板下方的"创建新通道"按钮 上，复制生成"绿副本"与"蓝副本"通道。

1　选择"RGB"通道，返回"图层"面板。

2　选择"滤镜-渲染-光照效果"命令，打开对话框，设置参数为 32，100，-10，100，14，7，纹理通道为绿副本，高度为 100，调整光照角度，单击"确定"按钮。

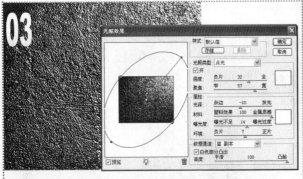

1　按 Ctrl+J 组合键，复制"背景"图层，自动生成"图层 1"。

2　选择"滤镜-渲染-光照效果"命令，打开对话框，设置聚焦为 57，纹理通道为绿副本，高度为 100，其他参数保持不变，调整光照角度，单击"确定"按钮。

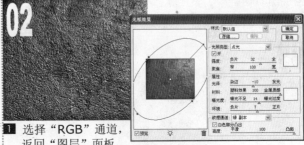

1　设置"图层 1"的混合模式为颜色加深，不透明度为 80%。此时图像整体对比度加强，并且得到立体质感的铁锈材质效果。

1　打开"水壶.tif"素材文件。

1　选择加深工具 ，在选项栏中设置画笔为柔角 80 像素，范围为中间调，曝光度为 36%，在窗口中水壶图像的暗部位置涂抹。

07

1. 选择"减淡工具" ，在选项栏中设置画笔为柔角 70 像素，范围为中间调，曝光度为 15%，在窗口中涂抹，减淡水壶图像的高光。此时高光与暗部的对比度增加，图像立体质感增强。

08

1. 选择"纹理"文件窗口。按 Shift+Ctrl+Alt+E 组合键，盖印可见图层。
2. 选择移动工具 ，移动图像到"水壶"文件窗口中，自动生成"图层 2"。
3. 按 Ctrl+T 组合键打开自由变换调节框，调整图像大小。

09

1. 设置"图层 2"的混合模式为叠加。
2. 选择橡皮擦工具 ，在选项栏中设置画笔为柔角 100 像素，不透明度为 80%，流量为 75%。在窗口中涂抹，擦除水壶图像之外的多余铁锈效果。

10

1. 选择"橡皮擦工具" ，单击选项栏中"画笔"下拉按钮 ，打开面板，设置画笔为滴溅 39 像素。
2. 在选项栏中设置不透明度为 100%，流量为 100%，在水壶图形上随意单击，擦除部分铁锈图像。

11

1. 新建"图层 3"，设置其混合模式为叠加。
2. 设置前景色为黑色。选择画笔工具 ，在选项栏中设置画笔为滴溅 39 像素。在水壶上随意单击绘制颜色。

12

1. 按 Shift+Ctrl+Alt+E 组合键，盖印可视图层。自动生成"图层 4"。
2. 选择"图像-调整-色彩平衡"命令，打开对话框，设置参数为 50，0，-60，单击"确定"按钮，更改图像整体色彩。

13

1. 按 Ctrl+J 组合键，复制生成"图层 4 副本"图层。
2. 选择"图像-调整-动感模糊"命令，打开对话框，设置距离为 5 像素，单击"确定"按钮。

14

1. 设置"图层 4 副本"的图层混合模式为滤色，不透明度为 50%。

实例195　金属戒指效果

素材:\无

源文件:\实例 195\金属戒指效果.psd

包含知识
- 变换选区
- 高斯模糊命令
- 光照效果命令
- 渐变工具

重点难点
- 金属质感
- 金属厚度

制作思路

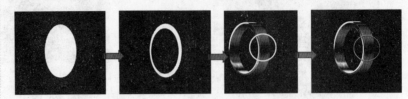

绘制白色椭圆　　　制作圆环　　　渐变效果　　　最终效果

01

◆ 文件大小为 8 厘米 ×7 厘米，分辨率为 200 像素/英寸

1 新建"金属戒指效果.psd"文件。

2 按 D 键复位前景色和背景色，按 Alt+Delete 组合键填充前景色，选择椭圆选框工具▣，在文件窗口中拖动绘制椭圆选区。

02

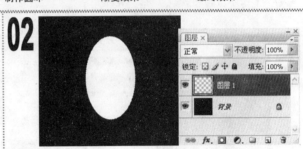

1 单击"创建新图层"按钮▣，新建"图层 1"。

2 设置前景色为白色。按 Alt+Delete 组合键填充选区内容为白色。

03

1 选择"选择-变换选区"命令，打开选区变换调节框，按住 Shift 键不放，向内拖动调节框右上角的角点，等比例收缩选区，并向右移动选区到合适位置，按 Enter 键确认变换。

2 按 Delete 键删除选区内容。

04

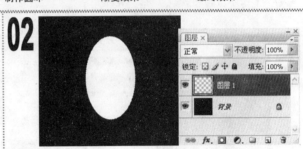

1 选择"通道"面板，单击面板下方的"创建新通道"按钮▣，新建"Alpha1"通道。

2 选择"图层"面板，按住 Ctrl 键不放，单击"图层 1"前面的缩略图，载入选区。设置前景色为白色，按 Alt+Delete 组合键，填充"Alpha1"通道选区中的内容为白色。

05

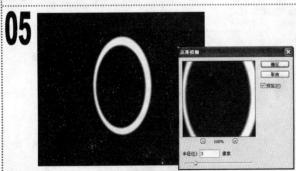

1 按 Ctrl+D 组合键取消选区。

2 选择"滤镜-模糊-高斯模糊"命令，打开对话框，设置半径为 3 像素，单击"确定"按钮。

06

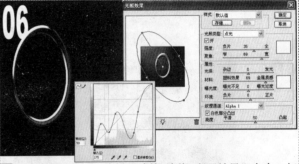

1 选择"图层 1"。选择"滤镜-渲染-光照效果"命令，打开对话框，设置参数为 35，69，0，69，0，8，纹理通道为 Alpha1，调整光照角度，单击"确定"按钮。

2 按 Ctrl+M 组合键，打开对话框，调整曲线至如图所示，单击"确定"按钮。

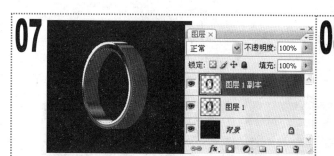

07

1 选择移动工具 ▶↓，按住 Ctrl 键不放，单击"图层 1"前的缩略图，载入选区。

2 按住 Alt 键不放，按←方向键轻移选区，复制选区内容至合适宽度。

3 按 Ctrl+D 组合键取消选区。按 Ctrl+J 组合键，复制生成"图层 1 副本"图层。

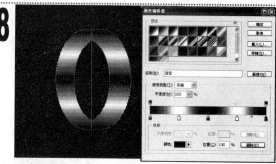

08

1 按住 Ctrl 键不放，单击"图层 1"缩略图，载入选区。

2 选择渐变工具 ▭，单击选项栏中的渐变色选择框 ▭，打开对话框，设置渐变图案为"黑-白-黑-白-黑"。单击选项栏中的"对称渐变"按钮 ▭，从上往下拖动鼠标绘制渐变色。

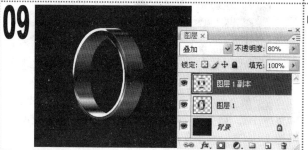

09

1 按 Ctrl+D 组合键取消选区。

2 设置"图层 1 副本"的图层混合模式为叠加，不透明度为 80%，得到金属质感的图像效果。

10

1 选择涂抹工具 ☞，在选项栏中设置画笔为柔角 60 像素，强度为 60%，在窗口中涂抹深色纹理边缘。

11

1 按 Ctrl+E 组合键，向下合并图层为新的"图层 1"。

2 新建"图层 2"，选择椭圆选框工具 ○，按住 Shift 键不放，在窗口中绘制正圆选区。

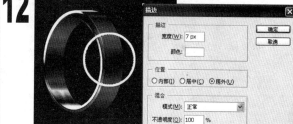

12

1 选择"编辑-描边"命令，打开对话框，设置宽度为 7px，颜色为白色，位置为居外，单击"确定"按钮，得到描边后的图像效果。

2 按 Ctrl+D 组合键取消选区。

13

1 选择"编辑-变换-扭曲"命令，打开扭曲变换调节框，按住 Shift+Alt 组合键不放，拖动调节框右侧角点，扭曲图像角度成透视图像效果，按 Enter 键确认变换。

14

1 双击"图层 2"后面的空白处，打开"图层样式"对话框。单击"斜面和浮雕"复选框后面的名称，设置深度为 500%，其他参数保持不变。

2 单击"内阴影"复选框后面的名称，保持默认值，单击"确定"按钮。

实例196 戒指上的宝石

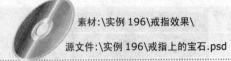

素材:\实例196\戒指效果\

源文件:\实例196\戒指上的宝石.psd

包含知识
- 魔棒工具
- 图层样式
- 钢笔工具
- 色彩平衡命令

重点难点
- 宝石质感
- 戒指色彩的处理

制作思路

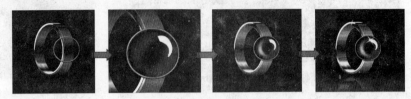

素材文件　　　宝石质感　　　细致处理　　　最终效果

1　打开"金属戒指效果.psd"文件。

2　选择魔棒工具，在选项栏中选中"连续"复选框。在窗口中的圆形内部单击，载入选区。

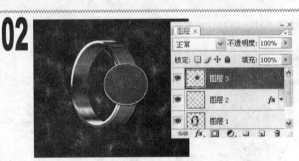

1　新建"图层3"。设置前景色为蓝色(R:65,G:70.B:145)，按 Alt+Delete 组合键，填充选区内容为蓝色。

2　按 Ctrl+D 组合键，取消选区。

1　双击"图层 2"后面的空白处，打开"图层样式"对话框。单击"内阴影"复选框后面的名称，设置距离为 11 像素，大小为 32 像素。

2　单击"光泽"复选框后面的名称，设置角度为 150 度，距离为 50 像素，大小为 40 像素，单击"确定"按钮。

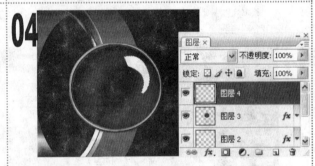

1　新建"图层4"。选择钢笔工具，在宝石图像上绘制高光路径。

2　按 Ctrl+Enter 组合键，将路径转换为选区。

3　设置前景色为白色，按 Alt+Delete 组合键，填充选区内容为白色。

1　新建"图层5"。选择画笔工具，在选项栏中设置画笔为柔角 40 像素，不透明度为 25%，流量为 20%。在宝石图形左侧绘制光泽图像。

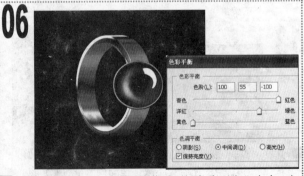

1　选择"图层1"。选择"图像-调整-色彩平衡"命令，打开对话框，设置参数为 100，55，-100，单击"确定"按钮。此时戒指图像变为金黄色。

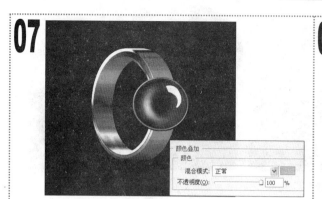

1　双击"图层 2"后面的空白处，打开"图层样式"对话框。单击"颜色叠加"复选框后面的名称，设置颜色为黄色（R:255,G:192,B:0），单击"确定"按钮。

1　选择"图层 1"。选择"图像-调整-亮度/对比度"命令，打开对话框，设置参数为 5，100，单击"确定"按钮。此时对比度加强，图像色彩变得更鲜艳明亮。

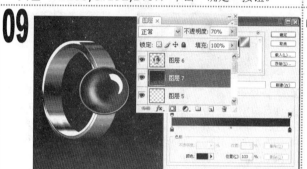

1　选择"图层 5"，按 Shift+Ctrl+Alt+E 组合键，盖印可见图层，自动生成"图层 6"。

2　新建"图层 7"，设置不透明度为 70%，拖动该图层到"图层 6"下方。选择渐变工具，设置渐变为"暗黄-黑色"。单击选项栏中的"线性渐变"按钮，绘制渐变色。

1　选择"图层 6"，按 Ctrl+J 组合键，复制生成"图层 6 副本"图层。

2　选择"编辑-变换-垂直翻转"命令。选择移动工具，按↓方向键向下移动图像。

1　设置"图层 6 副本"图层的不透明度为 20%，得到投影效果。

1　选择横排文字工具 T，设置字体为 Symbol，字号为 4 点，文本颜色为黑色。在指环内部输入文字，按 Ctrl+Enter 组合键确认输入。

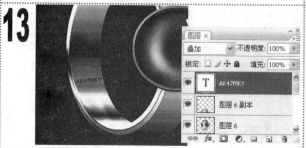

1　设置文本图层的混合模式为叠加，此时文字与戒指图像融合。

1　打开"星光.tif"素材文件。

2　选择移动工具，将其拖入到目标窗口中，制作完毕。

实例197　金属面具效果

素材:\实例197\金属面具\

源文件:\实例197\金属面具效果.psd

包含知识
- 橡皮擦工具
- 高斯模糊命令
- 图层混合模式
- 铬黄命令

重点难点
- 人物脸部质感
- 脸部色彩的处理

制作思路

拖入素材文件　　改变人物效果　　铬黄效果　　最终效果

01 打开"金属材质.tif"与"美女.tif"素材文件。

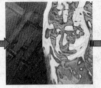

02
1. 选择移动工具，拖动"美女"图像到"金属材质"文件窗口中，自动生成"图层1"。
2. 选择"编辑-自由变换"命令，打开自由变换调节框，按住 Shift 键不放，拖动调节框的角点，等比例缩小图像，按 Enter 键确认变换。

03 选择橡皮擦工具，在选项栏中设置画笔为柔角 100 像素，不透明度为 70%，流量为 60%。在窗口中涂抹，擦除人物右侧边缘生硬的部分。

04
1. 按住 Ctrl 键不放，单击"图层1"的缩略图，载入选区。
2. 选择"背景"图层，按 Ctrl+J 组合键，复制选区内容，自动生成"图层2"。

05
1. 单击"图层"面板上的"锁定透明像素"按钮，锁定"图层2"。单击"图层1"前面的"指示图层可视性"图标，隐藏该图层。
2. 选择"滤镜-模糊-高斯模糊"命令，打开对话框，设置半径为 35 像素，单击"确定"按钮。

06
1. 单击"图层1"缩略图前面的小方框，显示该图层，并选择该图层。
2. 按 Ctrl+Shift+U 组合键，去掉图像颜色，设置"图层1"的图层混合模式为亮光。

07

1️⃣ 按 Ctrl+J 组合键两次，复制生成"图层 1 副本"与"图层 1 副本 2"图层，设置"图层 1 副本 2"的图层混合模式为正常。

08

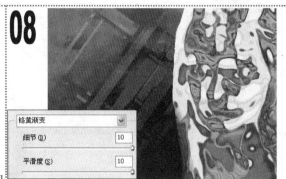

1️⃣ 选择"滤镜-素描-铬黄"命令，打开对话框，设置参数为 10，10，单击"确定"按钮。

09

1️⃣ 设置"图层 1 副本 2"图层的混合模式为叠加，不透明度为 50%。

2️⃣ 选择橡皮擦工具🖌，在选项栏中设置画笔大小为 50 像素，不透明度为 30%，在窗口中涂抹，擦除人物面部与头发位置的多余铬黄效果。

10

1️⃣ 按 Shift+Ctrl+Alt+E 组合键，盖印可见图层，自动生成"图层 3"。

2️⃣ 选择"图像-调整-亮度/对比度"命令，打开对话框，设置参数为 10，5，单击"确定"按钮。

11

1️⃣ 按 Ctrl+J 组合键，复制生成"图层 3 副本"图层。

2️⃣ 选择"滤镜-杂色-减少杂色"命令，打开对话框，设置参数为 10，100%，100%，100%，单击"确定"按钮。

12

1️⃣ 按 Ctrl+J 组合键，复制生成"图层 3 副本 2"图层，并设置图层混合模式为滤色，不透明度为 30%。此时图像整体亮度加强。

13

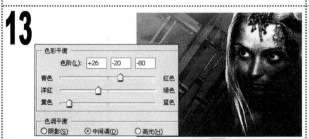

1️⃣ 单击"创建新的填充或调整图层"按钮🔘，在弹出的下拉菜单中选择"色彩平衡"命令，打开对话框，设置参数为 26，-20，-80，单击"确定"按钮，调整图像色彩。

14

1️⃣ 按 D 键复位默认前景色与背景色，选择画笔工具🖌，在文件窗口中涂抹，以隐藏人物面部以外的图像。

2️⃣ 设置"色彩平衡 1"图层的图层混合模式为浅色，不透明度为 80%。

实例198　燃烧的香烟

包含知识
- 渐变工具
- 图层混合模式
- 添加杂色命令
- 最小化命令

重点难点
- 制作烟的圆柱效果
- 烟身纹理效果

制作思路

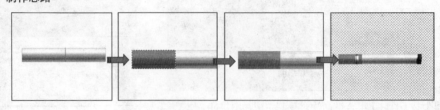

渐变烟体　　　　烟嘴效果　　　　烟嘴纹理　　　　最终效果

01

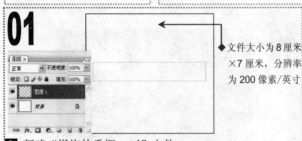

◆ 文件大小为8厘米×7厘米,分辨率为200像素/英寸

1 新建"燃烧的香烟.psd"文件。
2 单击"创建新图层"按钮，新建"图层1"。
3 选择矩形选框工具，在文件窗口中拖动绘制矩形选区。

02

1 选择渐变工具，单击选项栏中的渐变色选择框，打开对话框，设置渐变图案为"浅灰色-白色-灰色"，单击"确定"按钮。
2 单击选项栏中的"线性渐变"按钮，在选区中从上到下拖动鼠标绘制渐变色。

03

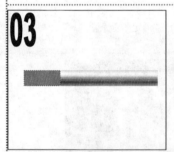

1 选择"选择-变换选区"命令，打开选区变换调节框，按住 Shift 键不放，向左拖动调节框，收缩选区，按 Enter 键确认变换。
2 新建"图层2"，设置前景色为黄色（R:255,G:162,B:0），按 Alt+Delete 组合键填充选区内容为黄色。

04

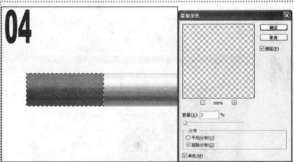

1 设置"图层2"的混合模式为正片叠底。
2 选择"滤镜-杂色-添加杂色"命令，打开对话框，设置数量为 2%，分布为高斯分布，选中"单色"复选框，单击"确定"按钮。

05

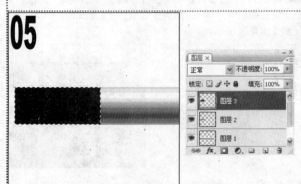

1 新建"图层3"，设置前景色为黑色。
2 按 Alt+Delete 组合键填充选区内容为黑色。

06

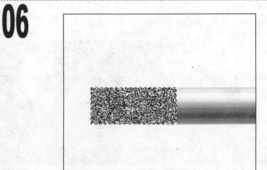

1 选择"滤镜-杂色-添加杂色"命令，打开对话框，设置数量为 400%，其他参数保持不变，单击"确定"按钮。

1 选择"滤镜-像素化-晶格化"命令，打开对话框，设置单元格大小为 10，单击"确定"按钮，得到黑白块状的纹理效果。

1 选择"滤镜-其他-最小值"命令，打开对话框，设置半径为 1 像素，单击"确定"按钮。此时白色块状纹理变小。

1 按 D 键复位前景色与背景色。
2 选择"选择-色彩范围"命令，打开对话框，设置颜色容差为 0，其他参数保持不变，单击"确定"按钮，得到选区。

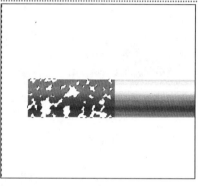

1 按 Shift+Ctrl+I 组合键，反选选区。
2 按 Delete 键删除选区内容。

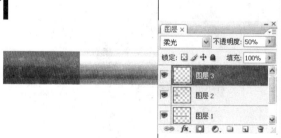

1 按 Ctrl+D 组合键取消选区。
2 设置"图层 3"的混合模式为柔光，不透明度为 50%。得到烟嘴上的纹理效果。

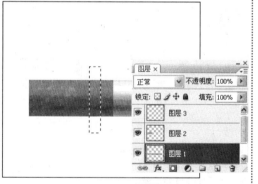

1 选择"图层 1"。选择矩形选框工具，在烟嘴图形上拖动绘制矩形选区。

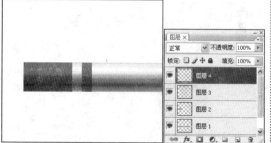

1 按 Ctrl+J 组合键，复制选区内容，自动生成"图层 4"。
2 拖动"图层 4"到"图层 3"的上方。

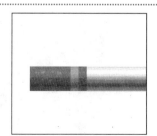

1 按 Ctrl+U 组合键，打开"色相/饱和度"对话框，选中"着色"复选框，设置参数为 50，57，-30，单击"确定"按钮。

15

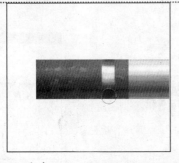

1 选择加深工具◎，在选项栏中设置画笔为柔角 50 像素，范围为中间调，曝光度为 30%，在烟嘴上下两侧涂抹加深图像。

2 选择减淡工具◉，在选项栏中设置范围为中间调，曝光度为 20%，在烟嘴中间高光位置涂抹，减淡图像。

16

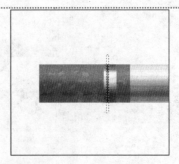

1 选择矩形选框工具□，在烟嘴图形上拖动绘制矩形选区。

2 选择"图像-调整-色相/饱和度"命令，打开对话框，设置参数为 0，60，-20，单击"确定"按钮，调整局部颜色。

17

1 按 Ctrl+D 组合键取消选区。

2 单击"背景"图层的"指示图层可视性"图标●，隐藏该图层。

3 按 Shift+Ctrl+Alt+E 组合键，盖印可见图层，自动生成"图层 5"。

18

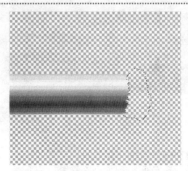

1 选择套索工具❍，在选项栏中设置羽化为 2 像素，在香烟右侧随意绘制不规则选区。

2 按 Delete 键，删除选区内容。隐藏除"图层 5"以外的所有图层，以便观察图像效果。

19

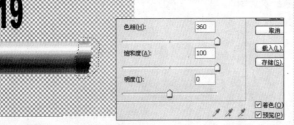

1 按 Ctrl+D 组合键取消选区。

2 再次选择套索工具❍，绘制不规则选区，框选部分图像。

3 按 Ctrl+U 组合键，打开"色相/饱和度"对话框，选中"着色"复选框，设置参数为 360，100，0，调整选区内的图像色彩。

20

1 按 Ctrl+J 组合键，复制选区内容，自动生成"图层 6"。

2 设置"图层 6"的图层混合模式为差值，得到黑色烟头效果。

21

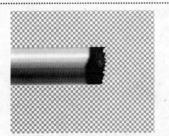

1 选择橡皮擦工具❒，在选项栏中设置画笔为滴溅 14 像素，不透明度为 40%，流量为 35%。在黑色烟头图像上随意单击擦除部分图像，得到燃烧的烟头效果。

22

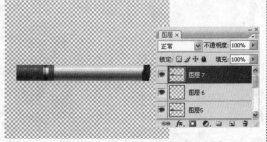

1 按 Ctrl+Shift+Alt+E 组合键，盖印可见图层，自动生成"图层 7"，得到最终效果。

实例199 香烟烟雾效果

素材:\实例 199\燃烧的香烟.psd

源文件:\实例 199\香烟烟雾效果.psd

包含知识
- 画笔工具
- 涂抹工具
- 高斯模糊命令
- 自由变换命令

重点难点
- 烟雾效果

制作思路

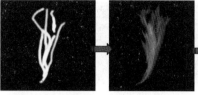 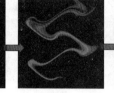 

随意绘制线条   涂抹效果   波浪后的效果   最终效果

01

◆文件大小为 9 厘米
×7 厘米,分辨率为
200 像素/英寸

1 新建"香烟烟雾效果.psd"文件。

2 选择"通道"面板,单击面板下方的"创建新通道"按钮□,新建"Alpha1"通道。

3 设置前景色为白色,选择画笔工具 ✐,在窗口中随意绘制线条图形。

02

1 选择"滤镜-模糊-高斯模糊"命令,打开对话框,设置半径为 10 像素,单击"确定"按钮。

2 选择涂抹工具 ☺,在选项栏中设置强度为 **70%**,在窗口中随意涂抹线条。

03

1 选择"滤镜-扭曲-波浪"命令,打开对话框,设置参数为 999,104,118,1,20,2,1,其他参数保持不变。

2 按 Ctrl+F 组合键,重复上一次滤镜操作,得到烟雾效果。

04

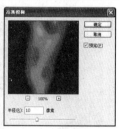

1 选择"滤镜-其他-最小值"命令,打开对话框,设置半径为 2 像素,单击"确定"按钮。

2 按住 Ctrl 键不放,单击"Alpha1"通道的缩略图,载入选区。

3 新建"图层 1",按 Alt+Delete 组合键,填充选区内容为白色。

05

1 按 Ctrl+D 组合键取消选区,选择"Alpha 1"通道。选择橡皮擦工具 ✐,在选项栏中设置不透明度为 20%,流量为 35%,在窗口中涂抹,擦除部分烟雾图像。

2 选择"编辑-变换-变形"命令,打开变形变换调节框,调节图像到如图所示效果,按 Enter 键确认变换。

06

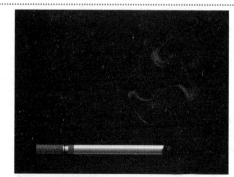

1 打开"燃烧的香烟.psd"素材文件。

2 选择移动工具 ⊹,拖动图像到"香烟烟雾效果"文件窗口中,按 Ctrl+T 组合键打开自由变换调节框,调整图像的大小与位置,得到最终效果。

实例200　斑驳的人脸

素材:\实例 200\斑驳人脸\

源文件:\实例 200\斑驳的人脸.psd

包含知识

- 移动工具
- 自由变换
- 图层混合模式
- 蒙版按钮

重点难点

- 人物与斑驳效果融合

制作思路

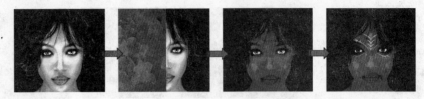

素材文件　　　　墙纸效果　　　　图层混合模式　　　　最终效果

01

1 打开"面部特写.tif"素材文件。

2 按 Ctrl+J 组合键,复制"背景"图层,自动生成"图层 1"。

02

1 打开"墙纸.tif"素材文件。

2 选择移动工具 ,拖动"墙纸"图像到"面部特写"文件窗口中,自动生成"图层 2"。

3 按 Ctrl+T 组合键打开自由变换调节框,调整图像大小。

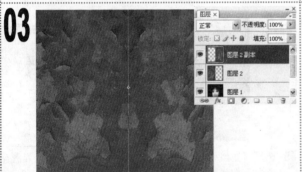

03

1 按 Ctrl+J 组合键,复制生成"图层 2 副本"图层。

2 按 Ctrl+T 组合键,打开自由变换调节框,拖动中心点到调节框的右侧中心控制点上,单击鼠标右键,在弹出的快捷菜单中选择"水平翻转"命令,按 Enter 键确认变换。

04

1 按 Ctrl+E 组合键,向下合并图层为新的"图层 2"。

2 设置"图层 2"的混合模式为正片叠底。

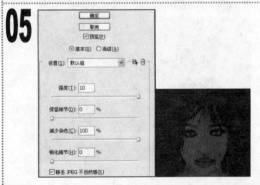

05

1 选择"滤镜-杂色-减少杂色"命令,打开对话框,设置参数为 10,0,100,0,选中"移去 JPEG 不自然感"复选框,单击"确定"按钮。

06

1 按 Ctrl+L 组合键,打开"色阶"对话框,设置参数为 25,1.00,210,单击"确定"按钮。

2 单击"添加图层蒙版"按钮 ,按 D 键复位前景色与背景色,选择画笔工具 ,在窗口中涂抹人物眼睛与头发,隐藏部分图像。

07

1 选择"图层 2"。

2 选择"图像-调整-色彩平衡"命令，打开对话框，设置参数为 50，30，-100。

3 选中"阴影"单选项，设置参数为 50，0，-30，单击"确定"按钮。

08

1 新建"图层 3"，设置其混合模式为叠加，设置前景色为黑色。

2 选择画笔工具 ，在选项栏中设置画笔为柔角 100 像素，不透明度为 50%，流量 60%，在窗口中人物头发位置涂抹，绘制颜色。

09

1 按 Shift+Ctrl+Alt+E 组合键，盖印可见图层，自动生成"图层 4"。

2 选择"图像-调整-亮度/对比度"命令，打开对话框，设置参数为-20，50，单击"确定"按钮。图像整体亮度与对比度发生变化。

10

1 选择加深工具 ，在选项栏中设置画笔为柔角 50 像素，范围为中间调，曝光度为 33%，在眼睛边缘处涂抹使其颜色加深。

11

1 打开"图腾图案.tif"素材文件。

2 选择移动工具 ，拖动图像到"面部特写"文件窗口中，自动生成"图层 5"。

3 按 Ctrl+T 组合键打开自由变换调节框，调整图像到合适的大小与位置。

12

1 设置"图层 5"的混合模式为叠加，按住 Ctrl 键不放，单击"图层 5"缩略图，载入选区。

2 设置前景色为白色，按 Alt+Delete 组合键，填充选区内容为白色。

13

1 按 Ctrl+D 组合键取消选区。

2 选择"滤镜-模糊-进一步模糊"命令。

3 选择橡皮擦工具 ，在窗口中涂抹，擦除头发位置的多余图腾图案。

14

1 新建"图层 6"，设置图层混合模式为强光，设置前景色为深绿色（R:13,G:110,B:20）。

2 选择画笔工具 ，在选项栏中设置画笔为柔角 100 像素，不透明度为 100%，流量为 100%，在眼睛处单击绘制颜色。

实例201　狼皮质感

素材:\无

源文件:\实例201\狼皮质感.psd

包含知识
- 加深工具
- 画笔工具
- 涂抹工具
- 云彩命令

重点难点
- 毛发质感
- 色彩的处理

制作思路

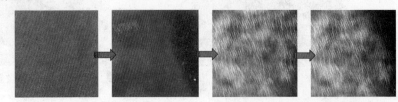

复制图层　　　　绘制线条　　　　叠加效果　　　　最终效果

1 新建"狼皮质感.psd"文件。宽度为 8 厘米,高度为 8
　厘米,分辨率为 150 像素/英寸,颜色模式为 RGB 颜色。
2 设置前景色为深灰色(R:143,G:133,B:122)。
3 按 Alt+Delete 组合键将背景填充为前景色。

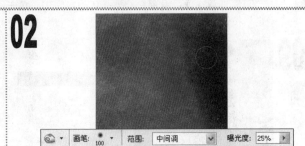

1 选择加深工具,在选项栏中设置画笔为柔角 100 像
　素,范围为中间调,曝光度为 25%。
2 在窗口右上方的位置涂抹,局部加深图像。
3 按 Ctrl+T 组合键打开自由变换调节框,调整图像大小。

1 单击"创建新图层"按钮,新建"图层 1"。
2 设置前景色为灰色(R:159,G:153,B:143)。
3 选择画笔工具,在选项栏中设置画笔为尖角 3 像素,
　在窗口中绘制线条。

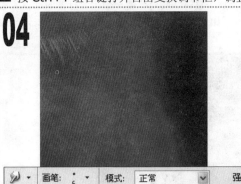

1 选择涂抹工具,在选项栏中设置画笔为尖角 6 像素,
　强度为 70%。
2 在窗口中涂抹线条制作出毛发效果。

1 用相同的方法,运用画笔工具绘制线条,并使用涂抹
　工具涂抹出毛发效果。

1 运用相同的方法,绘制出更大范围的毛发效果。
2 按 Ctrl+Alt+A 组合键,选择除"背景"图层以外的所
　有图层,按 Ctrl+E 组合键合并图层,并重命名为"毛
　发 1"。

07

1 单击"创建新图层"按钮，新建"图层 1"。
2 设置前景色为白色（R:255,G:255,B:255）。
3 选择画笔工具，在选项栏中设置画笔为尖角 3 像素，在窗口中绘制线条。

08

1 选择涂抹工具，在选项栏中设置画笔为尖角 6 像素，强度为 70%。
2 在窗口中涂抹线条制作出毛发效果。

09

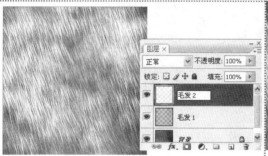

1 用相同的方法，运用画笔工具绘制线条，并使用涂抹工具涂抹出毛发效果。
2 选择除"背景"图层和"毛发 1"图层以外的所有图层，按 Ctrl+E 组合键合并图层，并重命名为"毛发 2"。

10

1 选择"毛皮 1"图层，选择加深工具，在窗口中涂抹，制作出毛发的层次感。
2 选择"背景"图层，在"背景"图层的空白处单击鼠标右键，在弹出的快捷菜单中选择"拼合图像"命令，合并图层。

11

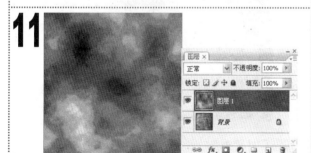

1 单击"图层"面板下方的"创建新图层"按钮，新建"图层 1"。按 D 键复位前景色和背景色。
2 选择"滤镜-渲染-云彩"命令。

12

1 设置"图层 1"的混合模式为叠加，不透明度为 60%。

13

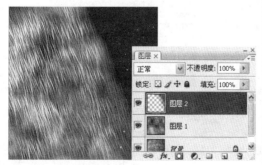

1 单击"创建新图层"按钮，新建"图层 2"。
2 选择画笔工具，在选项栏中设置画笔为柔角 100 像素，在窗口中绘制颜色。

14

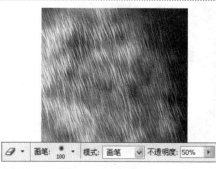

1 选择橡皮擦工具，在选项栏中设置画笔为柔角 100 像素，不透明度为 50%，擦除局部颜色，使图像更具立体效果。

实例202　玉石质感

包含知识
- 添加杂色命令
- 光照效果命令
- 径向模糊命令
- 图层样式

重点难点
- 玉石纹理
- 玉石厚度

制作思路

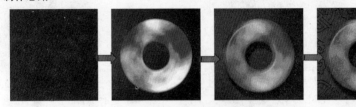

添加杂色效果　　　径向模糊效果　　　颜色处理　　　最终效果

01

1 新建"玉石质感.psd"文件。宽度为 8 厘米,高度为 8 厘米,分辨率为 180 像素/英寸,颜色模式为 RGB 颜色。

2 设置前景色为红色(R:149,G:17,B:32),按 Alt+Delete 组合键将背景填充为前景色。

3 选择"滤镜-杂色-添加杂色"命令,打开对话框,设置数量为 8%,单击"确定"按钮。

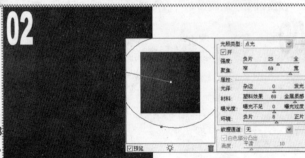

02

1 选择"滤镜-渲染-光照效果"命令,打开"光照效果"对话框。

2 调整光照角度,设置参数如图所示,单击"确定"按钮。

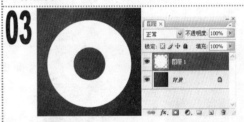

03

1 单击"创建新图层"按钮,新建"图层 1"。设置前景色为白色。

2 选择椭圆选框工具,按住 Shift 键不放,在窗口中绘制正圆选区。

3 按 Alt+Delete 组合键将选区填充为前景色,取消选区。

4 选择椭圆选框工具,采用相同的方法绘制一个小的正圆选区。按 Delete 键删除选区内容,取消选区。

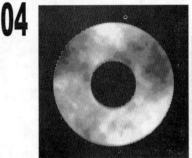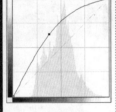

04

1 按住 Ctrl 键不放,单击"图层 1"前面的缩略图,载入选区,选择"滤镜-渲染-云彩"命令。

2 选择"图像-调整-曲线"命令,打开"曲线"对话框,调整曲线至如图所示,单击"确定"按钮。

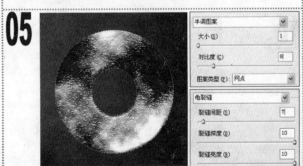

05

1 选择"滤镜-素描-半调图案"命令,打开对话框,设置参数为 1,8,单击"确定"按钮。

2 选择"滤镜-纹理-龟裂缝"命令,打开对话框,设置参数为 7,10,10,单击"确定"按钮。

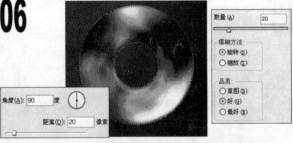

06

1 选择"滤镜-模糊-动感模糊"命令,打开对话框,设置角度为 90 度,距离为 20 像素,单击"确定"按钮。

2 选择"滤镜-模糊-径向模糊"命令,打开对话框,设置数量为 20,模糊方法为旋转,品质为好,单击"确定"按钮。按 Ctrl+D 组合键取消选区。

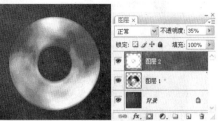

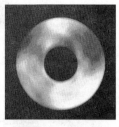
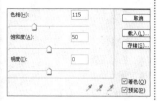

07

1 单击"创建新图层"按钮 🔲，新建"图层"。
2 设置"图层 2"的不透明度为 35%。

08

1 按 Ctrl+E 组合键向下合并图层，生成新的"图层 1"。
2 选择"图像-调整-色相/饱和度"命令，打开"色相/饱和度"对话框。选中"着色"复选框，设置数量为 115，50，0，单击"确定"按钮。

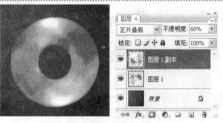
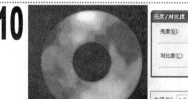

09

1 拖动"图层 1"到"图层"面板下方的"创建新图层"按钮 🔲 上，复制生成"图层 1 副本"。
2 设置"图层 1 副本"图层的混合模式为正片叠底，不透明度为 60%。
3 按 Ctrl+E 组合键向下合并图层，生成新的"图层 1"。

10

1 按住 Ctrl 键不放，单击"图层 1"的缩略图，载入选区。选择"滤镜-模糊-高斯模糊"命令，打开对话框，设置半径为 4 像素，单击"确定"按钮。
2 按 Ctrl+D 组合键取消选区。选择"图像-调整-亮度/对比度"命令，打开对话框，设置亮度为 8，对比度为 20，单击"确定"按钮。

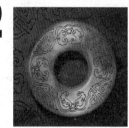

11

1 双击"图层 1"后面的空白处，打开"图层样式"对话框。单击"投影"复选框后面的名称，设置不透明度为 100%，取消选中"使用全局光"复选框，设置参数为 40，15，20。
2 单击"内阴影"复选框后面的名称，取消选中"使用全局光效果"复选框，设置参数为 2，0，62。
3 单击"斜面和浮雕"复选框后面的名称，设置参数为 1000，18，10，150，60，100，0，单击"确定"按钮。

12

1 打开"花纹图.tif"素材文件。
2 选择魔棒工具 🪄，取消选中选项栏中的"连续"复选框，在窗口中单击花纹黑色部位，将其载入选区。选择移动工具 ⬈，拖动选区内容到"玉石质感"文件窗口中，自动生成"图层 2"，此时形成背景花纹。
3 拖动"图层 2"到"图层"面板下方的"创建新图层"按钮 🔲 上，复制生成"图层 2 副本"图层。
4 按 Ctrl+T 组合键打开自由变换调节框，调整图像的大小位置，并放置于"图层 1"的上方。

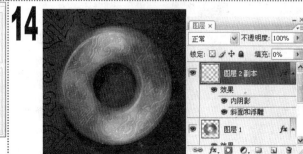

13

1 双击"图层 2 副本"后面的空白处，打开图层样式。单击"内阴影"复选框后面的名称，设置不透明度为 20%，角度为 150 度，其他参数为 0。
2 单击"斜面和浮雕"复选框后面的名称，设置参数为 80，5，4，150，60，75，50，单击"确定"按钮。

14

1 设置"图层 2 副本"图层的填充为 0%。

实例203　钻石特效质感

素材:\无

源文件:\实例203\钻石特效质感.psd

包含知识
- 钢笔工具
- 画笔描边
- 填充命令
- 图层混合模式

重点难点
- 绘制钻石形状
- 处理钻石质感

制作思路

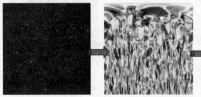

绘制路径　　　极坐标处理　　　叠加效果　　　最终效果

01

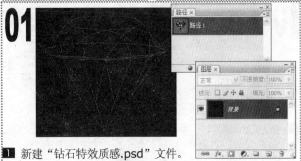

1 新建"钻石特效质感.psd"文件。
宽度为8厘米,高度为8厘米,分辨率为180像素/英寸,颜色模式为RGB颜色。按D键复位前景色和背景色。
2 按Alt+Delete组合键将"背景"图层填充为前景色。
3 选择钢笔工具,在窗口中绘制钻石路径。

02

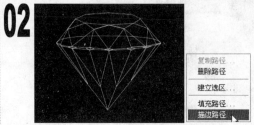

1 选择画笔工具,在选项栏中设置画笔为尖角2像素,前景色为白色。
2 新建"图层1"。选择"路径"面板,在"工作路径"路径上单击鼠标右键,在弹出的快捷菜单中选择"描边路径"命令,打开"描边路径"对话框,选择"画笔"选项,单击"确定"按钮。

03

1 单击"创建新图层"按钮,新建"图层2"。选择"编辑-填充"命令,打开对话框。
2 设置使用为图案,单击"自定图案"下拉按扭,选择"绸光"图案,单击"确定"按钮。

04

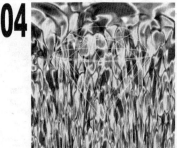

1 选择"滤镜-扭曲-极坐标"命令,打开"极坐标"对话框,选中"极坐标到平面坐标"单选项,单击"确定"按钮。

05

1 单击"创建新图层"按钮,新建"图层3"。选择"滤镜-渲染-云彩"命令。

06

1 设置"图层3"的混合模式为强光。
2 选择"图层2"。单击"图层"面板下方的"创建新的填充或调整图层"按钮,在弹出的下拉菜单中选择"色相/饱和度"命令,打开对话框。
3 设置参数为210,80,0,单击"确定"按钮。

07

1　拖动"图层 1"到"图层"面板下方的"创建新图层"
　　按钮🖾上，复制生成"图层 1 副本"图层。
2　选择"图层 1"，设置其混合模式为叠加。

08

1　选择"图层 1 副本"图层。选择"滤镜-模糊-高斯模糊"
　　命令，打开"高斯模糊"对话框，设置半径为 3 像素，
　　单击"确定"按钮。

09

1　按住 Ctrl 键不放，同时选择"图层 2"和"图层 3"。按
　　Ctrl+E 组合键向下合并图层，生成新的"图层 3"。
2　选择多边形套索工具▷，在钻石边缘绘制选区。

10

1　选择"选择-反向"命令，反选选区，按 Delete 键删除
　　选区内容。按 Ctrl+D 组合键取消选区。
2　选择"图像-调整-色相/饱和度"命令，打开"色相/饱
　　和度"对话框，设置参数为 0，45，0，单击"确定"
　　按钮。

11

1　选择"图层 1"。选择魔棒工具🖊，在选项栏中选中"连
　　续"复选框。
2　在窗口中单击需要折射的区域创建选区。

12

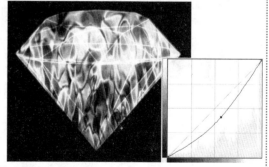

1　选择"图像-调整-曲线"命令，打开"曲线"对话框。
　　调整曲线至如图所示，单击"确定"按钮。
2　按 Ctrl+D 组合键取消选区。

13

1　采用相同的方法选择不同的选区，调整为有区别的曲线，
　　此时钻石折射更清晰。

14

1　双击"图层 3"后面的空白处，打开对话框，单击"外
　　发光"复选框后面的名称。
2　设置颜色为蓝色（R:0,G:32,B:185），扩展为 10%，
　　大小为 250 像素，单击"确定"按钮。

素材:\无

源文件:\实例204\干裂土地质感.psd

实例204 干裂土地质感

包含知识

- 点状化效果
- 光照效果
- 染色玻璃命令
- 斜面与浮雕效果

重点难点

- 干裂纹理
- 土地质感

制作思路

填充颜色 → 添加杂色 → 染色玻璃效果 → 最终效果

01

1 新建"干裂土地质感.psd"文件。宽度为8厘米，高度为8厘米，分辨率为180像素/英寸，颜色模式为RGB颜色。按D键复位前景色和背景色。
2 按Alt+Delete组合键将"背景"图层填充为前景色。
3 设置前景色为咖啡色（R:113,G:87,B:58）。新建"图层1"。按Alt+Delete组合键将"图层1"填充为前景色。

02

1 选择"通道"面板，单击"通道"面板下方的"创建新通道"按钮，新建"Alpha1"通道。
2 选择"滤镜-像素化-点状化"命令，打开"点状化"对话框，设置单元格大小为4，单击"确定"按钮。

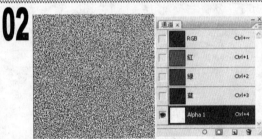

03

1 选择"滤镜-模糊-高斯模糊"命令，打开"高斯模糊"对话框，设置半径为2像素，单击"确定"按钮。
2 选择"图层1"。选择"滤镜-渲染-光照效果"命令，打开"光照效果"对话框。
3 设置参数如图所示，纹理通道为Alpha1，单击"确定"按钮。

04

1 按D键复位前景色和背景色。
2 单击"创建新图层"按钮，新建"图层2"。
3 选择"滤镜-纹理化-染色玻璃"命令，打开对话框，设置参数为43，7，0，单击"确定"按钮。

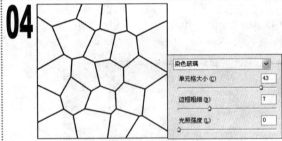

05

1 选择"滤镜-画笔描边-喷溅"命令，打开"喷溅"对话框，设置参数为6，6，单击"确定"按钮。
2 选择魔棒工具，单击窗口中黑色部分，将其载入选区。

06

1 选择"图层"面板，单击"图层2"前面的"指示图层可视性"图标，关闭图层可视性。
2 选择"图层1"，按Delete键删除选区内容。
3 按Ctrl+D组合键取消选区。

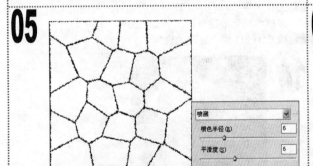

07

1️⃣ 双击"图层 1"后面的空白处，打开对话框，单击"斜面和浮雕"复选框后面的名称。

2️⃣ 设置深度为 1000%，大小为 5 像素，阴影模式的不透明度为 50%。

08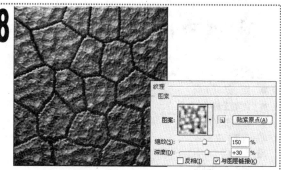

1️⃣ 单击"纹理"复选框后面的名称。单击"图案"下拉按钮，选择"分子"图案，设置缩放为 150%，深度为 30%。

09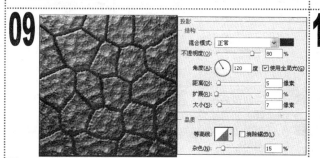

1️⃣ 单击"投影"复选框后面的名称。设置混合模式为正常，投影颜色为深咖啡色（R:97,G:71,B:40），不透明度为 80%，距离为 5 像素，大小为 7 像素，杂色为 15%，单击"确定"按钮。

10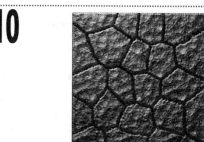

1️⃣ 选择矩形选框工具，在窗口中绘制矩形选区。选择"选择-反向"命令，反选选区。

2️⃣ 单击"创建新图层"按钮，新建"图层 3"。

11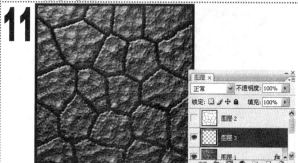

1️⃣ 按 Alt+Delete 组合键填充选区为黑色。

2️⃣ 按 Ctrl+D 组合键取消选区。

12

1️⃣ 设置前景色为黑色，选择横排文字工具 T，选择个人喜好的字体和大小，在窗口中输入文字。

2️⃣ 按 Ctrl+T 组合键打开自由变换调节框，调整文字的大小、位置和角度，按 Enter 键确认变换。

13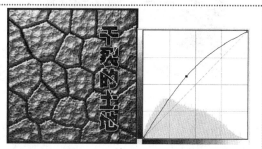

1️⃣ 按 Ctrl+Alt+Shift+E 组合键盖印可见图层，自动生成"图层 4"。

2️⃣ 选择"图像-调整-曲线"命令，打开"曲线"对话框，调整曲线至如图所示，单击"确定"按钮。

14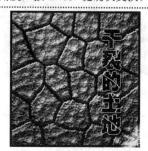

1️⃣ 选择加深工具，在选项栏中设置画笔为大号柔角，范围为中间调，曝光度为 25%，在窗口四周涂抹进行局部加深处理。

实例205 美丽的霞光

素材:\无

源文件:\实例 205\美丽的霞光.psd

包含知识
- 矩形选框工具
- 画笔工具
- 自由变换命令
- 高斯模糊命令

重点难点
- 绘制天空光芒
- 处理整体颜色

制作思路

绘制画笔　　　　制作天空　　　　制作海面　　　　最终效果

01

1　新建"美丽的霞光.psd"文件。宽度为 10 厘米,高度为 7
厘米,分辨率为 180 像素/英寸,颜色模式为 RGB 颜色。
2　选择矩形选框工具,在窗口中下方位置绘制矩形选区。

02

1　单击"创建新图层"按钮,新建"图层 1"。按 D 键复
位前景色和背景色。
2　选择画笔工具,在选项栏中设置尖角画笔,在选区下
方绘制图案。
3　按 Ctrl+D 组合键取消选区。

03

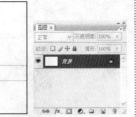

1　单击"创建新图层"按钮,新建"图层 2",将其放置
在"图层 1"之下。选择矩形选框工具,在窗口上方
绘制矩形选区。
2　选择渐变工具,单击选项栏中的渐变色选择框
,打开"渐变编辑器"对话框,设置渐变为"橘
红-浅红-蓝色",单击"确定"按钮。
3　单击选项栏中的"线性渐变"按钮,在选区内垂直拖
动鼠标填充渐变色,按 Ctrl+D 组合键取消选区。

04

1　新建"图层 3",并将其放置在"图层 1"之下。选择矩
形选框工具,在窗口左边绘制矩形选区。
2　按 Alt+Delete 组合键将选区填充为黑色。按 Ctrl+D
组合键取消选区。

05

1　选择"滤镜-模糊-高斯模糊"命令,打开"高斯模糊"
对话框,设置半径为 30.8 像素,单击"确定"按钮。
2　选择"编辑-变换-扭曲"命令,打开扭曲变换调节框,
拖动角点将霞光变形,按 Enter 键确认变换。

06

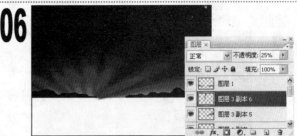

1　按 Ctrl+J 组合键 6 次,复制"图层 3"内容分别到 6
个副本图层中。
2　分别选择"编辑-变换-扭曲"命令,打开扭曲变换调节
框,拖动角点将霞光变形为大小各异的效果,按 Enter
键确认变换。
3　分别调整图层 3 各副本图层的不透明度。

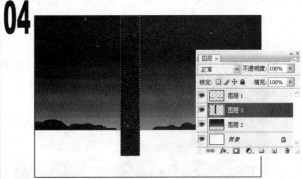

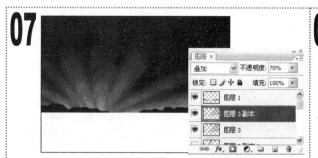

1 同时选择"图层 3"和其各副本图层，按 Ctrl+E 组合键合并为新的"图层 3"。

2 按 Ctrl+J 组合键复制"图层 3"到"图层 3 副本"图层。

3 设置"图层 3 副本"的图层混合模式为叠加，不透明度为 70%。

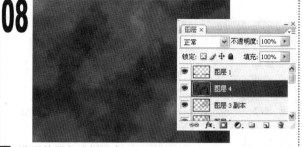

1 设置前景色为橘红色（R:240,G:140,B:49），背景色为蓝色（R:25,G:40,B:90）。

2 新建"图层 4"，将其放置在"图层 1"之下。选择"滤镜-渲染-云彩"命令。

1 选择"滤镜-素描-基底凸现"命令，打开"基底凸现"对话框。

2 设置参数为 15，1，单击"确定"按钮。

1 选择"编辑-变换-扭曲"命令，打开扭曲变换调节框，拖动角点将水面变形，按 Enter 键确认变换。

1 选择"图层"面板，单击"图层 4"和"背景"图层前面的"指示图层可视性"图标，隐藏图层。

2 按 Ctrl+Alt+Shift+E 组合键盖印可见图层，自动生成"图层 5"。

3 选择"编辑-变换-垂直翻转"命令，按 Ctrl+T 组合键打开自由变换调节框，调整图像为如图所示，按 Enter 键确认变换。

1 设置"图层 5"的混合模式为强光。

2 单击"图层 4"和"背景"图层缩略图前面的小方框，显示这个两图层。

1 选择"滤镜-模糊-高斯模糊"命令，打开对话框。设置半径为 7 像素，单击"确定"按钮。

1 按 Ctrl+Alt+Shift+E 组合键盖印可见图层，自动生成"图层 6"。

2 选择"图像-调整-亮度/对比度"命令，打开对话框，设置参数为 50，60，单击"确定"按钮。

实例206　折扇效果

素材:\实例 206\梅花.tif

源文件:\实例 206\折扇效果.psd

包含知识
- 钢笔工具
- 图层混合模式
- 斜面与浮雕效果
- 修剪局部

重点难点
- 制作扇骨质感
- 制作扇面效果

制作思路

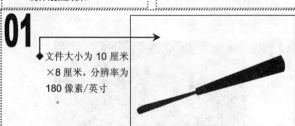

绘制扇骨　　　　　制作底部扇骨　　　　　最终效果

01

◆ 文件大小为 10 厘米 ×8 厘米,分辨率为 180 像素/英寸

1 新建"折扇效果.psd"文件。

2 新建"图层 1"。选择钢笔工具 ◊，在窗口中绘制扇柄路径。按 Ctrl+Enter 组合键将路径转换为选区。

3 设置前景色为咖啡色（R:135,G:75,B:12），按 Alt+Delete 组合键将选区填充为前景色。

02

1 按 Ctrl+D 组合键取消区，按 Ctrl+J 组合键复制"图层 1"，生成"图层 1 副本"。

2 双击"图层 1"后面的空白处，在打开的对话框中单击"斜面和浮雕"复选框后面的名称，设置深度为 85%，大小为 4 像素。

3 单击"图案叠加"复选框后面的名称，设置不透明度为 60%，缩放为 100%，图案为"木质"，单击"确定"按钮。

03

1 选择多边形套索工具 ∀，在窗口中绘制选区，然后新建"图层 2"。

2 设置前景色为白色（R:230,G:230,B:230），按 Alt+Delete 组合键将选区填充为前景色。

04

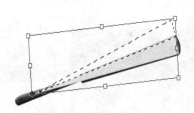

1 选择"选择-变换选区"命令，打开选区变换调节框，用鼠标拖动参考点到调节框的左下角点处。

2 转动调节框角点，移动选区到如图所示的位置，然后按 Enter 键确认变换。

3 设置前景色为浅灰色（R:200,G:200,B:200），按 Alt+Delete 组合键将选区填充为前景色，按 Ctrl+D 组合键取消选区。

05

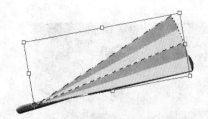

1 拖动"图层 2"到"图层"面板下方的"创建新图层"按钮 ⬛ 上，复制生成"图层 2 副本"图层。

2 按 Ctrl+T 组合键，打开自由变换调节框，拖动参考点到调节框的左下角点处。

3 转动调节框角点，移动"图层 2 副本"图层到如图所示的位置，然后按 Enter 键确认变换。

06

1 按 Ctrl+Alt+Shift+T 组合键，再次变换选区内容直至形成扇形。

2 按 Ctrl+D 组合键取消选区。

3 按 Ctrl+E 组合键向下合并"图层 2 副本"图层和"图层 2"，生成新的"图层 2"。

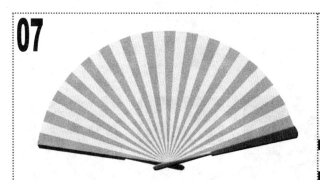

07

1　选择"图层 1 副本"图层。按 Ctrl+T 组合键，打开自由变换调节框，调整"图层 1 副本"的位置和角度到扇面左侧，按 Enter 键确认变换。
2　选择"图层 1"，将其拖动到"图层 2"的上方。

08

1　双击"图层 1"后面的空白处，在打开的对话框中单击"投影"复选框后面的名称，单击"确定"按钮。
2　双击"图层 1 副本"后面的空白处，在打开的对话框中单击"投影"复选框后面的名称，然后单击"斜面和浮雕"复选框后的名称，设置深度为 40%，大小为 3 像素。
3　单击"图案叠加"复选框后面的名称，设置不透明度为 40%，缩放为 100%，图案为"木质"，单击"确定"按钮。

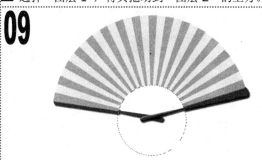

09

1　选择"图层 2"。选择椭圆选框工具○，在扇面下方绘制正圆选区。
2　按 Delete 键删除选区内容。

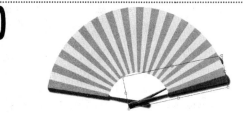

10

1　拖动"图层 1"到"图层"面板下方的"创建新图层"按钮 □ 上，复制生成"图层 1 副本 2"图层。
2　将"图层 1 副本 2"图层拖动到"图层 2"的下方。
3　按 Ctrl+T 组合键，打开自由变换调节框，拖动参考点到调节框的左下角点处。
4　转动调节框角点，移动"图层 1 副本 2"到如图所示的位置，按 Enter 键确认变换。

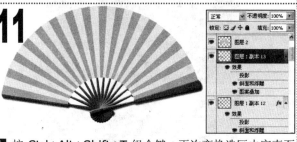

11

1　按 Ctrl+Alt+Shift+T 组合键，再次变换选区内容直至形成扇形。
2　按 Ctrl+D 组合键取消选区。
3　单击所有副本图层"投影"效果前的"切换单一图层效果可视性" 图标●，隐藏其投影效果。

12

1　选择"图层 2"，拖动"图层 2"到"图层"面板下方的"创建新图层"按钮 □ 上，复制生成"图层 2 副本"图层。
2　按 Ctrl+T 组合键，打开自由变换调节框，将大小缩小 2%，按 Enter 键确认变换。
3　选择"图像-调整-亮度/对比度"命令，打开对话框，设置参数为-30，-30，单击"确定"按钮。

13

1　打开"梅花.tif"素材文件。选择移动工具 ▶+，将"梅花"图像拖动到"折扇效果"文件窗口中，生成"图层 3"。
2　按 Ctrl+T 组合键，打开自由变换调节框，调整梅花的大小和位置，按 Enter 键确认变换。
3　单击"图层 2 副本"前面的缩略图，载入选区。选择"选择-反向"命令，反选选区，按 Delete 键删除选区内容。

14

1　选择"图层 3"，将"图层 3"拖动到"图层 1"的下方。
2　设置"图层 3"的图层混合模式为线性加深。

实例207　背景特效

素材:\无

源文件:\实例207\背景特效.psd

包含知识
- 颗粒命令
- 点状化命令
- 中间值命令
- 色相/饱和度命令

重点难点
- 颗粒命令
- 色彩调整

制作思路

颗粒效果　　　反相效果　　　颜色调整　　　最终效果

01

1 新建"背景特效.psd"文件。设置宽度为8厘米,高度为8厘米,分辨率为180像素/英寸,颜色模式为RGB颜色。

2 选择"滤镜-纹理-颗粒"命令,打开对话框,设置参数为100,100,颗粒类型为结块,单击"确定"按钮。

02

1 选择"滤镜-像素化-点状化"命令,在打开的"点状化"对话框中设置单元格大小为200,单击"确定"按钮。

03

1 选择"滤镜-杂色-中间值"命令,在打开的对话框中设置半径为90像素,单击"确定"按钮。

04

1 选择"图像-调整-反相"命令,对图像进行反相处理。

05

1 选择"滤镜-锐化-USM锐化"命令,在打开的"USM锐化"对话框中设置参数为500,50,5,单击"确定"按钮。

06

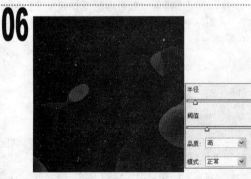

1 选择"滤镜-模糊-特殊模糊"命令,在打开的对话框中设置参数为8,20,品质为高,单击"确定"按钮。

07

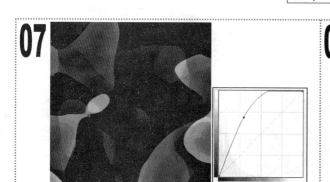

1 选择"图像-调整-曲线"命令，在打开的"曲线"对话框中如图所示调整曲线，单击"确定"按钮。

08

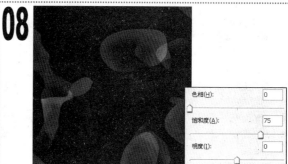

1 按 Ctrl+J 组合键复制生成"图层 1"。

2 选择"图像-调整-色相/饱和度"命令，在打开的对话框中选中"着色"复选框，设置参数为 0，75，0，单击"确定"按钮。

09

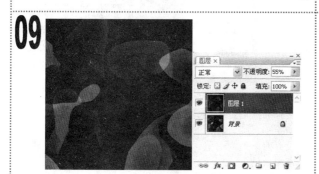

1 选择"图层 1"，设置"图层 1"的不透明度为 55%。

10

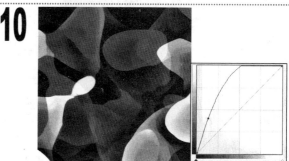

1 单击"图层"面板下方的"创建新的填充或调整图层"按钮，在弹出的下拉菜单中选择"曲线"命令。

2 在打开的"曲线"对话框中调整曲线至如图所示，单击"确定"按钮。

11

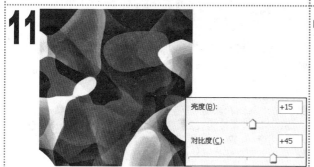

1 按 Ctrl+Alt+Shift+E 组合键盖印可见图层，自动生成"图层 2"。

2 选择"图像-调整-亮度/对比度"命令，在打开的对话框中设置参数为 15，45，单击"确定"按钮。

12

1 设置前景色为暗黄色（R: 148,G:112,B:0）。

2 选择横排文字工具 T，选择个人喜好的字体和大小，在窗口左上方输入文字。

13

1 双击文字图层后面的空白处，在打开的对话框中单击"描边"复选框后面的名称，设置描边颜色为白色，单击"确定"按钮。

14

1 设置前景色为白色（R:255,G:255,B:255）。

2 选择横排文字工具 T，选择个人喜好的字体和大小，在窗口中输入文字。

素材:\实例 208\闪电球\

源文件:\实例 208\闪电质感球.psd

实例208 闪电质感球

包含知识
- 渐变工具
- 图层样式
- 画笔面板
- 路径面板

重点难点
- 球体的晶莹效果

制作思路

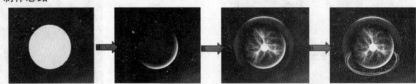

填充颜色 设置图层样式 外发光效果 最终效果

01

◆ 文件大小为 11 厘米×10 厘米，分辨率为 200 像素/英寸

1 新建"闪电质感球.psd"文件。

2 选择渐变工具▣，单击选项栏中的渐变色选择框▣，设置渐变图案为"深紫色-紫红色"，单击"确定"按钮。

3 单击选项栏中的"线性渐变"按钮▣，拖动绘制渐变色。

02

1 单击"创建新图层"按钮▣，新建"图层 1"。

2 选择椭圆选框工具▣，按住 Shift+Alt 组合键不放，拖动绘制正圆选区。

3 设置前景色为白色，按 Alt+Delete 组合键填充选区内容为白色。

03

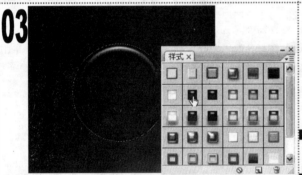

1 单击"样式"面板右上方的▾≡按钮，在弹出的快捷菜单中选择"Web 样式"命令，将其追加到样式列表中。

2 返回面板，选择"紫色胶体"样式，此时"图层"面板自动生成效果图层。

04

1 双击"图层 1"后面的空白处，打开对话框，设置内阴影的角度为 120 度，其他参数保持默认值。

2 单击"斜面和浮雕"复选框后面的名称，设置参数为 40，50，16，角度为 129 度，高度为 21 度，高光模式的不透明度为 0%，阴影模式为滤色，不透明度为 100%。

3 单击"等高线"复选框后面的名称，设置范围为 100%，单击"确定"按钮。

05

1 按 Ctrl+D 组合键取消选区。

2 设置"图层 1"的填充为 10%，此时得到半透明状态的球体效果。

06

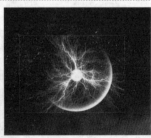

1 打开"闪电.tif"素材文件。

2 选择移动工具▣，拖动"闪电"图像到"闪电质感球"文件窗口中，自动生成"图层 2"。

3 设置"图层 2"的混合模式为滤色，按 Ctrl+T 组合键打开自由变换调节框，调整图像大小。

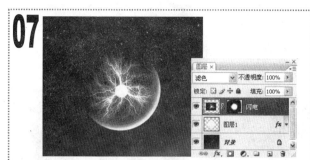

07

1 单击"添加图层蒙版"按钮▣，为图层添加蒙版。
2 设置前景色为黑色，选择画笔工具✐，在选项栏中设置画笔为柔角 175 像素，不透明度为 80%，流量为 80%，在文件窗口中涂抹，隐藏球体图形以外的闪电效果。

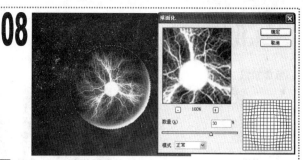

08

1 按住 Ctrl 键不放，单击"图层 1"前面的缩略图，载入选区。
2 单击"闪电"图层的缩略图，选择"滤镜-扭曲-球面化"命令，打开对话框，设置数量为 30%。

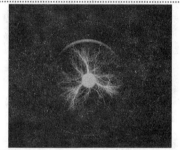

09

1 选择椭圆选框工具▭，在选项栏中设置羽化为 2 像素，按住 Shift+Alt 组合键不放，从闪电中心向外拖动鼠标绘制正圆选区。

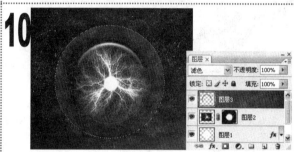

10

1 新建"图层 3"，设置前景色为蓝色（R:82,G:27,B:150）。
2 设置"图层 3"的混合模式为滤色。选择画笔工具✐，设置画笔为柔角 175 像素，不透明度为 50%，流量为 75%，在选区上侧边缘涂抹绘制颜色。

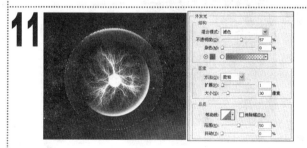

11

1 新建"图层 4"，设置前景色为白色。选择画笔工具✐，在选区上侧涂抹绘制高光。
2 选择"图层-图层样式-外发光"命令，打开对话框，设置参数为 57，0，1，30，发光颜色为紫色（R:180,G:110,B:255），其他参数保持默认值。

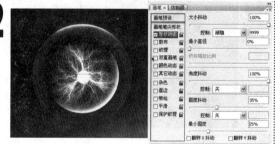

12

1 选择椭圆选框工具▭，在闪电下方拖动绘制椭圆选区。
2 选择画笔工具✐，按 F5 键，打开"画笔"面板，单击"画笔笔尖形状"名称，设置参数为 12px，0%，300%。单击"形状动态"复选框后面的名称，设置参数如图所示。单击"散布"复选框后面的名称，设置散布为 1000%，渐隐 800，数量为 2，数量抖动为 0%。

13

1 新建"图层 5"，分别设置前景色为白色、紫色（R:240,G:140,B:255）。
2 选择"路径"面板，单击面板下方的"用画笔描边路径"按钮 ○。描边后，单击面板空白处取消路径显示状态。

14

1 选择"图层"面板，单击"添加图层蒙版"按钮▣，设置前景色为黑色，选择画笔工具✐，在窗口中涂抹，隐藏闪电图形上的多余星光。
2 打开"光圈.tif"素材文件。用同样的方法将其导入到文件窗口中，得到最终效果。

实例209　彩色球体

素材:\无
源文件:\实例 209\彩色球体.psd

包含知识
- 镜头光晕命令
- 铬黄命令
- 图层混合模式
- 球体投影

重点难点
- 铬黄渐变命令
- 球体效果

制作思路

镜头光晕效果

调整色相/饱和度

球面化效果

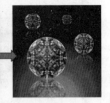
最终效果

01

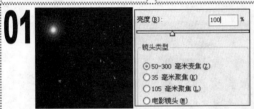

1. 新建"彩色球体.psd"文件,设置其宽度为 8 厘米,高度为 8 厘米,分辨率为 180 像素/英寸,颜色模式为 RGB 颜色。按 D 键复位前景色和背景色。
2. 按 Alt+Delete 组合键将"背景"图层填充为前景色。
3. 选择"滤镜-渲染-镜头光晕"命令,在打开的对话框中设置如图所示的参数,单击"确定"按钮。

02

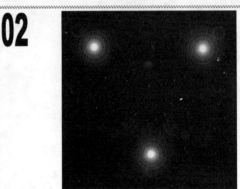

1. 采用相同的方法,重复使用镜头光晕命令两次。

03

1. 选择"滤镜-素描-铬黄"命令,在打开的对话框中设置参数为 6,5,单击"确定"按钮。
2. 选择"图像-调整-色相/饱和度"命令,在打开的对话框中选中"着色"复选框,设置参数为 300,85,0,单击"确定"按钮。

04

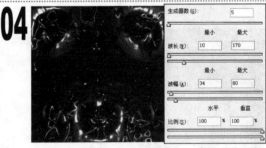

1. 按两次 Ctrl+J 组合键,复制生成"图层 1"和"图层 1 副本"图层。
2. 设置"图层 1"的混合模式为滤色,"图层 1 副本"的图层混合模式为变亮。
3. 选择"图层 1 副本",选择"滤镜-扭曲-波浪"命令,在打开的"波浪"对话框中设置参数为 5,10,170,34,80,100,100,单击"确定"按钮。

05

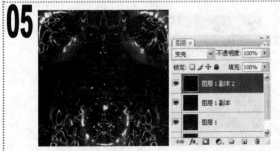

1. 按 Ctrl+J 组合键复制生成"图层 1 副本 2"图层。
2. 选择"编辑-变换-水平翻转"命令。
3. 按 Ctrl+E 组合键向下合并图层,生成新的"图层 1 副本"图层。

06

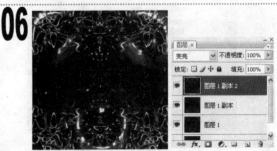

1. 按 Ctrl+J 组合键复制生成"图层 1 副本 2"图层。
2. 选择"编辑-变换-垂直翻转"命令。
3. 按 Ctrl+E 组合键向下合并图层,生成新的"图层 1 副本"图层。

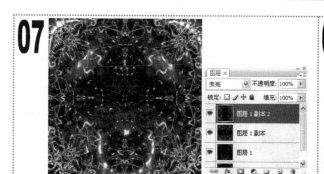

07

1 按 Ctrl+J 组合键复制生成"图层 1 副本 2"图层。
2 选择"编辑-变换-翻转 90 度（顺时针）"命令。

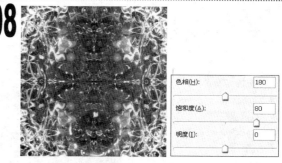

08

1 选择"图像-调整-色相/饱和度"命令，在打开的对话框中设置参数为 180，80，0，单击"确定"按钮。

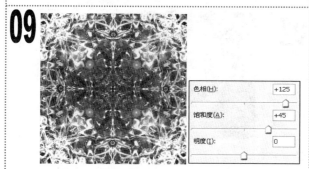

09

1 设置"图层 1 副本"的图层混合模式为正常。
2 选择"图像-调整-色相/饱和度"命令，在打开的"色相/饱和度"对话框中设置参数为 125，45，0，单击"确定"按钮。

10

1 选择"图层 1 副本 2"，按 Ctrl+E 组合键向下合并图层，生成"图层 1 副本"。
2 选择椭圆选框工具 ○，按住 Shift 键的同时，在窗口中绘制正圆选区。
3 选择"选择-反向"命令，反选选区，按 Delete 键删除选区内容。按 Ctrl+D 组合键取消选区。

11

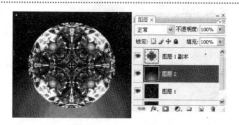

1 新建"图层 2"，设置前景色为青色（R:0,G:255,B:255），背景色为黑色。
2 选择渐变工具 ■，单击选项栏中的渐变色选择框 ■。在打开的对话框中选择预设的"前景到背景"渐变图案，单击"确定"按钮。
3 单击选项栏中的"线性渐变"按钮 ■，在窗口中垂直拖动鼠标填充渐变色。

12

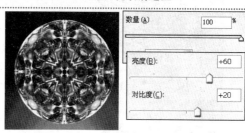

1 按住 Ctrl 键的同时单击"图层 1 副本"前面的缩略图，载入选区。
2 选择"滤镜-扭曲-球面化"命令，在打开的"球面化"对话框中设置数量为 100%，单击"确定"按钮。
3 选择"图像-调整-亮度/对比度"命令，在打开的对话框中设置参数为 60，20，单击"确定"按钮。

13

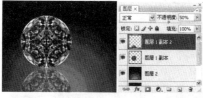

1 按 Ctrl+D 组合键取消选区，按 Ctrl+T 组合键打开自由变换调节框，调整"图层 1 副本"的大小和位置，按 Enter 键确认变换。
2 按 Ctrl+J 组合键复制生成"图层 1 副本 2"图层。
3 选择移动工具 ►+，将彩球拖动到如图所示的位置，设置图层的不透明度为 50%。

14

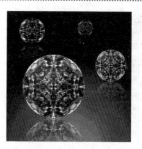

1 使用相同方法复制多个彩球。
2 选择"图像-调整-色相/饱和度"命令，在打开的对话框中设置不同的色相和饱和度。本例制作完毕。

素材:\无

源文件:\实例210\飞速火星.psd

实例210 飞速火星

包含知识
- 描边命令
- 海洋波纹
- 径向模糊
- 液化命令

重点难点
- 海洋波纹
- 液化命令

制作思路

制作描边　　　海洋波纹　　　渐变色效果　　　最终效果

01

◆ 文件大小为 8 厘米
×8 厘米,分辨率为
180 像素/英寸

1 新建"飞速火星.psd"文件。

2 按 D 复位前景色和背景色,按 Alt+Delete 组合键将"背景"图层填充为前景色。

3 选择椭圆选框工具 ⬭ ,按住 Shift 键的同时,在窗口中绘制正圆选区。

02

1 选择"编辑-描边"命令,在打开的"描边"对话框中设置宽度为 20px,颜色为白色,位置为居中,单击"确定"按钮。

2 按 Ctrl+D 组合键取消选区。

03

1 选择"滤镜-扭曲-海洋波纹"命令,在打开的"海洋波纹"对话框中设置参数为 7, 15,单击"确定"按钮。

04

1 选择"滤镜-模糊-径向模糊"命令,在打开的"径向模糊"对话框中设置数量为 100,模糊方法为缩放,单击"确定"按钮。

05

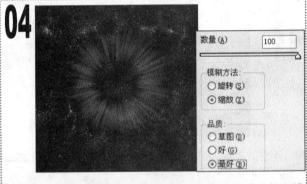

1 按 Ctrl+J 组合键复制生成"图层 1"。

2 选择"滤镜-扭曲-海洋波纹"命令,在打开的"海洋波纹"对话框中设置参数为 9, 18,单击"确定"按钮。

06

1 按 Ctrl+J 组合键复制生成"图层 1 副本"图层。

2 选择"滤镜-模糊-径向模糊"命令,在打开的"径向模糊"对话框中设置数量为 100,模糊方法为缩放,单击"确定"按钮。

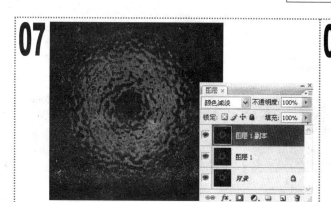

07

1 设置"图层 1 副本"图层的混合模式为颜色减淡。

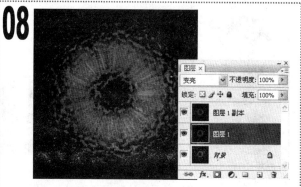

08

1 选择"图层 1"，设置"图层 1"的混合模式为变亮，新建"图层 2"。

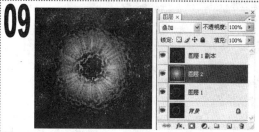

09

1 设置前景色为黄色（R:255,G:225,B:0），背景色为红色（R:255,G:0,B:0）。

2 选择渐变工具，在选项栏中单击渐变色选择框，打开对话框，在"预设"栏中选择"前景到背景"渐变图案，单击"确定"按钮。

3 单击选项栏中的"径向渐变"按钮，在选区内斜角拖动鼠标填充渐变色。设置"图层 2"的混合模式为"叠加"。

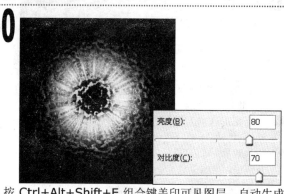

10

1 按 Ctrl+Alt+Shift+E 组合键盖印可见图层，自动生成"图层 3"。

2 选择"图像-调整-亮度/对比度"命令，在打开的对话框中设置数量为 80，70，单击"确定"按钮。

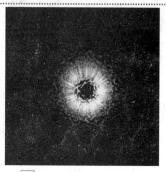

11

1 选择移动工具，将"图层 3"向窗口左上角移动一些。

2 选择"滤镜-扭曲-挤压"命令，在打开的对话框中设置数量为 60%，单击"确定"按钮。

12

1 选择"滤镜-液化"命令，在打开的对话框中设置画笔大小为 341，画笔密度为 67，画笔压力为 84。

2 选择向前变形工具，自流星向右下角拖动，对图像进行变形，单击"确定"按钮。

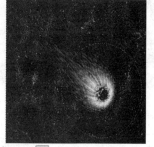

13

1 选择椭圆选框工具，在窗口中绘制椭圆选区。

2 选择"选择-反向"命令，反选选区。

14

1 选择"滤镜-模糊-动感模糊"命令，在打开的对话框中设置参数为-35，35，单击"确定"按钮。按 Ctrl+D 组合键取消选区。

实例211 光芒四射

素材:\无

源文件:\实例211\光芒四射.psd

包含知识
- 添加杂色命令
- 径向模糊命令
- 颜色调整
- 盖印图层
- 图层混合模式

重点难点
- 旋转效果

制作思路

添加杂色　　　　径向模糊效果　　　　调整色彩　　　　最终效果

01

◆ 文件大小为 10 厘米 ×7 厘米,分辨率为 180 像素/英寸,颜色 模式为 RGB 颜色

1 新建"光芒四射.psd"文件。按 D 键复位前景色和背景色, 按 Alt+Delete 组合键将"背景"图层填充为前景色。

2 选择矩形选框工具，在窗口中绘制矩形选区,选择"滤 镜-杂色-添加杂色"命令,打开对话框。

3 设置数量为 120%,选中"平均分布"单选项和"单色" 复选框,单击"确定"按钮。按 Ctrl+D 组合键取消选区。

02

1 选择"滤镜-模糊-径向模糊"命令,在打开的对话框中 设置数量为 100,选中"缩放"和"最好"单选项,单 击"确定"按钮。

2 按两次 Ctrl+F 组合键,重复径向模糊操作。

03

1 选择"图像-调整-色相/饱和度"命令,在打开的对话框 中选中"着色"复选框,设置参数为 360,55,0,单 击"确定"按钮。

2 按 Ctrl+J 组合键复制生成"图层 1",设置"图层 1" 的混合模式为叠加。

04

1 选择"滤镜-扭曲-旋转扭曲"命令,在打开的对话框中 设置角度为 50 度,单击"确定"按钮。

2 选择"滤镜-艺术效果-塑料包装"命令,在打开的对话 框中设置参数为 13,6,8,单击"确定"按钮。

3 选择"图像-调整-亮度/对比度"命令,在打开的对话框 中设置参数为 25,100,单击"确定"按钮。

05

1 选择"滤镜-扭曲-旋转扭曲"命令,在打开的对话框中 设置角度为 55 度,单击"确定"按钮。

2 选择"滤镜-锐化-USM 锐化"命令,在打开的对话框中 设置参数为 90,1.5,0,单击"确定"按钮。

06

1 按 Ctrl+Alt+Shift+E 组合键盖印可见图层,自动生成 "图层 2"。

2 选择"图像-调整-色阶"命令,在打开的对话框中设置 参数为 0,1.00,175,单击"确定"按钮。

第9章

图像合成制作

实例 212 冷色月夜

实例 213 沐浴夜色

实例 214 梦幻写真

实例 215 旧时光明信片

实例 216 中国古典婚纱

实例 217 欧洲古典婚纱

实例 218 夕阳幻影

实例 219 海景豚影

09

　　简单地说，"图像合成"就是将两幅以上的图像经过处理以后拼合成一幅构思巧妙的新作品，这种合成技术最能体现设计者的创意。本章将重点讲解图像的合成技术，并融合滤镜命令，制作出独具魅力的图片。

实例212　冷色月夜

素材:\无
源文件:\实例212\冷色月夜.psd

包含知识
- 椭圆选框工具
- 云彩命令
- 图层样式
- 色彩平衡命令

重点难点
- 制作冷色调月色

制作思路

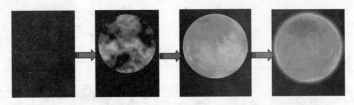

填充颜色　　　　云彩效果　　　　色彩平衡　　　　最终效果

应用场所　　用于制作具有冷色调月球的效果，该色调的星球可以烘托出夜晚的忧伤感。

01

1　新建"冷色月夜.psd"文件。宽度为 7.5 厘米，高度为 10 厘米，分辨率为 180 像素/英寸，颜色模式为 RGB 颜色。
2　设置前景色为暗青色（R:20,G:41,B:46）。
3　按 Alt+Delete 组合键将"背景"图层填充为前景色。

02

1　单击"创建新图层"按钮，新建"图层 1"。
2　选择椭圆选框工具，按住 Shift 键在窗口上方绘制正圆选区。

03

1　设置前景色为灰黄色（R:216,G:214,B:180），背景色为灰色（R:144,G:144,B:113）。
2　选择"滤镜-渲染-云彩"命令。

04

1　选择"通道"面板，单击下方的"创建新通道"按钮，新建"Alpha1"通道。

05

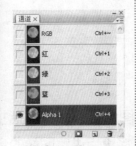

1　选择"滤镜-渲染-云彩"命令，形成黑白云彩效果。

06

1　选择"滤镜-渲染-分层云彩"命令，此时黑白效果随机分布。可多次按 Ctrl+F 组合键，找到最满意的分布。

07

1 按住 Ctrl 键不放，单击"Alpha1"通道的缩略图，载入选区。
2 选择"图层 1"。

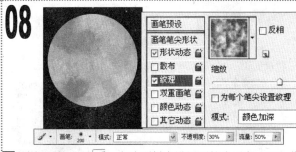

08

1 选择画笔工具 ，在选项栏中设置画笔为柔角 200 像素，不透明度为 30%，流量为 50%。
2 按 F5 键，打开"画笔"面板，单击"纹理"复选框后面的名称，设置纹理为云彩，模式为颜色加深，在选区中绘制图案。

09

1 按 Ctrl+D 组合键取消选区。按住 Ctrl 键不放，单击"图层 1"的缩略图，载入月亮的外轮廓选区。
2 选择"滤镜-扭曲-球面化"命令，打开"球面化"对话框，设置数量为 100%，单击"确定"按钮。

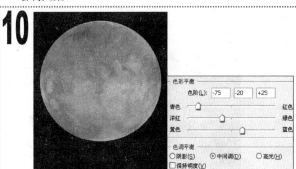

10

1 按 Ctrl+D 组合键取消选区。
2 选择"图像-调整-色彩平衡"命令，打开"色彩平衡"对话框，设置参数为-75，-20，25，单击"确定"按钮。

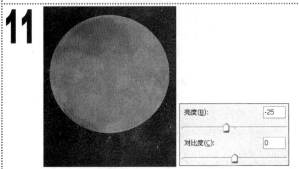

11

1 选择"图像-调整-亮度/对比度"命令，打开"亮度/对比度"对话框，设置亮度为-25，单击"确定"按钮。

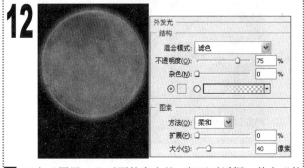

12

1 双击"图层 1"后面的空白处，打开对话框，单击"外发光"复选框后面的名称。
2 设置外发光的颜色为土黄色（R:231,G:231,B:171），大小为 40 像素。

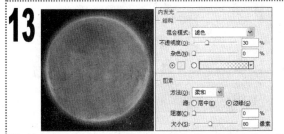

13

1 单击"内发光"复选框后面的名称。设置内发光的颜色为浅土黄色（R:235,G:235,B:183），不透明度为30%，大小为 80 像素，单击"确定"按钮。

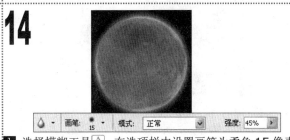

14

1 选择模糊工具 ，在选项栏中设置画笔为柔角 15 像素，强度为 45%，在窗口中月亮的边缘处进行涂抹。

实例213　沐浴夜色

素材:\实例 213\沐浴夜色\

源文件:\实例 213\沐浴夜色.psd

包含知识
- 云彩命令
- 基底凸现命令
- 图层样式
- 图层混合模式

重点难点
- 将人物处理与月色一致
- 制作海面效果

制作思路

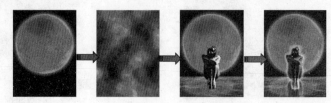

打开素材文件　　云彩效果　　基底凸现效果　　最终效果

应用场所

用于制作具有丰富幻想的画面效果,适用于柔性的艺术广告中。

01

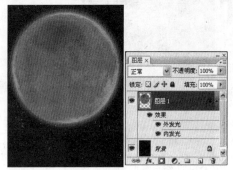

1　打开"冷色月夜.psd"素材文件。

02

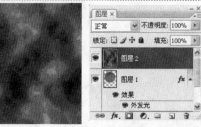

1　单击"创建新图层"按钮，新建"图层 2"。
2　设置前景色为浅蓝色（R:154,G:179,B:185），背景色为深蓝色（R:14,G:40,B:46）。
3　选择"滤镜-渲染-云彩"命令，为"图层 2"填充云彩效果。

03

1　选择"滤镜-素描-基底凸现"命令，打开"基底凸现"对话框。设置参数为 15，1，单击"确定"按钮。

04

1　选择"编辑-变换-扭曲"命令，打开扭曲变换调节框。拖动调节框的角点，对图像进行扭曲，按 Enter 键确认变换。
2　选择模糊工具，在选项栏中设置画笔大小为 15 像素，强度为 45%，在窗口中水面边缘进行涂抹。

05

1　拖动"图层 1"到"图层"面板下方的"创建新图层"按钮上，复制生成"图层 1 副本"图层，并将其放在"图层 2"之上。
2　选择"编辑-变换-扭曲"命令，打开扭曲变换调节框。拖动调节框的角点，对图像进行扭曲，按 Enter 键确认变换。

06

1　选择"滤镜-扭曲-波浪"命令，打开"波浪"对话框。设置参数如图所示，单击"确定"按钮。
2　设置"图层 1 副本"的图层混合模式为强光，不透明度为 55%。

07

1 打开"神秘少女.tif"素材文件。选择快速选择工具，在窗口中单击人物部分，将其载入选区。

2 拖动选区内容到"冷色月夜"文件窗口中，自动生成"图层 3"。

08

1 选择"图像-调整-曲线"命令，打开"曲线"对话框，调整曲线至如图所示，单击"确定"按钮。

2 选择"图像-调整-亮度/对比度"命令，打开"亮度/对比度"对话框，设置对比度为-50，单击"确定"按钮。

09

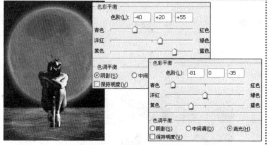

1 选择"图像-调整-色彩平衡"命令，打开"色彩平衡"对话框，选中"阴影"单选项，设置参数为-40，20，55。

2 选中"高光"单选项，设置参数为-81，0，-35，单击"确定"按钮。

10

1 选择加深工具，在选项栏中设置范围为高光，曝光度为 14%。

2 在人物高光处进行加深处理。

11

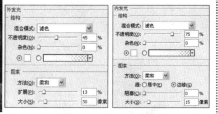

1 双击"图层 3"后面的空白处，打开对话框，单击"外发光"复选框后面的名称，设置外发光颜色为淡黄色（R:249,G:249,B:220），不透明度为 45%，扩展为 13%，大小为 30 像素。

2 单击"内发光"复选框后面的名称。设置内发光颜色为黄色（R:255,G:255,B:190），大小为 15 像素，单击"确定"按钮。

12

1 拖动"图层 3"到"图层"面板下方的"创建新图层"按钮上，复制生成"图层 3 副本"图层。

2 选择"编辑-变换-垂直翻转"命令，选择移动工具，将其移动到窗口下方。

3 设置"图层 3 副本"图层的总体不透明度为 60%。

13

1 复制"图层 3"生成"图层 3 副本 2"图层。

2 选择"编辑-变换-垂直翻转"命令。选择移动工具，将"图层 3 副本 2"移动到人物下方。

3 按住 Ctrl 键不放，单击"图层 3"的缩略图，载入人物的外轮廓选区。

14

1 选择"选择-反向"命令，反选选区。

2 单击"图层"面板下方的"添加图层蒙版"按钮，将多余的图像隐藏。

3 设置"图层 3 副本 2"的图层总体不透明度为 60%。

实例214　梦幻写真

素材:\实例214\梦幻写真\
源文件:\实例214\梦幻写真.psd

包含知识
- 曲线命令
- 色阶命令
- 色彩平衡命令
- 画笔工具

重点难点
- 梦幻色彩的调整
- 背景色彩的处理

制作思路

拖入素材文件　　合成背景　　使用色阶命令　　最终效果

应用场所　　用于制作梦幻婚纱的写真效果，符合喜欢浪漫的年轻人的口味。

01

◆ 文件大小为 20 厘米×15 厘米，分辨率为 150 像素/英寸

1 新建"梦幻写真.psd"文件。

2 打开"黄昏日落.tif"素材文件。选择移动工具，拖动图片到"梦幻写真"文件窗口中，自动生成"图层 1"。

3 按 Ctrl+T 组合键打开自由变换调节框，按住 Shift 键不放，调整图像的大小和位置，按 Enter 键确认变换。

02

输入色阶(I): 14 1.00 237

1 选择"图像-调整-色阶"命令，打开"色阶"对话框。

2 设置参数为 14，1.00，237，单击"确定"按钮。

03

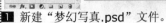

1 选择"图像-调整-曲线"命令，打开"曲线"对话框。

2 在"通道"下拉列表框中分别选择"红"、"绿"、"蓝"通道，调整曲线至如图所示，单击"确定"按钮。

04

亮度/对比度
亮度(B): 88
对比度(C): 28

1 选择"图像-调整-亮度/对比度"命令，打开"亮度/对比度"对话框。

2 设置亮度为 88，对比度为 28，单击"确定"按钮。

05

图层
柔光　不透明度:100%
锁定　填充:100%
图层 2
图层 1 副本
图层

1 单击"创建新图层"按钮，新建"图层 2"。

2 设置前景色为浅蓝色（R:201,G:232,B:248）。选择画笔工具，在选项栏中设置画笔为柔角，不透明度为 100%，在窗口左下角处进行涂抹。

3 设置"图层 2"的混合模式为柔光。

06

图层
正常　不透明度:100%
锁定　填充:100%
图层 3
图层 2
图层 1 副本

1 打开"蓝天白云.tif"素材文件。选择移动工具，拖动图片到"梦幻写真"文件窗口中，自动生成"图层 3"。

2 按 Ctrl+T 组合键打开自由变换调节框，按住 Shift 键不放，调整图像的大小和位置，按 Enter 键确认变换。

07

1. 单击"图层"面板下方的"添加图层蒙版"按钮，为"图层 3"添加图层蒙版。
2. 选择画笔工具，在选项栏中设置不透明度为 60%，在窗口中天空下方的位置进行局部涂抹。

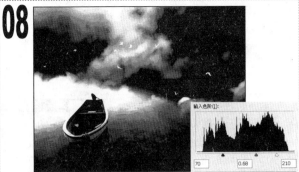

08

1. 单击"图层"面板下方的"创建新的填充或调整图层"按钮，在弹出的下拉菜单中选择"色阶"命令，打开"色阶"对话框。
2. 设置参数为 70，0.68，210，单击"确定"按钮。

09

1. 单击"色阶 1"图层后面的图层蒙版缩略图。
2. 选择画笔工具，在选项栏中设置不透明度为 100%，在窗口下方"黄昏日落"图像处进行局部涂抹。

10

1. 单击"图层"面板下方的"创建新的填充或调整图层"按钮，在弹出的下拉菜单中选择"色彩平衡"命令，打开"色彩平衡"对话框。
2. 设置参数为-100，28，100，单击"确定"按钮。

11

1. 单击"色彩平衡 1"图层后面的图层蒙版缩略图。
2. 选择画笔工具，在窗口下方"黄昏日落"图像处进行局部涂抹。

12

1. 单击"图层"面板下方的"创建新的填充或调整图层"按钮，在弹出的下拉菜单中选择"曲线"命令，打开"曲线"对话框。
2. 在"通道"下拉列表框中分别选择"红"、"绿"、"蓝"、"RGB"通道，调整相应曲线至如图所示，单击"确定"按钮。

13

1. 单击"曲线 1"图层后面的图层蒙版缩略图。
2. 选择画笔工具，在窗口上方"蓝天白云"图像处进行局部涂抹。

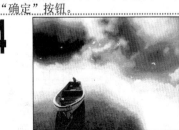

14

1. 单击"创建新图层"按钮，新建"图层 4"。
2. 设置前景色为白色（R:255,G:255,B:255）。选择画笔工具，在选项栏中设置大号柔角画笔，在窗口中"黄昏日落"和"蓝天白云"的交接处进行涂抹。

15

1 单击"创建新图层"按钮█，新建"图层5"。
2 设置前景色为浅橙色（R:255,G:214,B:118）。在窗口中小船四周进行涂抹。
3 设置"图层5"的图层混合模式为柔光。

16

1 单击"创建新图层"按钮█，新建"图层6"。
2 选择直线工具█，单击选项栏中的"填充像素"按钮█，设置粗细为2px，前景色为蓝色（R:152,G:188,B:232），在窗口中绘制数条长短不一的直线。

17

1 设置"图层6"的混合模式为正片叠底。
2 单击"图层"面板下方的"添加图层蒙版"按钮█，为"图层6"添加图层蒙版。
3 选择画笔工具█，在选项栏中设置画笔为柔角，不透明度为20%，在直线处进行局部涂抹。

18

1 新建"图层7"。选择自定形状工具█，在选项栏中打开"自定形状"拾色器，选择"花1"形状。
2 设置前景色为白色（R:255,G:255,B:255）。
3 单击选项栏中的"填充像素"按钮█，按住Shift键不放，在窗口右上角拖动鼠标绘制白色花图案。

19

1 双击"图层7"后面的空白处，打开"图层样式"对话框。
2 单击"斜面和浮雕"复选框后面的名称，设置深度为62%，大小为7像素，软化为9像素，阴影模式不透明度为100%，颜色为蓝色（R:19,G:47,B:152），其他参数保持不变。
3 单击"投影"复选框后面的名称，设置投影颜色为蓝色（R:31,G:149,B:4），不透明度为80%，大小为9像素，其他参数保持不变，单击"确定"按钮。

20

1 按Ctrl+J组合键两次，分别复制生成"图层7副本"和"图层7副本2"图层。
2 按Ctrl+T组合键打开自由变换调节框，按住Shift键不放，调整两个图像的大小和位置，按Enter键确认变换。

21

1 新建"图层8"。选择自定形状工具█，在选项栏中打开"自定形状"拾色器，选择"8分音符"形状。
2 单击选项栏中的"填充像素"按钮█，分别设置不同的不透明度，按住Shift键不放，在窗口右侧随意拖动绘制大小不一的图案。

22

1 采用相同的方法，新建"图层9"。在选项栏中打开"自定形状"拾色器，选择"雪花3"形状。
2 在窗口右侧随意拖动绘制大小不一的图案。

23

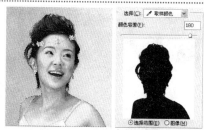

1. 打开"婚纱素材一.tif"素材文件。
2. 选择"选择-色彩范围"命令，打开"色彩范围"对话框，设置颜色容差为 180，在窗口中黄色图案位置单击取样，单击"确定"按钮。
3. 按 Ctrl+Shift+I 组合键反选选区。

24

1. 选择移动工具 ，拖动选区内容到"梦幻写真"文件窗口中，自动生成"图层 10"。
2. 按 Ctrl+T 组合键打开自由变换调节框，按住 Shift 键不放调整图像的大小和位置，按 Enter 键确认变换。

25

1. 单击"图层"面板下方的"添加图层蒙版"按钮 ，为"图层 10"添加图层蒙版。
2. 选择画笔工具 ，在选项栏中设置大号柔角画笔，不透明度为 50%，在窗口中人物下方的边缘处进行局部涂抹。

26

1. 单击"图层"面板下方的"创建新的填充或调整图层"按钮 ，在弹出的下拉菜单中选择"色彩平衡"命令，打开"色彩平衡"对话框。
2. 设置参数为-25，2，36，单击"确定"按钮。

27

1. 单击"图层"面板下方的"创建新的填充或调整图层"按钮 ，在弹出的下拉菜单中选择"色阶"命令，打开"色阶"对话框。
2. 设置参数为 36，1.50，236，单击"确定"按钮。

28

1. 单击"色阶 2"图层后面的图层蒙版缩略图。
2. 选择画笔工具 ，在选项栏中设置不透明度为 100%，在窗口中除人物之外的其他位置进行涂抹。

29

1. 打开"婚纱素材二.tif"素材文件。选择移动工具 ，拖动图像到"梦幻写真"文件窗口中，自动生成"图层 11"。
2. 按 Ctrl+T 组合键打开自由变换调节框，调整图像的大小，并移动到右侧上方的"花"处，按 Enter 键确认变换。

30

1. 按住 Ctrl 键不放，单击"图层 7"的缩略图，载入外轮廓选区。
2. 单击"图层"面板下方的"添加图层蒙版"按钮 ，为"图层 11"添加图层蒙版。

31

1 设置"图层 11"的混合模式为正片叠底，图层的总体不透明度为 60%。

32

1 按 Ctrl+J 组合键复制"图层 11"的内容到"图层 11 副本"图层。
2 按 Ctrl+T 组合键打开自由变换调节框，按住 Shift 键不放调整图像的大小，并移动到右侧下方的"花"处，按 Enter 键确认变换。

33

1 打开"婚纱素材三.tif"素材文件。选择移动工具，拖动图像到"梦幻写真"文件窗口中，自动生成"图层 12"。
2 按 Ctrl+T 组合键打开自由变换调节框，调整图像大小，并移动到右侧中间的"花"处，按 Enter 键确认变换。

34

1 按住 Ctrl 键不放，单击"图层 7 副本"图层的缩略图，载入外轮廓选区。
2 单击"图层"面板下方的"添加图层蒙版"按钮，为"图层 12"添加图层蒙版。

35

1 设置"图层 12"的混合模式为正片叠底，图层的总体不透明度为 55%。

36

1 新建"图层 13"。选择画笔工具，在选项栏中分别设置画笔为 30 像素柔角和"交叉排线 4"。
2 在窗口中绘制满天星星和发光效果。

37

1 单击"图层"面板下方的"创建新的填充或调整图层"按钮，在弹出的下拉菜单中选择"色阶"命令，打开"色阶"对话框。
2 设置参数为 76，1.24，255，单击"确定"按钮。

38

1 选择横排文字工具 T，选择个人喜好的字体和大小，在窗口中输入文字。

实例215 旧时光明信片

素材:\实例 215\明信片\

源文件:\实例 215\旧时光明信片.psd

包含知识

- 色相/饱和度命令
- 杂色命令
- 动感模糊命令
- 钢笔工具

重点难点

- 怀旧色彩的处理
- 滤镜的运用

制作思路

渐变填充　　　　图层蒙版效果　　　　动感模糊效果　　　　最终效果

应用场所

适合制作怀旧色彩的明信片效果，表达美好温馨的记忆。

01

◆ 文件大小为 6 厘米×4.25 厘米，分辨率为 300 像素/英寸

1 新建"旧时光明信片.psd"文件。

2 选择渐变工具，单击选项栏中的渐变色选择框，打开"渐变编辑器"对话框，设置渐变图案为"暗红色-浅红色"，单击"确定"按钮。

3 单击选项栏中的"线性渐变"按钮，在窗口中垂直拖动鼠标绘制线性渐变色。

02

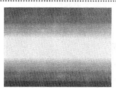

1 单击"创建新图层"按钮，新建"图层 1"。

2 按 D 键复位前景色和背景色。选择渐变工具，单击选项栏中的渐变色选择框，打开"渐变编辑器"对话框，设置渐变图案为"前景到透明"，单击"确定"按钮。在选项栏中设置不透明度为 50%，并在窗口上方垂直拖动鼠标绘制渐变色。

3 设置"图层 1"的图层不透明度为 60%。

03

1 打开"玫瑰花.tif"素材文件。

2 选择移动工具，按住 Shift 键不放，将图片拖动到"旧时光明信片"文件窗口中，自动生成"图层 2"。

3 按 Ctrl+T 组合键打开自由变换调节框，按住 Shift 键不放拖动调节框的角点，等比例缩小图层并移动到窗口左侧，按 Enter 键确认变换。

04

1 单击"图层"面板下方的"添加图层蒙版"按钮，为"图层 2"添加图层蒙版。

2 选择画笔工具，在选项栏中设置画笔为柔角，不透明度为 60%，在窗口中图像边缘进行涂抹。

05

1 选择"图像-调整-色彩平衡"命令，打开"色彩平衡"对话框，设置参数为-85，80，35。

2 选中"阴影"单选项，设置参数为 0，20，40，单击"确定"按钮。

06

1 按 Ctrl+J 组合键复制"图层 2"内容到"图层 2 副本"图层。

2 选择"图像-调整-色相/饱和度"命令，打开"色相/饱和度"对话框。

3 选中"着色"复选框，设置饱和度为 38，明度为-5，其他参数保持不变，单击"确定"按钮。

07

1 设置"图层 2 副本"图层的不透明度为 75%。

08

1 单击"创建新图层"按钮 ，新建"图层 3"。按 Ctrl+Delete 组合键将背景填充为白色。

2 选择"滤镜-杂色-添加杂色"命令，打开"添加杂色"对话框。

3 设置数量为 200%，分布为高斯分布，其他参数保持不变，单击"确定"按钮。

09

1 选择"滤镜-模糊-动感模糊"命令，打开"动感模糊"对话框。

2 设置角度为 90 度，距离为 900 像素，单击"确定"按钮。

10

1 选择"滤镜-画笔描边-喷溅"命令，打开"喷溅"对话框。

2 设置喷色半径为 1，平滑度为 7，单击"确定"按钮。

11

1 设置"图层 3"的混合模式为正片叠底，图层的总体不透明度为 73%。

2 单击"图层"面板下方的"添加图层蒙版"按钮 ，为"图层 3"添加图层蒙版。

3 选择画笔工具 ，在选项栏中设置大号柔角画笔，不透明度为 40%，在窗口中进行局部涂抹。

12

1 单击"图层"面板下方的"创建新的填充或调整图层"按钮 ，在弹出的下拉菜单中选择"色彩平衡"命令，打开"色彩平衡"对话框。

2 设置参数为 48，-40，-91，单击"确定"按钮。

13

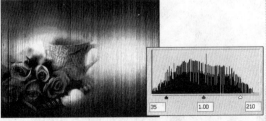

1 单击"图层"面板下方的"创建新的填充或调整图层"按钮 ，在弹出的菜单中选择"色阶"命令，打开"色阶"对话框。

2 设置参数为 35，1.00，210，单击"确定"按钮。

14

1 打开"竹林.tif"素材文件。

2 选择移动工具 ，按住 Shift 键不放将图片拖动到"旧时光明信片"文件窗口中，自动生成"图层 4"。

3 按 Ctrl+T 组合键打开自由变换调节框，按住 Shift 键不放拖动调节框的角点，等比例缩小图层并移动到窗口右上角，按 Enter 键确认变换。

15

1️⃣ 单击"图层"面板下方的"添加图层蒙版"按钮 ◻，为"图层 4"添加图层蒙版。

2️⃣ 选择画笔工具 ✐，在选项栏中设置画笔为柔角，不透明度为 80%，在窗口中图像边缘处进行涂抹。

16

1️⃣ 选择"图像-调整-色相/饱和度"命令，打开"色相/饱和度"对话框。

2️⃣ 选中"着色"复选框，设置色相为 45，饱和度为 50，其他参数保持不变，单击"确定"按钮。

17

1️⃣ 单击"创建新图层"按钮 ◻，新建"图层 5"。选择矩形选框工具 ▭，在窗口中绘制矩形选区。

2️⃣ 按 Ctrl+Delete 组合键，将选区填充为白色。按 Ctrl+D 组合键取消选区。

18

1️⃣ 选择"滤镜-模糊-高斯模糊"命令，打开"高斯模糊"对话框。

2️⃣ 设置半径为 40 像素，单击"确定"按钮。

19

1️⃣ 选择"编辑-变换-透视"命令，打开透视变换调节框，拖动调节框上方的角点由外向内变换图形，此时图像呈上小下大的形状。

20

1️⃣ 按 Enter 键确认变换后，按 Ctrl+T 组合键打开自由变换调节框，按住 Shift 键不放，拖动调节框的角点，等比例缩小图像并移动到窗口右上角，按 Enter 键确认变换。此时图像形成光线效果。

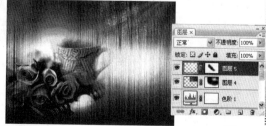

21

1️⃣ 按 Ctrl+J 组合键两次复制"图层 5"内容分别到"图层 5 副本"和"图层 5 副本 2"图层。

2️⃣ 分别按 Ctrl+T 组合键打开自由变换调节框，拖动角点将光线效果变形为大小各异，按 Enter 键确认变换。

3️⃣ 同时选择"图层 5"及其副本图层，按 Ctrl+E 组合键合并图层，双击合并后的图层名称，将其更名为"图层 5"。

22

1️⃣ 单击"图层"面板下方的"添加图层蒙版"按钮 ◻，为"图层 5"添加图层蒙版。

2️⃣ 选择画笔工具 ✐，在选项栏中设置不透明度为 50%，在窗口中光线尾部进行涂抹。

23

1. 按 Ctrl+J 组合键复制"图层 5"内容到"图层 5 副本"图层。
2. 按 Ctrl+T 组合键打开自由变换调节框，按住 Shift 键拖动调节框的角点，等比例缩小图像并移动到窗口右上角，按 Enter 键确认变换。

24

1. 新建"图层 6"。选择钢笔工具，单击选项栏中的"路径"按钮，在窗口中绘制如图所示路径。
2. 选择画笔工具，在选项栏中设置画笔为 1 像素尖角，不透明度为 100%。
3. 设置前景色为白色（R:255,G:255,B:255）。

25

1. 选择"路径"面板，单击面板下方的"用画笔描边路径"按钮，为路径描边，形成飞舞的光线效果。

26

1. 单击"图层"面板下方的"添加图层蒙版"按钮，为"图层 6"添加图层蒙版。
2. 选择画笔工具，在选项栏中设置画笔为柔角，不透明度为 20%，在窗口中飞舞光线的位置进行局部涂抹。

27

1. 新建"图层 7"。选择自定形状工具，在选项栏中打开"自定形状"拾色器，选择"花 4"形状。
2. 单击选项栏中的"填充像素"按钮，按住 Shift 键不放，在窗口中随意拖动绘制大小不一的图案。
3. 设置"图层 7"的图层总体不透明度为 50%。

28

1. 新建"图层 8"。选择自定形状工具，在选项栏中打开"自定形状"拾色器，选择"窄边圆框"形状。
2. 按住 Shift 键不放，在窗口中随意拖动绘制大小不一的图案。

29

1. 单击"图层"面板下方的"添加图层蒙版"按钮，为"图层 8"添加图层蒙版。
2. 选择画笔工具，不透明度为 30%，在窗口中圆框形状的位置进行局部涂抹。
3. 设置"图层 8"的图层总体不透明度为 70%。

30

1. 打开"艺术字.tif"素材文件。
2. 选择移动工具，按住 Shift 键不放，将图片拖动到"旧时光明信片"文件窗口中，自动生成"图层 9"。
3. 按 Ctrl+T 组合键打开自由变换调节框，按住 Shift 键不放，拖动调节框的角点，等比例缩小图像，然后移动到窗口右下角，按 Enter 键确认变换。

31

1. 双击"图层 9"后的空白处,打开"图层样式"对话框。
2. 单击"外发光"复选框后面的名称,设置发光颜色为绿色(R:0,G:71,B:19),大小为 10 像素,其他参数保持不变,单击"确定"按钮。

32

1. 按 D 键复位前景色和背景色。选择横排文字工具 T,在选项栏中设置文字的字体为经典长宋繁,字体大小为 11.68 点,在窗口中输入文字。
2. 按 Ctrl+T 组合键打开自由变换调节框,调整文字的角度和位置,按 Enter 键确认变换。

33

1. 双击"旧时光"文字图层后的空白处,打开"图层样式"对话框。
2. 单击"描边"复选框后面的名称,设置描边颜色为白色(R:255,G:255,B:255),大小为 2 像素,其他参数保持不变,单击"确定"按钮。

34

1. 采用相同的方法,在窗口中输入英文"RECALL",设置其字体为 Impact,大小为 24 点,进行自由变换并旋转角度。
2. 双击"RECALL"文字图层,打开"图层样式"对话框。单击"描边"复选框后面的名称,设置描边颜色为白色,大小为 1 像素,其他参数保持不变,单击"确定"按钮。
3. 设置"RECALL"文字图层的混合模式为叠加。

35

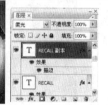

1. 按 Ctrl+J 组合键复制"RECALL"文字图层内容到"RECALL 副本"文字图层。
2. 按 Ctrl+T 组合键打开自由变换调节框,按住 Shift 键不放,拖动调节框的角点,等比例缩小文字,然后移动到窗口左下方,按 Enter 键确认变换。
3. 设置"RECALL 副本"文字图层的混合模式为柔光。

36

1. 选择横排文字工具 T,在选项栏中按个人喜好设置文字的字体和大小,在窗口中如图所示的位置输入文字。

37

1. 单击"图层"面板下方的"创建新的填充或调整图层"按钮,在弹出的下拉菜单中选择"色彩平衡"命令,打开"色彩平衡"对话框。
2. 设置参数为 47,21,-17,单击"确定"按钮。

38

1. 单击"图层"面板下方的"创建新的填充或调整图层"按钮,在弹出的下拉菜单中选择"亮度/对比度"命令,打开"亮度/对比度"对话框。
2. 设置参数为 10,20,单击"确定"按钮。

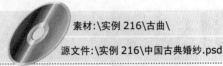

实例216 中国古典婚纱

素材:\实例216\古典\
源文件:\实例216\中国古典婚纱.psd

包含知识
- 色相/饱和度命令
- 纹理化命令
- 图层蒙版
- 图层样式

重点难点
- 古典风格的处理
- 婚纱色彩的处理

应用场所 用于制作古色古香的中国式婚纱效果。

制作思路

渐变填充　　　　投影效果　　　　使用色彩平衡命令　　　最终效果

◆文件大小为640像素×480像素,分辨率为72像素/英寸

1️⃣ 新建"中国古典婚纱.psd"文件。

2️⃣ 选择渐变工具▣,单击选项栏中的渐变色选择框▣,打开"渐变编辑器"对话框,设置渐变为"暗红色-浅红色",单击"确定"按钮。

3️⃣ 单击选项栏中的"线性渐变"按钮▣,在窗口中平行拖动鼠标绘制线性渐变图案。

1️⃣ 按Ctrl+J组合键复制"背景"图层到"图层1"。

2️⃣ 选择"滤镜-纹理-纹理化"命令,打开"纹理化"对话框,设置参数为80%,2,纹理为画布,光照为上,单击"确定"按钮。

1️⃣ 打开"牡丹画.tif"素材文件。

2️⃣ 选择移动工具▣,按住Shift键将图片拖动到"中国古典婚纱"文件窗口中,自动生成"图层2"。

3️⃣ 按Ctrl+T组合键打开自由变换调节框,按住Shift键不放,拖动调节框的角点,等比例缩小图层并移动到窗口左侧,按Enter键确认变换。

1️⃣ 选择"图像-调整-去色"命令,将图像做去色处理。

1️⃣ 设置"图层2"的混合模式为颜色加深,图层的不透明度为30%。

1️⃣ 单击"图层"面板下方的"添加图层蒙版"按钮▣,为"图层2"添加图层蒙版。

2️⃣ 选择画笔工具▣,在选项栏中设置画笔为柔角,不透明度为70%,在窗口中图像边缘进行涂抹。

07

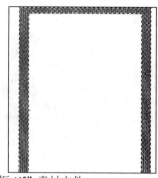

1. 打开"边框.tif"素材文件。
2. 选择魔棒工具，在窗口中单击白色部分，按 Ctrl+Shift+I 组合键反选选区。

08

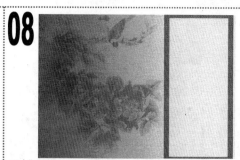

1. 选择移动工具，将选区内容拖动到"中国古典婚纱"文件窗口中，自动生成"图层3"。
2. 按 Ctrl+T 组合键打开自由变换调节框，按住 Shift 键不放，拖动调节框的角点，等比例缩小图层并移动到窗口右侧，按 Enter 键确认变换。

09

1. 打开"书画素材.tif"素材文件。
2. 选择移动工具，将图像拖动到"中国古典婚纱"文件中，自动生成"图层4"。
3. 按 Ctrl+T 组合键打开自由变换调节框，按住 Shift 键不放，拖动调节框的角点，等比例缩小图像并移动到窗口右侧如图位置，按 Enter 键确认变换。

10

1. 单击"图层"面板下方的"添加图层蒙版"按钮，为"图层4"添加图层蒙版。
2. 选择画笔工具，在选项栏中设置不透明度为100%，在窗口中图像边缘处涂抹，将图像下方的边框显示出来。

11

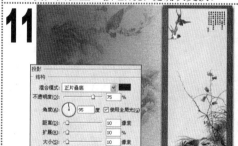

1. 按 Ctrl+E 组合键向下合并图层到"图层3"。
2. 双击"图层 3"后面的空白处，打开"图层样式"对话框。
3. 单击"投影"复选框后面的名称，设置距离为10像素，扩展为10%，大小为10像素，其他参数保持不变，单击"确定"按钮。

12

1. 打开"古装人物.tif"素材文件。
2. 选择快速选择工具，在窗口中人物图像上单击，将其载入选区。按 Ctrl+Alt+D 组合键，打开"羽化选区"对话框，设置羽化半径为2像素，单击"确定"按钮。

13

1. 选择移动工具，将选区内容拖动到"中国古典婚纱"文件窗口中，自动生成"图层4"。
2. 按 Ctrl+T 组合键打开自由变换调节框，按住 Shift 键不放，拖动调节框的角点，等比例缩小图像并移动到窗口右侧，按 Enter 键确认变换。

14

1. 单击"图层"面板下方的"添加图层蒙版"按钮，为"图层4"添加图层蒙版。
2. 选择画笔工具，在选项栏中设置不透明度为70%，在窗口中图像边缘处涂抹。

15

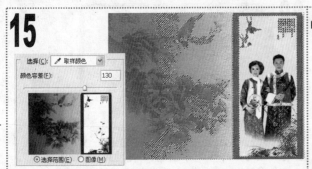

1 选择"选择-色彩范围"命令，打开"色彩范围"对话框，设置颜色容差为 130，在"书画素材"中的白色位置单击取样，单击"确定"按钮。

2 按 Ctrl+Shift+I 组合键反选选区，将其载入选区。

16

1 单击"图层 4"的图层蒙版缩略图，选择画笔工具，在选项栏中设置不透明度为 100%，在窗口中书画下方的选区内涂抹，此时书画中的花草显露出来。

2 按 Ctrl+D 组合键取消选区。

17

1 选择"图像-调整-色彩平衡"命令，打开"色彩平衡"对话框。

2 设置参数为-25，10，-50，单击"确定"按钮。

18

1 打开"古装人物二.tif"素材文件。

2 选择快速选择工具，在窗口中人物图像上单击，将其载入选区。按 Ctrl+Alt+D 组合键，打开"羽化选区"对话框，设置羽化半径为 2 像素，单击"确定"按钮。

19

1 选择移动工具，将选区内容拖动到"中国古典婚纱"文件窗口中，自动生成"图层 5"，将其放置于"图层 4"下方。

2 按 Ctrl+T 组合键打开自由变换调节框，按住 Shift 键不放，拖动调节框的角点，等比例缩小图层并移动到窗口中，按 Enter 键确认变换。

20

1 选择"图像-调整-去色"命令，将图像做去色处理。

21

1 选择"图像-调整-色彩平衡"命令，打开"色彩平衡"对话框。

2 设置参数为 75，-75，-100，单击"确定"按钮。

22

1 选择"图层 1"，按住 Ctrl 键不放，单击"图层 5"的缩略图，载入其图形的外轮廓选区。

23

1. 按 Ctrl+J 组合键复制选区内容为"图层 6"。在"图层"面板中拖动"图层 6"到"图层 5"下方。
2. 选择"图层 5"，设置"图层 5"的总体不透明度为 35%。

24

1. 单击"图层"面板下方的"创建新的填充或调整图层"按钮，在弹出的下拉菜单中选择"色彩平衡"命令，打开"色彩平衡"对话框。
2. 设置参数为 0，-20，-60，单击"确定"按钮。

25

1. 切换到"牡丹画.tif"素材文件窗口。
2. 选择移动工具，按住 Shift 键不放，将图片拖动到"中国古典婚纱"文件窗口中，自动生成"图层 7"。
3. 按 Ctrl+T 组合键打开自由变换调节框，按住 Shift 键不放，拖动调节框的角点，等比例缩小图像并移动到窗口中如图位置，按 Enter 键确认变换。

26

1. 按 Ctrl+J 组合键复制"图层 7"内容到"图层 7 副本"图层。
2. 选择"图像-调整-去色"命令，对图像做去色处理。

27

1. 设置"图层 7 副本"的总体不透明度为 70%。

28

1. 切换到"古装人物二.tif"素材文件窗口。
2. 选择快速选择工具，在窗口中人物图像上单击，将其载入选区。按 Ctrl+Alt+D 组合键，打开"羽化选区"对话框，设置羽化半径为 2 像素，单击"确定"按钮。

29

1. 选择移动工具，将选区内容拖动到"中国古典婚纱"文件窗口中，自动生成"图层 8"。
2. 按 Ctrl+T 组合键打开自由变换调节框，按住 Shift 键不放，拖动调节框的角点，等比例缩小图像并移动到窗口中如图位置，按 Enter 键确认变换。

30

1. 单击"图层"面板下方的"添加图层蒙版"按钮，为"图层 8"添加图层蒙版。
2. 选择画笔工具，在选项栏中设置不透明度为 100%，将窗口中人物下方多余的部分涂抹掉。

31

1. 选择"图像-调整-色彩平衡"命令，打开"色彩平衡"对话框。
2. 设置参数为-25，0，-40，单击"确定"按钮。

32

1. 同时选择"图层 7"、"图层 7 副本"和"图层 8"，按 Ctrl+E 组合键向下合并图层为"图层 7"。
2. 双击"图层 7"，打开"图层样式"对话框。
3. 单击"内发光"复选框后面的名称，设置发光颜色为暗红色（R:194,G:144,B:137），混合模式为叠加，大小为 145 像素，其他参数保持不变。

33

1. 单击"斜面和浮雕"复选框后面的名称，设置深度为 185%，大小为 9 像素，软化为 1 像素，阴影模式的不透明度为 55%，其他参数保持不变，单击"确定"按钮。

34

1. 设置前景色为褐色（R:56,G:28,B:13）。选择横排文字工具 T，在选项栏中按个人喜好设置文字的字体和大小，在窗口中输入文字。

35

1. 单击"创建新图层"按钮，新建"图层 8"。
2. 选择矩形选框工具，在窗口下方框选文字绘制矩形选区。

36

1. 选择"编辑-描边"命令，打开"描边"对话框，设置宽度为 3px，其他参数保持不变，单击"确定"按钮。
2. 按 Ctrl+ D 组合键取消选区。

37

1. 按 D 键复位前景色和背景色。选择直排文字工具 T，在选项栏中按个人喜好设置文字的字体和大小，在窗口中输入文字。

38

1. 按 Ctrl+Alt+Shift+E 组合键盖印可见图层，自动生成"图层 9"。
2. 选择"图像-调整-曲线"命令，打开"曲线"对话框，调整曲线至如图所示，单击"确定"按钮。

实例217　欧洲古典婚纱

素材:\实例 217\欧式古典\
源文件:\实例 217\欧洲古典婚纱.psd

包含知识
- 色相/饱和度命令
- 高斯模糊命令
- 图层蒙版
- 图层样式

重点难点
- 背景渐变色的设置
- 婚纱色彩的处理

制作思路

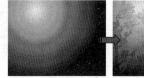   

渐变填充　　　添加图层蒙版　　使用色相/饱和度命令　　最终效果

应用场所　适用于制作富丽高雅的欧式婚纱写真效果。

01

◆ 文件大小为 640 像素 × 480 像素,分辨率为 72 像素/英寸

1. 新建"欧洲古典婚纱.psd"文件。
2. 按 Alt+Delete 组合键将背景填充为黑色。

02

1. 选择渐变工具，单击选项栏中的渐变色选择框，打开"渐变编辑器"对话框，设置渐变图案为"浅橙色-橙色-黑色"。
2. 单击"创建新图层"按钮，新建"图层 1"。单击选项栏中的"径向渐变"按钮，在窗口中自左上方向右下角拖动鼠标填充径向渐变图案。

03

1. 打开"水墨.tif"素材文件。
2. 选择移动工具，按住 Shift 键不放，将图片拖动到"欧洲古典婚纱"文件窗口中,自动生成"图层 2"。

04

1. 设置"图层 2"的混合模式为柔光,图层的总体不透明度为 80%。

05

1. 打开"欧式婚纱二.tif"素材文件。选择移动工具，将图像拖动到"欧洲古典婚纱"文件窗口中,自动生成"图层 3"。
2. 按 Ctrl+T 组合键打开自由变换调节框,按住 Shift 键拖动调节框的角点,等比例缩小图像并移动到窗口右上方,按 Enter 键确认变换。

06

1. 按 Ctrl+J 组合键两次,分别复制生成"图层 3 副本"和"图层 3 副本 2"图层。
2. 单击"图层 3 副本 2"图层前面的"指示图层可视性"图标,隐藏该图层。

07

1 选择"图层 3 副本"图层，选择"滤镜-模糊-高斯模糊"命令，打开"高斯模糊"对话框。设置半径为 1.5 像素，单击"确定"按钮。

2 设置"图层 3 副本"图层的总体不透明度为 60%。

08

1 选择"图层 1"，按住 Ctrl 键不放，单击"图层 3 副本"图层的缩略图，载入"图层 3 副本"图像的外轮廓选区。

2 按 Ctrl+J 组合键复制选区内的图像为"图层 4"。在"图层"面板中拖动"图层 4"到"图层 3 副本"上方。

3 设置"图层 4"的混合模式为变暗，不透明度为 65%。

09

1 按 Ctrl+E 组合键向下合并图层到"图层 3"。单击"图层"面板下方的"添加图层蒙版"按钮 ◻，为"图层 3"添加图层蒙版。

2 选择画笔工具 ✎，在选项栏中设置画笔为柔角 100 像素，不透明度为 45%，在窗口中图像边缘处涂抹。

10

1 单击"创建新图层"按钮 ◻，新建"图层 4"。

2 选择矩形选框工具 ◻，在窗口下方绘制矩形选区。

11

1 设置前景色为深棕色（R:74,G:40,B:0）。

2 按 Alt+Delete 组合键将选区填充为前景色。按 Ctrl+D 组合键取消选区。

12

1 单击"创建新图层"按钮 ◻，新建"图层 5"。设置前景色为白色（R:255,G:255,B:255）。

2 选择圆角矩形工具 ◻，单击选项栏中的"填充像素"按钮 ◻，设置圆角半径为 2 像素，在窗口中深棕色矩形的左上角绘制圆角矩形。

13

1 按 Ctrl+J 组合键复制"图层 5"为"图层 5 副本"图层。

2 按住 Ctrl 键不放，单击"图层 5 副本"的缩略图，载入圆角矩形选区，按 Ctrl+T 组合键打开自由变换调节框，按→方向键水平向右移动 15 像素，按 Enter 键确认变换。

14

1 连续按 Ctrl+Alt+Shift+T 组合键，多次复制圆角矩形直到文件窗口最右端。

2 按 Ctrl+D 组合键取消选区。按 Ctrl+E 组合键向下合并图层到"图层 5"。

15

1️⃣ 按 Ctrl+J 组合键复制"图层 5"为"图层 5 副本"图层。

2️⃣ 选择移动工具，移动"图层 5 副本"图层到深棕色矩形的下方。

16

1️⃣ 再按 Ctrl+E 组合键向下合并图层到"图层 5"。

2️⃣ 按住 Ctrl 键不放，单击"图层 5"的缩略图，载入其外轮廓选区。

17

1️⃣ 选择"图层 4"，按 Delete 键删除选区内容，并按 Ctrl+D 组合键取消选区。

2️⃣ 单击"图层 5"的"指示图层可视性"图标，隐藏该图层。

18

1️⃣ 双击"图层 4"后面的空白处，打开"图层样式"对话框。

2️⃣ 单击"投影"复选框后面的名称，设置不透明度为 80%，距离为 6 像素，大小为 6 像素，其他参数保持不变，单击"确定"按钮。

19

1️⃣ 选择"图层 3 副本 2"图层，单击该图层缩略图前面的小方框，显示该图层。

20

1️⃣ 按 Ctrl+T 组合键打开自由变换调节框，按住 Shift 键拖动调节框的角点，等比例缩小图形，并移动到深棕色矩形的中部，按 Enter 键确认变换。

21

1️⃣ 选择"图像-调整-色相/饱和度"命令，打开"色相/饱和度"对话框。

2️⃣ 选中"着色"复选框，设置饱和度为 40，其他参数保持不变，单击"确定"按钮。

22

1️⃣ 设置"图层 3 副本 2"图层的不透明度为 70%。

2️⃣ 按 Ctrl+J 组合键复制"图层 3 副本 2"为"图层 3 副本 3"图层。选择移动工具，移动"图层 3 副本 3"到如图所示的位置。

23

1 选择"图像-调整-色相/饱和度"命令，打开"色相/饱和度"对话框。

2 设置色相为 30，其他参数保持不变，单击"确定"按钮。

24

1 采用相同方法，按 Ctrl+J 组合键复制多个副本图层，分别移动位置、调整色相，效果如图所示。

25

1 打开"欧式婚纱一.tif"素材文件。

2 选择快速选择工具，在窗口中人物图像上单击，将其载入选区。按 Ctrl+Alt+D 组合键，打开"羽化选区"对话框，设置羽化半径为 5 像素，单击"确定"按钮。

26

1 选择移动工具，将选区内的图像拖动到"欧洲古典婚纱"文件窗口中，自动生成"图层 6"。

2 按 Ctrl+T 组合键打开自由变换调节框，按住 Shift 键不放，拖动调节框的角点，等比例缩小图层并移动到窗口左侧，按 Enter 键确认变换。

27

1 选择"图层 1"，按住 Ctrl 键不放，单击"图层 6"的缩略图，载入"图层 6"图形的外轮廓选区。

28

1 按 Ctrl+J 组合键复制选区内容为"图层 7"。

2 在"图层"面板中拖动"图层 7"到"图层 6"的上方。

29

1 设置"图层 7"的混合模式为叠加，图层的不透明度为65%。

30

1 双击"图层 6"后面的空白处，打开"图层样式"对话框。

2 单击"投影"复选框后面的名称，设置不透明度为 70%，角度为 48 度，距离为 35 像，大小为 20 像素，其他参数保持不变，单击"确定"按钮。

31

1. 打开"书法.tif"素材文件。
2. 选择"选择-色彩范围"命令，打开"色彩范围"对话框，设置颜色容差为 130，在选区内黑色位置单击取样，单击"确定"按钮。

32

1. 选择移动工具 ，将选区内的书法文字拖动到"欧洲古典婚纱"文件窗口中，自动生成"图层 8"。

33

1. 按 Ctrl+T 组合键打开自由变换调节框，按住 Shift 键不放，拖动调节框的角点，等比例缩小图形，并移动到适当位置，按 Enter 键确认变换。
2. 在"图层"面板中拖动"图层 8"到"图层 6"的下方。设置"图层 8"的混合模式为颜色加深。

34

1. 按 D 键复位前景色和背景色。选择横排文字工具 T，在窗口中输入文字，按 Ctrl+Enter 组合键确认输入。
2. 在选项栏中按个人喜好设置文字的字体和大小，并对某些文字图层进行自由变换，旋转其角度。

35

1. 同时选择所有文字图层，按 Ctrl+E 组合键合并图层并更改名称为"文字"。
2. 在"图层"面板上双击"文字"图层后面的空白处，打开"图层样式"对话框，单击"描边"复选框后面的名称，设置混合模式为叠加，填充类型为渐变，角度为-70度，缩放为 80%，单击"确定"按钮。

36

1. 选择"图层 6"，按 Ctrl+J 组合键复制"图层 6"生成"图层 6 副本"图层。单击"投影"效果前"切换单一图层效果可视性"图标 👁，隐藏投影效果。
2. 选择"滤镜-模糊-高斯模糊"命令，打开"高斯模糊"对话框，设置半径为 1.5 像素，单击"确定"按钮。

37

1. 设置"图层 6 副本"图层的总体不透明度为 38%。

38

1. 按 Ctrl+Alt+Shift+E 组合键盖印可见图层，自动生成"图层 9"。
2. 选择"图像-调整-亮度/对比度"命令，打开对话框，设置亮度为-15，对比度为 55，单击"确定"按钮。

实例218 夕阳幻影

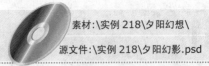
素材:\实例218\夕阳幻想\
源文件:\实例218\夕阳幻影.psd

包含知识
- 渐变映射命令
- 高斯模糊命令
- 魔棒工具
- 色相/饱和度命令

重点难点
- 色彩的调整
- 星空的合成

制作思路

打开素材文件　　　渐变映射　　　滤色效果　　　最终效果

应用场所

用于制作幻觉世界的场景，常用于科幻小说的插画设计中。

01

1 打开"夕阳幻想.tif"素材文件。
2 拖动"背景"图层到"图层"面板下方的"创建新图层"按钮 上，复制生成"背景副本"图层。

02

1 选择"图像-调整-渐变映射"命令，打开对话框，单击渐变色选择框 ，选择"预设"栏中的"黄色-紫色-橙色-蓝色"渐变图案。
2 分别更改颜色为深红(R:0,G:0,B:0)，橘红(R:240,G:93,B:0)，橘黄(R:253,G:161,B:0)，黄色(R:252,G:245,B:19)。

03

1 选择"通道"面板的"红"通道，选择魔棒工具 ，单击窗口中黑色部分，载入选区。
2 按 Ctrl+J 组合键复制选区内容到"图层1"。

04

1 单击"创建新图层"按钮 ，新建"图层2"。
2 设置前景色为暗红色（R:50,G:7,B:0），背景色为咖啡色（R:150,G:60,B:17），选择"滤镜-渲染-云彩"命令后形成云彩效果。
3 按 Ctrl+D 组合键取消选区。

05

1 设置"图层2"的混合模式为强光，不透明度为30%。

06

1 打开"星球.tif"素材文件。
2 选择移动工具 ，将星球图像拖入"夕阳幻想"文件窗口中，自动生成 "图层3"。
3 按 Ctrl+T 组合键打开自由变换调节框，调整"图层3"的大小和位置，按 Enter 键确认变换。

07

1　设置"图层 3"的混合模式为滤色。

08

1　选择"图像-调整-色相/饱和
度"命令，打开对话框，设置色相为 160，饱和度为 35，
明度为-10，单击"确定"按钮。

2　选择橡皮擦工具 ◢，在选项栏中设置不透明度为 50%，
在窗口中擦除星球边缘部分。

09

1　打开"星球 2.tif"素材文件。

2　选择快速选择工具 ◣，单击图像中星球部分，确定选区。

3　选择移动工具 ◈，将"星球 2"图像拖入"夕阳幻想"
文件窗口中，自动生成"图层 4"。按 **Ctrl+T** 组合键打
开自由变换调节框，调整图层 4 的大小和位置，按 **Enter**
键确认变换。

10

1　设置"图层 4"的混合模式为滤色，不透明度为 70%。

11

1　新建"图层 5"。选择画笔工具 ◢，在选项栏中设置不透
明度为 80%，前景色为黄色（R:255,G:214,B:0），
在人物处涂抹。

12

1　选择减淡工具 ◥，在选项栏中设置范围为高光，曝光度
为 60%，调整所绘黄色的亮度。

13

1　按 **Ctrl+Alt+Shift+E** 组合键盖印可见图层，生成"图
层 6"。

2　设置"图层 6"的混合模式为叠加，不透明度为 50%。

14

1　再次盖印后，选择"图像-调整-变化"命令，打开对话
框，单击"加深蓝色"预览框 6 次，使之增加蓝色。

2　设置图层混合模式为正片叠底，不透明度为 75%。

实例219 海景豚影

包含知识
- 镜头光晕命令
- 图层样式
- 基底凸现命令
- 液化命令

重点难点
- 绘制蓝色海豚
- 海景的处理方法

应用场所

制作思路

填充颜色　　　　添加图层样式　　　　基底凸现效果　　　　最终效果

用于制作具有梦幻色彩的海景效果，常用于童话故事的插画设计中。

01

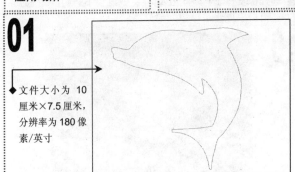

◆ 文件大小为 10 厘米×7.5 厘米，分辨率为 180 像素/英寸

1 新建"蓝色海豚.psd"文件。

2 选择钢笔工具 ⬚，在窗口中绘制海豚外形路径。

02

羽化选区

羽化半径(R): 2 像素

1 按 Ctrl+Enter 组合键将路径转换为选区。

2 按 Ctrl+Alt+D 组合键，打开"羽化选区"对话框，设置羽化半径为 2 像素，单击"确定"按钮。

03

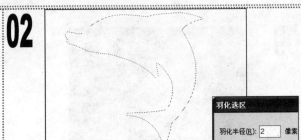

1 单击"创建新图层"按钮 ⬚，新建"图层 1"。

2 设置前景色为深蓝色（R:1,G:12,B:41）。按 Alt+ Delete 组合键将选区填充为前景色。

3 按 Ctrl+D 组合键取消选区。

04

1 选择"图层"面板，选择"背景"图层。

2 设置前景色为黑色（R:0,G:0,B:0）。按 Alt+Delete 组合键将背景填充为前景色。

05

内发光
结构
混合模式: 正常
不透明度(O): 100 %
杂色(N): 5 %
图素
方法(Q): 柔和
源: ○居中(E) ●边缘(G)
阻塞(C): 0 %
大小(S): 40 像素

1 在"图层"面板中双击"图层 1"后面的空白处，打开"图层样式"对话框。

2 单击"内发光"复选框后面的名称，设置混合模式为正常，内发光颜色为蓝色（R:18,G:40,B:142），不透明度为 100%，杂色为 5%，大小为 40 像素。

06

内阴影
结构
混合模式: 正常
不透明度(O): 60 %
角度(A): 117 度 ☑使用全局光(G)
距离(D): 10 像素
阻塞(C): 0 %
大小(S): 15 像素

1 单击"内阴影"复选框后面的名称，设置混合模式为正常，内发光颜色为浅蓝色（R:195,G:206,B:253），不透明度为 60%，距离为 10 像素，大小为 15 像素，单击"确定"按钮。

07

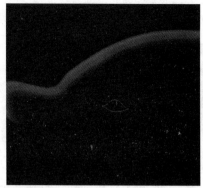

1. 选择钢笔工具 ，在窗口中绘制海豚眼睛的外形路径。

08

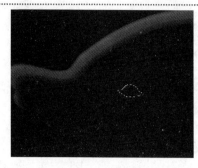

1. 按 Ctrl+Enter 组合键将路径转换为选区。
2. 单击"创建新图层"按钮 ，新建"图层 2"。
3. 设置前景色为蓝色（R:23,G:20,B:99）。按 Alt+Delete 组合键将选区填充为前景色。

09

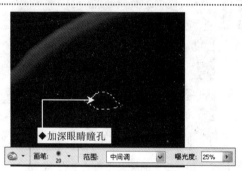

◆加深眼睛瞳孔

画笔: ● ▾ 20　范围: 中间调 ▾　曝光度: 25% ▸

1. 选择加深工具 ，在选项栏中设置画笔为小号柔角，范围为中间调，曝光度为 25%。
2. 在眼睛中间进行局部加深处理。

10

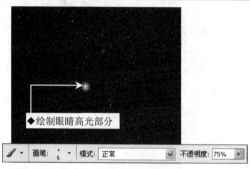

◆绘制眼睛高光部分

画笔: ● ▾ 6　模式: 正常 ▾　不透明度: 75% ▸

1. 选择画笔工具 ，在选项栏中设置画笔为小号柔角，不透明度为 75%。
2. 设置前景色为浅蓝色（R:198,G:207,B:254），在眼睛中部绘制高光颜色。按 Ctrl+D 组合键取消选区。

11

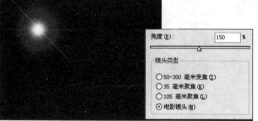

亮度(B)　150　%

镜头类型
○ 50-300 毫米变焦(Z)
○ 35 毫米聚焦(K)
○ 105 毫米聚焦(L)
◉ 电影镜头(M)

1. 单击"创建新图层"按钮 ，新建"图层 3"。设置前景色为黑色（R:0,G:0,B:0）。按 Alt+Delete 组合键将图层填充为前景色。
2. 选择"滤镜-渲染-镜头光晕"命令，打开"镜头光晕"对话框。选中"电影镜头"单选项，设置亮度为 150%，调整光晕位置，单击"确定"按钮。

12

1. 采用相同的方法，选择"镜头光晕"命令，并调整光晕位置，效果如图所示。

13

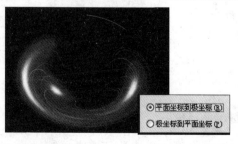

◉ 平面坐标到极坐标(R)
○ 极坐标到平面坐标(P)

1. 选择"滤镜-扭曲-极坐标"命令，打开"极坐标"对话框。
2. 选中"平面坐标到极坐标"单选项，单击"确定"按钮。

14

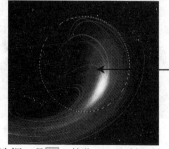

◆框选时注意高光和阴影角度

1. 选择椭圆选框工具 ，按住 Shift 键不放，在窗口中绘制正圆选区。

15

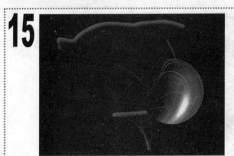

1 选择"选择-反向"命令，反选选区。
2 按 Delete 键删除选区内容。按 Ctrl+ D 组合键取消选区。

16

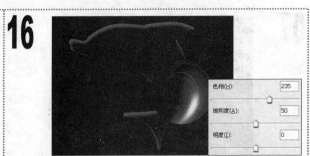

1 选择"图像-调整-色相/饱和度"命令，打开"色相/饱和度"对话框。
2 选中"着色"复选框，设置参数为 235, 50, 0，单击"确定"按钮。

17

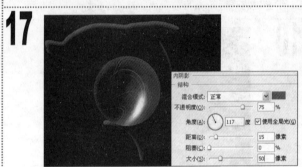

1 双击"图层 3"后面的空白处，打开"图层样式"对话框。
2 单击"内阴影"复选框后面的名称，设置混合模式为正常，内发光颜色为蓝色（R:77,G:86,B:174），角度为 117 度，距离为 15 像素，大小为 50 像素，单击"确定"按钮。

18

1 设置"图层 3"的填充不透明度为 20%。

19

◆绘制气泡的高光部分

1 按 Ctrl+T 组合键打开自由调节框，调整"图层 3"的大小、位置和角度，按 Enter 键确认变换。
2 新建"图层 4"。选择画笔工具，在选项栏中设置画笔为柔角，不透明度为 100%。
3 设置前景色为白色（R:255,G:255,B:255），在气泡中绘制颜色。

20

1 同时选择"图层 3"和"图层 4"，按 Ctrl+E 组合键合并图层，生成新的"图层 3"。
2 按 Ctrl+J 组合键多次，复制多个气泡，分别按 Ctrl+T 组合键打开自由变换调节框，调整图像的大小、位置和角度，按 Enter 键确认变换。

21

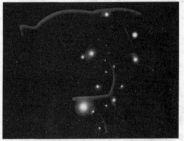

1 新建"图层 4"。选择画笔工具，在选项栏中设置画笔为柔角，不透明度为 100%。
2 设置不同的画笔大小，在窗口中绘制发光体。

22

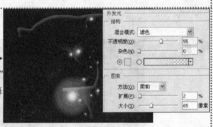

◆选择"文件-存储为"命令，保存"蓝色海豚.tif"文件

1 双击"图层 4"后面的空白处，打开"图层样式"对话框。
2 单击"外发光"复选框后面的名称，设置外发光颜色为浅蓝色（R:220,G:226,B:252），不透明度为 55%，扩展为 2%，大小为 65 像素，单击"确定"按钮。
3 同时选择除"背景"图层之外的所有图层，按 Ctrl+E 组合键合并图层，双击合并后的图层名称，更改名称为"图层 1"。

23
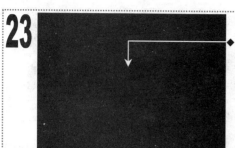

◆文件大小为 10 厘米×7.5 厘米，分辨率为 180 像素/英寸

1. 新建"海景豚影.psd"文件。
2. 设置前景色为深蓝色（R:1,G:12,B:41）。按 Alt+Delete 组合键将背景填充为前景色。

24

1. 单击"创建新图层"按钮，新建"图层 1"。
2. 设置前景色为浅蓝色（R:149,G:194,B:242），背景色为深蓝色（R:2,G:40,B:87）。
3. 选择"滤镜-渲染-云彩"命令。

25

1. 选择"滤镜-素描-基底凸现"命令，打开"基底凸现"对话框。
2. 设置参数为 15，1，光照为下，单击"确定"按钮。

26
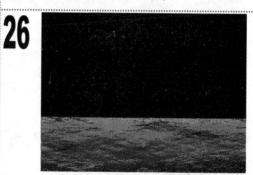

1. 选择"编辑-变换-扭曲"命令，打开自由变换调节框，拖动角点将海面变形，按 Enter 键确认变换。

27

1. 选择加深工具，在选项栏中设置大号柔角画笔，范围为中间调，曝光度为 20%。
2. 在海面四周进行局部加深处理。

28

1. 选择减淡工具，在选项栏中设置大号柔角画笔，范围为高光，曝光度为 20%。
2. 在海面中间进行局部减淡处理。

29

1. 单击"图层"面板下方的"添加图层蒙版"按钮，为"图层 1"添加图层蒙版。
2. 选择画笔工具，在海面上方的边缘部位进行涂抹，使海面与天空衔接自然。

30

1. 打开"云彩.tif"素材文件。
2. 选择移动工具，拖动图像到"海景豚影"文件窗口中，自动生成"图层 2"，并将其放置于"背景"图层之上。
3. 按 Ctrl+T 组合键打开自由变换调节框，调整图像的大小和位置，按 Enter 键确认变换。

31

1 选择"图像-调整-色彩平衡"命令，打开"色彩平衡"对话框。

2 设置参数为-70，65，100，单击"确定"按钮。

32

1 设置"图层 2"的图层总体不透明度为 30%。

33

1 打开刚才存储的"蓝色海豚.tif"素材文件。

2 选择"图层 1"，选择移动工具，拖动图像到"海景豚影"文件中，自动生成"图层 3"。

3 按 Ctrl+T 组合键打开自由变换调节框，调整图像的大小和位置，按 Enter 键确认变换。

34

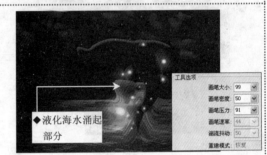

◆液化海水涌起部分

1 选择"图层"面板，选择"图层 1"，按 Ctrl+J 组合键复制"图层 1"到"图层 1 副本"图层。

2 选择"滤镜-液化"命令，打开对话框，设置画笔大小为 99，画笔密度为 50，画笔压力为 91。选择向前变形工具，自下向上拖动，对图像进行变形，单击"确定"按钮。

35

1 选择"图层"面板，单击"图层 1 副本"后面的图层蒙版缩略图。

2 选择画笔工具，在海水涌起越出海平面的部位进行涂抹。

36

1 按 Ctrl+Alt+Shift+E 组合键盖印可见图层，自动生成"图层 4"。

2 选择"图像-调整-亮度/对比度"命令，打开对话框，设置参数为 30，45，单击"确定"按钮后，完成本例的制作。

▌注意提示

本案例中使用的"镜头光晕"命令模拟亮光照射到相机镜头所产生的折射效果。通过单击图像缩略图的任意位置或拖动其十字线，指定光晕中心的位置。另外，"基底凸现"命令将变换图像，使之呈现浮雕状态和突出光照下变化各异的表面。图像的暗区呈现前景色，而浅色使用背景色。

▌知识延伸

本案例中使用的"镜头光晕"命令常用于增加太阳光的光晕效果。如果希望多些创意，可以通过联想巧妙地用在其他图像上，如放置到花朵中作为灯晕效果，或像本例一样放置到水泡上，使其更显得晶莹剔透。

"液化"命令等不仅可以改变海水的形状，还可以作为美容修饰的一把利器。

第 10 章

创意广告制作

实例 220 酒类广告

实例 221 手机广告

实例 223 房地产广告

实例 225 旅游广告宣传单

实例 226 商场促销广告

实例 227 蓝色加勒比地产

实例 230 种子公司广告

实例 231 品牌服装广告

实例 233 时尚杂志广告

10

　　大卫·奥格威指出"要吸引消费者的注意力，同时让他们来买你的产品，非要有很好的特点不可，除非你的广告有很好的点子，不然它就像很快被黑夜吞噬的船只。"这里的"点子"就是指创意。本章将使用 Photoshop 制作各种行业的广告，希望对读者能起到抛砖引玉的作用。

素材:\实例 220\酒瓶素材.tif
源文件:\实例 220\酒类广告.psd

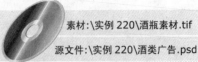

实例220 酒类广告

包含知识
- 渐变工具
- 图层样式
- 添加杂色命令
- 自由变换命令

重点难点
- 图案的绘制
- 色彩的搭配协调

制作思路

渐变填充 添加图层样式 变换文字　　最终效果

应用场所　　用于制作时尚感的酒类广告,或用于凸显其品牌名称的广告画面中。

01

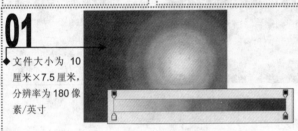

◆ 文件大小为 10 厘米×7.5 厘米,分辨率为 180 像素/英寸

1 新建"酒类广告.psd"文件。
2 设置前景色为浅绿色(R:172,G:241,B:174),背景色为绿色(R:46,G:119,B:48)。
3 选择渐变工具■,单击选项栏中的"径向渐变"按钮■,在图层中斜线拖动鼠标填充渐变色。

02

1 选择"滤镜-杂色-添加杂色"命令,打开对话框。设置数量为 2.5%,分布为平均分布,单击"确定"按钮。
2 打开"酒瓶素材.tif"素材文件。选择快速选择工具,在窗口中单击酒瓶部分将其载入选区。
3 选择移动工具,拖动选区内容到"酒类广告"文件窗口中,自动生成"图层 1"。

03

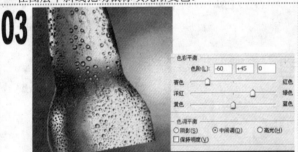

1 按 Ctrl+T 组合键打开自由变换调节框,按住 Shift 键不放,调整图像的大小、位置和角度,按 Enter 键确认变换。
2 选择"图像-调整-色彩平衡"命令,打开"色彩平衡"对话框,设置参数为-60,45,0,单击"确定"按钮。

04

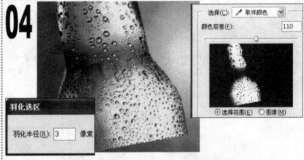

1 选择"选择-色彩范围"命令,打开对话框,设置颜色容差为 110,在窗口中酒瓶黄色位置单击取样,单击"确定"按钮。
2 按 Ctrl+Alt+D 组合键,打开"羽化选区"对话框,设置羽化半径为 3 像素,单击"确定"按钮。

05

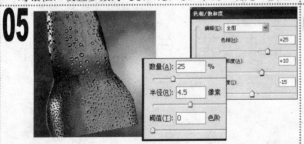

1 选择"图像-调整-色相/饱和度"命令,打开"色相/饱和度"对话框,设置参数为 25,10,-15,单击"确定"按钮。
2 按 Ctrl+D 组合键取消选区。
3 选择"滤镜-锐化-USM 锐化"命令,打开对话框。设置参数为 25,4.5,0,单击"确定"按钮。

06

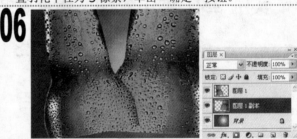

1 按 Ctrl+J 组合键复制"图层 1"内容到"图层 1 副本"图层,并将其放置于"图层 1"之下。
2 按 Ctrl+T 组合键打开自由变换调节框,按住 Shift 键不放,调整图像的大小、位置和角度,按 Enter 键确认变换。

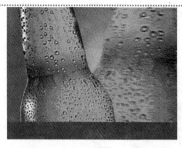

07

1 选择"滤镜-模糊-动感模糊"命令，打开对话框。设置角度为 0 度，距离为 10 像素，单击"确定"按钮。

2 单击"图层"面板下方的"添加图层蒙版"按钮 ，为"图层 1 副本"图层添加图层蒙版。选择画笔工具 ，在选项栏中设置画笔为大号柔角，不透明度为 50%，在酒瓶左侧进行局部涂抹。

08

1 单击"创建新图层"按钮 ，新建"图层 2"。

2 选择矩形选框工具 ，在窗口下方绘制矩形选区。设置前景色为绿色（R:24,G:96,B:33）。

3 按 Alt+Delete 组合键将选区填充为前景色。按 Ctrl+ D 组合键取消选区。

09

1 单击"创建新图层"按钮 ，新建"图层 3"，将其放置在"图层 2"之下。

2 选择矩形选框工具 ，在窗口下方绘制矩形选区。设置前景色为白色（R:255,G:255,B:255）。

3 按 Alt+Delete 组合键将选区填充为前景色。按 Ctrl+ D 组合键取消选区。

10

1 新建"图层 4"。选择矩形选框工具 ，在窗口中绘制矩形选区。

2 设置前景色为绿色（R:24,G:96,B:33）。按 Alt+Delete 组合键将选区填充为前景色。按 Ctrl+ D 组合键取消选区。

3 按 Ctrl+T 组合键打开自由变换调节框，调整图形的大小、位置和角度，如图所示，按 Enter 键确认变换。

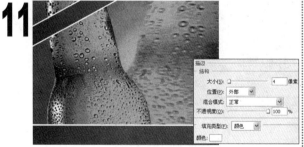

11

1 双击"图层 4"后面的空白处，打开"图层样式"对话框。

2 单击"描边"复选框后面的名称。设置大小为 4 像素，描边颜色为白色（R:255,G:255,B:255），单击"确定"按钮。

12

1 选择钢笔工具 ，在窗口中绘制商标路径。按 Ctrl+Enter 组合键将路径转换为选区。

2 新建"图层 5"。设置前景色为黑色（R:4,G:4,B:6）。按 Alt+Delete 组合键将选区填充为前景色。

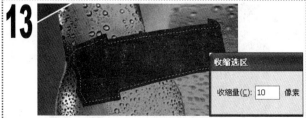

13

1 选择"选择-修改-收缩"命令，打开"收缩选区"对话框。设置收缩量为 10 像素，单击"确定"按钮。

2 选择"选择-变换选区"命令，打开变换选区调节框，调整选区的大小、位置和角度，按 Enter 键确认变换。

14

1 新建"图层 6"。选择"编辑-描边"命令，打开"描边"对话框。设置宽度为 5px，描边颜色为白色，单击"确定"按钮。按 Ctrl+ D 组合键取消选区。

2 单击"图层"面板下方的"添加图层蒙版"按钮 ，为"图层 6"添加图层蒙版。选择画笔工具 ，在选项栏中设置不透明度为 70%，在描边效果的右侧进行局部涂抹。

15

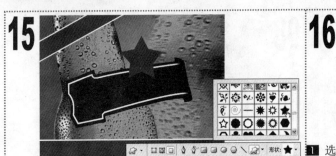

1　新建"图层 7"。设置前景色为红色（R:234,G:31,B:27）。
2　选择自定形状工具 ，在选项栏中打开"自定形状"拾色器，选择"5 角星"形状。
3　单击选项栏中的"填充像素"按钮 ，按住 Shift 键不放在窗口中拖绘红色五角星图案。

16

1　选择"编辑-变换-扭曲"命令，打开扭曲变换调节框，调整调节框的角点将其扭曲，按 Enter 键确认变换。
2　按住 Ctrl 键不放单击"图层 7"的缩略图，载入外轮廓选区。
3　新建"图层 8"。选择"编辑-描边"命令，打开"描边"对话框，设置宽度为 5px，描边颜色为白色，单击"确定"按钮。按 Ctrl+D 组合键取消选区。

17

1　双击"图层 5"后面的空白处，打开"图层样式"对话框。
2　单击"投影"复选框后面的名称，设置角度为 90 度，距离为 25 像素，扩展为 3%，大小为 15 像素，单击"确定"按钮。

18

1　选择"图层-图层样式-创建图层"命令，将"图层 5"的投影样式创建为新的图层。
2　选择"'图层 5'的投影"图层，单击"图层"面板下方的"添加图层蒙版"按钮 ，为该图层添加图层蒙版。选择画笔工具 ，在选项栏中设置不透明度为 40%，在投影效果的右侧进行局部涂抹。

19

1　同时选择"图层 7"和"图层 8"，按 Ctrl+E 组合键合并图层，自动生成新的"图层 7"。
2　双击"图层 7"后面的空白处，打开"图层样式"对话框。
3　单击"投影"复选框后面的名称，设置距离为 20 像素，扩展为 10%，大小为 15 像素，单击"确定"按钮。

20

1　选择"图层-图层样式-创建新图层"命令，将"图层 7"的投影样式创建为新的图层。
2　选择"'图层 7'的投影"图层，单击"图层"面板下方的"添加图层蒙版"按钮 ，为该图层添加图层蒙版。选择画笔工具 ，在投影效果的右侧进行局部涂抹。

21

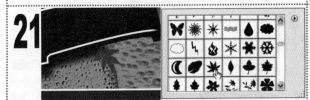

1　新建"图层 8"。设置前景色为绿色（R:46,G:119,B:48）。
2　选择自定形状工具 ，在选项栏中打开"自定形状"拾色器，选择"叶子 2"形状。
3　按住 Shift 键不放，在窗口中拖动鼠标绘制绿色"叶子"图案。选择橡皮擦工具 ，在选项栏中设置画笔为尖角，慢慢擦除叶子柄的部分。

22

1　双击"图层 8"后面的空白处，打开"图层样式"对话框。
2　单击"描边"复选框后面的名称。设置大小为 4 像素，颜色为白色（R:255,G:255,B:255），单击"确定"按钮。

23

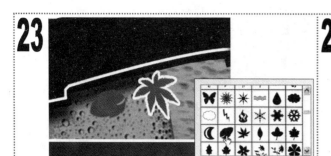

1. 新建"图层 9"。在选项栏中打开"自定形状"拾色器，选择"叶子 1"形状。
2. 按住 Shift 键不放，在窗口中绘制绿色叶子图案。

24

1. 双击"图层 9"后面的空白处，打开"图层样式"对话框。
2. 单击"描边"复选框后面的名称。设置大小为 4 像素，颜色为白色，单击"确定"按钮。

25

1. 按 Ctrl+J 组合键两次，分别复制"图层 9"的内容到"图层 9 副本"和"图层 9 副本 2"图层。
2. 按 Ctrl+T 组合键打开自由变换调节框，按住 Shift 键不放，调整图像的大小、位置和角度，按 Enter 键确认变换。
3. 单击"添加图层蒙版"按钮，为"图层 9 副本 2"图层添加图层蒙版。选择画笔工具，在选项栏中设置画笔为大号柔角，在叶子下方进行局部涂抹。

26

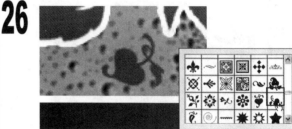

1. 新建"图层 10"。选择自定形状工具，在选项栏中打开"自定形状"拾色器，选择"常春藤 2"形状。
2. 按住 Shift 键不放在窗口中拖动鼠标绘制绿色的常春藤图案。选择"编辑-变换-水平翻转"命令。

27

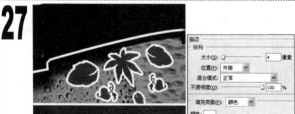

1. 双击"图层 10"后面的空白处，打开"图层样式"对话框。
2. 单击"描边"复选框后面的名称。设置大小为 4 像素，颜色为白色，单击"确定"按钮。
3. 按 Ctrl+J 组合键复制"图层 10"的内容到"图层 10 副本"图层。按 Ctrl+T 组合键打开自由变换调节框，按住 Shift 键不放，调整图像的大小、位置和角度，按 Enter 键确认变换。

28

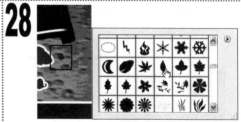

1. 新建"图层 11"。在选项栏中打开"自定形状"拾色器，选择"叶子 3"形状。
2. 在窗口中拖绘绿色的叶子图案。选择橡皮擦工具，在选项栏中设置画笔为尖角，慢慢擦除叶子柄的部分。

29

1. 双击"图层 11"后面的空白处，打开"图层样式"对话框。
2. 单击"描边"复选框后面的名称。设置大小为 3 像素，颜色为白色，单击"确定"按钮。
3. 按 Ctrl+J 组合键复制"图层 11"的内容到"图层 11 副本"图层。按 Ctrl+T 组合键打开自由变换调节框，按住 Shift 键不放，调整图像的大小、位置和角度，按 Enter 键确认变换。

30

1. 同时选中"图层 8"到"图层 11"（包括"图层 11 副本"）之间的所有图层，按 Ctrl+E 组合键合并图层，双击合并图层名称，更改其名称为"图层 8"。
2. 双击"图层 8"后面的空白处，打开"图层样式"对话框。
3. 单击"投影"复选框后面的名称，设置距离为 20 像素，扩展为 0%，大小为 15 像素，单击"确定"按钮。

31

1. 选择"图层-图层样式-创建新图层"命令，将"图层8"的投影样式创建为新的图层。
2. 选择"'图层8'的投影"图层，单击"图层"面板下方的"添加图层蒙版"按钮 ◻，为"图层8"的投影图层添加图层蒙版。选择画笔工具 ✎，在选项栏中设置画笔为大号柔角，不透明度为70%，在投影效果的右侧进行局部涂抹。

32

1. 设置前景色为白色（R:255,G:255,B:255）。
2. 选择横排文字工具 T，在选项栏中设置字体为 Arial Black，在如图所示的位置输入文字。

33

1. 新建"图层9"。选择自定形状工具 ⬚，在选项栏中打开"自定形状"拾色器，选择"注册商标"形状。
2. 按住 Shift 键不放，在窗口中拖动绘制白色注册商标图案。

34

1. 按住 Ctrl 键不放，单击文字图层，按 Ctrl+E 组合键向下合并图层，双击更改新图层名称为"图层9"。
2. 选择"编辑-变换-扭曲"命令，打开扭曲变换调节框，调整调节框的角点将文字扭曲，并放置到如图所示的位置后，按 Enter 键确认变换。
3. 单击"图层"面板下方的"添加图层蒙版"按钮 ◻，为"图层9"添加图层蒙版。选择画笔工具 ✎，在选项栏中设置不透明度为30%，在文字右侧进行局部涂抹。

35

1. 选择横排文字工具 T，在选项栏中设置字体为 Verdana，大小为8点，在五角星左侧输入"MTAN"。
2. 按 Ctrl+T 组合键打开自由变换调节框，按住 Shift 键不放调整文字的大小、位置和角度，按 Enter 键确认变换。

36

1. 双击文字图层后面的空白处，打开"图层样式"对话框。
2. 单击"描边"复选框后面的名称。设置大小为1像素，颜色为绿色（R:9,G:113,B:28）。
3. 单击"投影"复选框后面的名称，设置距离为7像素，扩展为0%，大小为4像素，单击"确定"按钮。

37

1. 选择横排文字工具 T，在五角星右侧输入"TUKY"，字体和大小不变。
2. 按 Ctrl+T 组合键打开自由变换调节框，按住 Shift 键不放，调整文字的大小、位置和角度，按 Enter 键确认变换。
3. 为输入的文字添加描边图层样式，描边大小为1像素，颜色为绿色（R:9,G:113,B:28），单击"确定"按钮。

38

1. 选择横排文字工具 T，在选项栏中设置字体为 Bell Gothic Std，大小为22点，在窗口左上角输入"MIPODUSV"。
2. 在选项栏中设置字体为 Century Gothic，大小为6点，在窗口下方输入文字，酒类广告制作完成。

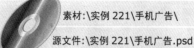

素材:\实例 221\手机广告\
源文件:\实例 221\手机广告.psd

实例221 手机广告

包含知识
- 渐变工具
- 色阶命令
- 图层样式
- 直线工具

重点难点
- 色彩的协调搭配
- 装饰图案的制作

应用场所

制作思路

打开素材文件　　　　添加图层蒙版　　　绘制特效装饰和编辑手机　　　最终效果

本案例适合用于制作时尚感强烈的手机广告。

01

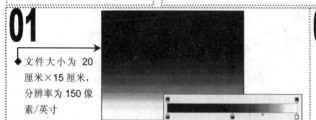

◆ 文件大小为 20 厘米×15 厘米, 分辨率为 150 像素/英寸

1 新建"手机广告.psd"文件。

2 选择渐变工具▣, 在选项栏中单击渐变色选择框▣, 打开"渐变编辑器"对话框, 设置渐变为"黑-红-浅黄"。

3 单击选项栏中的"线性渐变"按钮▣, 在"背景"图层中垂直拖动填充渐变色。

02

1 打开"女人.tif"素材文件。选择移动工具▸+, 拖动图像到"手机广告"文件窗口中, 自动生成"图层 1"。

2 按 Ctrl+T 组合键打开自由变换调节框, 调整图像的大小, 并移动到窗口左侧的位置, 按 Enter 键确认变换。

03

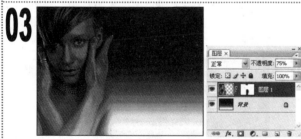

1 单击"图层"面板下方的,"添加图层蒙版"按钮▣, 为"图层 1"添加图层蒙版。

2 设置前景色为黑色。选择画笔工具✐, 在选项栏中设置画笔为大号柔角, 不透明度为 50%, 在人物图像边缘处进行涂抹。

04

1 选择"图像-调整-色阶"命令, 打开"色阶"对话框。

2 设置参数为 0, 0.85, 220, 单击"确定"按钮。

05

1 选择"图像-调整-亮度/对比度"命令, 打开"亮度/对比度"对话框。

2 设置亮度为 30, 对比度为 30, 单击"确定"按钮。

06

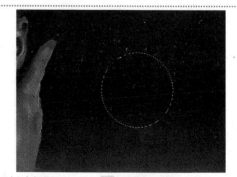

1 单击"创建新图层"按钮▣, 新建"图层 2"。

2 选择椭圆选框工具○, 按住 Shift 键不放, 在窗口中绘制正圆选区。

07

1 设置前景色为白色（R:255,G:255,B:255）。
2 按 Alt+Delete 组合键将选区填充为前景色。
3 按 Ctrl+ D 组合键取消选区。

08

1 双击"图层 2"后面的空白处，打开"图层样式"对话框。
2 单击"内阴影"复选框后面的名称，设置混合模式为正常，内阴影颜色为白色，不透明度为 80%，距离为 10 像素，大小为 45 像素，其他参数保持不变，单击"确定"按钮。
3 设置图层的内部不透明度为 0%。

09

1 按 Ctrl+T 组合键打开自由变换调节框，按住 Shift 键，等比缩小图像并调整图像的位置，按 Enter 键确认变换。

10

1 按 Ctrl+J 组合键复制多个图层副本。
2 按 Ctrl+T 组合键分别调整各个光圈的大小和位置。
3 同时选择"图层 2"和所有的图层 2 副本图层，按 Ctrl+E 组合键合并图层，双击合并后的图层名称，将其改名为"图层 2"。

11

1 选择"滤镜-模糊-高斯模糊"命令，打开"高斯模糊"对话框。
2 设置半径为 2 像素，单击"确定"按钮。

半径(R): 2.0 像素

12

1 单击"图层"面板下方的"添加图层蒙版"按钮，为"图层 2"添加图层蒙版。
2 选择画笔工具，在选项栏中设置画笔为大号柔角，不透明度为 30%，在光圈的局部位置进行涂抹。

13

1 新建"图层 3"。选择直线工具，在选项栏中设置粗细为 1 像素，不透明度为 100%。
2 按住 Shift 键不放，在窗口中绘制垂直直线。

14

1 单击"图层"面板下方的"添加图层蒙版"按钮，为"图层 3"添加图层蒙版。
2 选择画笔工具，在直线的局部地方进行涂抹。

15

1. 单击"创建新图层"按钮，新建"图层 4"。
2. 选择画笔工具，在选项栏中设置画笔为小号尖角，不透明度为 100%，在窗口上方随意单击，绘制星星效果。

16

1. 双击"图层 4"后面的空白处，打开"图层样式"对话框，单击"外发光"复选框后面的名称。
2. 设置发光颜色为红色（R:255,G:0,B:168），不透明度为 100%，扩展为 4%，大小为 10 像素，单击"确定"按钮。

17

1. 新建"图层 5"。在选项栏中单击"画笔"下拉按钮，打开"画笔"拾色器，单击右侧的按钮，在弹出的菜单中选择载入"混合画笔"库，单击对话框中的"追加"按钮。在更新后的"画笔"拾色器中选择"交叉排线 4"画笔。
2. 在星星中心的发光圆点位置绘制光芒效果。

18

1. 打开"手机.tif"素材文件。选择移动工具，拖动图像到"手机广告"文件窗口中，自动生成"图层 6"。
2. 按 Ctrl+T 组合键打开自由变换调节框，调整图像的大小和位置，按 Enter 键确认变换。

19

1. 双击"图层 6"后面的空白处，打开"图层样式"对话框。
2. 单击"投影"复选框后面的名称，设置距离为 5 像素，扩展为 10%，大小为 9 像素，单击"确定"按钮。

20

1. 按 Ctrl+J 组合键复制"图层 6"内容到"图层 6 副本"图层，并将其放置于"图层 6"之下。
2. 按 Ctrl+T 组合键打开自由变换调节框，调整图像的大小、位置和角度后，按 Enter 键确认变换。

21

1. 选择"图像-调整-色相/饱和度"命令，打开"色相/饱和度"对话框。
2. 设置色相为-160，饱和度为 20，其他参数保持不变，单击"确定"按钮。

22

1. 设置前景色为黑色（R:0,G:0,B:0）。
2. 选择横排文字工具，在选项栏中设置字体为 Book Antiqua，大小为 21.5 点，在窗口上方输入"ROMANTIC7500"。

23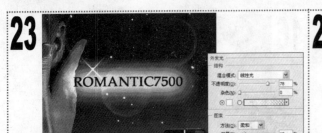

1 双击文字图层，打开"图层样式"对话框。

2 单击"外发光"复选框后面的名称，设置混合模式为线性光，颜色为白色，不透明度为 **78%**，扩展为 **12%**，大小为 **81** 像素，其他参数保持不变。

24

1 单击"渐变叠加"复选框后面的名称，设置渐变为"红色-暗红"，缩放为 **112%**，其他参数保持不变，单击"确定"按钮。

25

1 设置前景色为浅红色（R:220,G:80,B:65）。

2 选择横排文字工具 **T.**，在选项栏中设置字体为方正姚体，大小为 **36** 点，在窗口右侧输入文字"惊艳上市"。

26

1 双击"惊艳上市"文字图层，打开"图层样式"对话框。

2 单击"外发光"复选框后面的名称，设置混合模式为正常，不透明度为 **96%**，杂色为 **10%**，扩展为 **8%**，大小为 **24** 像素，其他参数保持不变。

27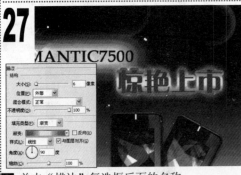

1 单击"描边"复选框后面的名称。

2 设置大小为 **6** 像素，填充类型为渐变，渐变为"橙色-黄色-橙色"，其他参数保持不变。

28

1 单击"图案叠加"复选框后面的名称。

2 设置混合模式为叠加，图案为"丝绸"，其他参数保持不变，单击"确定"按钮。

29

1 设置前景色为白色（R:255,G:255,B:255）。

2 选择横排文字工具 **T.**，在选项栏中设置字体为 Bell Gothic Std，大小为 **6** 点，在窗口的中间位置输入白色文字。

30

1 按 Ctrl+Alt+Shift+E 组合键盖印可见图层，自动生成"图层 7"。

2 选择"图像-调整-亮度/对比度"命令，打开"亮度/对比度"对话框，设置亮度为 **35**，对比度为 **30**，单击"确定"按钮。

实例222　电脑壁纸

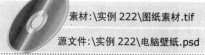

素材:\实例 222\图纸素材.tif

源文件:\实例 222\电脑壁纸.psd

包含知识
- 径向模糊命令
- 画笔工具
- 图层蒙版
- 色相/饱和度命令

重点难点
- 电脑壁纸效果的处理
- 色彩的处理

制作思路

绘制图形　　使用色相/饱和度命令　　变换图形　　最终效果

应用场所

由于画面对比强烈，科技感很强，所以适合用于制作想象类的电脑壁纸。

01

◆ 文件大小为 15 厘米×10 厘米，分辨率为 180 像素/英寸

1 新建"电脑壁纸.psd"文件。
2 按 D 键复位前景色和背景色。按 Alt+Delete 组合键将图层填充为前景色。
3 单击"创建新图层"按钮 ，新建"图层 1"。

02

1 选择自定形状工具 ，在选项栏中打开"自定形状"拾色器，选择"爆炸 2"形状。
2 设置前景色为白色（R:255,G:255,B:255），单击选项栏中的"填充像素"按钮 ，按住 Shift 键不放，在窗口中拖绘白色爆炸图案。

03

数量(A) 100
模糊方法:
○ 旋转 (S)
◉ 缩放 (Z)
品质:
○ 草图 (D)
◉ 好 (G)
○ 最好 (B)

1 选择"滤镜-模糊-径向模糊"命令，打开"径向模糊"对话框。
2 设置数量为 100，模糊方法为缩放，单击"确定"按钮。

04

1 按 Ctrl+J 组合键复制"图层 1"为"图层 1 副本"图层。
2 按 Ctrl+T 组合键打开自由变换调节框，按住 Shift 键不放，等比例缩小图形并旋转图像角度，按 Enter 键确认变换。

05

1 按 Ctrl+E 组合键向下合并图层，自动生成新的"图层 1"。
2 按 Ctrl+J 组合键复制"图层 1"为"图层 1 副本"图层。
3 按 Ctrl+T 组合键打开自由变换调节框，按住 Shift 键不放，等比例调整图形大小和角度，按 Enter 键确认变换。

06

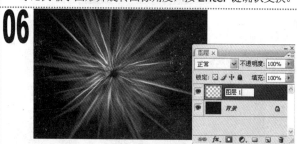

1 按 Ctrl+J 组合键多次，复制"图层 1"为若干副本图层。
2 分别对这些图形进行自由变换，等比例调整其大小，放置在合适的位置，并分别设置不同的图层总体不透明度。
3 按住 Shift 键不放，选择"图层 1"，同时选择除"背景"图层之外的所有图层，按 Ctrl+E 组合键合并图层，双击合并后的图层名称，更名为"图层 1"。

07

1 选择"图像-调整-色相/饱和度"命令，打开"色相/饱和度"对话框。

2 选中"着色"复选框，设置色相为 100，饱和度为 100，明度为-50，单击"确定"按钮。

08

1 单击"图层"面板下方的"添加图层蒙版"按钮 ◻，为"图层 1"添加图层蒙版。

2 选择画笔工具 ✎，在选项栏中选择较大号的柔角画笔，并设置不透明度为 30%，在图像四周进行局部涂抹。

09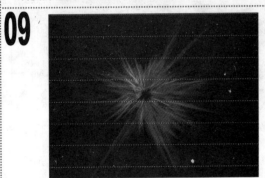

1 选择单行选框工具 ⬚，在选项栏中单击"添加到选区"按钮 ◻。

2 在窗口中分别单击，载入选区。尽量使各选区距离相等。

10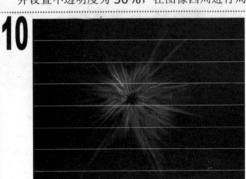

1 单击"创建新图层"按钮 ◻，新建"图层 2"。

2 按 Alt+Delete 组合键将选区填充为白色，按 Ctrl+D 组合键取消选区。

11

1 选择单列选框工具 ⬚，在窗口中分别单击，载入选区。尽量使各选区距离相等。

12

1 按 Alt+Delete 组合键将选区填充为白色，按 Ctrl+D 组合键取消选区。

13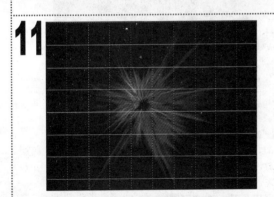

1 设置"图层 2"的总体不透明度为 10%。

14

1 单击"创建新图层"按钮 ◻，新建"图层 3"。

2 选择椭圆选框工具 ◯，按住 Shift 键不放，在窗口中拖动鼠标绘制正圆选区。

15

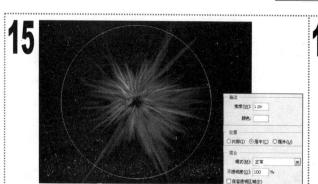

1️⃣ 选择"编辑-描边"命令，打开"描边"对话框，设置宽度为1px，其他参数保持不变，单击"确定"按钮。
2️⃣ 按 Ctrl+D 组合键取消选区。

16

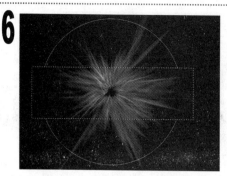

1️⃣ 选择矩形选框工具[▯]，在窗口中绘制矩形选区，按 Delete 键删除选区内容。

17

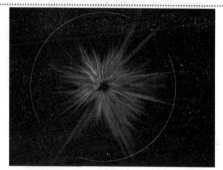

1️⃣ 按 Ctrl+ D 组合键取消选区。
2️⃣ 按 Ctrl+T 组合键打开自由变换调节框，调整图像角度，按 Enter 键确认变换。

18

1️⃣ 按 Ctrl+J 组合键复制"图层3"为"图层3副本"图层。
2️⃣ 按 Ctrl+T 组合键打开自由变换调节框，按住 Shift 键，等比例缩小图形并旋转角度，按 Enter 键确认变换。

19

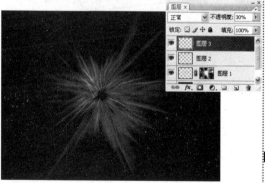

1️⃣ 按 Ctrl+E 组合键向下合并图层为新的"图层3"。
2️⃣ 设置"图层3"的总体不透明度为30%。

20

1️⃣ 单击"创建新图层"按钮[▫]，新建"图层4"。选择椭圆选框工具[◯]，按住 Shift 键不放，在窗口中心位置拖动绘制正圆选区。
2️⃣ 按 Ctrl+Alt+D 组合键打开"羽化选区"对话框，设置羽化半径为10像素，单击"确定"按钮。

21

1️⃣ 按 Alt+Delete 组合键将选区填充为白色。
2️⃣ 按 Ctrl+D 组合键取消选区。

22

1️⃣ 按 Ctrl+J 组合键复制"图层4"为"图层4副本"图层。
2️⃣ 按 Ctrl+T 组合键打开自由变换调节框，按住 Shift 键不放，等比例放大图形，按 Enter 键确认变换。

23

1 选择 "图层" 面板，拖动 "图层 4 副本" 图层到 "图层 4" 之下。

2 设置 "图层 4 副本" 图层的混合模式为叠加。

24

1 新建 "图层 5"。选择钢笔工具 ，在窗口中如图所示的位置绘制弯曲的圆滑路径。

25

1 选择画笔工具 ，单击 "画笔" 面板中的 "画笔笔尖形状" 名称，设置直径为 6px，间距为 120%。

2 选择 "路径" 面板，单击面板下方的 "画笔描边路径" 按钮 ，将路径描边。

26

1 按 Ctrl+J 组合键多次，复制 "图层 5" 为多个副本图层。

2 对这些图形进行自由变换，等比例缩放其大小，并放置在合适的位置。

27

1 同时选择 "图层 5" 和其所有的副本图层，按 Ctrl+E 组合键合并图层，双击合并后的图层名称，更改其名称为 "图层 5"。

2 双击 "图层 5" 后面的空白处，打开 "图层样式" 对话框，单击 "外发光" 复选框后面的名称，设置发光颜色为浅绿色 (R:220,G:253,B:162)，不透明度为 60%，扩展为 2%，大小为 50 像素，单击 "确定" 按钮。

28

1 按 Ctrl+J 组合键复制 "图层 5" 为 "图层 5 副本" 图层。按 Ctrl+T 组合键打开自由变换调节框，按住 Shift 键不放，等比例缩小图形，按 Enter 键确认变换。

2 双击 "图层 5 副本" 图层的 "外发光" 效果名称，打开 "图层样式" 对话框。

3 设置发光颜色为绿色 (R:89,G:255,B:0)，不透明度为 75%，扩展为 5%，大小为 9 像素。

29

1 选择 "图层 1"，按 Ctrl+J 组合键复制 "图层 1" 内容到 "图层 1 副本" 图层。

30

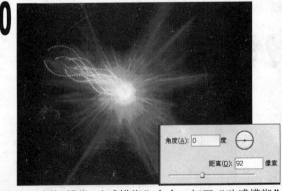

1 选择 "滤镜-模糊-动感模糊" 命令，打开 "动感模糊" 对话框。

2 设置角度为 0 度，距离为 92 像素，单击 "确定" 按钮。

31

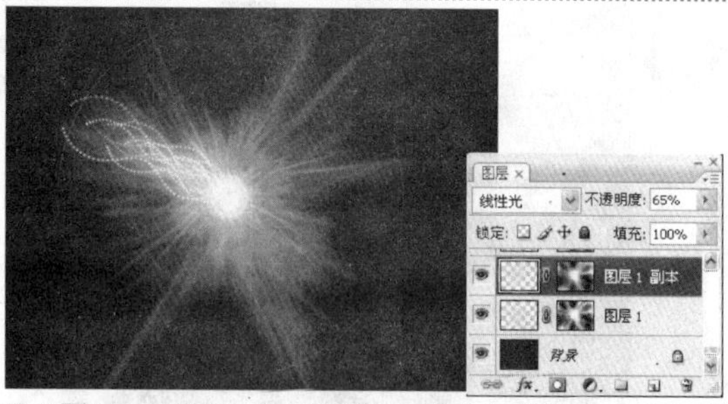

1 设置“图层 1 副本”的图层混合模式为线性光，图层的总体不透明度为 65%。

32

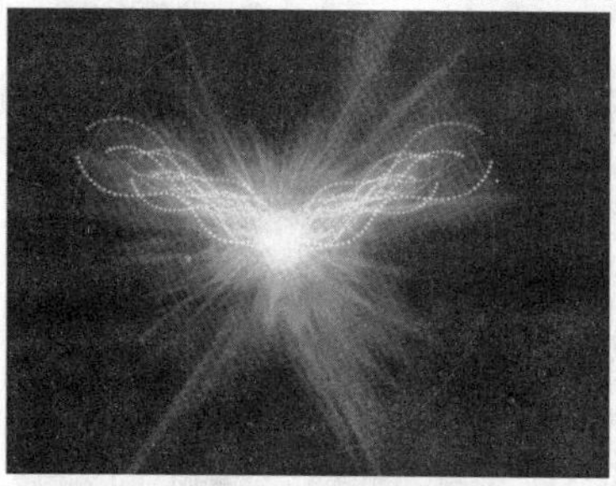

1 同时选择“图层 5”和“图层 5 副本”图层，拖动两个图层到“图层”面板下方的“创建新图层”按钮上，复制生成其副本图层。

2 选择“编辑-变换-水平翻转”命令，选择移动工具，将翻转后的图形移动到如图所示的位置。

33

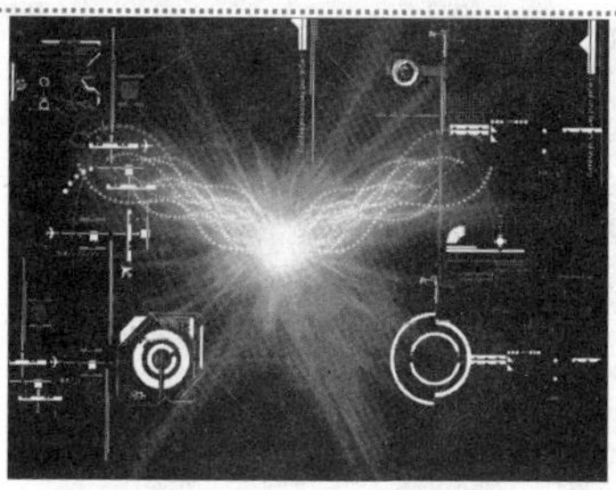

1 打开“图纸素材.tif”素材文件。

2 选择魔棒工具，在窗口中单击黑色部分，按 Ctrl+Shift+I 组合键反选选区，将其载入选区。

3 选择移动工具，拖动选区内容到“电脑壁纸”文件窗口中，自动生成“图层 6”。按 Ctrl+T 组合键打开自由变换调节框，调整图像的大小和位置，按 Enter 键确认变换。

34

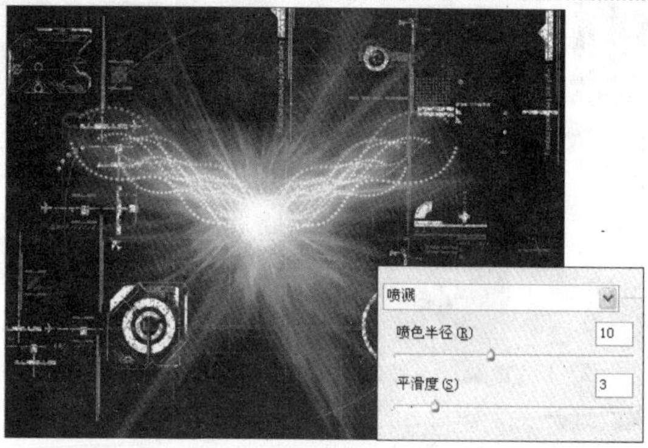

1 选择“滤镜-画笔描边-喷溅”命令，打开“喷溅”对话框。

2 设置喷色半径为 10，平滑度为 3，单击“确定”按钮。

35

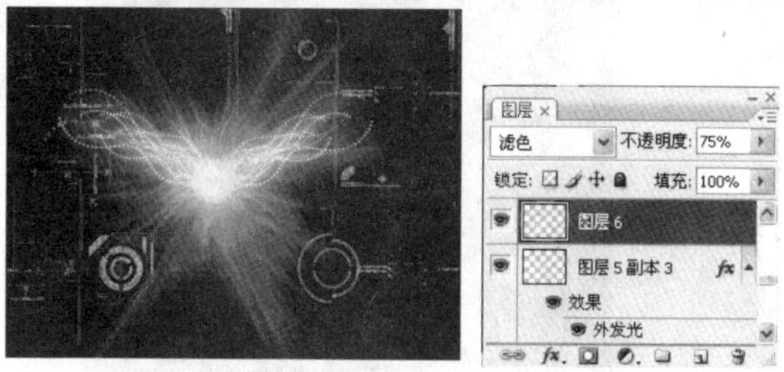

1 设置“图层 6”的混合模式为滤色，图层的总体不透明度为 75%。

36

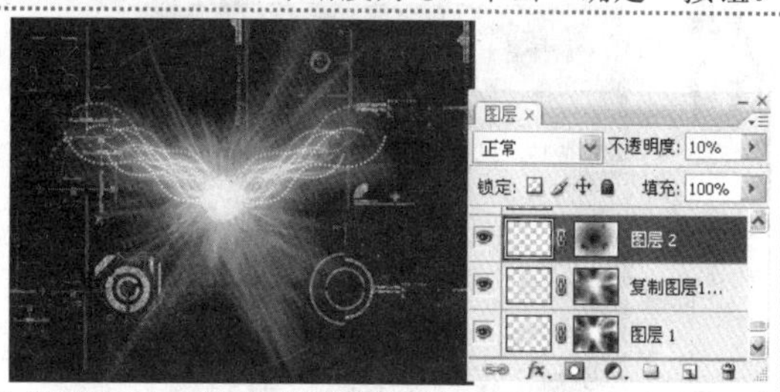

1 选择“图层 2”，单击“图层”面板下方的“添加图层蒙版”按钮，为“图层 2”添加图层蒙版。

2 选择渐变工具，在选项栏中选择“前景到背景”渐变图案，单击“径向渐变”按钮，在窗口中斜角拖动鼠标填充渐变色。

37

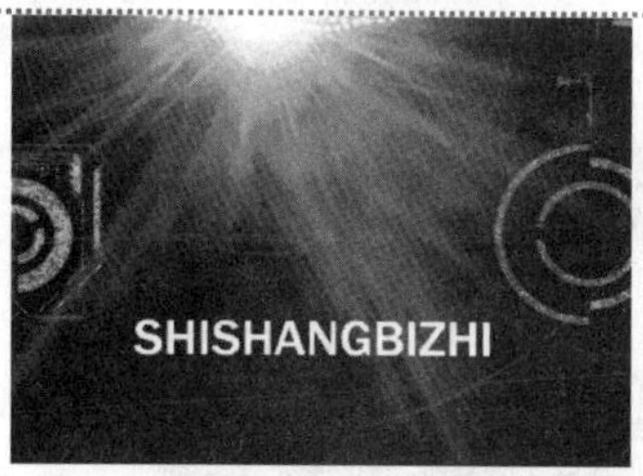

1 选择横排文字工具 T，在选项栏中设置字体为 Franklin Gothic”，大小为 12 点，在窗口下方输入文字“SHISHANGBIZHI”。

38

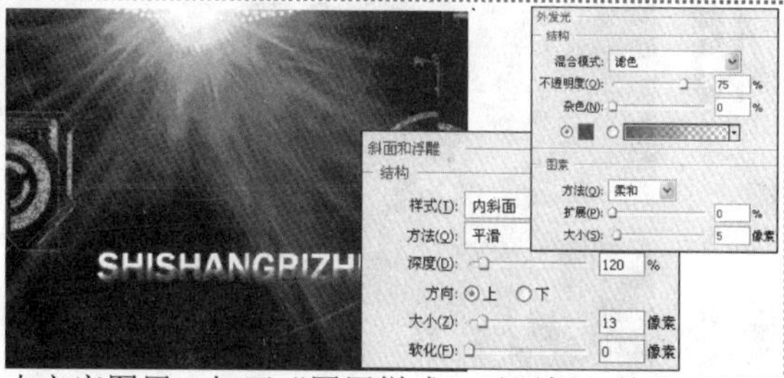

1 双击文字图层，打开“图层样式”对话框。单击“斜面和浮雕”复选框后面的名称，设置深度为 120%，大小为 13 像素，其他参数保持不变。

2 单击“外发光”复选框后面的名称，设置外发光颜色为绿色（R:31,G:149,B:4），其他参数保持不变，单击“确定”按钮。

39

1 按 Ctrl+J 组合键两次，复制文字图层为两个副本图层。

2 对两个副本文字图层进行自由变换，等比例调整其大小，并放置于窗口下方。

40

1 新建"图层 7"。选择自定形状工具，在选项栏中打开"自定形状"拾色器，选择"世界"形状。

2 单击选项栏中的"填充像素"按钮，按住 Shift 键不放，在窗口下方文字的右侧拖绘出白色世界图案。

41

1 选择文字图层，选择"图层-图层样式-拷贝图层样式"命令。

2 选择"图层 7"，选择"图层-图层样式-粘贴图层样式"命令。

42

1 单击"创建新图层"按钮，新建"图层 8"。

2 选择画笔工具，在选项栏中选择小号柔角画笔，在窗口中炫光处随意单击绘制。

43

1 双击"图层 8"后面的空白处，打开"图层样式"对话框，单击"外发光"复选框后面的名称。

2 设置发光颜色为白色（R:255,G:255,B:255），大小为 8 像素，其他参数保持不变，单击"确定"按钮。

44

1 按 Ctrl+J 组合键复制"图层 8"内容到"图层 8 副本"图层。

2 选择"编辑-变换-水平翻转"命令，选择移动工具，将翻转后的图形移动到右侧的炫光处。

45

1 按 Ctrl+Alt+Shift+E 组合键盖印可见图层，自动生成"图层 9"。

2 选择"图像-调整-色相/饱和度"命令，打开"色相/饱和度"对话框，设置色相为-110，饱和度为 15，明度为 0，单击"确定"按钮。

46

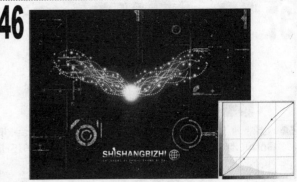

1 选择"图像-调整-曲线"命令，打开"曲线"对话框。

2 调整曲线至如图所示，单击"确定"按钮。

实例223 房地产广告

包含知识

- 减少杂色命令
- 色彩平衡命令
- 图层蒙版
- 画笔工具

重点难点

- 图像色彩的处理
- 文字的处理

制作思路

打开素材文件　　　添加图层蒙版　　　文字处理　　　最终效果

应用场所

用于制作意境幽远的房地产广告,或用于具有特殊效果的场景中。

01

1. 打开"风景素材.tif"素材文件。
2. 按 Ctrl+J 组合键复制"背景"图层内容到"图层 1"。

02

1. 按 Ctrl+J 组合键复制"图层 1"内容到"图层 1 副本"图层,选择"滤镜-杂色-减少杂色"命令,打开"减少杂色"对话框。
2. 设置强度为 10,减少杂色为 100%,其他参数保持不变,单击"确定"按钮。

03

1. 选择"图像-调整-色彩平衡"命令,打开"色彩平衡"对话框,设置参数为-100,55,10。

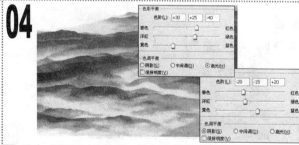

04

1. 选中"阴影"单选项,设置参数为-20,-15,20。
2. 选中"高光"单选项,设置参数为 30,25,-40,单击"确定"按钮。

05

1. 按 Ctrl+J 组合键复制"图层 1"内容到"图层 1 副本 2"图层。
2. 设置"图层 1 副本 2"图层的混合模式为正片叠底,图层的总体不透明度为 65%。

06

1. 打开"茶壶.tif"素材文件。选择快速选择工具,在窗口中单击茶壶部分,将其载入选区。
2. 选择移动工具,拖动选区内容到"风景素材"文件窗口中,自动生成"图层 2"。
3. 按 Ctrl+T 组合键打开自由变换调节框,调整图像的大小、位置和角度,按 Enter 键确认变换。

1 单击"图层"面板下方的"添加图层蒙版"按钮 ▣，为"图层 2"添加图层蒙版。

2 选择画笔工具 ✎，在选项栏中设置画笔为大号柔角，不透明度为 50%，在茶壶中间位置进行涂抹。

1 选择椭圆选框工具 ◯，在窗口中绘制椭圆选区。按 Ctrl+Alt+D 组合键，打开"羽化选区"对话框，设置羽化半径为 20 像素，单击"确定"按钮。

2 选择"图层 1 副本 2"，按 Ctrl+J 组合键复制选区内容到"图层 3"。

1 拖动"图层 3"到"图层 2"下方，设置"图层 3"的图层混合模式为叠加，不透明度为 100%。

1 单击"创建新图层"按钮 ▣，新建"图层 4"，将其放置于"图层 2"之下。

2 选择矩形选框工具 ▢，在窗口下方绘制矩形选区，设置前景色为黑色（R:0,G:0,B:0）。

3 按 Alt+Delete 组合键将选区填充为前景色。按 Ctrl+ D 组合键取消选区。

1 双击"图层 4"后面的空白处，打开"图层样式"对话框。

2 单击"斜面和浮雕"复选框后面的名称。设置深度为 625，大小为 8 像素，软化为 2 像素，角度为 90 度，高度为 26 度，高光模式颜色为浅蓝色（R:173,G:248,B:239），单击"确定"按钮。

1 单击"创建新图层"按钮 ▣，新建"图层 5"。

2 选择矩形选框工具 ▢，在窗口右侧绘制矩形选区。设置前景色为土黄色（R:197,G:181,B:96）。

3 按 Alt+Delete 组合键将选区填充为前景色。按 Ctrl+ D 组合键取消选区。

1 新建"图层 6"。选择矩形选框工具 ▢，在窗口右侧绘制矩形选区。

2 设置前景色为暗绿色（R:1,G:51,B:43）。按 Alt+Delete 组合键将选区填充为前景色。按 Ctrl+ D 组合键取消选区。

1 打开"现代建筑.tif"素材文件。选择快速选择工具 ⬚，在窗口中单击建筑部分，将其载入选区。

2 选择移动工具 ▸⊕，拖动选区内容到"风景素材"文件窗口中，自动生成"图层 7"。

3 按 Ctrl+T 组合键打开自由变换调节框，按住 Shift 键不放等比例调整图像的大小，并移动到窗口右下方，按 Enter 键确认变换。

15

1 选择"图像-调整-色彩平衡"命令，打开"色彩平衡"对话框。

2 设置参数为-25，25，-20，单击"确定"按钮。

16

1 设置前景色为绿色（R:1,G:37,B:31）。

2 选择直排文字工具 T，选择个人喜好的字体和大小，在窗口中如图所示的位置输入文字。

17

1 双击文字图层后面的空白处，打开"图层样式"对话框。

2 单击"描边"复选框后面的名称，设置大小为 2 像素，描边颜色为浅蓝色（R:188,G:248,B:224），单击"确定"按钮。

18

1 设置前景色为白色（R:255,G:255,B:255）。

2 选择直排文字工具 T，选择个人喜好的字体和大小，在窗口中如图所示的位置输入文字。

19

1 设置前景色为暗红色（R:174,G:41,B:16）。

2 选择直排文字工具 T，选择个人喜好的字体和大小，在窗口中如图所示的位置输入文字。

20

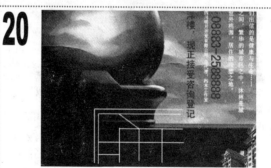

1 新建"图层 8"。设置前景色为白色。

2 选择画笔工具 ，在选项栏中设置画笔为 2 像素尖角，不透明度为 100%，按住 Shift 键不放在窗口下方位置绘制线条，使其形成地图形状。

21

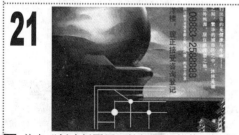

1 单击"创建新图层"按钮，新建"图层 9"。

2 选择画笔工具 ，分别在选项栏中设置画笔为 15 像素尖角和 10 像素尖角，在地图中的交汇处单击绘制圆点。

22

1 新建"图层 10"。选择矩形选框工具，在选项栏中单击"添加到选区"按钮，在如图位置绘制矩形选区。

2 选择"选择-修改-平滑"命令，打开"平滑选区"对话框，设置取样半径为 5 像素，单击"确定"按钮。

23

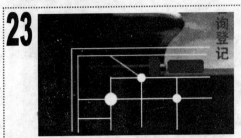

1. 设置前景色为绿色（R:5,G:107,B:29）。
2. 按 Alt+Delete 组合键将选区填充为前景色。按 Ctrl+ D 组合键取消选区。

24

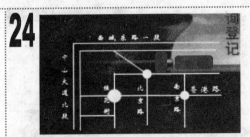

1. 分别设置前景为红色（R:174,G:41,B:16）和白色（R:255,G:255,B:255）。
2. 分别选择直排文字工具 IT 和横排文字工具 T，选择个人喜好的字体和大小，在地图中各位置输入街道名称。

25

1. 设置前景色为浅黄色（R:218,G:242,B:175）。
2. 选择横排文字工具 T，选择个人喜好的字体和大小，在窗口右上方输入文字。

26

1. 设置此文字图层的图层总体不透明度为 55%。按 Ctrl+J 组合键 3 次复制 3 个副本图层，分别设置不同的图层总体不透明度。
2. 按 Ctrl+T 组合键打开自由变换调节框，分别调整文字的大小和位置，按 Enter 键确认变换。

27

1. 设置前景色为白色（R:255,G:255,B:255）。选择横排文字工具 T，选择个人喜好的字体和大小，在窗口左上方输入文字。
2. 双击此文字图层后面的空白处，打开"图层样式"对话框。单击"描边"复选框后面的名称，设置大小为 2 像素，描边颜色为浅蓝色（R:64,G:160,B:127），单击"确定"按钮。

28

1. 分别设置前景色为绿色（R:3,G:81,B:70）和土黄色（R:149,G:136,B:65）。
2. 选择横排文字工具 T，分别选择个人喜好的字体大小和颜色，在如图所示位置输入文字。
3. 新建"图层 11"。设置前景色为绿色。选择画笔工具 ，在选项栏中设置画笔为 2 像素尖角，不透明度为 100%，按住 Shift 键不放，在窗口中文字之间绘制垂直线条。

29

1. 分别设置前景色为暗绿色（R:1,G:51,B:43）和土黄色（R:197,G:181,B:96）。选择直排文字工具 IT，选择个人喜好的字体和大小，在窗口右侧输入文字。
2. 设置前景色为暗绿色（R:1,G:51,B:43）。新建"图层 12"。选择画笔工具 ，在选项栏中设置画笔为 2 像素尖角，不透明度为 100%。按住 Shift 键不放，在窗口右下角的位置绘制平行的直线条。

30

1. 设置前景色为白色。新建"图层 13"。打开"画笔"面板，单击"画笔笔尖形状"名称，设置间距为 170%，按住 Shift 键不放，在窗口右下方文字之间绘制垂直虚线条。
2. 按 Ctrl+Alt+Shift+E 组合键盖印可见图层，自动生成"图层 14"。选择"图像-调整-曲线"命令，打开"曲线"对话框，调整曲线至如图所示，单击"确定"按钮。

实例224 化妆品广告

素材:\实例 224\化妆品\

源文件:\实例 224\化妆品广告.psd

包含知识
- 修补工具
- 干画笔命令
- 图层蒙版
- 色阶命令

重点难点
- 广告色彩的处理
- 文字的处理

应用场所

制作思路

拖入素材文件　　　添加图层蒙版　　　输入文字　　　最终效果

用于制作夏季清凉的化妆品广告,尤其是女性夏天的防晒品广告。

01

◆ 文件大小为 15 厘米×11 厘米,分辨率为180像素/英寸

1. 新建"化妆品广告.psd"文件。
2. 打开"海.tif"素材文件。选择移动工具,拖动图像到"化妆品广告"文件窗口中,自动生成"图层 1"。
3. 按 Ctrl+T 组合键打开自由变换调节框,按住 Shift 键不放,调整图像的大小和位置,按 Enter 键确认变换。

02

1. 选择"图像-调整-色彩平衡"命令,打开"色彩平衡"对话框,设置参数为-47,-35,40。
2. 选中"阴影"单选项,设置参数为-18,0,24。
3. 选中"高光"单选项,设置参数为 2,6,20,单击"确定"按钮。

03

1. 选择套索工具,在窗口中人物上半身绘制选区。
2. 选择修补工具,在选项栏中选中"源"单选项,取消选中"透明"复选框。将选区内容拖动到相似的海水区域,释放鼠标后完成框选部分的修补。

04

1. 单击"图层"面板下方的"添加图层蒙版"按钮,为"图层 1"添加图层蒙版。
2. 选择画笔工具,在选项栏中设置画笔为大号柔角,不透明度为 100%,在窗口中沙滩位置进行涂抹。

05

1. 打开"云.tif"素材文件。选择移动工具,拖动图像到"化妆品广告"文件窗口中,自动生成"图层 2"。
2. 按 Ctrl+T 组合键打开自由变换调节框,按住 Shift 键不放,调整图像的大小和位置,按 Enter 键确认变换。

06

1. 设置"图层 2"的混合模式为滤色。

07

1. 选择矩形选框工具 ，在窗口下方绘制矩形选区，完全框选海水区域。

08

1. 选择"图层 1"。选择"图像-调整-黑白"命令，打开"黑白"对话框。
2. 设置参数为 73，99，109，142，112，75，196，63，单击"确定"按钮。

09

1. 按 Ctrl+Alt+Shift+E 组合键盖印可见图层，自动生成"图层 3"。
2. 选择"图像-调整-色阶"命令，打开"色阶"对话框。设置参数为 65，0.97，255，单击"确定"按钮。

10

1. 按 Ctrl+J 组合键复制"图层 3"内容到"图层 3 副本"图层。
2. 选择"滤镜-艺术效果-干画笔"命令，打开"干画笔"对话框。
3. 设置参数为 2，5，1，单击"确定"按钮。

11

1. 单击"图层"面板下方的"添加图层蒙版"按钮 ，为"图层 3 副本"添加图层蒙版。
2. 选择画笔工具 ，在选项栏中设置不透明度为 60%，在窗口中天空位置进行局部涂抹。

12

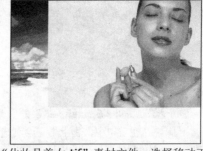

1. 打开"化妆品美女.tif"素材文件。选择移动工具 ，拖动图像到"化妆品广告"文件窗口中，自动生成"图层 4"。
2. 按 Ctrl+T 组合键打开自由变换调节框，按住 Shift 键不放调整图像的大小和位置，按 Enter 键确认变换。

13

1. 选择"图像-调整-色彩平衡"命令，打开"色彩平衡"对话框。
2. 设置参数为-24，0，34，单击"确定"按钮。

14

1. 单击"图层"面板下方的"添加图层蒙版"按钮 ，为"图层 4"添加图层蒙版。
2. 选择画笔工具 ，在选项栏中选择合适大小的柔角画笔，不透明度为 100%，在窗口中涂抹除人物之外的灰色区域，并对边缘进行局部涂抹。

15

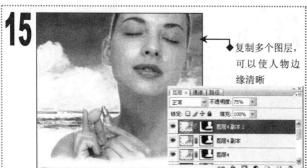

◆复制多个图层，可以使人物边缘清晰

1 按 Ctrl+J 组合键两次复制"图层 4"内容到"图层 4 副本"和"图层 4 副本 2"图层。

2 设置"图层 4 副本 2"的图层总体不透明度为 75%。

16

1 按 Ctrl+J 组合键复制"图层 4 副本 2"内容到"图层 4 副本 3"图层。

2 选择"图像-调整-色阶"命令，打开"色阶"对话框，设置参数为 45，1.81，215，单击"确定"按钮。

17

1 打开"化妆品.tif"素材文件。选择移动工具，拖动图片到"化妆品广告"文件窗口中，自动生成"图层 5"。

2 按 Ctrl+T 组合键打开自由变换调节框，按住 Shift 键不放调整图像的大小和位置，按 Enter 键确认变换。

18

1 单击"图层"面板下方的"添加图层蒙版"按钮，为"图层 5"添加图层蒙版。

2 选择画笔工具，在选项栏中设置画笔为大号柔角，不透明度为 80%，在窗口中香水右侧进行局部涂抹。

19

1 按 Ctrl+J 组合键两次复制"图层 5"内容到"图层 5 副本"和"图层 5 副本 2"图层。

2 设置"图层 5 副本"和"图层 5 副本 2"图层的混合模式为叠加。

20

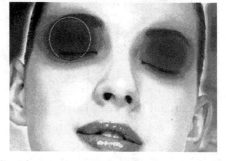

1 单击"创建新图层"按钮，新建"图层 6"。

2 设置前景色为蓝色（R:0,G:0,B:255）。选择画笔工具，在窗口中人物眼皮处绘制颜色。

21

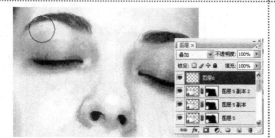

1 设置"图层 6"的混合模式为叠加。

2 选择橡皮擦工具，在选项栏中设置合适大小的柔角画笔，不透明度为 70%，慢慢擦除眼皮上方多余的部分。

22

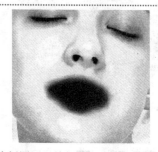

1 单击"创建新图层"按钮，新建"图层 7"。

2 设置前景色为红色（R:233,G:56,B:208）。选择画笔工具，在窗口中人物嘴唇处绘制颜色。

23

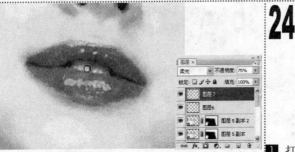

1. 设置"图层 7"的混合模式为柔光。
2. 选择橡皮擦工具 ✐，慢慢擦除嘴唇边缘和牙齿上多余的颜色。

24

1. 打开"帆船.tif"素材文件。选择移动工具 ▶＋，拖动图像到"化妆品广告"文件窗口中，自动生成"图层 8"。
2. 按 Ctrl+T 组合键打开自由变换调节框，按住 Shift 键不放调整图像的大小和位置，按 Enter 键确认变换。

25

1. 按 Ctrl+J 组合键复制"图层 8"内容到"图层 8 副本"图层。
2. 按 Ctrl+T 组合键打开自由变换调节框，调整图像的大小、位置和角度，按 Enter 键确认变换。

26

1. 打开"椰树.tif"素材文件。选择移动工具 ▶＋，拖动图像到"化妆品广告"文件窗口中，自动生成"图层 9"。
2. 按 Ctrl+T 组合键打开自由变换调节框，按住 Shift 键不放调整图像的大小和位置，按 Enter 键确认变换。

27

1. 单击"图层"面板下方的"添加图层蒙版"按钮 ▢，为"图层 9"添加图层蒙版。
2. 选择画笔工具 ✐，在选项栏中设置画笔为大号柔角，不透明度为 60%，在窗口中椰树图像的边缘进行局部涂抹。

28

1. 选择"图像-调整-曲线"命令，打开"曲线"对话框，调整曲线至如图所示，单击"确定"按钮。

29

1. 选择"滤镜-艺术效果-干画笔"命令，打开"干画笔"对话框。
2. 设置参数为 2，5，1，单击"确定"按钮。

30

1. 按 Ctrl+T 组合键打开自由变换调节框，按住 Shift 键不放等比例调整图像的大小，并调整到合适的位置，按 Enter 键确认变换。

31

1. 新建"图层 10"。选择矩形选框工具 ▣，在窗口左上角绘制矩形选区。
2. 设置前景色为蓝色（R:1,G:51,B:150）。按 Alt+Delete 组合键将选区填充为前景色。

32

1. 按 Ctrl+D 组合键取消选区。
2. 双击"图层 10"后面的空白处，打开"图层样式"对话框。
3. 单击"描边"复选框后面的名称。设置大小为 4 像素，描边颜色为白色（R:255,G:255,B:255），单击"确定"按钮。

33

1. 设置前景色为白色（R:255,G:255,B:255）。
2. 选择横排文字工具 T，在选项栏中设置字体为方正小标宋简体，大小为 38 点，在窗口中输入"ETODE"。

34

1. 选择横排文字工具 T，在选项栏中设置大小为 9.33 点，字体不变，在窗口中输入其他文字。

35

1. 按 Ctrl+J 组合键复制"ETODE"文字图层内容到"ETODE 副本"图层。
2. 按 Ctrl+T 组合键打开自由变换调节框，按住 Shift 键不放调整文字的大小，并放置到合适的位置，按 Enter 键确认变换。
3. 设置前景色为蓝色（R:0,G:22,B:237），改变文字颜色为蓝色。

36

1. 设置"ETODE 副本"文字图层的混合模式为叠加。

37

1. 按 Ctrl+J 组合键复制"ETODE 副本"文字图层内容到"ETODE 副本 2"。

38

1. 新建"图层 11"。选择矩形选框工具 ▣，在窗口边框处绘制矩形选区。

39

1 选择"编辑-描边"命令，打开"描边"对话框。设置宽度为 10px，描边颜色为蓝色（R:1,G:51,B:150），单击"确定"按钮。

2 按 Ctrl+D 组合键取消选区。

40

1 设置"图层 11"的混合模式为颜色加深。

41

1 新建"图层 12"。选择画笔工具，在选项栏中设置画笔不透明度为 100%，单击"画笔"下拉按钮，选择"交叉排线 4"画笔。

2 设置前景色为白色（R:255,G:255,B:255），在窗口中如图所示的位置绘制星星。

42

1 在选项栏中设置小号柔角画笔。在如图位置绘制星星中心的发光效果。

43

1 按 Ctrl+J 组合键复制"图层 12"内容到"图层 12 副本"图层。

2 选择移动工具，将星星图形移动到如图所示的位置。

44

1 按 Ctrl+T 组合键打开自由变换调节框，按住 Shift 键不放，等比例调整图像的大小，按 Enter 键确认变换。

45

1 设置"图层 12"的图层总体不透明度为 56%。

46

1 采用相同的方法复制多个星星。按 Ctrl+T 组合键变换大小和位置后，再分别为其设置不同的图层总体不透明度，最终效果如图所示。

实例225 旅游广告宣传单

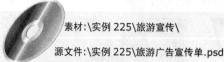

素材:\实例 225\旅游宣传\
源文件:\实例 225\旅游广告宣传单.psd

包含知识
- 渐变工具
- 画笔工具
- 图层蒙版
- 图层混合模式

重点难点
- 宣传单色彩的协调
- 立体效果的处理

制作思路

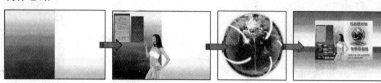

渐变填充   变换图像   绘制图形   最终效果

应用场所   用于制作清新类旅游广告宣传单,常用于需要宣传绿色旅游的活动中。

01

◆文件大小为 15 厘米×10 厘米,分辨率为 180 像素/英寸

1 新建"旅游广告宣传单.psd"文件。
2 按 Ctrl+R 组合键将标尺显示出来。
3 按 Ctrl+H 组合键显示参考线,新建参考线并拖动到标尺 7.5 厘米处。

02

1 单击"创建新图层"按钮,新建"图层 1"。选择矩形选框工具,沿中心参考线绘制右侧矩形选区。
2 设置前景色为浅蓝色(R:80,G:231,B:233),背景色为白色(R:255,G:255,B:255)。
3 选择渐变工具,单击选项栏中的"线性渐变"按钮,在图层中垂直拖动鼠标填充渐变色。

03

1 按 Ctrl+Shift+I 组合键反选,将左侧矩形载入选区。设置前景色为浅蓝色(R:80,G:231,B:233),背景色为蓝色(R:1,G:33,B:131)。
2 选择渐变工具,在图层中垂直拖动鼠标填充渐变色。按 Ctrl+ D 组合键取消选区。
3 按 Ctrl+R 和 Ctrl+H 组合键将标尺和参考线隐藏。

04

◆注意右侧不能超过中心线

1 打开"湖泊.tif"素材文件。选择移动工具,拖动图像到"旅游广告宣传单"文件窗口中,自动生成"图层 2"。
2 按 Ctrl+T 组合键打开自由变换调节框,调整图像的大小,并移动到左侧折页处,按 Enter 键确认变换。

05

1 单击"图层"面板下方的"添加图层蒙版"按钮,为"图层 2"添加图层蒙版。
2 选择画笔工具,在选项栏中设置画笔为大号柔角,不透明度为 50%,在湖泊上方的天空位置进行涂抹。

06

1 设置"图层 2"的混合模式为叠加,图层的总体不透明度为 45%。

07

1 打开"介绍说明一.tif"和"介绍说明二.tif"素材文件。选择移动工具 ▶₊，分别拖动图层内容到"旅游广告宣传单"文件窗口中，自动生成"图层 3"和"图层 4"。

2 分别按 Ctrl+T 组合键打开自由变换调节框，按住 Shift 键不放调整图像的大小和位置，按 Enter 键确认变换。

08

1 打开"美女.tif"素材文件。选择移动工具 ▶₊，拖动图像到"旅游广告宣传单"文件窗口中，自动生成"图层 5"。

2 按 Ctrl+T 组合键打开自由变换调节框，调整图像的大小和位置如图所示，按 Enter 键确认变换。

09

1 选择"图像-调整-替换颜色"命令，打开"替换颜色"对话框。

2 设置颜色容差为 200，使用吸管在人物绿色裤子处单击取样，设置替换后的色相为-95，饱和度为 20，单击"确定"按钮。

10

1 打开"自然景观.tif"素材文件。选择移动工具 ▶₊，拖动图像到"旅游广告宣传单"文件窗口中，自动生成"图层 6"。

2 按 Ctrl+T 组合键打开自由变换调节框，调整图像的大小和位置至如图所示，按 Enter 键确认变换。

11

1 双击"图层 6"后面的空白处，打开"图层样式"对话框。

2 单击"投影"复选框后面的名称，设置距离为 14 像素，扩展为 8%，大小为 16 像素，单击"确定"按钮。

12

1 设置前景色为白色（R:255,G:255,B:255）。

2 选择横排文字工具 T，在选项栏中设置字体为方正小标宋简体，大小为 18.69 点，在窗口中如图位置分别输入"西部十日游"和"特价 1800"文字。

3 选择"特价 1800"文字图层，选择"编辑-变换-斜切"命令，打开斜切变换调节框，拖动调节框的角点将文字斜切处理后，按 Enter 键确认变换。

13

1 双击"特价 1800"文字图层后面的空白处，打开"图层样式"对话框。

2 单击"描边"复选框后面的名称，保持参数不变，单击"确定"按钮。

14

1 新建"图层 7"。设置前景色为白色。

2 选择自定形状工具，在选项栏中打开"自定形状"拾色器，选择"滴溅图形"形状。

3 单击选项栏中的"填充像素"按钮，按住 Shift 键不放，在窗口中如图所示位置拖绘出白色的滴溅图案。

15

1 新建"图层 8"。选择椭圆选框工具 ◯，按住 Shift 键不放，在窗口右侧绘制正圆选区。

16

1 设置前景色为蓝色（R:0,G:175,B:255）。

2 按 Alt+Delete 组合键将选区填充为前景色。按 Ctrl+ D 组合键取消选区。

17

1 打开"绿苔.tif"素材文件。选择移动工具 ►╋，拖动图像到"旅游广告宣传单"文件窗口中，自动生成"图层 9"。

2 按 Ctrl+T 组合键打开自由变换调节框，按住 Shift 键不放，调整图像的大小和位置，按 Enter 键确认变换。

18

1 按住 Ctrl 键不放单击"图层 8"的缩略图，载入外轮廓选区。

2 按 Ctrl+Shift+I 组合键反选选区，按 Delete 键删除选区内容。

19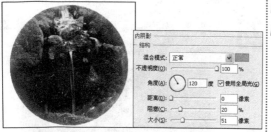

1 选择"图层"面板，拖动"图层 8"将其放置于"图层 9"之上。设置图层的填充为 0%。

2 双击"图层 8"后面的空白处，打开"图层样式"对话框。

3 单击"内阴影"复选框后面的名称，设置内阴影颜色为翠绿色（R:0,G:255,B:102），不透明度为 100%，距离为 0 像素，阻塞为 20%，大小为 51 像素，单击"确定"按钮。

20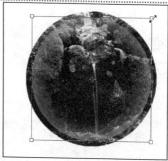

1 按 Ctrl+T 组合键打开自由变换调节框，按住 Shift 键不放，等比例缩小图像并调整图像位置，按 Enter 键确认变换。

21

1 双击"图层 9"后面的空白处，打开"图层样式"对话框。

2 单击"投影"复选框后面的名称，设置投影颜色为绿色（R:13,G:100,B:21），距离为 0 像素，扩展为 7%，大小为 16 像素，单击"确定"按钮。

22

1 新建"图层 10"。分别设置前景色为绿色（R:0,G:96,B:29）和白色（R:255,G:255,B:255）。

2 选择画笔工具 ✏，在选项栏中设置画笔为大号柔角，不透明度为 80%，分别在圆形的上方绘制白色，在圆形的下方绘制绿色。

23

1　设置"图层 10"的混合模式为叠加。

24

1　设置前景色为白色（R:255,G:255,B:255）。新建"图层 11"。选择画笔工具 ✎，在选项栏中设置画笔为 15 像素柔角，不透明度为 100%。

2　打开"画笔"面板，单击"形状动态"复选框后面的名称，设置控制为渐隐。按住 Shift 键不放，在窗口中绘制平行线条。

25

1　选择"滤镜-扭曲-极坐标"命令，打开"极坐标"对话框。

2　选中"平面坐标到极坐标"单选项，单击"确定"按钮。

26

1　按 Ctrl+J 组合键 4 次复制"图层 11"内容到 4 个副本图层。

2　按 Ctrl+T 组合键打开自由变换调节框，分别调整各副本图像的大小、位置和角度，按 Enter 键确认变换。

27

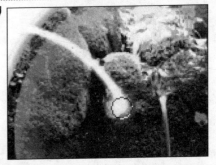

1　新建"图层 12"。选择画笔工具 ✎，在选项栏中设置画笔为 30 像素柔角。

2　在如图所示的位置绘制星星中心的发光圆点。

28

1　新建"图层 13"。在选项栏中设置画笔为"交叉排线 4"。

2　在窗口中星星中心的发光圆点位置绘制星星外发光效果。

29

1　按 Ctrl+E 组合键向下合并图层，自动生成新的"图层 12"。

30

1　按 Ctrl+J 组合键复制"图层 12"内容到"图层 12 副本"图层。

2　按 Ctrl+T 组合键打开自由变换调节框，按住 Shift 键不放，等比例调整图像的大小和位置。

31

1　采用相同的方法按 **Ctrl+J** 组合键复制多个图层 12 副本图层。

2　按 **Ctrl+T** 组合键分别调整各个星星的大小和位置。

32

1　打开"水.tif"素材文件。选择移动工具，拖动图像到"旅游广告宣传单"文件窗口中，自动生成"图层 13"。

2　按 **Ctrl+T** 组合键打开自由变换调节框，调整图像的大小和位置。

33

1　单击"图层"面板下方的"添加图层蒙版"按钮，为"图层 13"添加图层蒙版。

2　选择画笔工具，在选项栏中设置画笔为大号柔角，不透明度为 80%，在水的边缘处进行涂抹。

34

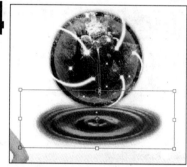

1　按 **Ctrl+T** 组合键打开自由变换调节框，垂直向下拖动调节框上方居中的控制点，调整图像的大小和位置。

35

1　选择"图像-调整-黑白"命令，打开"黑白"对话框。

2　设置参数为 40，60，40，60，20，80，197，86，单击"确定"按钮。

36

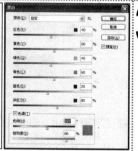

1　选择"图层"面板，单击"图层 13"的蒙版缩略图。

2　选择画笔工具，在选项栏中设置不透明度为 50%，再次在水的边缘处涂抹。

37

1　单击"创建新图层"按钮，新建"图层 14"，并将其放置于"图层 1"之上。

2　设置前景色为浅蓝色（R:0,G:96,B:29），选择画笔工具，在选项栏中设置超大号柔角画笔，不透明度为 60%，在窗口中绘制颜色。

38

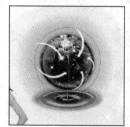

1　设置前景色为绿色（R:13,G:175,B:13）。

2　选择横排文字工具 **T**，在选项栏中设置字体为经典繁勘亭，大小为 23.63 点，在窗口中右下方位置输入文字"快乐西部游"。

39

1　双击文字图层后面的空白处，打开"图层样式"对话框。

2　单击"描边"复选框后面的名称。设置颜色为白色（R:255,G:255,B:255），其他参数保持不变。

3　单击"投影"复选框后面的名称，设置不透明度为94%，距离为10像素，大小为4像素，单击"确定"按钮。

40

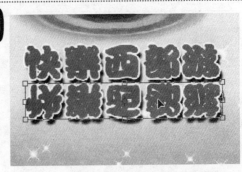

1　按Ctrl+J组合键复制"快乐西部游"文字图层内容到"快乐西部游副本"图层。

2　选择"编辑-变换-垂直翻转"命令，选择移动工具，将翻转的文字移动到正向文字的下方。

41

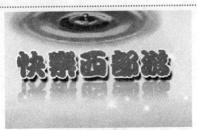

1　单击"图层"面板下方的"添加图层蒙版"按钮，为副本文字图层添加图层蒙版。

2　选择画笔工具，在选项栏中设置大号的柔角画笔，不透明度为70%，在文字下方进行局部涂抹。

42

1　设置前景色为白色（R:255,G:255,B:255）。

2　选择横排文字工具T，在选项栏中设置字体为方正小标宋简体，大小为14.38点，在窗口右下方位置输入文字。

3　双击文字图层后面的空白处，打开"图层样式"对话框。单击"描边"复选框后面的名称，保持参数不变，单击"确定"按钮。

43

1　按Ctrl+J组合键复制"快乐西部游"文字图层内容到"快乐西部游副本2"图层。选择移动工具，将其移动到窗口上方。

2　选择横排文字工具T，修改文字"快乐西部游"为"朽木旅行社"。

44

1　按Ctrl+Alt+Shift+E组合键盖印可见图层，自动生成"图层15"。按Ctrl+T组合键打开自由变换调节框，按住Shift键不放，等比例调整图像的大小和位置。

2　新建"图层16"，并将其放置于"图层15"的下方。选择渐变工具，单击选项栏中的渐变色选择框，打开对话框，单击"预设"栏中的"铬黄"渐变图案。

3　按住Shift键在窗口中垂直拖动，填充渐变色到图层中。

45

1　按Ctrl+J组合键复制"图层16"内容到"图层16副本"图层。

2　选择"编辑-变换-垂直翻转"命令，选择移动工具，将翻转的图像移动到窗口下方。

46

1　单击"图层"面板下方的"添加图层蒙版"按钮，为"图层16副本"添加图层蒙版。

2　选择画笔工具，在图像下方局部涂抹，最终效果如图所示。

实例226 商场促销广告

素材:\实例 226\市场促销\

源文件:\实例 226\商场促销广告.psd

包含知识

- 半调图案命令
- 画笔工具
- 图层样式
- 图层混合模式

重点难点

- 促销广告色彩的处理
- 文字效果的处理

制作思路

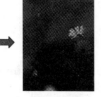 

拖入素材文件　　　　叠加效果　　　　文字处理　　　　最终效果

应用场所

适用于制作吸引女性顾客的色彩亮丽的促销广告,或用于具有特殊效果的场景中。

01

◆文件大小为 9 厘米×12 厘米,分辨率为 180 像素/英寸

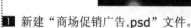

1 新建 "商场促销广告.psd" 文件。
2 打开 "背景.tif" 素材文件。
3 选择移动工具 ,拖动图像到 "商场促销广告" 文件窗口中,自动生成 "图层 1"。

02

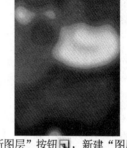

1 单击 "创建新图层" 按钮 ,新建 "图层 2"。选择画笔工具 ,在选项栏中设置大号柔角画笔,不透明度为 100%。
2 分别设置前景色为黄色 (R:251,G:196,B:36)、绿色 (R:153,G:142,B:40)和咖啡色(R:152,G:101,B:24)。
3 在窗口中如图位置随意涂抹。

03

1 设置 "图层 2" 的混合模式为正片叠底,图层的总体不透明度为 78%。

04

1 打开 "花.tif" 素材文件。选择移动工具 ,拖动图像到 "商场促销广告" 文件窗口中,自动生成 "图层 3"。
2 按 Ctrl+T 组合键打开自由变换调节框,调整图像的大小,并拖动到右侧位置,按 Enter 键确认变换。

05

1 设置 "图层 3" 的混合模式为叠加。

06

1 按 Ctrl+J 组合键复制 "图层 3" 为 "图层 3 副本" 图层。
2 设置 "图层 3 副本" 的图层总体不透明度为 50%。

07

1️⃣ 按 Ctrl+J 组合键复制"图层 3"为"图层 3 副本 2"图层。选择"编辑-变换-水平翻转"命令,选择移动工具 ▶⊕,将翻转的图像移动到如图所示的位置。
2️⃣ 按 Ctrl+T 组合键打开自由变换调节框,按住 Shift 键不放调整图像的大小,按 Enter 键确认变换。

08

1️⃣ 单击"创建新图层"按钮 🔲,新建"图层 4"。设置前景色为红色(R:255,G:0,B:0)。
2️⃣ 按 Alt+Delete 组合键将图层填充为前景色。

09

1️⃣ 选择"滤镜-素描-半调图案"命令,打开"半调图案"对话框。
2️⃣ 设置大小为 7,对比度为 50,图案类型为网点,单击"确定"按钮。

10

1️⃣ 选择"图层"面板,拖动"图层 4"到"图层 3"之下。
2️⃣ 设置"图层 4"的混合模式为柔光,图层总体不透明度为 25%。

11

 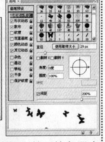

1️⃣ 新建"图层 5"。选择画笔工具 ✏,在"画笔"拾色器中选择"缤纷蝴蝶"画笔。打开"画笔"面板,单击"画笔笔尖形状"名称,设置间距为 200%。
2️⃣ 设置前景色为白色(R:255,G:255,B:255)。
3️⃣ 在窗口上方绘制白色的蝴蝶飞舞效果。

12

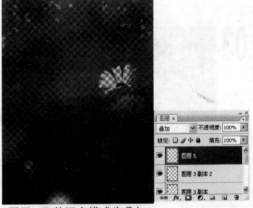

1️⃣ 设置"图层 5"的混合模式为叠加。

13

1️⃣ 新建"图层 6"。选择画笔工具 ✏,在选项栏中设置画笔为柔角 200 像素。
2️⃣ 设置前景色为深绿色(R:18,G:44,B:2)。
3️⃣ 在窗口上方随意涂抹颜色。

14

1️⃣ 选择"图层"面板,拖动"图层 6"到"图层 2"之上。
2️⃣ 设置"图层 6"的混合模式为叠加。

15

1 新建"图层 7"。选择画笔工具 ✐，在"画笔"拾色器中
分别选择"星形放射-小"画笔和"小号柔角"画笔。
2 设置前景色为白色（R:255,G:255,B:255）。
3 在窗口下方绘制白色星星。

16

1 按 Ctrl+J 组合键复制"图层 7"为"图层 7 副本"图层。
选择"编辑-变换-水平翻转"命令。
2 按 Ctrl+T 组合键打开自由变换调节框，按住 Shift 键不
放调整图像的大小和位置，按 Enter 键确认变换。

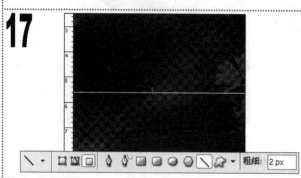

17

1 新建"图层 8"。按 Ctrl+R 组合键将标尺显示出来。
2 选择直线工具 ＼，在选项栏中设置粗细为 2px，不透明
度为 100%。
3 按住 Shift 键不放，在窗口中绘制平行直线。

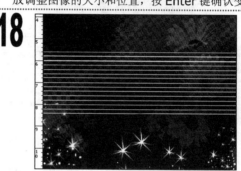

18

1 采用相同的方法，按标尺上的刻度绘制行距相等的平行
直线。

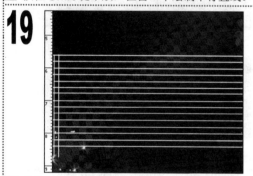

19

1 按住 Shift 键不放，在窗口中如图所示的位置绘制垂直
直线。

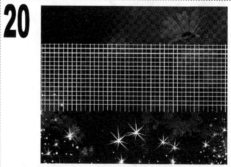

20

1 采用相同的方法，按标尺上的刻度绘制间距相等的垂直
直线。

21

1 按 Ctrl+R 组合键隐藏标尺。
2 设置"图层 8"的混合模式为柔光，图层的总体不透明
度为 70%。

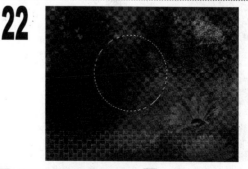

22

1 单击"创建新图层"按钮 ▣，新建"图层 9"。
2 选择椭圆选框工具 ◯，按住 Shift 键不放在窗口中绘制
正圆选区。

23

1 按 Alt+Delete 组合键将选区内填充为前景色。
2 按 Ctrl+D 组合键取消选区。

24

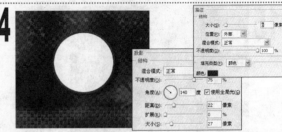

1 双击"图层 9"后面的空白处，打开"图层样式"对话框。
2 单击"描边"复选框后面的名称。设置大小为 8 像素，
其他参数保持不变。
3 单击"投影"复选框后面的名称，设置角度为 140 度，
距离为 10 像素，大小为 27 像素，单击"确定"按钮。

25

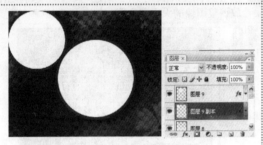

1 按 Ctrl+J 组合键复制"图层 9"为"图层 9 副本"图层。
拖动"图层 9 副本"图层到"图层 9"之下。
2 按 Ctrl+T 组合键打开自由变换调节框，按住 Shift 键不放
调整图像的大小，并置于合适的位置，按 Enter 键确认变换。

26

1 采用相同的方法按 Ctrl+J 组合键，分别复制"图层 9"
内容到其他 3 个副本图层。
2 按 Ctrl+T 组合键打开自由变换调节框，分别调整各副本
图像的大小、位置和角度，按 Enter 键确认变换。

27

1 设置前景色为黑色（R:0,G:0,B:0）。
2 选择横排文字工具 **T**，在选项栏中设置字体为综艺体，
大小为 43.22 点，在窗口中输入文字"女性时尚"。

28

1 选择"编辑-变换-斜切"命令，打开斜切变换调节框。
2 调整调节框的角点对文字做斜切处理，按 Enter 键确认变换。

29

1 双击"女性时尚"文字图层，打开"图层样式"对话框。
2 单击"渐变叠加"复选框后面的名称，设置渐变为"浅
灰-白色"，其他参数保持不变。

30

1 单击"描边"复选框后面的名称。
2 设置大小为 6 像素，填充类型为渐变，渐变为"桃红色-
暗红色"，其他参数保持不变，单击"确定"按钮。

31

1　选择横排文字工具 **T**，在选项栏中设置字体为综艺体，大小为 **17.73** 点，在窗口中输入文字"NUXINGSHISHANG"。

32

1　选择"编辑-变换-斜切"命令，打开斜切变换调节框。
2　调整调节框的角点对文字做斜切处理，按 Enter 键确认变换。

33

1　选择"女性时尚"文字图层，选择"图层-图层样式-拷贝图层样式"命令。
2　选择"NUXINGSHISHANG"文字图层，选择"图层-图层样式-粘贴图层样式"命令。

34

1　设置前景色为白色（R:255,G:255,B:255）。
2　选择横排文字工具 **T**，在选项栏中设置字体为方正毡笔黑繁体，大小为 **27** 点，在窗口中输入文字"超时尚"。

35

1　新建"图层 10"。选择自定形状工具 ，在选项栏中打开"自定形状"拾色器，选择"叶形饰件 2"形状。
2　单击选项栏中的"填充像素"按钮 ，按住 Shift 键不放，在窗口中"超时尚"文字右侧拖绘出白色图案。

36

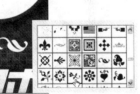

1　新建"图层 11"。选择自定形状工具 ，在选项栏中打开"自定形状"拾色器，选择"花形饰件 3"形状。
2　按住 Shift 键不放，在窗口中"超时尚"文字左侧拖绘出白色图案。

37

1　新建"图层 12"。选择画笔工具 ，在选项栏中设置画笔为小号尖角。
2　在如图所示的位置绘制白色的圆点图形。

38

1　同时选择"超时尚"文字图层和"图层 10"至"图层 12"，按 Ctrl+E 组合键合并图层，双击合并后的图层名称，更名为"图层 10"。
2　双击"图层 10"后面的空白处，打开"图层样式"对话框。
3　单击"投影"复选框后面的名称，设置角度为 120 度，不透明度为 40%，其他参数保持不变，单击"确定"按钮。

39

1　打开"鞋1.tif"素材文件。

2　选择移动工具 ，拖动"鞋1"到"商场促销广告"文件窗口中，自动生成"图层11"。

3　按Ctrl+T组合键打开自由变换调节框，调整图像的大小，并拖动到窗口左上角的圆圈中，按Enter键确认变换。

40

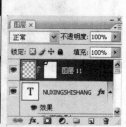

1　单击"图层"面板下方的"添加图层蒙版"按钮 ，为"图层11"添加图层蒙版。

2　选择画笔工具 ，在选项栏中设置大号柔角画笔，不透明度为70%，在超出圆圈的部分进行局部涂抹。

41

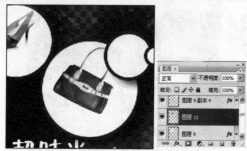

1　打开"包1.tif"素材文件。选择移动工具 ，拖动"包1"到"商场促销广告"文件窗口中，自动生成"图层12"。

2　按Ctrl+T组合键打开自由变换调节框，调整图像的大小，并拖动到窗口上方的圆圈中，按Enter键确认变换。选择"图层"面板，拖动"图层12"到"图层9"之上。

42

1　打开"包2.tif"素材文件。选择移动工具 ，拖动"包2"到"商场促销广告"文件窗口中，自动生成"图层13"。

2　按Ctrl+T组合键打开自由变换调节框，调整图像的大小，并拖动到窗口上方较小的圆圈中，按Enter键确认变换。

43

1　选择"图像-调整-色相/饱和度"命令，打开"色相/饱和度"对话框。

2　设置色相为-180，饱和度为-30，其他参数保持不变，单击"确定"按钮。

44

1　打开"鞋2.tif"素材文件。选择移动工具 ，拖动"鞋2"到"商场促销广告"文件窗口中，自动生成"图层14"。

2　按Ctrl+T组合键打开自由变换调节框，调整图像的大小，并拖动到窗口右上角的圆圈中，按Enter键确认变换。

45

1　选择横排文字工具 ，在选项栏中设置字体为文鼎 CS 长美黑繁，大小为12点，在窗口中输入文字"特价"。
按Ctrl+J组合键两次复制"特价"文字图层到"特价副本"和"特价副本2"图层。

2　按Ctrl+T组合键打开自由变换调节框，调整文字的位置和角度后，按Enter键确认变换。

46

1　设置前景色为红色（R:229,G:12,B:85）。

2　选择横排文字工具 ，在选项栏中设置大小为17点，在窗口中输入文字。至此本例制作完成。

实例227　蓝色加勒比地产

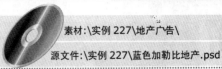

素材:\实例227\地产广告\
源文件:\实例227\蓝色加勒比地产.psd

包含知识
- 渐变工具
- 纹理化命令
- 动感模糊命令
- 图层混合模式

重点难点
- 画面颜色的控制

制作思路

渐变颜色　　　　纹理化效果　　　　渐变处理　　　　最终效果

应用场所　　用于制作富贵、祥和、宁静的地产广告（紫色调的广告画面适用于中式高尚社区）。

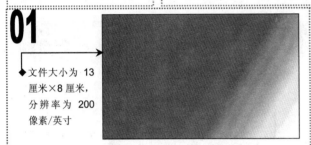

◆ 文件大小为 13 厘米×8 厘米，分辨率为 200 像素/英寸

1 新建"蓝色加勒比地产.psd"文件。
2 选择渐变工具 ▣，单击选项栏中的渐变色选择框，打开对话框，设置渐变图案为"灰色-灰色-白色"，单击"确定"按钮，绘制渐变色。

1 选择"滤镜-纹理-纹理化"命令，打开对话框，设置纹理为砂岩，缩放为 66%，凸现为 5，光照为左上，单击"确定"按钮后，得到纹理效果。

1 选择"滤镜-模糊-动感模糊"命令，打开对话框，设置角度为 35 度，距离为 55 像素，单击"确定"按钮。
2 选择矩形选框工具 ▣，在窗口中绘制选区。

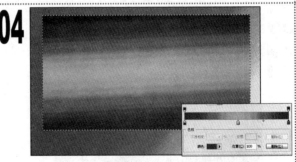

1 单击"创建新图层"按钮 ▣，新建"图层 1"。
2 选择渐变工具 ▣，设置渐变图案为"褐色-浅黄色-棕色"。在选区内填充渐变色。

1 选择加深工具 ▣与减淡工具 ▣，对图像暗部与高光处进行加深和减淡处理，加强图像对比度。
2 按 Ctrl+D 组合键取消选区。

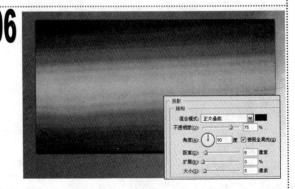

1 单击"添加图层样式"按钮 fx，在弹出的下拉菜单中选择"投影"命令，打开对话框，设置距离为 8 像素，其他参数保持不变，单击"确定"按钮后，得到投影效果。

07

1 打开"茶艺.tif 文件"素材文件。

08

1 选择移动工具 ，拖动该图像到"蓝色加勒比地产"文件窗口中，自动生成"图层 2"。

2 按 Ctrl+T 组合键，调整图像到合适大小，按 Enter 键确认变换。

09

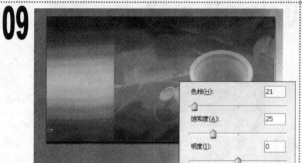

1 按 Ctrl+U 组合键，打开"色相/饱和度"对话框，选中"着色"复选框，设置参数为 21，25，0，单击"确定"按钮。

2 设置"图层 2"的不透明度为 26%。

10

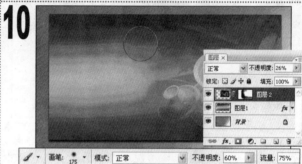

1 单击"添加图层蒙版"按钮 ，为图层添加蒙版。

2 按 D 键复位前景色与背景色。选择画笔工具 ，在文件窗口中涂抹图像边缘，隐藏部分图像。

11

1 选择"茶艺"文件窗口，选择钢笔工具 ，沿茶杯边缘绘制路径。

2 按 Ctrl+Enter 组合键，将路径转换为选区，按 Shift+Ctrl+I 组合键反选选区。

12

1 选择移动工具 ，拖动选区内容到"蓝色加勒比地产"文件窗口中，自动生成"图层 3"。

2 按 Ctrl+T 组合键打开自由变换调节框，调整图像大小。

3 选择"图层-图层样式-投影"命令，打开对话框，设置不透明度为 23%，距离为 9 像素，其他参数保持不变，单击"确定"按钮。

13

1 选择椭圆选框工具 ，按住 Shift 键不放，在窗口中绘制正圆选区。

2 新建"图层 4"，设置前景色为银灰色（R:144,G:138,B:122），按 Alt+Delete 组合键，填充选区为银灰色。

14

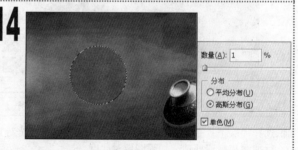

1 选择"滤镜-杂色-添加杂色"命令，打开对话框，设置数量为 1%，单击"确定"按钮。

15

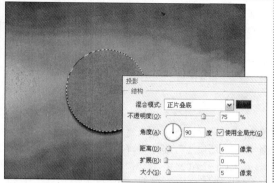

1 选择"图层-图层样式-投影"命令,打开对话框,设置距离为 6 像素,其他参数保持默认值。

16

1 选择"选择-修改-收缩"命令,打开对话框,设置收缩量为 15 像素,单击"确定"按钮。

2 新建"图层 5",设置背景色为浅黑色(R:40,G:36,B:32),按 Ctrl+Delete 组合键,填充选区为浅黑色。

3 设置前景色为深灰色(R:96,G:89,B:74)。选择画笔工具,在选区内单击绘制高光。

17

1 在"图层 4"后面的空白处单击鼠标右键,在弹出的快捷菜单中选择"拷贝图层样式"命令。在"图层 5"后面的空白处单击鼠标右键,在弹出的快捷菜单中选择"粘贴图层样式"命令。

2 按 Ctrl+F 组合键,重复上一次滤镜操作。按 Ctrl+D 组合键取消选区。

18

1 新建"图层 6",设置前景色为银灰色(R:144,G:138,B:122)。

2 选择直线工具,单击选项栏中的"填充像素"按钮,设置粗细为 2 像素,在窗口中拖动绘制直线图形。

19

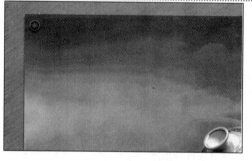

1 按 Ctrl+E 组合键,向下合并图层至"图层 4"。

2 按 Ctrl+T 组合键,调整图像到合适大小。选择移动工具,将其拖动到窗口左上角,调整图像位置。

20

1 继续选择移动工具,按住 Alt 键不放,在窗口中拖动"图层 4",复制生成多个副本图层,并调整图像位置,得到螺丝效果。

21

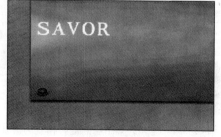

1 选择横排文字工具,在选项栏中设置字体为楷体_GB2312,字体大小为 17 点,文本颜色为白色,在窗口中输入文字。

22

1 设置文字图层的不透明度为 12%。按 Ctrl+J 组合键,复制生成多个文字副本图层,并调整各个副本图层的位置。

2 拖动"图层 3"到"图层"面板最上层,调整图层顺序,将文字浮于茶杯下方。

23

1 选择横排文字工具 [T]，分别在选项栏中设置字体为楷体 _GB2312、黑体，字体大小为 18 点、10 点、6 点，文本颜色为黑色、褐色（R:98,G:63,B:45），在窗口中输入广告语言文字。

24

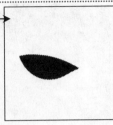

◆ 文件大小为 5 厘米×5 厘米，分辨率为 200 像素/英寸

1 新建"地产标志.psd"文件。
2 新建"图层 1"。选择钢笔工具 [钢]，在窗口中绘制路径。按 Ctrl+Enter 组合键，将路径转换为选区。设置背景色为深蓝色（R:139,G:139,B:139），按 Ctrl+Delete 组合键，填充选区为背景色。

25

1 按 Ctrl+D 组合键取消选区。
2 用同样的方法绘制其他路径，转换为选区后，将其填充为天蓝色（R:111,G:199,B:237）与蓝色（R:56,G:74,B:144），得到标志图形。

26

1 选择横排文字工具 [T]，设置字体为舒体，文本颜色为深灰色（R:81,G:90,B:112），在标志图形下方输入文字。
2 按住 Ctrl 键不放，选择"图层 1"，同时选择多个连续的图层，按 Ctrl+E 组合键合并选择的图层。

27

1 选择移动工具 [移]，拖动"地产标志"图像到"蓝色加勒比地产"文件窗口的左下侧，自动生成"蓝色加勒比"图层。
2 按 Ctrl+T 组合键打开自由变换调节框，调整图像大小。

28

1 打开"地图.tif"素材文件。
2 选择移动工具 [移]，拖动"地图"到"蓝色加勒比地产"文件窗口的右下角，生成"图层 5"。设置"图层 5"的混合模式为线性加深。

29

1 单击"创建新的填充或调整图层"按钮 [按]，在弹出的下拉菜单中选择"色彩平衡"命令，打开对话框，设置参数为-45，-75，100，单击"确定"按钮，更改图像整体色彩。

30

1 设置"色彩平衡 1"调整图层的混合模式为叠加，不透明度为 70%，得到最终效果。

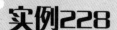 实例228   油漆横幅广告

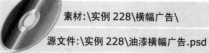
素材:\实例 228\横幅广告\
源文件:\实例 228\油漆横幅广告.psd

包含知识

- 钢笔工具
- 加深、减淡工具
- 描边处理
- 图层样式

重点难点

- 渐变背景处理
- 文字效果的处理

应用场所

制作思路

绘制路径并填充渐变   处理黄色飘带   最终效果

用于制作绿色环保油漆的广告中，横幅画面特别适合于制作高速广告牌。

01

◆ 文件大小为 7 厘米×3 厘米，分辨率为 200 像素/英寸

1 新建"油漆横幅广告.psd"文件。

2 选择钢笔工具，单击选项栏中的"路径"按钮，在窗口中绘制路径。

02

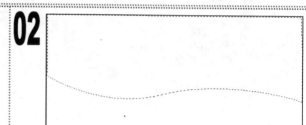

1 按 Ctrl+Enter 组合键将路径转换为选区。

2 单击"图层"面板下方的"创建新图层"按钮，新建"图层 1"。

03

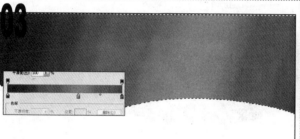

1 选择渐变工具，单击选项栏中的渐变色选择框，打开对话框，设置渐变图案为"深绿色-浅绿色-绿色"，单击"确定"按钮。

2 单击选项栏中的"对称渐变"按钮，在选区内拖动鼠标绘制渐变色。

04

1 选择加深工具，在选项栏中设置画笔为柔角 200 像素，范围为阴影，曝光度为 18%，在选区内涂抹，加深左上侧与右下侧的图像。

05

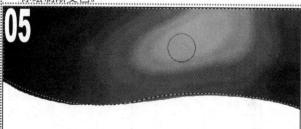

1 选择减淡工具，在选项栏中设置画笔为柔角 180 像素，范围为高光，曝光度为 15%，在选区内涂抹，减淡高光部位。

2 按 Ctrl+D 组合键取消选区。

06

1 选择钢笔工具，在窗口中绘制路径，按 Ctrl+Enter 组合键将路径转换为选区。

2 新建"图层 2"。设置背景色为黄色（R:255,G:255,B:0），按 Ctrl+Delete 组合键，填充选区内容为黄色。

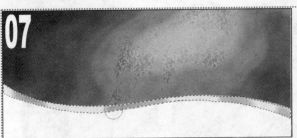

07

1 选择加深工具 ，在选项栏中设置画笔为柔角 65 像素，范围为高光，曝光度为 15%，在选区内随意涂抹，加深局部图像。

08

1 按 Ctrl+D 组合键取消选区。

2 选择"滤镜-杂色-添加杂色"命令，打开对话框，设置数量为 2%，其他参数保持默认值。

09

1 选择钢笔工具，在窗口右侧绘制路径，按 Ctrl+Enter 组合键，换将路径转为选区。

2 新建"图层 3"，设置背景色为深绿色（R:5,G:164,B:25），按 Ctrl+Delete 组合键填充选区内容为深绿色。

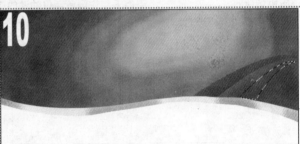

10

1 按 Ctrl+D 组合键取消选区。

2 设置"图层 3"的混合模式为点光。

3 选择钢笔工具，在窗口中绘制路径，并按 Ctrl+Enter 组合键，将路径转换为选区。

11

1 新建"图层 4"，设置背景色为深绿色（R:5,G:164,B:25）。

2 按 Ctrl+Delete 组合键填充选区为深绿色。

3 设置"图层 4"的混合模式为强光，并按 Ctrl+D 组合键取消选区。

12

1 选择钢笔工具，在窗口中绘制路径，按 Ctrl+Enter 组合键，将路径转换为选区。

2 新建"图层 5"，设置背景色为深绿色（R:5,G:164,B:25）。按 Ctrl+Delete 组合键填充选区为深绿色。

3 设置"图层 4"的混合模式为正片叠底。按 Ctrl+D 组合键取消选区。

13

◆文件大小为 5 厘米 ×5 厘米，分辨率为 200 像素/英寸

1 新建"卡通壁虎.psd"文件。

2 选择钢笔工具，单击选项栏中的"路径"按钮，在窗口中绘制壁虎身体路径。

14

1 双击"路径"面板中的"工作路径"，储存路径为"路径 1"，单击面板下方的"将路径做为选区载入"按钮，将路径转换为选区。

15

■ 新建"图层 1"，设置前景色为淡绿色（R:102,G:184, B:52）。按 Alt+Delete 组合键，填充选区内容为淡绿色。

16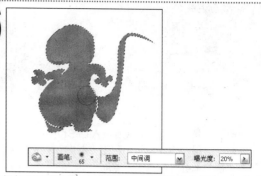

■ 选择加深工具 ◎，在选项栏中设置画笔为柔角 65 像素，范围为中间调，曝光度为 20%，在窗口中涂抹图像右侧边缘，使其增加立体感。

17

■ 按 Ctrl+D 组合键取消选区。

■ 选择"编辑-描边"命令，打开对话框，设置宽度为 2px，颜色为黑色，位置为居外，不透明度为 90%，单击"确定"按钮。图像添加了黑色边缘。

18

■ 选择钢笔工具 ◊，绘制壁虎眼睛与脚的路径，按 Ctrl+Enter 组合键，转换路径为选区。

■ 新建"图层 2"，设置背景色为白色，按 Ctrl+Delete 组合键填充选区。

■ 单击"背景"图层缩略图前面的"指示图层可视性"图标 ◉，隐藏该图层，方便观察效果。

19

■ 选择"编辑-描边"命令，打开对话框，设置宽度为 2px，颜色为黑色，位置为居外，不透明度为 90%，单击"确定"按钮。

■ 按 Ctrl+D 组合键取消选区。

20

■ 单击"背景"图层缩略图前面的"指示图层可视性"图标 ◉，显示该图层。

■ 新建"图层 3"，设置前景色为黑色。选择钢笔工具 ◊，在窗口中绘制壁虎眉毛与嘴巴路径。

21

■ 选择画笔工具 ✐，在选项栏中设置画笔为柔角 2 像素，单击"路径"面板下方的"用画笔描边路径"按钮 ○，对路径进行描边。

■ 单击"路径"面板上的空白处取消路径显示。

■ 在选项栏中设置画笔为尖角 8 像素，单击眼睛部位绘制眼珠。

22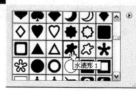

■ 新建"图层 4"，设置前景色为白色。

■ 选择自定形状工具 ◻，在选项栏中打开"自定形状"拾色器，选择"水渍形 1"形状。

■ 单击选项栏中的"填充像素"按钮 ◻，在窗口中绘制图形。

23

1　隐藏"背景"图层，按 Ctrl+Alt+Shift+E 组合键，盖印可见图层，更改图层名称为"壁虎"。

2　选择移动工具，拖动"壁虎"图像到"油漆横幅广告"文件窗口中，自动生成"壁虎"图层。

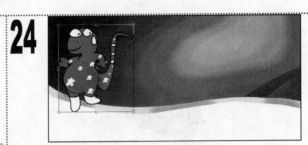

24

1　按 Ctrl+T 组合键，打开自由变换调节框，按住 Shift 键，拖动调节框的角点，等比例缩放图像大小，并调整图像到合适位置。

25

1　选择"滤镜-艺术效果-塑料包装"命令，打开对话框，设置高光强度为 6，细节为 6，平滑度为 15，单击"确定"按钮。

26

1　单击"图层"面板下方的"添加图层样式"按钮，在弹出的快捷菜单中选择"斜面和浮雕"命令，打开对话框，设置样式为浮雕效果，深度为 83%，大小为 10 像素，其他参数保持默认值，单击"确定"按钮。

27

1　选择横排文字工具，在选项栏中设置字体为 Bell Gothic Ctd，字体大小为 24 点，文本颜色为白色，在窗口中输入文字"bee.hoo"。

28

1　在窗口中拖动鼠标，选择任意文字，并单击选项栏中的"设置文本颜色"图标，设置文本颜色为黄色（R:255,G:255,B:0）。

29

1　按 Ctrl+Enter 组合键确认输入。

2　选择"图层-图层样式-描边"命令，打开对话框，设置大小为 2 像素，混合模式为柔光，颜色为深绿色（R:0,G:84,B:44），其他参数保持默认值。

30

1　选择横排文字工具，在选项栏中设置字体为文鼎大黑繁，字体大小为 18 点，文本颜色为白色，在窗口中输入文字"壁虎漆"。

31

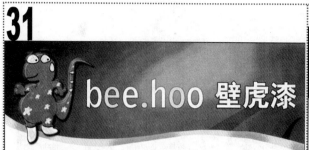

1. 在"bee.hoo"文字图层后面的空白处单击鼠标右键，在弹出的快捷菜单中选择"拷贝图层样式"命令。
2. 在"壁虎漆"文字图层后面的空白处单击鼠标右键，在弹出的快捷菜单中选择"粘贴图层样式"命令，粘贴图层样式。

32

1. 选择横排文字工具 T ，在选项栏中设置字体为文鼎粗圆繁，字体大小为 6 点，文本颜色为白色，输入文字"壁虎漆成都店……"。
2. 在"壁虎漆成都店……"文字图层后面的空白处单击鼠标右键，在弹出的快捷菜单中选择"粘贴图层样式"命令。

33

1. 选择横排文字工具 T ，在选项栏中设置文字字体为文鼎中行书繁，字体大小为 8 点，文本颜色为黄色（R:255,G:255,B:0），输入文字"装扮绿色家园"。

34

1. 单击选项栏中的"创建文字变形"按钮 ，打开对话框，设置样式为增加，其他参数保持默认值，单击"确定"按钮。

35

1. 选择横排文字工具 T ，在选项栏中设置字体为文鼎中圆繁，字号为 9 点，文本颜色为深绿色（R:0,G:130,B:0），输入文字"生态抗菌……"。

36

1. 打开"商品标志.tif"素材文件。
2. 选择移动工具 ，拖动该图像到"油漆横幅广告"文件窗口的右上角，自动生成"图层 6"。

37

1. 打开"油漆桶.tif"素材文件。
2. 选择魔棒工具 ，在选项栏中选中"连续"复选框，在窗口中单击白色区域载入选区，按 Shift+Ctrl+I 组合键反选选区。

38

1. 选择移动工具 ，拖动选区内容到"油漆横幅广告"文件窗口中，按 Ctrl+T 组合键打开自由变换调节框，调整图像大小与位置，按 Enter 键确认变换。
2. 单击"添加图层样式"按钮 ，在弹出的下拉菜单中选择"投影"命令，打开对话框，保持参数不变，单击"确定"按钮。

实例229　网络广告

包含知识
- 半调图案命令
- 画笔工具
- 图层样式
- 图层混合模式

重点难点
- 促销广告色彩的处理
- 文字效果的处理

应用场所

制作思路

填充杂色渐变　　　光照效果　　　文字处理　　　最终效果

用于制作科技感很强的广告画面,粗糙与精致的对比是很值得借鉴的表现手法。

◆文件大小为 10 厘米×7.5 厘米,分辨率为 180 像素/英寸

1　新建"网络广告.psd"文件。

2　单击渐变工具 ,单击选项栏中的渐变色选择框 ,打开对话框。设置渐变类型为杂色,单击"确定"按钮。

3　单击"创建新图层"按钮 ,新建"图层 1"。在窗口中从下至上垂直拖动,将"图层 1"填充渐变色。

02

1　选择"图像-调整-色相/饱和度"命令,打开对话框。选中"着色"复选框,设置色相为 0,饱和度为 50,明度为 30%。此时的图像颜色变为红色。

03

1　按 Ctrl+J 组合键复制"图层 1"为"图层 1 副本"图层。

2　选择移动工具 ,垂直向下移动图形,使颜色较暗的条纹位于窗口下方。

3　设置该图层的图层混合模式为变暗。

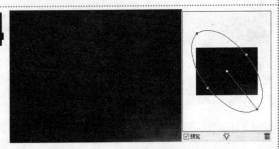

04

1　按 Ctrl+Alt+Shift+E 组合键盖印可见图层,生成"图层 2"。选择"滤镜-渲染-光照效果"命令,调整预览框中的光照角度和范围,其他参数保持不变。此时图像右下方将会变亮,其余部分变暗。

05

1　选择圆角矩形工具 ,单击选项栏中的"路径"按钮 ,设置圆角半径为 10 像素。在窗口偏右的位置绘制圆角矩形路径。

06

1　按 Ctrl+Enter 组合键将路径转换为选区。

2　新建"图层 3"。设置前景色为暗红色(R:87,G:20,B:0),按 Alt+Delete 组合键将选区填充为前景色,按 Ctrl+D 组合键取消选区。

07

1 按 Ctrl+J 组合键复制"图层 3"为"图层 3 副本"图层。
2 按 X 键切换前景色和背景色。
3 选择"滤镜-素描-网状"命令，打开"网状"对话框。设置浓度为 18，前景色阶为 0，背景色阶为 0，单击"确定"按钮后圆角矩形内形成白色的网状纹理。

08

1 设置"图层 3 副本"图层的混合模式为柔光。按 Ctrl+E 组合键向下合并图层。

09

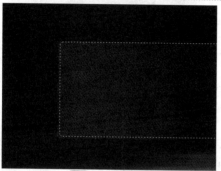

1 选择圆角矩形工具 ，在图形的内部绘制略小的圆角矩形路径。按 Ctrl+Enter 组合键将路径转换为选区。

10

1 按 Ctrl+J 组合键复制选区内容为"图层 4"。
2 单击"图层 4"前面的 图标，隐藏该图层。选择"图层 3"，选择"图层-图层样式-斜面和浮雕"命令，打开对话框。取消选中"使用全局光"复选框，设置大小为 4 像素，角度为 49 度，高度为 42 度，高光模式不透明度为 9%，阴影模式不透明度为 100%。选中"投影"复选框，单击"确定"按钮为"图层 3"添加投影、斜面和浮雕图层样式后，中间的矩形图形将会出现阴影效果。

11

1 选择"图层 4"，并单击其图层缩略图前面的小方框，显示该图层。
2 选择"图层-图层样式-斜面和浮雕"命令，打开"图层样式"对话框。取消选中"使用全局光"复选框，设置大小为 4 像素，软化为 3 像素，角度为 45 度，高度为 37 度，高光模式不透明度为 46%，单击"确定"按钮。图像将会凸显立体效果。

12

1 选择渐变工具 ，单击选项栏中的渐变色选择框 ，打开"渐变编辑器"对话框。设置位置 20 的颜色为黑色（R:0,G:0,B:0），位置 75 的颜色为红色（R:255,G:96,B:0），位置 100 的颜色为黄色（R:255,G:252,B:0），单击"确定"按钮。
2 新建"图层 5"，按住 Ctrl 键单击"图层 3"的缩略图，载入选区。单击选项栏中的"径向渐变"按钮 ，在选区中拖动鼠标填充渐变色，按 Ctrl+D 组合键取消选区。

13

1 设置"图层 5"的混合模式为柔光。此时渐变颜色变得比较柔和。

14

1 选择横排文字工具 ，在选项栏中设置字体为 Arial Black，字号为 18 点和 6 点，在圆角矩形内部单击输入文字，按 Ctrl+Enter 组合键确认输入。
2 选择"XP"文字图层，在选项栏中设置文本颜色为橙色（R: 236,G:161,B:0）。

15

1 同时选择 3 个文字图层,按 Ctrl+E 组合键合并图层,并更名为"文字"。

2 选择橡皮擦工具 ◢,在选项栏中选择较小的尖角画笔,擦除字母"O"。

16

1 选择自定形状工具 ◢,单击选项栏中的"填充像素"按钮 ◻,选择"注册商标符号"形状。

2 按住 Shift 键不放,在窗口中文字的右上角绘制白色的图形。

17

1 新建"图层 6"。选择椭圆工具 ◯,按住 Shift 键不放,在擦除字母的位置绘制正圆图形。按 Ctrl+J 组合键复制"图层 7"为"图层 7 副本"图层。

18

1 单击"样式"面板右上方的 ▾≡ 按钮,在弹出的下拉菜单中选择"Web 样式"命令,追加该样式到样式列表中。选择面板中的"黑色电镀金属"样式,为"图层 7 副本"添加该样式效果。

19

1 单击该图层下"投影"效果栏的"单一图层效果可视性"图标 👁,将其隐藏。按 Ctrl+T 组合键打开自由变换调节框,在选项栏中设置 W 为 60%,H 为 60%,按 Enter 键确认变换。此时图像中的按钮阴影部分将会消失。

20

1 按 Ctrl+Alt+Shift+E 组合键盖印可见图层,得到"图层 8"。

2 按住 Ctrl 键单击"图层 3"的缩略图,载入选区,按 Ctrl+J 组合键复制选区内容为"图层 9"。

3 选择钢笔工具 ◢,单击选项栏中的"路径"按钮 ◻。在窗口中绘制路径。

21

1 按 Ctrl+Enter 组合键将路径转换为选区。

2 按 Ctrl+Shift+I 组合键反选选区,按 Delete 键删除选区内容,按 Ctrl+D 组合键取消选区。

22

1 选择"图层-图层样式-投影"命令,打开"图层样式"对话框。设置不透明度为 100%,距离为 15 像素,扩展为 10%,大小为 15 像素,单击"确定"按钮。此时"图层 9"图像将出现阴影效果。

23

1 新建"图层 10"，选择椭圆工具 ⬤，按住 Shift 键不放，在文字上方绘制正圆图形。

2 在"图层"面板上双击该图层的空白处，打开"图层样式"对话框，设置填充不透明度为 0%。单击"投影"复选框后的名称，设置不透明度为 50%，距离为 4 像素，大小为 4 像素。

24

1 单击"描边"复选框后面的名称，设置填充类型为渐变，单击渐变色选择框 ▦，设置渐变为"紫色-白色-白色-紫色"，单击"确定"按钮。返回"图层样式"对话框，设置大小为 5 像素，位置为内部，样式为"迸发状"，角度为 90 度，单击"确定"按钮。为"图层 10"添加投影、描边图层样式后，图像中的圆环将会出现白色、紫色渐变边框。

25

1 新建"图层 11"，设置前景色为紫灰色（R:176,G:90,B:126）。选择椭圆工具 ⬤，按住 Shift 键不放，在圆环内部绘制稍小的紫灰色正圆图形。

26

1 选择"图层-图层样式-斜面和浮雕"命令，打开"图层样式"对话框，设置样式为外斜面，方向为下，大小为 4 像素。单击"渐变叠加"复选框后面的名称，设置模式为变亮，单击"确定"按钮。

27

1 选择椭圆选框工具 ⬭，在窗口中绘制较大的椭圆选区。单击选项栏中的"从选区中减去"按钮 ⬚，在下方再绘制椭圆，得到月牙形选区。

2 选择"选择-存储选区"命令，打开"存储选区"对话框。选中"新建通道"单选项，设置名称为"月牙"，单击"确定"按钮，按 Ctrl+D 组合键取消选区。

28

1 选择横排文字工具 T，在选项栏中设置字体为 System，字号为 4 点，文本颜色为深红色（R:159,G:0,B:24）。在窗口中拖动绘制矩形区域，输入数字 1 和 0，按 Ctrl+Enter 键确认输入。

29

1 选择"图层-图层样式-渐变叠加"命令，打开"图层样式"对话框，设置模式为渐变叠加，单击"确定"按钮。为文字添加渐变叠加图层样式后，图像中的数字变亮。

30

1 选择"选择-载入选区"命令，打开对话框，选择通道"月牙"，单击"确定"按钮。选择"选择-修改-收缩"命令，打开"收缩选区"对话框，设置收缩量为 5 像素，单击"确定"按钮。

31

1 单击"图层"面板下方的"添加图层蒙版"按钮 ◻。选择"滤镜-模糊-高斯模糊"命令，打开对话框，设置半径为 4 像素，单击"确定"按钮后，数字将会变得模糊。

32

1 按 Ctrl+Alt+Shift+E 组合键盖印可见图层，得到"图层 12"。
2 按 Ctrl+F 组合键重复执行"高斯模糊"命令，设置该图层的不透明度为 20%。此时图像中的数字更加模糊。

33

1 选择横排文字工具 T，在选项栏中设置字体为 Atlantic Inline，字号为 100 点，文本颜色为黑色。在窗口左上方单击输入"@"，按 Ctrl+Enter 组合键确认输入。

34

1 选择"样式"面板中的"蓝色回环"样式，应用于文字。单击"投影"和"内阴影"效果栏的"单一图层效果可视性"图标 ◉，隐藏这两个效果。此时图像中的文字将会出现蓝色回环样式效果。

35

1 双击"斜面"和"浮雕效果"栏，打开"图层样式"对话框。设置深度为 195%，大小为 32 像素，其他参数保持不变。
2 单击"描边"复选框后面的名称，设置大小为 20 像素，位置为外部，混合模式为滤色，不透明度为 55%，单击"确定"按钮。此时"@"出现浮雕效果。

36

1 按 Ctrl+J 组合键复制生成"@副本"图层。
2 选择"样式"面板中的"蓝色凝胶"样式，应用于文字。在该图层的效果栏上单击鼠标右键，在弹出的快捷菜单中选择"缩放效果"命令，打开对话框。设置缩放为 30%，单击"确定"按钮。文字出现蓝色凝胶效果。

37

1 双击该图层的"颜色叠加"效果栏，打开"图层样式"对话框。设置叠加颜色为蓝色（R:0.G:132.B:255），其他参数保持不变，单击"确定"按钮。此时图像中的"@"颜色加深。

38

1 选择"@"文字图层，按 Ctrl+J 组合键复制生成"@ 副本 2"图层。选择移动工具 ⊕，将图形向右下方轻微移动，设置该图层的不透明度为 55%。此时得到图像的最终效果。

实例230　种子公司广告

素材：\实例 230\种子广告\

源文件：\实例 230\种子公司广告.psd

包含知识
- 渐变工具
- 加深、减淡工具
- 横排文字工具
- 图层样式

重点难点
- 两种按钮的制作
- 画面的构成

应用场所

制作思路

渐变效果　　　　按钮效果　　　　红色按钮　　　最终效果

适合用于新型且绿色环保、科技化的农业产品广告中。

01

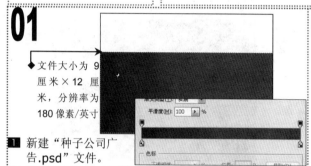

◆文件大小为 9
厘米×12 厘
米，分辨率为
180 像素/英寸

1 新建"种子公司广告.psd"文件。

2 选择矩形选框工具，在窗口中绘制矩形选区。

3 新建"图层 1"，更名为"渐变背景"，选择渐变工具，设置渐变为"深橘黄色-朱红色"。单击"线性渐变"按钮，在选区中拖动绘制渐变色。

02

1 按 Shift+Ctrl+I 组合键反选选区。

2 选择渐变工具，在选项栏中选中"反向"复选框，在窗口中拖动绘制渐变色。

03

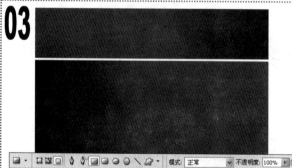

1 按 Ctrl+D 组合键取消选区。

2 设置前景色为白色，选择矩形工具，单击选项栏中的"填充像素"按钮，在窗口中绘制矩形线条图形。

04

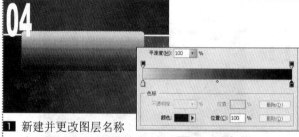

1 新建并更改图层名称为"按钮"。选择矩形选框工具，绘制矩形选区。

2 选择"选择-修改-平滑"命令，打开对话框，设置采样半径为 10 像素，单击"确定"按钮。

3 选择渐变工具，设置渐变为"淡粉红-朱红色"，在选区中绘制渐变色。

05

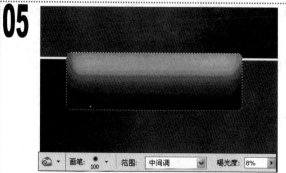

1 选择加深工具，在选项栏中设置范围为中间调，曝光度为 8%，在选区中涂抹暗部，对其进行加深处理。

06

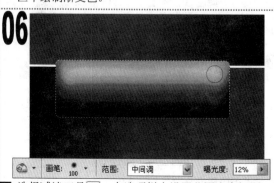

1 选择减淡工具，在选项栏中设置范围为中间调，曝光度为 12%，在选区中涂抹高光位置，对其进行减淡处理。

07

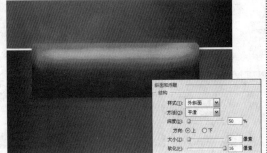

1 按 Ctrl+D 组合键取消选区。

2 选择"图层-图层样式-斜面和浮雕"命令，打开对话框，设置深度为 50%，大小为 5 像素，软化为 16 像素，其他参数保持默认值，单击"确定"按钮。

08

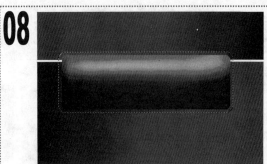

1 新建"图层 1"。选择矩形选框工具，在窗口中绘制矩形选区，框选按钮图形。

2 选择"选择-修改-平滑"命令，设置参数为 10 像素。

09

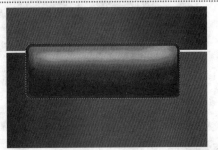

1 拖动"图层 1"到"按钮"图层下方，调整图层顺序。

2 选择渐变工具，设置渐变为"深朱红色-红色"，在选区中绘制渐变色。

3 按 Ctrl+D 组合键取消选区。

10

1 按 Ctrl+E 组合键向下合并图层，自动生成新的"按钮"图层。

2 选择横排文字工具，在选项栏中设置字体为文鼎特粗黑简，字号为 30 点，文本颜色为白色，在按钮图形上输入文字"产品特点"。

11

1 按住 Ctrl 键不放，选择"按钮"图层，拖动选择的连续图层到"创建新图层"按钮上，复制图层，按 Ctrl+E 组合键合并图层。

2 按 Ctrl+T 组合键，调整图像大小与位置，并隐藏"按钮"与文字图层，以便观察效果。

12

1 选择并显示"按钮"图层，选择横排文字工具，在"按钮"图像中输入文字"适用范围广"。

2 按 Ctrl+E 组合键合并图层，按 Ctrl+T 组合键调整图像的大小与位置。

13

1 新建并更改图层名称为"特点介绍栏"。

2 选择矩形选框工具，在按钮图形下方绘制矩形选区。

3 单击选项栏中的"从选区减去"按钮，在窗口中绘制矩形选区，框选按钮图形，减去按钮图形选区。

14

1 设置背景色为橘黄色（R:255,G:120,B:0），按 Ctrl+Delete 组合键，填充选区内容。

15

1　按 Ctrl+D 组合键取消选区。

2　单击"图层"面板下方的"添加图层样式"按钮 **fx**，在弹出的下拉菜单中选择"描边"命令，打开对话框，设置颜色为白色，其他参数保持不变。

16

1　新建并更改图层名称为"小标题"。

2　选择矩形选框工具，在窗口中绘制矩形选区。

17

1　选择渐变工具，设置前景色为深朱红色（R:140,G:22,B:22），背景色为红色（R:255,G:11,B:0），在选区中绘制渐变色。

18

1　选择移动工具，按住 Shift+Alt 组合键不放，在窗口中向下拖动"小标题"图层两次，等间距复制生成副本图层。

19

1　选择"小标题"图层，选择横排文字工具 **T**，在选项栏中设置字体为文鼎 CS 粗圆繁，字号为 12 点，文本颜色为白色，在图像中输入文字"营养元素全"，按 Enter 键确认输入。

20

1　按 Ctrl+E 组合键向下合并图层，按 Ctrl+T 组合键，调整图像到合适大小，并移动图像至如图所示的位置。

21

1　选择"小标题副本"图层，选择横排文字工具 **T**，在图像中输入文字"科技含量高"。

2　按 Ctrl+E 组合键向下合并图层，按 Ctrl+T 组合键，打开自由变换调节框，调整图像大小与位置。

22

1　选择"小标题副本 2"图层，选择横排文字工具 **T**，在图像中输入文字"使用效果好"。

2　按 Ctrl+E 组合键向下合并图层，按 Ctrl+T 组合键，打开自由变换调节框，调整图像大小与位置。

23

1 选择横排文字工具 [T]，在选项栏中设置字体为文鼎 CS 粗圆繁，字体大小为 4 点，文本颜色为白色，在如图所示的位置输入文字。

24

1 选择横排文字工具 [T]，在选项栏中设置字体为文鼎 CS 粗圆繁，字体大小为 6 点，文本颜色为白色，在窗口中输入产品的特点介绍。

25

1 打开"农药.tif"素材文件。

2 选择钢笔工具 [钢笔]，沿图像外轮廓绘制路径。

26

1 按 Ctrl+Enter 组合键将路径转换为选区。

2 选择移动工具 [移动]，拖动选区内容到"种子公司广告"文件窗口中，自动生成"图层 1"。按 Ctrl+T 组合键打开自由变换调节框，调整图像大小并旋转、移动到合适位置。

27

1 按 Ctrl+J 组合键，复制生成多个副本图层，按 Ctrl+T 组合键打开自由变换调节框，调整各副本图层的大小与位置。

28

1 按 Ctrl+E 组合键向下合并图层至"图层 1"，更改图层名称为"产品"。

2 双击"图层 1"后面的空白处，打开"图层样式"对话框，设置不透明度为 50%，扩展为 25%，大小为 20 像素，其他参数保持默认值。

29

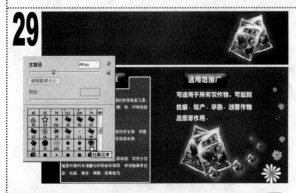

1 新建并更改图层名称为"点缀"。选择画笔工具 [画笔]，单击选项栏中的"画笔"下拉按钮 [下拉]，打开对话框，设置画笔为"杜鹃花串"。

2 设置前景色为白色，在窗口中绘制不同大小的杜鹃花串图案。

30

1 选择画笔工具 [画笔]，在选项栏中设置画笔为"交叉排线"，在窗口中绘制图形。

2 设置画笔为柔角 10 像素，在交叉排线图形中单击绘制光点。

31

1 打开"农作物.tif"素材文件。

2 选择移动工具，拖动文件窗口中的图像到"种子公司广告"文件窗口中，按 Ctrl+T 组合键打开自由变换调节框，旋转移动图像到窗口左上侧位置。

32

1 打开"商品标志.tif"素材文件，并用同样方法将其导入"种子公司广告"文件窗口中。

33

1 选择横排文字工具，在选项栏中设置字体为文鼎 CS 粗圆繁，字号分别为 8 点和 12 点，文本颜色为白色，在窗口上侧输入文字。

34

1 新建"图层 1"，选择矩形选框工具，在窗口中绘制矩形选区，框选通用型字样。

35

1 单击选项栏中的"从选区减去"按钮，在窗口中绘制选区，减去多余部分选区。

36

1 再次绘制选区，减去多余部分选区。

37

1 选择"选择-修改-平滑"命令，打开对话框，设置取样半径为 2 像素，单击"确定"按钮。

2 按 Ctrl+Alt+D 组合键，打开"羽化选区"对话框，设置羽化半径为 1 像素。

38

1 设置背景色为白色，按 Ctrl+Delete 组合键，填充选区内容为白色。

2 按 Ctrl+D 组合键取消选区，得到最终效果。

实例231　品牌服装广告

素材:\实例 231\服装广告\

源文件:\实例 231\品牌服装广告.psd

包含知识
- 钢笔工具
- 羽化命令
- 曲线命令
- 色相/饱和度命令

重点难点
- 投影的变形处理
- 图像色彩的统一

制作思路

 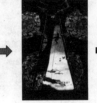 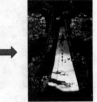

拖入素材　　　　叠加效果　　　　文字处理　　　　最终效果

应用场所　　　适合于高档服装的广告设计中，主要展示其品牌内涵和精神。

01

1 打开"传统服装.tif"素材文件。

2 拖动"背景"图层到"图层"面板下方的"创建新图层"
按钮 上，复制生成"背景副本"图层。

02

1 打开"攀岩.tif"素材文件。选择钢笔工具 ，沿着图
像中人物和绳绘制路径后，按 Ctrl+Enter 组合键，将
路径转换为选区。

03

1 选择移动工具 ，将"攀岩"中的选区内容拖入"传统
服装"文件窗口中，自动生成"图层 1"。

2 按 Ctrl+T 组合键打开自由变换调节框，按住 Shift 键不
放，调整其大小、位置和角度，按 Enter 键确认变换。

04

1 打开"山峰.tif"素材文件。选择移动工具 ，将"山峰"
拖入"传统服装"文件窗口中，自动生成"图层 2"。

2 按 Ctrl+T 组合键打开自由变换调节框，按住 Shift 键不
放，调整其大小和位置，按 Enter 键确认变换。

05

1 选择"背景副本"图层，选择魔棒工具 ，单击"背景
副本"图层下面部分的黑色区域，载入选区。

2 按 Ctrl+Alt+D 组合键，打开"羽化选区"对话框，设
置羽化半径为 2 像素，单击"确定"按钮。

06

1 选择"选择-反向"命令，反选选区。按 Delete 键删除
选区内容。

2 按 Ctrl+D 组合键取消选区。

07

1　选择矩形选框工具，在窗口下方绘制选区，按 Delete 键删除选区内容。
2　按 Ctrl+D 组合键取消选区。

08

1　拖动"图层 1"到"图层"面板最上方，将其置于顶层。

09

1　双击"图层 1"后面的空白处，打开"图层样式"对话框。
2　单击"投影"复选框后面的名称，设置角度为 30 度，距离为 180 像素，扩展为 0%，大小为 5 像素，其他参数保持不变，单击"确定"按钮。

10

1　在"'图层 1'的投影"图层上单击鼠标右键，在弹出的快捷菜单中选择"创建图层"命令，单击"确定"按钮。
2　按 Ctrl+T 组合键打开自由变换调节框，调整投影图层的大小和位置，按 Enter 键确认变换。

11

1　按 Ctrl+T 组合键打开自由变换调节框，在调节框内单击鼠标右键，在弹出的快捷菜单中选择"变形"命令。
2　拖动变换框的角点，对投影图层进行变形处理，此时图像效果如图所示。

12

1　选择橡皮擦工具，设置画笔为柔角，不透明度为 50%，擦除局部投影颜色。

13

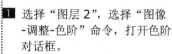

1　选择"图层 2"，选择"图像-调整-色阶"命令，打开色阶对话框。
2　设置参数为 130，1.3，215，单击"确定"按钮。

14

1　选择"图像-调整-亮度/对比度"命令，打开"亮度/对比度"对话框。
2　设置亮度为 30，对比度为 20，单击"确定"按钮。

15

1 选择"图像-调整-色彩平衡"命令，打开"色彩平衡"对话框。

2 设置高光参数为 0，0，50，中间调参数为 0，0，40，单击"确定"按钮，此时图像色彩效果比较鲜明。

16

1 选择橡皮擦工具 ，设置画笔为柔角画笔，不透明度为 55%，擦除窗口上方衣领处的部分颜色。

17

1 单击"创建新图层"按钮 ，新建"图层 3"。

2 选择自定形状工具 ，在选项栏中打开"自定形状"拾色器，选择"鸟"形状。在窗口中绘制鸟路径。

18

1 按 Ctrl+Enter 组合键将路径转换为选区。按 Alt+Delete 组合键将选区填充为黑色。按 Ctrl+D 组合键取消选区。

2 双击"图层 3"后面的空白处，打开"图层样式"对话框，单击"内发光"复选框后面的名称，设置大小为 5 像素，颜色为蓝色（R:2,G:120,B:210），单击"确定"按钮。

19

1 设置前景色为红色（R:217,G:3,B:99）。选择直排文字工具 ，在选项栏中设置字体为方正姚体，大小为 20 点。

2 单击窗口中合适位置输入文字，自动生成文字图层。

20

1 选择"背景副本"图层，按 Ctrl+M 组合键，打开"曲线"对话框，调整曲线后，单击"确定"按钮。此时衣服颜色会变得鲜艳。

21

1 选择"图像-调整-色相/饱和度"命令，打开对话框。

2 设置参数为 85，20，0，单击"确定"按钮。

22

1 按 Ctrl+Alt+Shift+E 组合键盖印可见图层，自动生成"图层 4"。

2 设置"图层 4"的混合模式为柔光。

实例232　数码相机广告

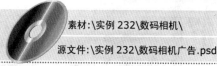

素材:\实例 232\数码相机\
源文件:\实例 232\数码相机广告.psd

包含知识
- 钢笔工具
- 盖印图层
- 橡皮擦工具
- 自由变换命令

重点难点
- 照片起翘效果
- 文字效果

制作思路

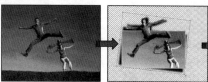   

打开素材文件　　起翘效果　　放置图像　　最终效果

应用场所　　用于制作清晰、高质量的数码相机产品画面。

01

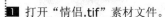

1. 打开"情侣.tif"素材文件。
2. 选择多边形套索工具 ，在窗口中绘制选区，选取男性人物的上半部分。

02

1. 按 Ctrl+J 组合键，复制选区内容，自动生成"图层 1"。
2. 按 Ctrl+D 组合键取消选区，单击"情侣"图层的"指示图层可视性"图标 ，隐藏该图层，以便观察。
3. 显示并选择该图层。选择矩形选框工具 ，绘制矩形选区，按 Ctrl+J 组合键，复制成"图层 2"。

03

1. 按 Ctrl+D 组合键取消选区，单击"情侣"图层的 图标，隐藏该图层。
2. 按 Ctrl 键不放，单击"图层 2"的缩略图，载入图形外轮廓选区。
3. 新建"图层 3"。选择"选择-修改-扩展"命令，打开对话框，设置扩展量为 5 像素，单击"确定"按钮。

04

1. 设置前景色为棕黄色 (R:239,G:211,B:167)，按 Alt+Delete 组合键，填充前景色。将"图层 3"拖动至"图层 2"的下方，按 Ctrl+D 组合键取消选区。
2. 按住 Ctrl 键不放，选择"图层 1"、"图层 2"和"图层 3"，按 Ctrl+E 组合键，合并选择图层，并更名为"跳跃"。按 Ctrl+J 组合键，复制生成"跳跃副本"图层。
3. 选择"滤镜-模糊-高斯模糊"命令，打开对话框，设置半径为 2 像素，单击"确定"按钮。

05

1. 更改"跳跃副本"图层的混合模式为叠加，不透明度为 50%。按 Ctrl+E 组合键，向下合并图层，生成新的"跳跃"图层。
2. 按 Ctrl+M 组合键，打开"曲线"对话框，调整曲线至如图所示，单击"确定"按钮。此时人物亮度将会提高。

06

1. 按 Ctrl+B 组合键，打开"色彩平衡"对话框，设置参数为-69，-55，-23，单击"确定"按钮，人物色彩更加鲜明。
2. 按住 Ctrl 键不放，单击"跳跃"图层的缩略图，载入图形外轮廓选区。按 Ctrl+Alt+D 组合键，打开对话框，设置羽化半径为 6 像素，单击"确定"按钮。
3. 设置前景色为黑色，新建"图层 1"，按 Alt+Delete 组合键，填充前景色。

07

1. 将"图层 1"拖动至"跳跃"图层下方，按 Ctrl+T 组合键，打开自由变换调节框，旋转并调整其位置，双击确认变换。
2. 选择橡皮擦工具 ，在选项栏中设置画笔大小为柔角 65 像素。在窗口中擦除左方和右方的阴影部分，取消选区。同时选择"图层 1"和"跳跃"图层，按 Ctrl+E 组合键，合并选择图层，更改名称为"跳跃"。此时图像中的照片产生起翘效果。

08

1. 打开"男孩.tif"素材文件。
2. 按 Ctrl+J 组合键复制生成"男孩"图层。
3. 选择多边形套索工具 ，在窗口中绘制选区，选取男孩人物的上半身部分。

09

1. 按 Ctrl+J 组合键，复制选区内容，自动生成"图层 1"。
2. 单击"男孩"图层的"指示图层可视性"图标 ，隐藏该图层。按 Ctrl+D 组合键取消选区。

10

1. 单击"男孩"图层缩略图前的小方框，显示该图层。选择该图层。
2. 选择矩形选框工具 ，在窗口中绘制矩形选区，选取人物下半部分。

11

1. 选择"男孩"图层，按 Ctrl+J 组合键，复制选区内容，自动生成"图层 2"。
2. 单击"男孩"图层的"指示图层可视性"图标 ，隐藏该图层。

12

1. 按住 Ctrl 键不放，单击"图层 2"的缩略图，载入图形外轮廓选区。
2. 选择"选择-修改-扩展"命令，打开"扩展选区"对话框，设置扩展量为 5 像素，单击"确定"按钮。

13

1. 单击"创建新图层"按钮 ，新建"图层 3"。
2. 设置前景色为棕黄色 (R:239,G:211,B:167)，按 Alt+Delete 组合键，填充前景色。
3. 将"图层 3"拖至"图层 2"下方，此时图像中矩形的边缘出现棕黄色边框。

14

1. 同时选择"图层 1"、"图层 2"和"图层 3"，按 Ctrl+E 组合键，合并选择的图层，更改名称为"仰望"。
2. 按 Ctrl+J 组合键，复制生成"仰望副本"图层。
3. 选择"滤镜-模糊-高斯模糊"命令，打开"高斯模糊"对话框，设置半径为 2 像素，单击"确定"按钮。

15

1 设置"仰望副本"图层的混合模式为柔光，此时图像中的画面颜色将变得浓厚。

16

1 按 Ctrl+E 组合键合并"仰望"图层和"仰望副本"图层，生成"仰望"图层。
2 按 Ctrl+M 组合键，打开"曲线"对话框，调整曲线至如图所示，单击"确定"按钮。此时图像中的画面亮度将提高。

17

1 按住 Ctrl 键不放，单击"仰望"图层的缩略图，载入图形外轮廓选区。
2 按 Ctrl+Alt+D 组合键，打开"羽化选区"对话框，设置羽化半径为 6 像素，单击"确定"按钮。
3 新建"图层 1"，设置前景色为黑色，按 Alt+Delete 组合键，填充前景色。

18

1 将"图层 1"拖动至"仰望"图层下方。按 Ctrl+T 组合键，打开自由变换调节框，旋转调整其位置，双击确认变换。

19

1 选择橡皮擦工具，在选项栏中设置画笔为柔角 65 像素，在窗口中擦除左方及右方的阴影部分。
2 同时选择"图层 1"和"仰望"图层，按 Ctrl+E 组合键，合并选择的图层，更改图层名称为"仰望"。

20

1 打开"相机.tif"素材文件。

21

1 选择矩形选框工具，在窗口中绘制矩形选区，选取相机主体。

22

1 单击选项栏中的"添加到选区"按钮。
2 在窗口中绘制矩形选区，选取相机上方快门按钮。

23

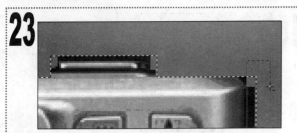

1️⃣ 单击选项栏中的"从选区减去"按钮🔲。

2️⃣ 在窗口中绘制选区，分别选取相机 4 个方向的缺角部分及相机快门边缘部分。

24

1️⃣ 按 Ctrl+J 组合键，复制选区内容，自动生成"图层 1"，并更改其名称为"数码相机"，按 Ctrl+D 组合键取消选区，单击"相机"图层的"指示图层可视性"图标👁，隐藏该图层。

25

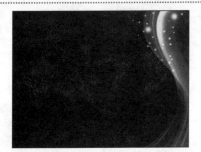

1️⃣ 打开"背景.tif"素材文件。

26

1️⃣ 选择移动工具▶️+，将"数码相机"图层的图像拖动到"背景"文件窗口中。

2️⃣ 按 Ctrl+T 组合键，打开自由变换调节框，调整其位置，按住 Shift 键不放做等比例缩小，按 Enter 键确认变换。

27

1️⃣ 选择移动工具▶️+，将"仰望"图层的图像拖动到"背景"文件窗口中。按 Ctrl+T 组合键，打开自由变换调节框，调整其位置，按住 Shift 键不放做等比例缩小，按 Enter 键确认变换。

28

1️⃣ 选择移动工具▶️+，将"跳跃"图层的图像拖动到"背景"文件窗口中。

2️⃣ 按 Ctrl+T 组合键，打开自由变换调节框，调整其位置，按住 Shift 键不放做等比例缩小，按 Enter 键确认变换。

29

1️⃣ 选择"数码相机"图层，按 Ctrl+J 组合键，复制生成"数码相机副本"图层，选择"编辑-变换-垂直翻转"命令，选择移动工具▶️+，将其翻转相机拖动至数码相机下方。

30

1️⃣ 单击"图层"面板下方的"添加图层蒙版"按钮⬜，添加图层蒙版。

2️⃣ 设置前景色为黑色，背景色为白色，选择"渐变工具"🔲，在选项栏中设置渐变为"背景到前景"，按住 Shift 键不放，从"数码相机"下方向上垂直拖动鼠标填充渐变色，制作数码相机倒影。

31

1 按 Ctrl+Shift+Alt+E 组合键，盖印可见图层，自动生成"图层 1"。

2 按 Ctrl+M 组合键，打开"曲线"对话框，调整曲线，图像整体亮度提高。

32

1 选择横排文字工具 T，在选项栏中设置字体为文鼎中特广告体，字体大小为 20 点，文本颜色为白色，单击图像左方位置输入广告语，按 Ctrl+Enter 组合键确认输入。

2 设置该图层的不透明度为 70%。

33

1 选择横排文字工具 T，在选项栏中设置字体为经典粗仿黑，字号为 60 点，文本颜色为白色，在广告语下方输入产品名字，按 Ctrl+Enter 组合键确认输入。

34

1 双击文字图层空白处，打开"图层样式"对话框，单击"渐变叠加"复选框后面的名称，设置不透明度为 100%，缩放为 70%。单击选项栏中的渐变色选择框，打开对话框，设置位置 0 的颜色为红色（R:237,G:138,B:7），位置 50 的颜色为黄色（R:255,G:255,B:0），位置 100 的颜色为红色（R:237,G:138,B:7），单击"确定"按钮。

2 单击"描边"复选框后面的名称，设置大小为 2 像素，颜色为黑色，单击"确定"按钮。执行图层样式命令后，文字颜色变得更丰富。

35

1 选择横排文字工具 T，在选项栏中设置字体为经典长宋繁，字号为 20 点，文本颜色为白色，输入产品宣传语，按 Ctrl+Enter 组合键确认输入。

36

1 选择横排文字工具 T，在选项栏中设置字体为经典长宋繁，字号为 30 点，文本颜色为白色，在产品名称下方单击输入"全球限量发售"，按 Ctrl+Enter 组合键确认输入。

37

1 双击"全球限量发售"图层后面的空白处，打开"图层样式"对话框。单击"描边"复选框后面的名称，设置大小为 2 像素，颜色为黑色，单击"确定"按钮。

38

1 设置前景色为白色，选择横排文字工具 T，在选项栏中设置字体为小标宋，字号为 10 点。输入文字"采用国际顶尖阿尔莫法镜头，3000 万有效像素……"。

实例233 时尚杂志广告

素材:\实例233\时尚杂志\

源文件:\实例233\时尚杂志广告.psd

包含知识
- 画笔工具
- 图层混合模式
- 图层样式
- 色相/饱和度命令

重点难点
- 时尚背景色彩处理
- 文字的处理

制作思路

叠加效果　　　　　　　文字处理　　　　　　　最终效果

应用场所 | 用于视觉色彩感强烈、动感十足、时尚潮流的杂志书籍销售广告中。

01

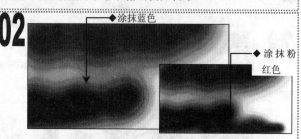

◆文件大小为 18 厘米×9 厘米,分辨率为 150 像素/英寸

1 新建"时尚杂志广告.psd"文件。

2 单击"创建新图层"按钮 □,新建"图层 1"。设置前景色为红色(R:220,G:3,B:41)。选择画笔工具 ☑,单击选项栏中的"画笔"下拉按钮 ˇ,打开"画笔"拾色器,设置硬度为 0%,在画布上涂抹红色。

02

◆涂抹蓝色

◆涂抹粉红色

1 新建"图层 2",设置前景色为蓝色(R:7,G:24,B:115)。选择画笔工具 ☑,在画布中如图所示的位置涂抹蓝色。

2 新建"图层 3",设置前景色为粉红色(R:254,G:10,B:171)。选择画笔工具 ☑,在画布下方涂抹粉红色。

03

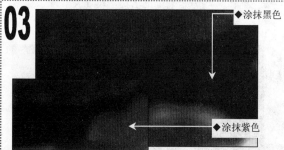

◆涂抹黑色

◆涂抹紫色

1 新建"图层 4",设置前景色为黑色。选择画笔工具 ☑,在画布中间涂抹黑色。

2 新建"图层 5",设置前景色为紫色(R:133,G:66,B:121)。选择画笔工具 ☑,在画布右侧涂抹紫色。

04

1 设置"图层 5"的混合模式为强光。

2 新建"图层 6",设置前景色为绿色(R:50,G:190,B:168)。选择画笔工具 ☑,在画布左侧涂抹绿色。

05

1 打开"舞者.tif"素材文件。选择移动工具 ▶,将图像拖动到"时尚杂志广告"文件窗口中,自动生成"图层 7"。按 Ctrl+T 组合键打开自由变换调节框,调整图像的大小和位置,按 Enter 键确认变换。

2 按 Ctrl 键不放,单击"图层 7"的图层缩略图,载入选区。设置前景色为白色,按 Alt+Delete 组合键,将选区填充为白色。按 Ctrl+D 组合键取消选区。

06

1 双击"图层 7"后面的空白处,打开"图层样式"对话框,单击"投影"复选框后面的名称。

2 设置不透明度为 75%,距离为 10 像素,扩展为 5%,大小为 7 像素,单击"确定"按钮。

07

1 新建"图层 8"，设置前景色为浅蓝色（R:200,G:216, B:242）。选择画笔工具 ⬚，在选项栏中设置不透明度为 60%，在人物上涂抹蓝色。

2 设置"图层 8"的混合模式为正片叠底。

08

1 选择横排文字工具 T，在选项栏中设置字体为文鼎 CS 长美黑，字号为 73 点，文本颜色为紫色（R:200,G:48, B:227），在画布中央输入文字。

2 选择"编辑-变换-斜切"命令，打开斜切变换调节框，拖动角点，对文字进行斜切处理，按 Enter 键确认变换。

09

1 双击文字图层后面的空白处，打开"图层样式"对话框，单击"渐变叠加"复选框后面的名称。

2 单击渐变色选择框 ⬚，在打开的对话框中设置渐变为"紫色-白色"，单击"确定"按钮，设置不透明度为 100%，角度为 47 度，缩放为 150%，单击"确定"按钮。

10

1 选择横排文字工具 T，在选项栏中设置字体为华文新魏，字号为 36 点，文本颜色为紫色（R:200,G:48, B:227），在"时尚"文字下方输入文字。

2 在文字图层空白处单击鼠标右键，在弹出的快捷菜单中选择"栅格化文字"命令，将文字进行栅格化处理。选择橡皮擦工具 ⬚，擦除"派"字的偏旁。

11

1 新建"图层 9"，设置前景色为紫色（R:200,G:48, B:227）。选择钢笔工具 ⬚，在文字上绘制装饰路径。

2 按 Ctrl+Enter 组合键，将路径转换为选区，按 Alt+Delete 组合键，将选区填充为紫色。

12

1 按 Ctrl+E 组合键，向下合并图层，得到新图层。双击新图层后面的空白处，打开"图层样式"对话框，单击"渐变叠加"复选框后面的名称。设置渐变为"紫色-白色"，不透明度为 100%，角度为 90 度，缩放为 150%。

2 单击"投影"复选框后面的名称，设置角度为 120 度，距离为 3 像素，扩展为 2%，大小为 9 像素，其他参数保持不变，单击"确定"按钮。

13

1 选择横排文字工具 T，在选项栏中设置字体为文鼎 CS 长美黑，字号为 16 点，文本颜色为紫色（R:200,G:48, B:227），在画布上方输入文字。

2 为文字图层添加一个和上一个文字图层相同的图层样式。

14

1 新建"图层 9"，设置前景色为白色。选择画笔工具 ⬚，单击选项栏中的"画笔"下拉按钮 ⬚，打开"画笔"拾色器，设置硬度为 65%，不透明度为 90%，在画布上绘制装饰性白色小圆点。

15

1 新建"图层10"，选择画笔工具 ✐，单击选项栏中的"画笔"下拉按钮·，在打开的"画笔"拾色器中单击右侧的 ⊙ 按钮，在弹出的下拉菜单中选择"混合画笔"命令，打开对话框，单击"追加"按钮。设置笔尖为"交叉排线"，在画布上绘制装饰图案。

16

1 新建"图层11"，选择画笔工具 ✐，单击选项栏中的"画笔"下拉按钮·，打开"画笔"拾色器，设置画笔为柔角，不透明度为30%，在画布右下角涂抹白色。

17

←——◆涂抹紫色

1 新建"图层12"，设置前景色为紫色（R:200,G:48,B:227）。选择画笔工具 ✐，在选项栏中设置不透明度为45%，在画布右下角涂抹紫色。
2 设置"图层1"的混合模式为叠加。

18

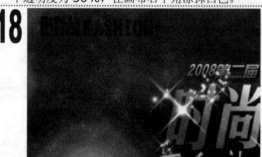

1 选择横排文字工具 T，在选项栏中设置字体为文鼎CS长美黑，字号为21点，文本颜色为黑色，在画布左上角输入文字。

19

1 双击文字图层，打开"图层样式"对话框，单击"渐变叠加"复选框后面的名称。
2 单击渐变色选择框 ▬▬▬，设置渐变为"白色-咖啡色"，不透明度为100%，角度为90度，缩放为100%，单击"确定"按钮。

20

1 选择横排文字工具 T，在选项栏中设置字体为隶书，字号分别为37点和30点，文本颜色分别为白色和黑色，在画布左上角继续输入文字。

21

1 按Ctrl+Alt+Shift+E组合键盖印可见图层，自动生成"图层13"。选择"图像-调整-色相/饱和度"命令，打开对话框。
2 设置参数为45，15，0，单击"确定"按钮。

22

1 分别打开"时尚1.tif"和"时尚2.tif"素材文件。选择移动工具 ⤾，将图片拖动到"时尚杂志广告"文件窗口中，自动生成"图层14"和"图层15"。按Ctrl+T组合键打开自由变换调节框，调整图片的大小和位置，按Enter键确认变换。

第11章

动画特效制作

实例 234 旋转动画

实例 235 飘动的背景

实例 236 翻页效果

11

Photoshop CS3 的强项并不是制作动画，但是却可以为动画处理大量优秀的素材。本章介绍 3 个小动画制作实例，希望能够引起读者的探索兴趣。

实例234 旋转动画

素材:\无

源文件:\实例234\旋转动画.psd

包含知识
- 矩形选框工具
- 渐变工具
- 径向模糊命令
- 自由变换命令

重点难点
- 绘制海景画面
- 制作旋转效果

制作思路

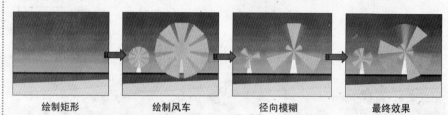

绘制矩形　　　　绘制风车　　　　径向模糊　　　　最终效果

应用场所

本案例处理风车旋转的方法适用于制作具有运动感的动画效果。

01

1 新建"旋转动画.psd"文件。宽度为 12 厘米，高度为 10 厘米，分辨率为 150 像素/英寸，颜色模式为 RGB 颜色。

2 设置前景色为蓝色（R:1,G:157,B:206），按 Alt+Delete 组合键将背景填充为前景色。

02

1 单击"创建新图层"按钮，新建"图层 1"。选择矩形选框工具，在窗口中绘制矩形选区。

2 设置前景色为深蓝色（R:39,G:26,B:124），按 Alt+Delete 组合键将选区填充为前景色。

3 按 Ctrl+D 组合键取消选区。

03

1 单击"创建新图层"按钮，新建"图层 2"。选择多边形套索工具，在窗口下方绘制选区。

2 设置前景色为浅粉色（R:252,G:237,B:218），按 Alt+Delete 组合键将选区填充为前景色。

3 按 Ctrl+D 组合键取消选区。

04

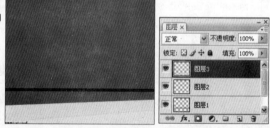

1 新建"图层 3"。选择多边形套索工具，在窗口下方绘制选区。

2 设置前景色为浅蓝色（R:217,G:235,B:255），按 Alt+Delete 组合键将选区填充为前景色。

3 按 Ctrl+D 组合键取消选区。

05

1 新建"图层 4"。选择矩形选框工具，在窗口上方绘制矩形选区。

2 选择渐变工具，单击选项栏中的渐变色选择框，打开"渐变编辑器"对话框，设置渐变为"浅蓝-蓝色"，单击"确定"按钮。

3 单击选项栏中的"线性渐变"按钮，在选区内垂直拖动鼠标填充渐变色，按 Ctrl+D 组合键取消选区。

06

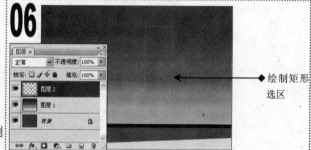

绘制矩形选区

1 同时选择除"背景"图层之外的所有图层，按 Ctrl+E 组合键合并图层。双击合并后的图层名称，更名为"图层 1"。

2 新建"图层 2"。选择矩形选框工具，在窗口中绘制矩形选区。

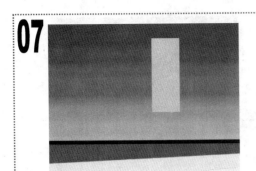

07

1. 设置前景色为浅黄色（R:245,G:208,B:155），按 Alt+Delete 组合键将选区填充为前景色。
2. 按 Ctrl+D 组合键取消选区。

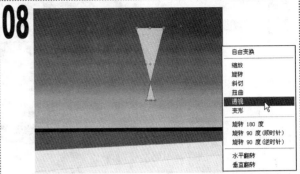

08

1. 选择"编辑-变换-透视"命令，打开透视变换调节框，拖动角点将其变形为如图所示，按 Enter 键确认变换。

09

1. 拖动"图层 2"到"图层"面板下方的"创建新图层"按钮 上，复制生成"图层 2 副本"图层。
2. 按 Ctrl+T 组合键打开自由变换调节框，在选项栏中设置角度为 120 度，调整"图层 2 副本"图像的位置，按 Enter 键确认变换。

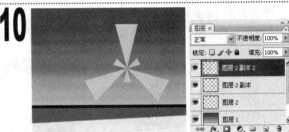

10

1. 拖动"图层 2 副本"图层到"图层"面板下方的"创建新图层"按钮 上，复制生成"图层 2 副本 2"图层。
2. 按 Ctrl+T 组合键打开自由变换调节框，在选项栏中设置角度为 120 度，调整"图层 2 副本 2"图像的位置，按 Enter 键确认变换。

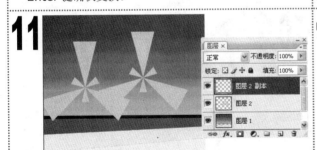

11

1. 按 Ctrl+E 组合键两次，合并所有的图层 2 副本图层于"图层 2"中。
2. 拖动"图层 2"到"图层"面板下方的"创建新图层"按钮 上，复制生成"图层 2 副本"图层。
3. 选择移动工具 ，移动至如图位置。

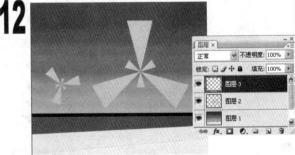

12

1. 双击"图层 2 副本"图层的名称，更改名称为"图层 3"。
2. 按 Ctrl+T 组合键打开自由变换调节框，调整图像的大小和位置，按 Enter 键确认变换。

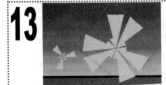

13

1. 拖动"图层 2"到"图层"面板下方的"创建新图层"按钮 上，复制生成"图层 2 副本"图层。
2. 按 Ctrl+T 组合键打开自由变换调节框，在选项栏中设置角度为 40 度，调整"图层 2 副本"图像的位置，按 Enter 键确认变换。

14

1. 拖动"图层 2 副本"到"图层"面板下方的"创建新图层"按钮 上，复制生成"图层 2 副本 2"图层。
2. 按 Ctrl+T 组合键打开自由变换调节框，在选项栏中设置角度为 40 度，调整"图层 2 副本 2"图像的位置，按 Enter 键确认变换。

15

1. 拖动"图层 2"到"图层"面板下方的"创建新图层"按钮 上，复制生成"图层 2 副本 3"图层。
2. 选择椭圆选框工具 ，在文件窗口中绘制正圆选区，将扇叶完全框选。
3. 选择"滤镜-模糊-径向模糊"命令，打开"径向模糊"对话框，设置数量为 30，模糊方法为旋转，单击"确定"按钮。

16

1. 采用相同的方法复制生成其他副本图层，并选择"径向模糊"命令。
2. 按 Ctrl+D 组合键取消选区。

17

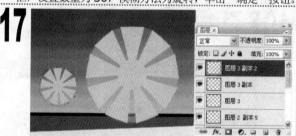

1. 采用相同的方法复制"图层 3"，按 Ctrl+T 组合键打开自由变换调节框，调整图层各副本图像的位置，按 Enter 键确认变换。
2. 选择椭圆选框工具 ，在文件窗口中绘制正圆选区，将小扇叶完全框选。

18

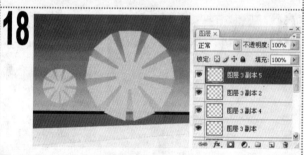

1. 采用相同的方法复制生成其他副本图层，并选择"径向模糊"命令。
2. 按 Ctrl+D 组合键取消选区。

19

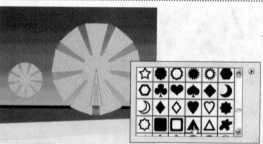

1. 新建"图层 4"。选择自定形状工具 ，在选项栏中单击打开"自定形状"拾色器，选择"三角"形状，在文件窗口中绘制三角形路径。

20

1. 按 Ctrl+Enter 组合键将路径转换为选区。
2. 设置前景色为白色。按 Alt+Delete 组合键将选区填充为白色。
3. 按 Ctrl+D 组合键取消选区。

21

1. 拖动"图层 4"到"图层"面板下方的"创建新图层"按钮 上，复制生成"图层 4 副本"图层。
2. 按 Ctrl+T 组合键打开自由变换调节框，调整图像的大小和位置，按 Enter 键确认变换。

22

1. 按 Ctrl+E 组合键向下合并图层为"图层 4"。
2. 拖动"图层 4"放置到"图层 1"之上。

1 选择"窗口-动画"命令，打开"动画"面板，单击面板右下方的"转换为帧动画"按钮▭▭。

2 单击"图层"面板中除"背景"图层、"图层 1"和"图层 4"之外所有图层缩略图前面的◉图标，将其隐藏。

3 单击"图层 2"、"图层 2 副本 3"、"图层 3"和"图层 3副本 3"图层缩略图前面的小方框，显示图层。

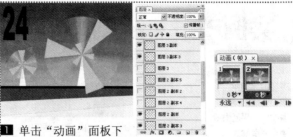

1 单击"动画"面板下方的"复制所选帧"按钮▫，复制为第 2 帧。

2 单击"图层 2"、"图层 2 副本 3"、"图层 3"和"图层 3副本 3"图层缩略图前面的◉图标，隐藏图层。

3 单击"图层 2 副本 3"、"图层 2 副本"、"图层 3 副本 3"和"图层 3 副本"图层缩略图前面的小方框，显示图层。

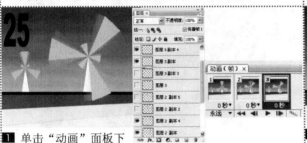

1 单击"动画"面板下方的"复制所选帧"按钮▫，复制为第 3 帧。

2 单击"图层 2 副本 3"、"图层 2 副本"、"图层 3 副本 3"和"图层 3 副本"图层缩略图前面的◉图标，隐藏图层。

3 单击"图层 2 副本"、"图层 2 副本 4"、"图层 3 副本"和"图层 3 副本 4"图层缩略图前面的小方框，显示图层。

1 单击"动画"面板下方的"复制所选帧"按钮▫，复制为第 4 帧。

2 单击"图层 2 副本"、"图层 2 副本 4"、"图层 3 副本"和"图层 3 副本 4"图层缩略图前面的◉图标，隐藏图层。

3 单击"图层 2 副本 4"、"图层 2 副本 2"、"图层 3 副本 4"和"图层 3 副本 2"图层缩略图前面的小方框，显示图层。

1 单击"动画"面板下方的"复制所选帧"按钮▫，复制为第 5 帧。

2 单击"图层 2 副本 4"、"图层 2 副本 2"、"图层 3 副本4"和"图层 3 副本 2"图层缩略图前面的◉图标，隐藏图层。

3 单击"图层 2 副本 2"、"图层 2 副本 5"、"图层 3 副本 2"和"图层 3 副本 5"图层缩略图前面的小方框，显示图层。

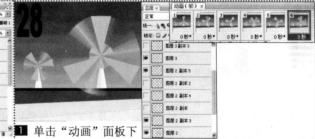

1 单击"动画"面板下方的"复制所选帧"按钮▫，复制为第 6 帧。

2 单击"图层 2 副本 2"、"图层 2 副本 5"、"图层 3 副本 2"和"图层 3 副本 5"图层缩略图前面的◉图标，隐藏图层。

3 单击"图层 2"、"图层 2 副本 3"、"图层 2 副本 5"、"图层 3"和"图层 3 副本 5"图层缩略图前面的小方框，显示图层。

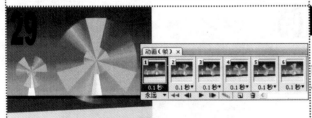

1 按住 Shift 键的同时选择"动画"面板中的所有帧，单击第 1 帧图像下方的"设置帧延迟时间"按钮▾，在弹出的下拉菜单中选择"0.1 秒"命令。单击"选择循环选项"按钮▾，在弹出的下拉菜单中选择"永远"命令。

2 单击"播放动画"按钮▶，观看旋转动画效果。

知识延伸

　　动画的制作离不开帧的编辑，也就是说添加帧是创建动画的第一步。如果打开了一个图像，则"动画"面板将该图像显示为新动画的第 1 帧，也就是动画的第一幅画面。在此以后添加的每一帧开始都是上一帧的副本，然后可以使用"图层"面板对帧进行更改，直到画面显示出满意的效果再编辑第 3 帧。

　　创建新图层时，该图层在动画的所有帧中都是可见的。若需要在不显示它的画面中隐藏该图层，只需要在"动画"面板中选择该帧，然后在"图层"面板中隐藏相应图层即可。

实例235　飘动的背景

素材:\实例 235\飘动背景\
源文件:\实例 235\飘动的背景.psd

包含知识
- 液化命令
- 曲线命令
- 色彩平衡命令
- 图层样式

重点难点
- 丝绸飘动效果

应用场所

制作思路

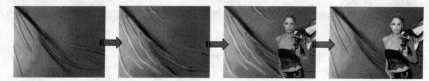

打开素材文件　　　液化背景　　　拖入人物素材　　　最终效果

本案例处理背景飘动的方法适用于动画广告的背景处理。

01

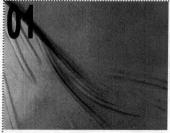

1　打开"丝绸背景.tif"素材文件。
2　拖动"背景"图层到"图层"面板下方的"创建新图层"
　按钮　上，复制生成"背景副本"图层。

02

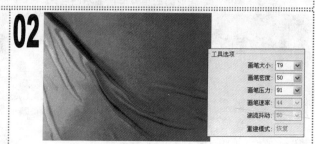

1　选择"滤镜-液化"命令，打开对话框，设置画笔大小为
　79，画笔密度为 50，画笔压力为 91。
2　选择向前变形工具　，顺着褶皱拖动，对其进行变形，
　单击"确定"按钮。

03

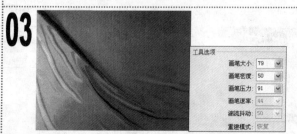

1　拖动"背景副本"图层到"图层"面板下方的"创建新
　图层"按钮　上，复制生成"背景副本 2"图层。
2　选择"滤镜-液化"命令，打开对话框，设置画笔大小为
　79，画笔密度为 50，画笔压力为 91。
3　选择向前变形工具　，顺着褶皱拖动，对其进行变形，
　单击"确定"按钮。

04

1　拖动"背景副本 2"到"图层"面板下方的"创建新图
　层"按钮　上，复制生成"背景副本 3"图层。
2　选择套索工具　，在窗口左边褶皱处随意拖动出一个选
　区范围。
3　按 Ctrl+Alt+D 组合键，打开"羽化选区"对话框，设
　置羽化半径为 15 像素，单击"确定"按钮，这样可以
　使羽化选区的边缘过渡自然。

05

1　选择移动工具　，按住 Alt 键不放，拖动选区到窗口上
　方合适位置。
2　按 Ctrl+D 组合键取消选区。

06

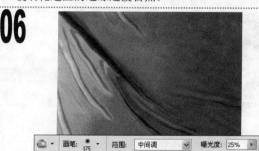

1　选择加深工具　，在选项栏中设置画笔为大号柔角，范
　围为中间调，曝光度为 25%。
2　对窗口中的复制部分进行加深处理，此时褶皱更显自然
　的效果。

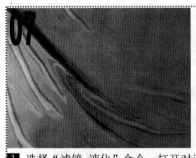

07

1 选择"滤镜-液化"命令，打开对话框，设置画笔大小为 73，画笔密度为 50，画笔压力为 91。

2 选择向前变形工具 🖉，顺着褶皱拖动，对其进行变形，单击"确定"按钮。

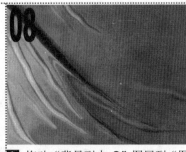

08

1 拖动"背景副本 3"图层到"图层"面板下方的"创建新图层"按钮 🔲 上，复制生成"背景副本 4"图层。

2 选择"滤镜-液化"命令，打开对话框，设置画笔大小为 73，画笔密度为 50，画笔压力为 91。

3 选择变形工具 🖉，顺着褶皱拖动，对其进行变形，单击"确定"按钮。

09

1 打开"飘动素材.tif"素材文件。

2 选择快速选择工具 🖎，在窗口中单击人物部分，将其载入选区。

3 按 Ctrl+Alt+D 组合键打开"羽化选区"对话框，设置羽化半径为 1 像素，单击"确定"按钮。

10

1 选择移动工具 ➕，拖动选区内容到"丝绸背景"文件窗口中，自动生成"图层 1"。

11

1 选择"编辑-变换-水平翻转"命令，将图像水平翻转。

2 按 Ctrl+T 组合键打开自由变换调节框，调整图像的大小、位置和角度，按 Enter 键确认变换。

12

1 选择"图像-调整-曲线"命令，打开"曲线"对话框。调整曲线至如图所示，单击"确定"按钮。

13

1 选择"图像-调整-色彩平衡"命令，打开"色彩平衡"对话框，设置参数为-40，-40，40。

14

1 选中"阴影"单选项，设置参数为-40，35，40。

1 选中"高光"单选项，设置参数为-30, 0, 40，单击"确定"按钮。

1 双击"图层 1"后面的空白处，打开对话框，单击"投影"复选框后面的名称。

2 设置距离为15像素，大小为20像素，单击"确定"按钮。

1 拖动"图层 1"到"图层"面板下方的"创建新图层"按钮 上，复制生成"图层1副本"。隐藏"图层1副本"图层的图层样式效果。

2 选择"滤镜-液化"命令，打开对话框，设置画笔大小为53，画笔密度为50，画笔压力为91。

3 选择向前变形工具 ，顺着丝巾的褶皱拖动鼠标，对其进行变形，单击"确定"按钮。

1 拖动"图层1副本"图层到"图层"面板下方的"创建新图层"按钮 上，复制生成"图层1副本2"图层。

2 选择"滤镜-液化"命令，打开对话框，设置画笔大小为53，画笔密度为50，画笔压力为91。

3 选择向前变形工具 ，顺着丝巾的褶皱拖动鼠标，对其进行变形，单击"确定"按钮。

1 选择"窗口-动画"命令，打开"动画"面板，单击面板右下方的"转换为帧动画"按钮 。

2 单击图层缩略图前面的"指示图层可视性"图标 ，隐藏除"背景"和"图层1"之外的所有图层。

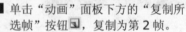

1 单击"动画"面板下方的"复制所选帧"按钮 ，复制为第2帧。

2 单击"背景副本"和"图层1副本"缩略图前面的"指示图层可视性"图标 ，显示图层。

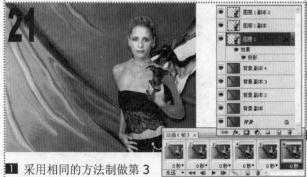

1 采用相同的方法制做第3帧、第4帧、第5帧和第6帧，分别显示不同的图层。

1 单击"动画"面板中第1帧图像下方的"设置帧延迟时间"按钮 ，在弹出的下拉菜单中选择"0.2秒"命令。单击"选择循环选项"按钮，在弹出的下拉菜单中选择"永远"命令，完成动画制作。

实例236   翻页效果

素材:\实例 236\蓝眼美女.tif

源文件:\实例 236\翻页效果.psd

包含知识
- 渐变工具
- 自由变换
- 画笔工具
- 色相/饱和度命令

重点难点
- 不断的翻页效果

制作思路

打开人物素材   起翘效果   翻后效果   最终效果

应用场所

本案例制作翻页效果的方法,可用于创意动画的设计中。

 01

1. 打开"蓝眼美女.tif"素材文件。
2. 复制"背景"图层为"背景副本"图层。
3. 选择"图像-调整-亮度/对比度"命令,打开对话框。设置参数为-45,-30,单击"确定"按钮。

02

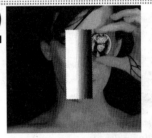

1. 新建"图层 1"。选择矩形选框工具 ▣,绘制矩形选区。
2. 按 D 键复位前景色和背景色。选择渐变工具 ▣,单击选项栏中的"线性渐变"按钮 ▣,在选区内平行拖动鼠标填充渐变色。
3. 按 Ctrl+D 组合键取消选区。

03

1. 按 Ctrl+T 组合键打开自由变换调节框,调整图像的大小、位置和角度,按 Enter 键确认变换。
2. 新建"图层 2"。选择矩形选框工具 ▣,在窗口中绘制矩形选区。
3. 选择渐变工具 ▣,在选区内平行拖动鼠标填充渐变色。按 Ctrl+D 组合键取消选区。

04

1. 按 Ctrl+T 组合键打开自由变换调节框,调整图像的大小、位置和角度,按 Enter 键确认变换。
2. 复制"背景副本"为"背景副本 2"图层,并将其放置在"图层 2"之上。
3. 按 Ctrl+T 组合键打开自由变换调节框,调整图像的位置和角度,按 Enter 键确认变换。

05

 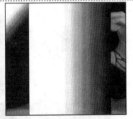

1. 按住 Ctrl 键不放,单击"图层 2"的缩略图,载入外轮廓选区。按 Ctrl+Shift+I 组合键反选选区,按 Delete 键删除选区内容,按 Ctrl+D 组合键取消选区。
2. 设置"背景副本 2"图层的混合模式为正片叠底,不透明度为 50%。

06

1. 选择"图层 2"。选择画笔工具 ✐,在选项栏中设置画笔为大号柔角,不透明度为 50%。
2. 按住 Ctrl 键不放,单击"图层 2"的缩略图,载入外轮廓选区。按 Ctrl+Shift+I 组合键反选选区,在图像边缘处绘制阴影,按 Ctrl+D 组合键取消选区。

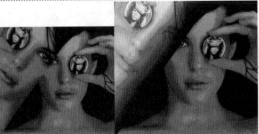  

07

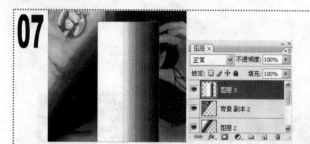

1 新建"图层 3"。选择矩形选框工具 ▣，在窗口中绘制矩形选区。

2 选择渐变工具 ▣，在选区内平行拖动鼠标填充渐变色。

3 并按 Ctrl+D 组合键取消选区。

08

1 选择"编辑-变换-透视"命令，打开自由变换调节框。拖动调节框的角点，对图像进行变形。

2 选择"编辑-变换-自由变换"命令，调整图像的大小和角度。

3 选择"编辑-变换-变形"命令，打开变形变换调节框。拖动各控制点及控制柄，对图像进行变形，按 Enter 键确认变换。

09

1 拖动"背景副本"图层到"图层"面板下方的"创建新图层"按钮 ▣ 上，复制生成"背景副本 3"图层，将其放置在"图层 3"之上。

2 按 Ctrl+T 组合键打开自由变换调节框，调整图像的位置和角度，按 Enter 键确认变换。

10

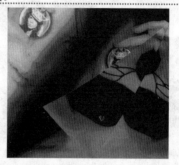

1 按住 Ctrl 键不放，单击"图层 3"的缩略图，载入外轮廓选区。

2 按 Ctrl+Shift+I 组合键反选选区，按 Delete 键删除选区内容，按 Ctrl+D 组合键取消选区。

11

1 设置"背景副本 3"图层的混合模式为正片叠底，不透明度为 35%。

2 选择"图层 3"。选择画笔工具 ✎，在选项栏中设置画笔为大号柔角，不透明度为 45%。

3 按住 Ctrl 键不放，单击"图层 3"的缩略图，载入外轮廓选区。按 Ctrl+Shift+I 组合键反选选区，在图像边缘处绘制阴影。按 Ctrl+D 组合键取消选区。

12

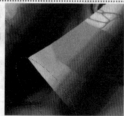 

1 选择椭圆选框工具 ◯，在卷页下方绘制椭圆选区。

2 按 Delete 键删除选区内容。

3 选择"背景副本 3"图层。按 Delete 键删除选区内容。按 Ctrl+D 组合键取消选区。

13

1 复制"图层 3"为"图层 3 副本"图层，将其放置在"背景副本 3"图层之上。

2 按 Ctrl+T 组合键打开自由变换调节框，调整图像的大小，按 Enter 键确认变换。

14

1 选择"图像-调整-色相/饱和度"命令，打开"色相/饱和度"对话框。

2 设置参数为 0，0，-10，单击"确定"按钮。

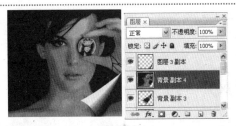
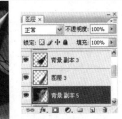

15

1 拖动"背景副本"图层到"图层"面板下方的"创建新图层"按钮 🔲 上,复制生成"背景副本 4"图层,将其放置在"图层 3 副本"图层之下。

2 选择多边形套索工具 🖐,在窗口右下角绘制选区。按 Delete 键删除选区内容,按 Ctrl+D 组合键取消选区。

16

1 拖动"背景副本"到"图层"面板下方的"创建新图层"按钮 🔲 上,复制生成"背景副本 5"图层,将其放置在"图层 3"之下。

2 选择多边形套索工具 🖐,在窗口右下方绘制选区。按 Delete 键删除选区内容,按 Ctrl+D 组合键取消选区。

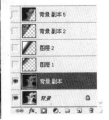

17

1 选择"窗口-动画"命令,打开"动画"面板,单击面板右下方的"转换为帧动画"按钮 ⬚⬚⬚。

2 单击图层缩略图前面的"指示图层可视性"图标 👁,隐藏除"背景"、"背景副本"之外的所有图层。

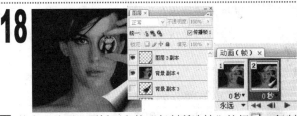

18

1 单击"动画"面板下方的"复制所选帧"按钮 🔲,复制为第 2 帧。单击"背景副本"图层缩略图前面的"指示图层可视性"图标 👁,隐藏图层。

2 单击"图层 3 副本"和"背景副本 4"图层缩略图前面的小方框,显示图层。

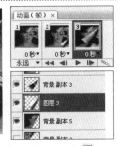

19

1 单击"动画"面板下方的"复制所选帧"按钮 🔲,复制为第 3 帧。

2 单击"图层 3 副本"和"背景副本 4"图层缩略图前面的"指示图层可视性"图标 👁,隐藏图层。

3 单击"图层 3"、"背景副本 3"和"背景副本 5"图层缩略图前面的小方框,显示图层。

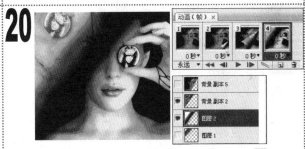

20

1 单击"动画"面板下方的"复制所选帧"按钮 🔲,复制为第 4 帧。

2 单击"图层 3"、"背景副本 3"和"背景副本 5"图层缩略图前面的"指示图层可视性"图标 👁,隐藏图层。

3 单击"图层 2"和"背景副本 2"图层缩略图前面的小方框,显示图层。

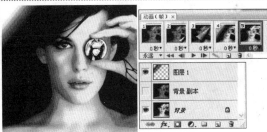

21

1 单击"动画"面板下方的"复制所选帧"按钮 🔲,复制为第 5 帧。

2 单击"图层 2"和"背景副本 2"图层缩略图前面的"指示图层可视性"图标 👁,隐藏图层。

3 单击"图层 1"缩略图前面的小方框,显示该图层。

22

1 单击"动画"面板下方的"复制所选帧"按钮 🔲,复制为第 6 帧。单击"图层 1"缩略图前面的"指示图层可视性"图标 👁,隐藏该图层。

2 同时选择"动画"面板中的所有帧,单击第 1 帧图像下方的"设置帧延迟时间"按钮 ▾,在弹出的下拉菜单中选择"0.5 秒"命令。单击"选择循环选项"按钮,在弹出的下拉菜单中选择"永远"命令,完成动画制作。

反侵权盗版声明

  电子工业出版社依法对本作品享有专有出版权。任何未经权利人书面许可，复制、销售或通过信息网络传播本作品的行为；歪曲、篡改、剽窃本作品的行为，均违反《中华人民共和国著作权法》，其行为人应承担相应的民事责任和行政责任，构成犯罪的，将被依法追究刑事责任。

  为了维护市场秩序，保护权利人的合法权益，我社将依法查处和打击侵权盗版的单位和个人。欢迎社会各界人士积极举报侵权盗版行为，本社将奖励举报有功人员，并保证举报人的信息不被泄露。

举报电话：(010)88254396；（010）88258888
传　　真：(010)88254397
E－mail： dbqq@phei.com.cn
通信地址：北京市万寿路 173 信箱
　　　　　电子工业出版社总编办公室
邮　　编：100036